普通高等教育3D版机械类系列教材

机械制造工艺学（3D版）

张进生　王　飞　孙　芹　张　恒　陈清奎　编著

机 械 工 业 出 版 社

根据教育部高等学校机械类专业教学指导委员会提出的加强和改革实践教学环节的要求，本书围绕在实习过程中学生能力与素质的培养工作，选取了机械制造过程中，机械制造工艺的基本概念、机械加工工艺规程设计、机床夹具设计原理、机械加工精度、机械加工表面质量、机械装配工艺基础、典型零件的机械加工工艺和智能制造技术进行介绍。本书各章均附有课后习题。

本书注重实用性，内容翔实、科学、系统、完整，叙述具体，说理清楚，深浅适度，可作为高等学校机械类专业学生的教材，也可作为机械工程技术人员的参考资料和技术培训教材。

图书在版编目（CIP）数据

机械制造工艺学：3D版/张进生等编著. —北京：机械工业出版社，2024.5

普通高等教育3D版机械类系列教材

ISBN 978-7-111-75550-0

Ⅰ.①机…　Ⅱ.①张…　Ⅲ.①机械制造工艺-高等学校-教材
Ⅳ.①TH16

中国国家版本馆CIP数据核字（2024）第070245号

机械工业出版社（北京市百万庄大街22号　邮政编码100037）
策划编辑：段晓雅　　　　责任编辑：段晓雅　杜丽君
责任校对：甘慧彤　李可意　景　飞　　封面设计：张　静
责任印制：单爱军
保定市中画美凯印刷有限公司印刷
2025年1月第1版第1次印刷
184mm×260mm · 17.25印张 · 421千字
标准书号：ISBN 978-7-111-75550-0
定价：59.00元

电话服务　　　　　　　　网络服务
客服电话：010-88361066　　机　工　官　网：www.cmpbook.com
　　　　　010-88379833　　机　工　官　博：weibo.com/cmp1952
　　　　　010-68326294　　金　　书　　网：www.golden-book.com
封底无防伪标均为盗版　　机工教育服务网：www.cmpedu.com

普通高等教育3D版机械类系列教材
编审委员会

序

虚拟现实（VR）技术是计算机图形学和人机交互技术的发展成果，具有沉浸感（Immersion）、交互性（Interaction）、构想性（Imagination）等特征，能够使用户在虚拟环境中感受并融入真实、人机和谐的场景，便捷地实现人机交互操作，并能从虚拟环境中得到丰富、自然的反馈信息。在特定应用领域中，VR 技术不仅可解决用户应用的需要，若赋予丰富的想象力，还能够使人们获取新的知识，促进感性和理性认识的升华，从而深化概念，萌发新的创意。

机械工程教育与 VR 技术的结合，为机械工程学科的教与学带来显著变革：通过虚拟仿真的知识传达方式实现更有效的知识认知与理解。基于 VR 的教学方法，以三维可视化的方式传达知识，表达方式更富有感染力和表现力。VR 技术使抽象、模糊成为具体、直观，将单调乏味变成丰富多变、极富趣味，令常规不可观察变为近在眼前、触手可及，通过虚拟仿真的实践方式实现知识的呈现与应用。虚拟实验与实践让学习者在创设的虚拟环境中，通过与虚拟对象的主动交互，亲身经历与感受机器拆解、装配、驱动与操控等，获得现实般的实践体验，增加学习者的直接经验，辅助将知识转化为能力。

教育部编制的《教育信息化十年发展规划（2011—2020 年）》（以下简称《规划》），提出了建设数字化技能教室、仿真实训室、虚拟仿真实训教学软件、数字教育教学资源库和 20000 门优质网络课程及其资源，遴选和开发 1500 套虚拟仿真实训实验系统，建立数字教育资源共建共享机制。按照《规划》的指导思想，教育部启动了包括国家级虚拟仿真实验教学中心在内的若干建设工程，力推虚拟仿真教学资源的规划、建设与应用。近年来，很多学校陆续采用虚拟现实技术建设了各种学科专业的数字化虚拟仿真教学资源，并投入应用，取得了很好的教学效果。

“普通高等教育 3D 版机械类系列教材”是由山东高校机械工程教学协作组组织驻鲁高等学校教师编写的，充分体现了“三维可视化及互动学习”的特点，将难于学习的知识点以 3D 教学资源的形式进行介绍，其配套的虚拟仿真教学资源由济南科明数码技术股份有限公司开发完成，并建设了“科明 365”在线教育云平台（www.keming365.com），提供了适合课堂教学的“单机版”、适合集中上机学习的“局域网络版”、适合学生自主学习的“手机版”，构建了“没有围墙的大学”“不限时间、不限地点、自主学习”的学习资源。

古人云，天下之事，闻者不如见者知之为详，见者不如居者知之为尽。

该系列教材的陆续出版，为机械工程教育创造了理论与实践有机结合的条件，很好地解决了普遍存在的实践教学条件难以满足卓越工程师教育需要的问题。这将有利于培养制造强国战略需要的卓越工程师，助推《中国制造 2025》倡议的实施。

张进生

于济南

前言

本书是山东高校机械工程教学协作组组织编写的“普通高等教育3D版机械类系列教材”之一。

随着《中国制造2025》倡议的实施，制造强国建设对应届大学生的实践能力的要求越来越高。生产实习和毕业实习是大学生在校期间实践能力培养的主要教学环节。生产工艺教学是工科院校的重要教学环节，也能够为学生学习后续课程及以后从事机械工程方面的工作打下良好的实践基础。

随着企业生产过程中自动化、智能化技术与装备应用的普及，许多加工设备的运行状态和工艺流程在现场难以看到，再者，由于企业生产繁忙，学生在实习现场动手的机会越来越少，而专业课的教学内容又要求学生通过实习具备感性知识并验证、补充、巩固所学知识，这成为当前生产实习迫切需要解决的关键问题。编著者组织有关人员，结合多年实习教学经验和积累的丰富资料编写了本书，以期使学生能更全面、快捷地掌握实习内容，取得更好的实习效果。同时，也为学有余力的同学深入钻研指出了思路和方法，使学生对生产状况、工装构造、工艺规程等能有更加形象、直观和系统的了解。

本书的突出特点是按照生产工艺大纲的要求，结合工厂生产实际，目的明确，内容翔实，既有生产过程中的工艺基本问题，又简要介绍了先进制造技术的知识。力求通过本书使学生了解作为机械工程技术人员应具备的素质和应掌握的知识及工作特点。本书以应用为主，为避免重复，对于学生在理论课中已学过的和即将学习的内容，力求精简，并着重于理论在实践中的应用与结合，以达到丰富实践知识的目的。

全书说理清楚，深浅适度，便于自学。通过现场对照，边看边学，再辅以教师的指导，则可逐步深入，既能巩固课堂所学基本理论，又能培养学生分析解决实际问题的能力，必将大大提高生产实习的质量。

本书的编写贯彻党的二十大精神，基于教育部高等学校机械基础课程教学指导分委员会2019年制定的《高等学校机械基础课程教学基本要求》，并充分利用虚拟现实（VR）、增强现实（AR）等技术开发的虚拟仿真教学资源，体现“三维可视化及互动学习”的特点，将有学习难度的知识点以3D教学资源的形式进行介绍，力图达到“教师易教，学生易学”的目的。手机用户使用微信的“扫一扫”扫描二维码，可使用本书的3D虚拟仿真教学资源。二维码中有图标的表示免费使用，有图标的表示收费使用。本书提供免费的教学课件，欢迎选用本书的教师登录机械工业出版社教育服务网（www.cmpedu.com）下载。济南科明数码技术股份有限公司还提供互联网版、局域网版、单机版的3D虚拟仿真教学资源，可供师生在线（www.keming365.com）使用，该VR教学云平台是按照党的二十大报告要求构建的，推动了本课程教学的教育数字化工作。

本书的编著者均为熟悉学生实习要求和具有指导经验的教师和工程技术人员。本书由山东大学张进生教授负责统稿，具体编写分工如下：第 1 章由张进生编写；第 2 章由张进生、王飞（齐鲁工业大学）、陈清奎（山东建筑大学）合编；第 3 章由王飞、孙芹（山东交通学院）、张恒（山东大学）合编；第 4 章由张进生、陈清奎、孙芹、张恒合编；第 5 章由张进生、王飞合编；第 6 章由王飞、张恒合编；第 7 章由王飞、张进生合编；第 8 章由王飞、张恒合编。本书配套的 3D 虚拟仿真教学资源由济南科明数码技术股份有限公司开发完成，并负责网上在线教学资源的维护、运营等工作，主要开发人员包括陈清奎、陈万顺、胡洪媛、邵辉笙、石润泽等。

在拟定编著内容时，山东大学机械工程学院的有关教师对本书内容做了细致的审定，有关企业的领导和技术人员也给予了大力协助，在此深表谢意。

由于编著者的水平有限，书中不当之处望读者指正。

编著者

目录

第1章

机械制造工艺的基本概念

1.1 系统及制造系统的定义

在自然界和人类社会中，可以说任何事物都是以系统的形式存在的。可以把我们关心的问题都看成系统，例如：血液循环系统是指把血液送到人或动物全身的血管系统和心脏；运输系统是指运送货物的人员、机器、组织机构，以及公路、铁路、水路和航空线路；武器系统是指武器和相关设备、武器和设备的使用方法与使用武器及设备的人员。

1. 系统的分类

为了更方便地讨论和研究系统问题，人们用不同的方法对系统进行了分类：

1）依据系统的形成来源，系统可分为自然系统与人造系统。自然系统即由“自然物”（物质或客观规律）所形成的系统，如地球的岩石圈、生物圈和大气层等。人造系统是人类为达到某种目的而建造的，如钟表、自行车、机床、计算机集成制造系统、工厂、学校、城市等。

2）依据系统存在的形式，系统可分为实体系统与抽象（概念）系统。实体系统是以诸如矿物、生物、机械、能量和人等实体为元素所构成的系统，如工厂、军队、学校等。抽象系统是以诸如概念、原理、原则、方法、制度、程序等理性的元素所构成的系统，如一本书、一场演讲、知识体系、社会道德、宗教体系等。现实中的系统往往是实体系统和抽象系统的复合系统。

3）依据系统与环境的关系，系统可分为开放系统与封闭系统。开放系统即系统与外部环境有交换的系统，如一个商业系统就与社会有物质、能量、信息的交换。从理论上说，封闭系统是与外部环境无任何形式交换的系统。但由于事物总是运动变化的，实际上没有不与外部环境发生任何联系的系统，即严格的封闭系统是不存在的。不过，在一定的时间内不依赖于外部而且具有稳定运行能力的系统，即可近似地看作为一个封闭系统。例如，在较长时间内不需要人的干预就能按程序完成其功能的自动机（一只上紧了发条自行运转的钟表、一台计算机控制的自动机床等）。

4）依据系统存在的状态，系统可分为静态系统与动态系统。制造（Manufacturing）有广义与狭义之分。狭义的制造（小制造）指的是产品的制作过程。英文的制造解释为通过体力或机器制作产品，尤指大批量制造（Making of articles by physical labor or machinery, especially on a large scale）。广义的制造（大制造或现代制造）指的是产品的全生命周期过程。

广义制造包含四个过程：概念过程（产品设计、工艺设计、生产计划）、物理过程（加工、装配）、物质（原材料、毛坯、产品）和产品报废与再制造过程。

2. 制造系统的定义

具有特定功能的，有若干个相互联系的要素组成的一个整体，称为系统。制造系统（Manufacturing System）是人、机器和装备，以及物料流和信息流的一个组合体，是由制造过程所涉及的人员、硬件和软件等构成的，通过资源转换以最大生产率而增值的，经历产品全生命周期的一个有机整体。

国际著名制造系统工程专家、日本东京大学的一位教授指出：制造系统可从以下三个方面来定义。

1）制造系统的结构方面：制造系统是一个包括人员、生产设施、物料加工设备和其他附属装置等各种硬件的统一整体。

2）制造系统的转变方面：制造系统可定义为生产要素的转变过程，特别是将原材料以最大生产率变成为产品。

3）制造系统的过程方面：制造系统可定义为生产的运行过程，包括计划、实施和控制。

综合上述的几种定义，可将制造系统定义为：制造系统是制造过程及其所涉及的硬件、软件和人员所组成的一个将制造资源转变为产品或半成品的输入/输出系统，它涉及产品生命周期（包括市场分析、产品设计、工艺规划、加工过程、装配、运输、产品销售、售后服务及回收处理等）的全过程或部分环节。其中，硬件包括厂房、生产设备、工具、刀具、计算机及网络等；软件包括制造理论、制造技术（制造工艺和制造方法等）、管理方法、制造信息及其有关的软件系统等；制造资源包括狭义制造资源和广义制造资源，狭义制造资源主要指物能资源，包括原材料、坯件、半成品、能源等，广义制造资源包括硬件、软件、人员等。

1.2 生产过程和工艺过程及其组成

1.2.1 机械产品生产过程

机械产品生产过程是指从原材料到该机械产品出厂的全部劳动过程，包括：原材料的采购和保管，生产技术的准备，毛坯的制造，零件的加工，部件和产品的装配、检验、油漆、包装等。

制造企业的生产过程，可按各个车间的生产过程进行划分，某一车间生产的成品可能是另一车间的原材料或半成品。如铸造车间的成品是机械加工车间的原材料或半成品，机械加工车间的成品又是装配车间的原材料或半成品。生产过程主要包括：

1）生产技术准备过程，即产品投入生产前的各项生产和技术准备工作。如产品的试验研究和设计、工艺设计和专用工艺装备的设计与制造、各种生产资料的准备，以及生产组织等。

2）毛坯的制造过程，如铸造、锻造和冲压等。

3）零件的各种加工过程，如机械加工、焊接、热处理和其他表面处理等。

4）产品的装配过程，包括部装、总装、调试和涂装等。

5）各种生产服务活动，如生产中原材料、半成品和工具的供应、运输、保管以及产品的包装和发运等。

在现代工业生产中，一台机器的生产往往是由许多工厂以专业化生产的方式合作完成的，即某工厂所用的原材料是另一工厂的产品。例如，制造汽车时，汽车上的轮胎、仪表、电器元件、液压元件甚至发动机等零部件都是由专业厂协作生产的，这些产品又将作为原材料交由汽车厂（仅完成关键零部件的生产）装配成完整的产品——汽车。产品按专业化组织生产后，各有关工厂的生产过程就比较简单，有利于保证质量、提高生产率和降低成本。

1.2.2　机械加工工艺过程及其组成

工艺过程是指生产过程中，直接改变工件形状、尺寸、材料性能及装配方式等的主要过程。因此，工艺过程又可分为铸造、锻造、冲压、焊接、机械加工、热处理、电镀和装配等。

机械加工工艺过程是指用机械加工的方法直接改变毛坯的形状、尺寸、相对位置和性质等使之成为合格零件的工艺过程。从广义上来说，电加工、超声波加工、电子束加工、离子束加工等非常规加工也属于机械加工工艺过程。

要制订工艺规程，就要了解工艺过程的组成。工艺过程是由一系列工序组合而成的，毛坯依次通过这些工序而成为成品。每个工序又包括一个或若干个安装、工位、工步和走刀等。

（1）工序　一个或一组工人，在相同的工作地对一个或同时对几个工件连续完成的那一部分工艺过程，称为工序。

工序有两个基本特征：一是工序中的工人、工件和所用的机床（或工作地点）不能改变，否则就是另外一道工序；二是加工过程必须连续，即使粗加工和精加工都是在同一机床上进行，如果中间插入时效处理，就破坏了工序的连续性，则应把这两次加工分成两道工序。例如，图1-1所示的阶梯轴，在单件小批量生产时，可按表1-1划分工序，而在大批大量生产时，则按表1-2划分工序。

工序不仅是制订工艺过程的基本单元，也是制订工时定额、配备工人、安排作业计划和进行质量检查的基本单元。

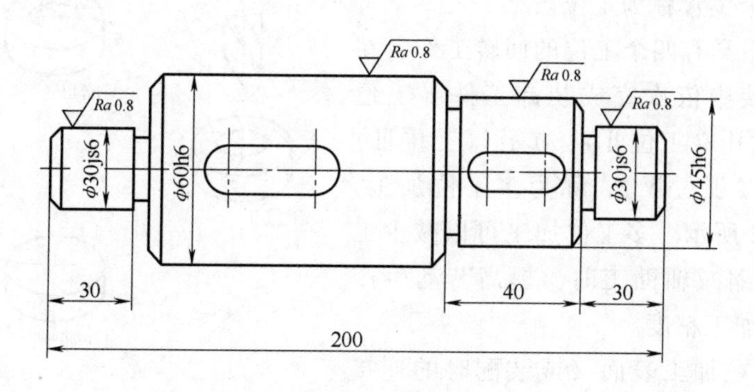

图1-1　阶梯轴

表 1-1　阶梯轴工序（单件小批量生产时）

工序号	工序内容	设备
1	车端面，钻中心孔，车全部外圆，车槽与倒角	车床
2	铣键槽，去毛刺	铣床
3	粗磨各外圆	外圆磨床
4	热处理	高频淬火机
5	粗磨外圆	外圆磨床

表 1-2　阶梯轴工序（大批大量生产时）

工序号	工序内容	设备
1	铣端面，钻中心孔	铣端面钻中心孔机床
2	车一端外圆，车槽与倒角	车床
3	车另一端外圆，车槽与倒角	车床
4	铣键槽	铣床
5	去毛刺	钳工台
6	粗磨外圆	外圆磨床
7	热处理	高频淬火机
8	精磨外圆	外圆磨床

（2）安装　工件在被加工之前，需要在机床上确定与刀具之间的正确位置，这一过程称为工件的定位。为了确保工件的正确位置，在加工过程中不被破坏，需要对工件进行夹紧固定，这一过程称为工件的夹紧。而完成工件的定位和夹紧的过程称为装夹。工件经过一次装夹后所完成的那一部分工序内容，称为安装。在一个工序中，工件可能只需要一次安装，也可能需要几次安装。例如，表 1-1 中的工序 2，一次安装便可铣出键槽；而工序 1 中，为了车出全部外圆，则至少需要两次安装。零件在加工过程中，应尽量减少安装次数，安装次数越多，装夹误差越大，而且装夹工件的辅助时间也越多。

（3）工位　为完成一定的工序内容，在一次装夹工件后，工件（或装配单元）与夹紧或设备的可动部分一起相对刀具或设备的固定部分所占据的每一个位置称为工位。

利用具有四个工位的回转工作台在一次安装中依次完成装卸工件（工位Ⅰ）、钻孔（工位Ⅱ）、扩孔（工位Ⅲ）和铰孔（工位Ⅳ），称为多工位加工，如图 1-2 所示。多工位加工可以减少工件的装夹次数，缩减辅助工时，提高劳动生产率，有利于保证加工精度。

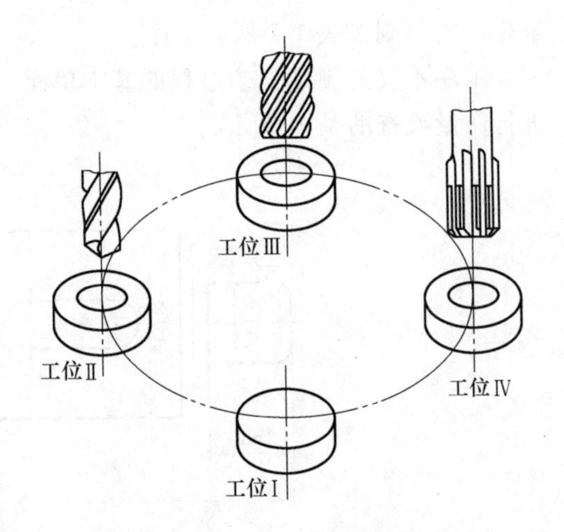

图 1-2　多工位加工

（4）工步　在加工表面（或装配时的连接表面）和加工（或装配）工具不变的条件下，

所连续完成的那一部分工序内容，称为工步。如果改变上述任一条件，则应作为另一工步。在一个工序中可以有一个工步，也可以包括几个工步。例如，表1-2中的工序3中，包括车外圆和车槽等工步，而工序4中，采用键槽铣刀铣键槽时，就只包括一个工步。有时，在一次安装中会连续进行若干相同工步，但为了简化工序内容的叙述，通常多把它们看作为一个工步。例：如图1-3所示，在工件上钻4个ϕ15mm的孔，可写成一个工步，即钻孔4×ϕ15mm。如图1-4所示，为了提高生产率，在一工步中用几把刀具同时加工一个工件的几个表面，称为复合工步。在工艺文件上，复合工步应作为一个工步。

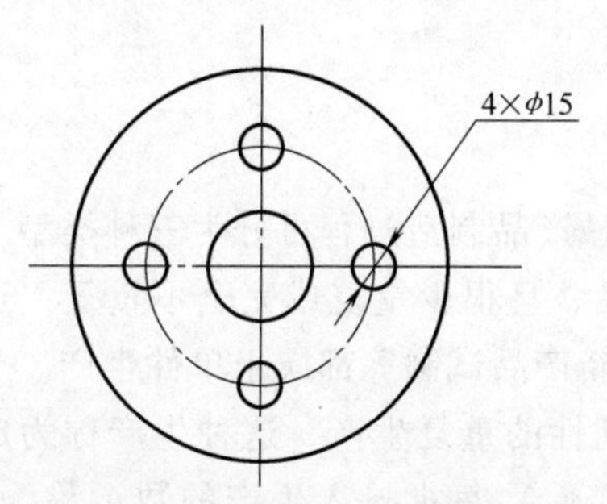

图1-3　相同表面上4个孔加工的工步

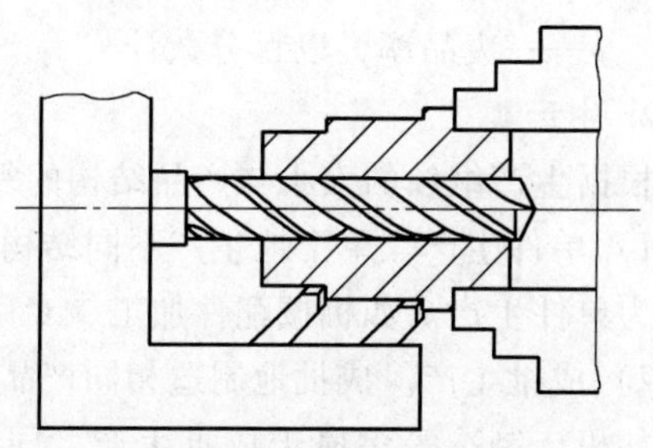
图1-4　复合工步

(5) 走刀　在一个工步内，如果需要切去的材料层很厚，可以分成几次切削，每切去一层材料称为一次走刀。一个工步可包括一次或多次走刀。

制订工艺规程时，其详细程度由生产规模的大小来决定。例如，小批生产只需制订到工序，而在大批流水线连续生产时，为了实现有节奏地生产，要严格控制每一工序的时间，这时往往要制订到走刀层面。

1.2.3　机械加工工艺系统

零件进行机械加工时，必须具备一定的条件，即要有一个系统来支持，称之为机械制造工艺系统。通常，一个系统是由物质分系统、信息分系统和能量分系统组成的。

机械制造工艺系统的物质分系统是由工件、机床、工具和夹具组成的。工件是被加工的对象；机床是加工的设备，如车床、铣床、磨床、钻床等，也包括钳工台等钳工设备；工具是指各种刀具、磨具、检具，如铣刀、车刀、砂轮等；夹具是指机床夹具。如果加工时将工件直接装工在机床工作台上，则也可以不要夹具，因此，一般情况下，工件、机床和工具是不可少的，而夹具是可有可无的。

在用一般的通用机床加工时，多为手工操作，未涉及信息技术，而现代的数控机床、加工中心和生产线，则和信息技术关系密切，因此有了信息分系统。

能量分系统是指供应动力的系统。机械加工工艺系统可以是单台机床，如自动机床、数控机床和加工中心等，也可以是由多台机床组成的生产线。

1.3　生产纲领与生产类型

零件的机械加工工艺过程与其生产类型密切相关，不同生产类型的零件加工工艺过程不同，在进行机械加工工艺规程设计之前，要确定生产类型，而生产类型又是由生产纲领决定的。

1. 零件的生产纲领

零件的生产纲领是指包括备品和废品在内的计划期内产量。计划期为一年的生产纲领称为年生产纲领，也称年生产总量。机械产品中，某零件的年生产纲领的计算公式为

$$N=Qn(1+a)(1+b)$$

式中 N——零件的年产量（件/年）；

Q——产品的年产量（台/年）；

n——每台产品中该零件的数量（件/台）；

a——备品率，以百分数计；

b——废品率，以百分数计。

2. 生产类型

根据生产纲领的大小与产品结构的复杂程度，机械产品制造过程可分为三种类型。

1）单件生产。单个地生产不同结构、尺寸的产品，且很少重复或完全不重复，这种生产称为单件生产。如机械配件加工、专用设备制造、新产品试制等都属于单件生产。

2）成批生产。成批地制造相同产品，并且是周期性的重复生产，这种生产称为成批生产。如机床制造等多属于成批生产。同一产品（或零件）每批投入生产的数量称为批量。根据产品的特征及批量的大小，成批生产又可分为小批生产、中批生产和大批生产。小批生产工艺过程的特点与单件生产相似。

3）大量生产。产品的生产数量很大，大多数的工作是一直按照一定节拍进行同一种零件的某一道工序的加工，这种生产称为大量生产。如手表、洗衣机、自行车、摩托车、缝纫机、汽车等的生产。

表 1-3 所列为生产类型与生产纲领之间的关系。

表 1-3 生产类型与生产纲领之间的关系

生产类型	零件的年生产纲领(件/年)		
	重型零件	中型零件	轻型零件
单件生产	<5	<10	<100
小批生产	≥5~100	≥10~200	≥100~500
中批生产	≥100~300	≥200~500	≥500~5000
大批生产	≥300~1000	≥500~5000	≥5000~50000
大量生产	≥1000	≥5000	≥50000

制定生产工艺通常要根据生产类型来进行，不同的生产类型对生产组织、毛坯选择、设备工装、加工方法等和工人技术水平的要求都有所不同，表 1-4 所列为各种生产类型的工艺特点。

表 1-4 各种生产类型的工艺特点

项目	单件、小批生产	中批生产	大批、大量生产
产品数量与加工对象	少，经常变换	中等，周期性变换	大量，固定不变
毛坯制造方法与加工余量	铸件用木模手工造型，锻件用自由锻。毛坯精度低，加工余量大	部分铸件采用金属模铸造，部分锻件采用模锻。毛坯精度和加工余量中等	铸件采用金属模机器造型，锻件采用模锻或其他高效方法。毛坯精度高，加工余量小

（续）

项目	单件、小批生产	中批生产	大批、大量生产
零件的互换性	配对制造，没有互换性，广泛采用钳工修配	大部分有互换性，少部分采用钳工修配	全部互换，某些高精度配合件可采用分组装配法和调整装配法
机床设备与布局	通用机床、数控机床或加工中心。按机床类别采用机群式布置	数控机床、加工中心和柔性制造单元；也可采用通用机床和专用机床。按零件类别，部分布置成流水线，部分采用机群式布置	广泛采用高效专用生产线、自动生产线、柔性制造生产线。按工艺过程布置成流水线或自动线
工艺装备	多数情况采用通用夹具或组合夹具。采用通用刀具和万能量具	广泛采用专用夹具、可调夹具和组合夹具。较多采用专用刀具与量具	广泛采用高效专用夹具、复合刀具、专用刀具和自动检验装置
对工人技术水平的要求	高	中	低
工艺规程的要求	编制简单的工艺过程卡	编制工艺规程，关键工序有较详细的工序卡	编制详细的工艺规程、工序卡和各种工艺文件
生产率	低	中	高
生产成本	高	中	低

1.4　机械加工工艺规程

机械加工工艺规程是规定产品或零部件机械加工工艺过程和操作方法的工艺文件，是一切有关生产人员都应该严格执行、认真贯彻的纪律性文件。生产规模的大小、工艺水平的提高及解决各种工艺问题的方法和手段，都要通过机械加工工艺规程来体现。因此，机械加工工艺规程设计是一项非常重要的工作，它要求设计者必须具备丰富的生产实践经验和广博的机械制造工艺基础理论知识。

1. 机械加工工艺规程的作用

1）根据机械加工工艺规程进行生产准备（包括技术准备）。在投入生产以前，需要做大量的生产准备和技术工作准备，例如，关键技术的分析与研究，刀、夹、量具的设计、制造或采购，设备改装与新设备的购置或定做等。这些工作都必须根据机械加工工艺规程来展开。

2）机械加工工艺规程是生产计划、调度、操作、质量检查等的依据。

3）新建或扩建车间（或工段），其原始资料也是机械加工工艺规程。根据机械加工工艺规程来确定机床的种类、数量布置和动力配置，生产面积的大小和工人的数量等。

机械加工工艺规程的修改与补充是一项严肃的工作，它必须经过认真讨论和严格的审批手续。不过，所有的机械加工工艺规程几乎都要经过不断的修改与补充才能逐步完善。

2. 机械加工工艺规程的格式

1）机械加工工艺过程卡片（表1-5）。它是以工序为单位简要说明机械加工工艺路线的一种工艺文件，一般适用于单件小批生产。

表 1-5　机械加工工艺过程卡片

（厂名全称）	机械加工工艺过程卡片	产品型号		零（部）件图号		共　页
		产品名称		零（部）件名称		第　页

材料牌号		毛坯种类		毛坯外形尺寸		每批件数		每台件数		备注	

工序号	工序名称	工序内容	车间	工段	设备	工艺装备	工序时间	
							准终	单件

										编制（日期）	审核（日期）	会签（日期）	※	※
标记	处数	更改文件号	签字	日期	标记	处数	更改文件号	签字	日期					

2）机械加工工序卡片（表 1-6）。它是以工序为单位详细说明每个工步的加工内容、工艺参数、操作要求及所用设备等的一种工艺文件。机械加工工序卡片中一般都有工序简图，内容完整和详细。每个零件的各加工工序都要有机械加工工序卡片，主要用于大批大量生产或单件小批生产中的关键工序，以及成批生产中的重要零件。

表 1-6　机械加工工序卡片

（工厂名）	机械加工工序卡片	产品名称及型号	零件名称	零件图号	工序名称	工序号	第　页
							共　页

（画工序简图处）					
	车间	工段	材料名称	材料牌号	力学性能
	同时加工件数	每料件数	技术等级	单件时间/min	准备—终结时间/min
	设备名称	设备编号	夹具名称	夹具编号	工作液
	更改内容				

工步号	工步内容	计算数据/mm			走刀次数	切削用量				工时定额/min			刀具量具及辅助工具				
		直径或长度	进给长度	单边余量		背吃刀量/mm	进给量/（mm/r 或 mm/min）	切削速率/（r/min 或双行程数/min）	切削速度/（m/min）	基本时间	辅助时间	工作地服务时间	工步号	名称	规格	编号	数量

编制		抄写		校对		审核		批准	

3）机械加工工艺卡片（表 1-7）。它是按照产品或零部件的某已加工阶段而编制的一种工艺文件，它比工艺过程卡片更详细，比工序卡片简单且较灵活，主要用于成批生产。

表 1-7　机械加工工艺卡片

<table>
<tr><td colspan="3" rowspan="4">（工厂名）</td><td rowspan="4">机械加工工艺卡片</td><td colspan="2">产品名称及型号</td><td colspan="2">零件名称</td><td></td><td colspan="3">零件图号</td><td colspan="4"></td></tr>
<tr><td rowspan="3">材料</td><td>名称</td><td></td><td rowspan="2">毛坯</td><td>种类</td><td></td><td rowspan="2">零件质量/kg</td><td>毛重</td><td></td><td colspan="3">第　页</td></tr>
<tr><td>牌号</td><td></td><td>尺寸</td><td></td><td>净重</td><td></td><td colspan="3">共　页</td></tr>
<tr><td>性能</td><td></td><td colspan="2">每料件数</td><td></td><td>每台件数</td><td></td><td colspan="2">每批件数</td><td colspan="2"></td></tr>
<tr><td rowspan="2">工序</td><td rowspan="2">安装</td><td rowspan="2">工步</td><td rowspan="2">工序内容</td><td colspan="5">切削用量</td><td rowspan="2">设备名称及编号</td><td colspan="3">工艺装备名称及编号</td><td rowspan="2">技术等级</td><td colspan="2">工时定额/min</td></tr>
<tr><td>同时加工零件数</td><td>背吃刀量/mm</td><td>切削速度/（m/min）</td><td>切削速度/（r/min或双行程数/min）</td><td>进给量/（mm/r或mm/min）</td><td>夹具</td><td>刀具</td><td>量具</td><td>单件</td><td>准备—终结</td></tr>
<tr><td></td><td></td><td></td><td></td><td></td><td></td><td></td><td></td><td></td><td></td><td></td><td></td><td></td><td></td><td></td><td></td></tr>
<tr><td colspan="3" rowspan="3">更改内容</td><td colspan="13"></td></tr>
<tr><td colspan="13"></td></tr>
<tr><td colspan="13"></td></tr>
<tr><td colspan="3">编制</td><td colspan="2"></td><td>抄写</td><td colspan="2"></td><td>校对</td><td colspan="2"></td><td>审核</td><td colspan="2"></td><td>批准</td><td></td></tr>
</table>

3. 制定机械加工工艺规程的要求与步骤

（1）制定机械加工工艺规程的基本要求

1）制定的工艺规程应能保证零件的加工质量，可靠地达到设计图样规定的各项技术要求。

2）在保证加工质量的基础上，使工艺过程有较高的生产率和较低的成本。

3）了解国内外本行业工艺技术的发展水平，积极采用先进的工艺技术和工艺装备。

4）尽量减轻工人的劳动强度，保证安全生产，创造良好和文明的劳动条件。

在一定的生产条件下，可能会出现多种能保证零件技术要求的工艺方案，此时应通过核算或相互对比，选择经济上最合理的方案，并要注重减少能源和原材料消耗，符合环境保护要求，实现绿色制造。

（2）制定机械加工工艺规程所需要的原始资料

1）产品的全套装配图及零件图。

2）产品验收的质量标准。

3）产品的生产纲领及生产类型。

4）毛坯生产和供应条件。

5）现有生产条件和资料。如毛坯的制造能力，现有加工设备、工艺装备及使用状况，专用设备、工装的制造能力及工人的技术水平等。

6）国内外生产技术的发展情况。

7）各种有关手册、标准及指导性文件。如机械加工工艺手册、时间定额手册、机床夹具设计手册、公差技术标准，以及国内外先进工艺、生产技术发展状况等方面的资料。

（3）制定机械加工工艺规程的步骤和内容

1）分析零件图和产品装配图。首先要熟悉产品的性能、用途和工作条件，明确零件在产品中的作用，了解零件图上各项技术条件的依据，找出关键技术问题。工艺审查除检查尺寸、视图及技术条件是否完全外，还要审查各项技术要求是否合理，零件的结构工艺性是否良好，材料选用是否符合工艺要求。如果有问题，应会同有关设计人员共同研究，按规定手续进行修改与补充。

2）确定毛坯。制造机械零件的毛坯一般有铸件、锻件、型材、焊接件等。目前，采用精密铸造、精锻、冷轧、冷挤压、粉末冶金等方法制造的毛坯，或采用异型钢作为毛坯，它们的精度比一般毛坯高，只需少量的机械加工甚至不需加工，就能作为机械零件。但这需用复杂的工艺和昂贵的设备，增加了毛坯的制造成本，因此毛坯的选择对零件工艺过程的经济性有很大影响。工序数量、材料消耗、加工工时在很大程度上取决于所选择的毛坯。因此，选择毛坯的种类和制造方法应根据图样要求、生产类型及毛坯生产车间的具体情况综合考虑，使零件的生产总成本降低，质量提高。

3）拟订工艺路线。拟订工艺路线即订出由粗到精的全部加工过程，包括选择定位基准及各表面的加工方位、安排加工工序等。这是关键性的一步，要提出多个方案进行分析比较。

4）选择设备。选用设备时，应使机床的规格与零件外形尺寸相适应，机床的精度与工序要求的精度相适应，机床的自动化程度与生产类型相适应等。同时应考虑工厂现有设备情况，若需要改装设备或自制专用设备，则应提出设计任务书。

5）选择工、夹、量具。确定各工序所需使用的刀具、夹具、量具和辅助工具，若需要专用的刀具、夹具、量具和辅助工具，则应提出设计任务书。

6）确定各主要工序的技术要求及检验方法。

7）计算工艺尺寸。需计算的工艺尺寸包括各工序的加工余量和公差。

8）确定切削用量。单件小批生产一般不规定切削用量，由操作者自行决定。但在流水线生产，尤其是自动线生产中，各工序、工步都需要规定切削用量，以保证工序间的生产节拍均衡。

9）确定工时定额。确定每道工序的单件工时和准备终结时间。流水线和自动线因有规定的切削用量，所以工时定额可部分通过计算、部分应用统计资料得出。随着工艺的改进，工时定额应做相应修改。

10）编写工艺文件。

课后习题

1-1　生产过程的主要步骤有哪些？

1-2　何谓工序、安装、工位、工步、走刀？

1-3　在一台机床上连续完成粗加工和半精加工算几道工序？若中间穿插热处理又算几道工序？

1-4　什么是机械加工工艺过程？什么是机械加工工艺系统？

1-5　试述制造的概念及广义制造论的含义。

1-6　制定机械加工工艺规程时，高精度零件的工艺过程较长（工序多），一般要划分成哪几个加工阶段？

第2章

机械加工工艺规程设计

机械加工工艺规程是规定零件机械加工工艺过程和操作方法等的工艺文件之一。它是在具体的生产条件下，把较为合理的工艺过程和操作方法，按照规定的形式书写成工艺文件，经审批后用来指导生产的。因此，机械加工工艺规程设计是一项重要而又严肃的工作，它要求设计者具备丰富的生产实践经验和广博的机械制造工艺基础理论知识。

2.1 零件机械加工的结构工艺性分析与毛坯的选择

2.1.1 结构工艺性分析

在制定零件机械加工工艺规程时，对零件进行工艺性分析，除审查零件图上视图、尺寸、公差是否齐全、正确之外，主要是审查零件的结构工艺性。所谓零件结构工艺性是指所设计的零件在满足使用要求的前提下，制造的可行性和经济性。也就是要有加工的可能性，要便于加工，要能够保证加工质量，同时使加工的劳动量最小。零件机械加工的结构工艺性应从以下几个方面加以考虑。

1. 提高切削效率

1）零件结构应便于装夹，见表2-1。

表2-1 零件结构示例1

零件结构		说明
工艺性不好	工艺性好	
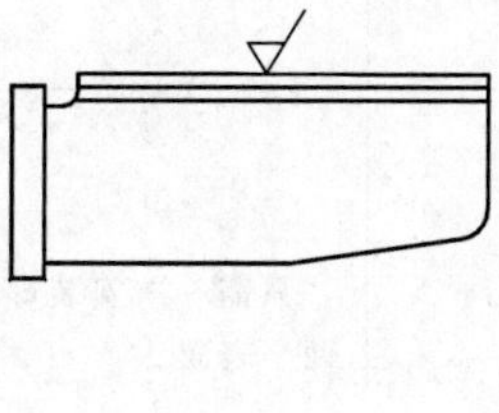	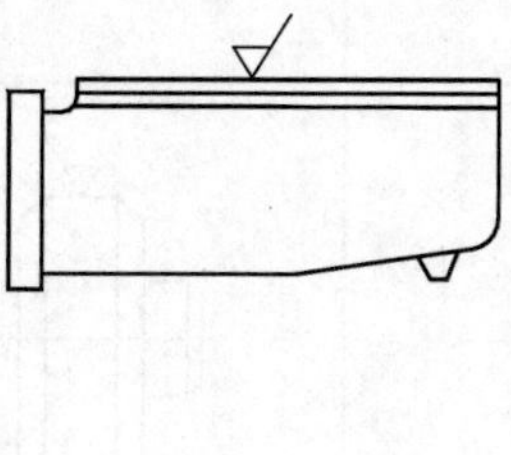	便于装夹找正，增加工艺凸台，可在精加工后切除

（续）

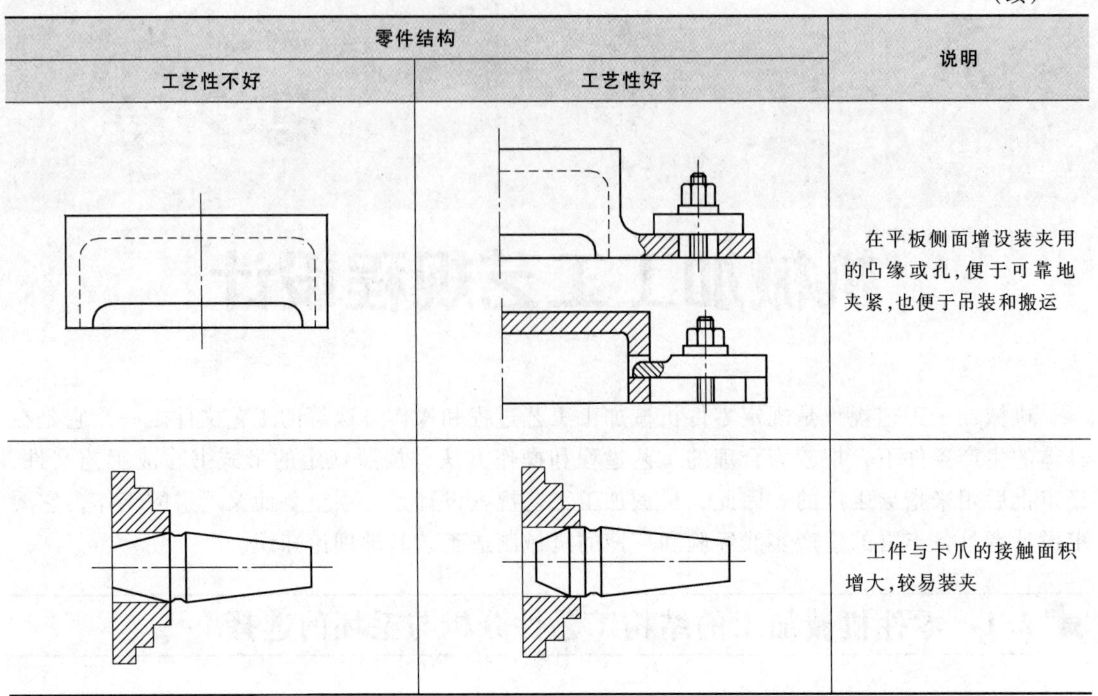

零件结构		说明
工艺性不好	工艺性好	
		在平板侧面增设装夹用的凸缘或孔，便于可靠地夹紧，也便于吊装和搬运
		工件与卡爪的接触面积增大，较易装夹

2）尽量减少装夹次数，降低装夹误差和减少辅助时间，同时保证精度，见表 2-2。

表 2-2　零件结构示例 2

零件结构		说明
工艺性不好	工艺性好	
		一次安装可同时加工几个表面
		盲孔改为通孔，可减少安装次数，保证孔的同轴度
		只需一次安装即可磨削两个表面

（续）

零件结构		说明
工艺性不好	工艺性好	
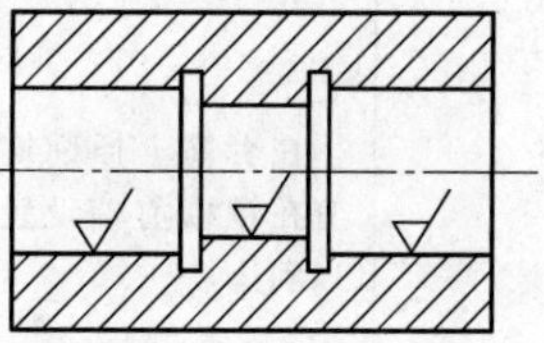	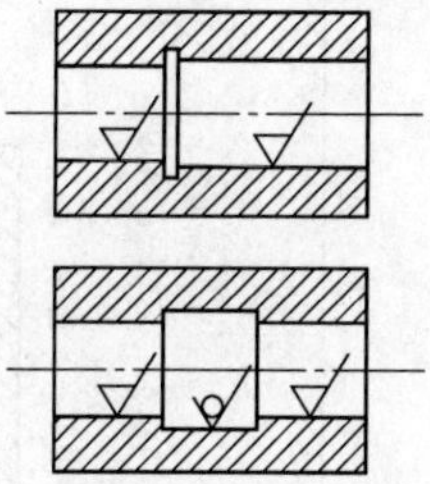	改进后可在一次安装中加工出来

3）刀具应有足够的操作空间，见表2-3。

表2-3　零件结构示例3

零件结构		说明
工艺性不好	工艺性好	
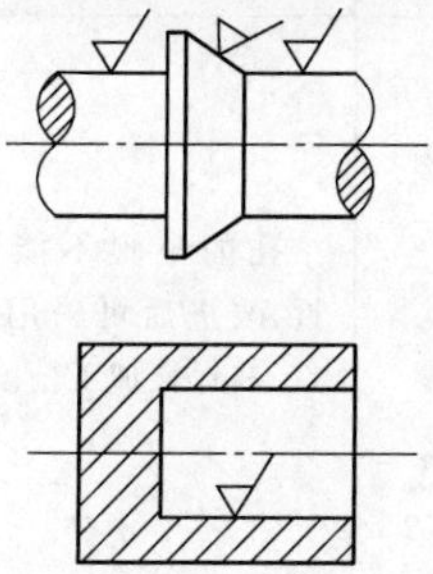	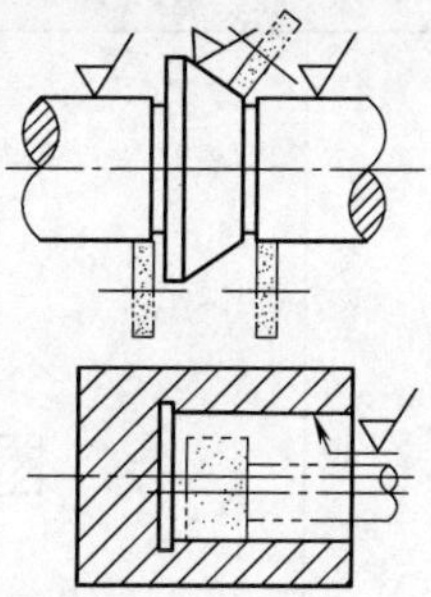	磨削时，各表面间的过渡部分应设计出越程槽
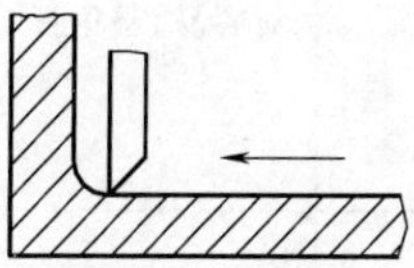	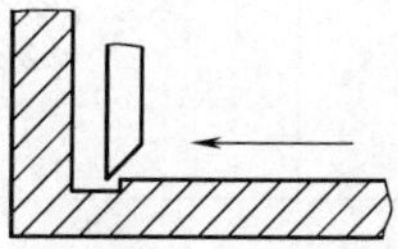	刨削时，在平面的前端要有让刀的部位
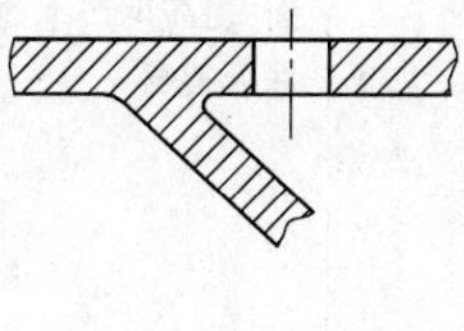	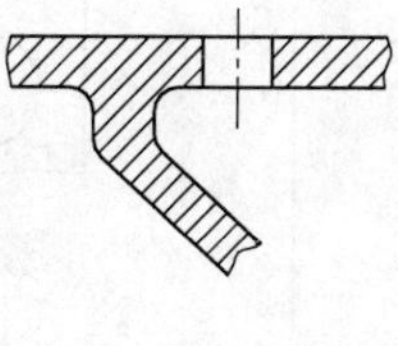	留有较大的空间，以保证快速钻削的正常进行

（续）

零件结构		说明
工艺性不好	工艺性好	
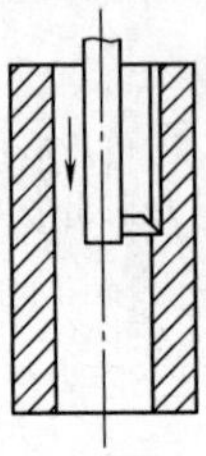	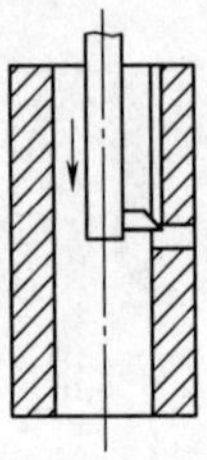	在套筒上插削键槽时，宜在键槽前端设置一孔，以利让刀

4）尽量采用标准刀具，减少刀具种类，见表2-4。

表2-4　零件结构示例4

零件结构		说明
工艺性不好	工艺性好	
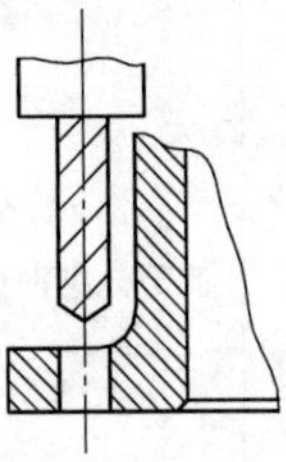	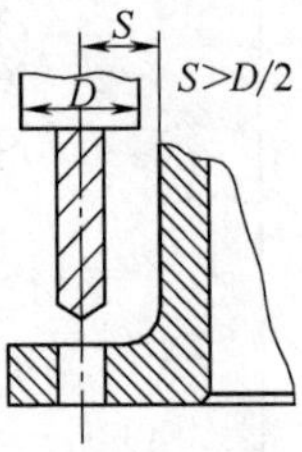 S　D　S>D/2	孔的位置不能距壁太近，改进后可采用标准刀具，并保证加工精度
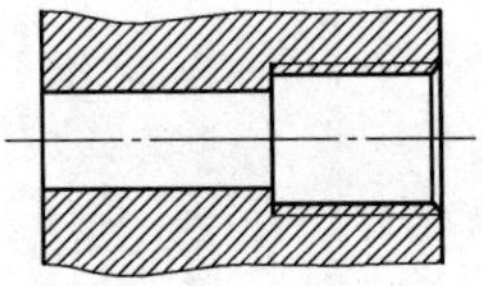	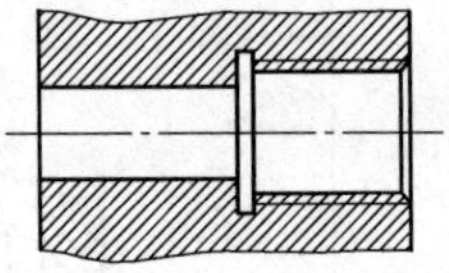	车螺纹时，要留有退刀槽，可使螺纹清根，操作相对容易，避免打刀
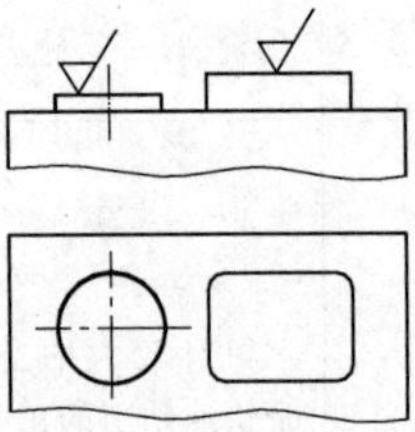	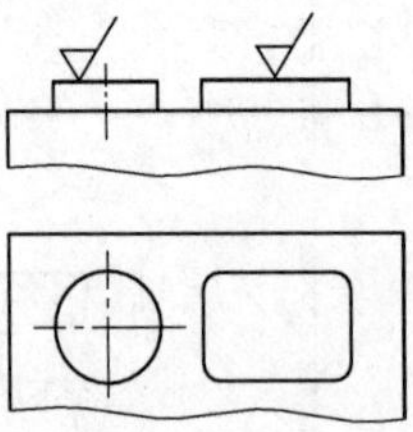	加工面在同一高度，一次调整刀具可加工两个平面，提高生产率的同时，易保证精度

（续）

零件结构		说明
工艺性不好	工艺性好	
		使用同一把刀具可加工所有空刀槽
		插齿时要留有退刀槽，这样大齿轮可滚齿或插齿加工，小齿轮也可以插齿加工
		应尽量减少加工面积，以节省工时，减少刀具损耗，且易保证平面度要求

2. 方便切削加工，减少机械加工工作量

1）尽量减少加工表面，避免内凹表面及内表面的加工，以减少加工难度，见表 2-5 和表 2-6。

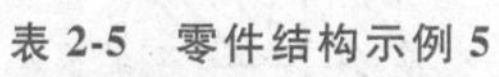
表 2-5　零件结构示例 5

零件结构		说明
工艺性不好	工艺性好	
		将孔的锪平面改为端面车削，可减少加工表面数

（续）

零件结构		说明
工艺性不好	工艺性好	
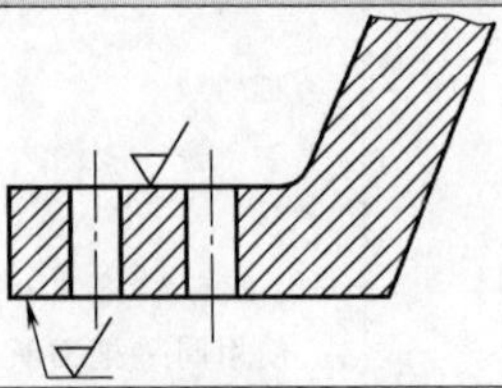	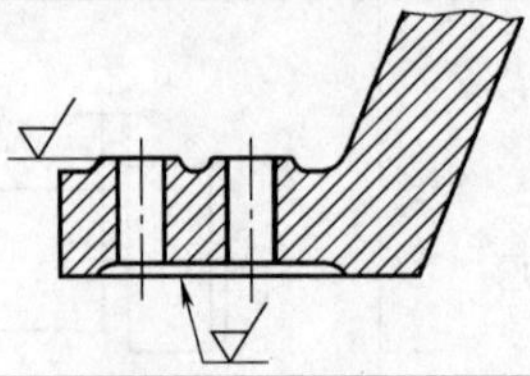	可铸出凸台，以减少金属切削量
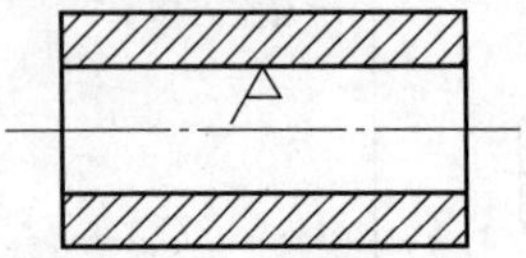	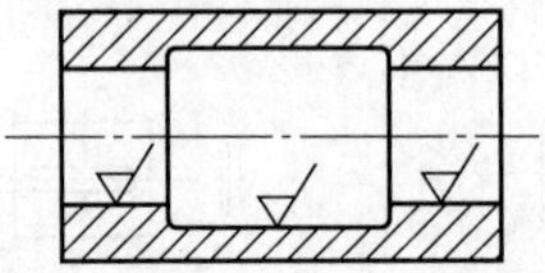	减少精加工的长度，扩大粗加工面
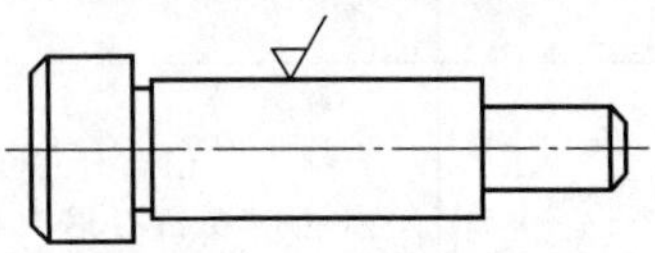	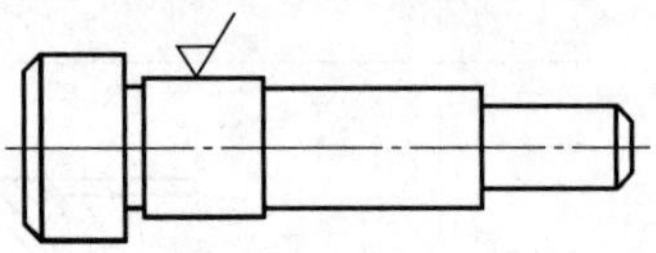	对于仅有小部分长度的直径且有严格公差要求的轴，可将其设计成阶梯状，以减少磨削时间

表 2-6　零件结构示例 6

零件结构		说明
工艺性不好	工艺性好	
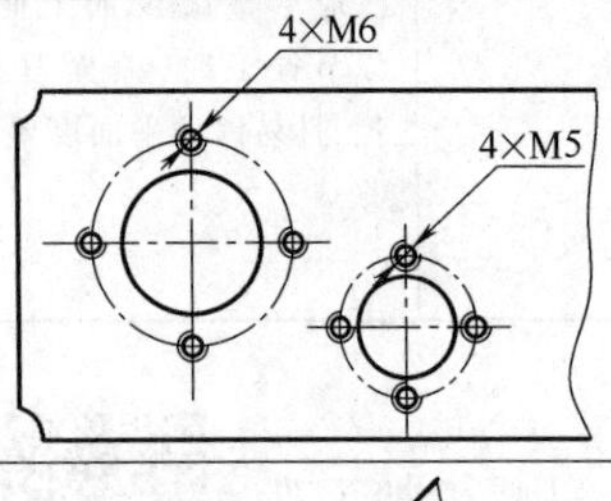 4×M6 4×M5	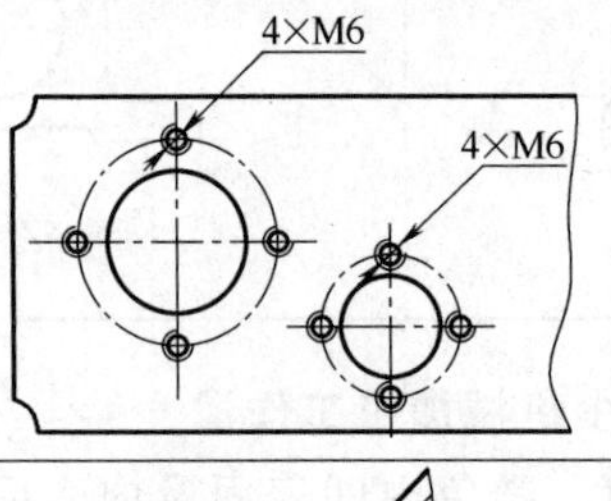 4×M6 4×M6	将同一端面上的尺寸相近螺纹孔改为同一尺寸螺纹孔，以便于加工和装配
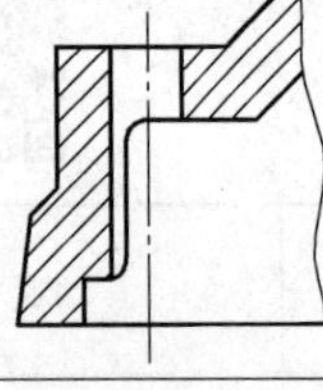	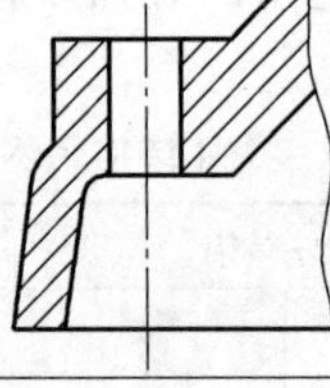	内壁孔出口处有阶梯面，钻孔时孔易产生偏斜或使钻头折断；内壁孔出口处平整，钻孔方便，易保证孔中心位置度
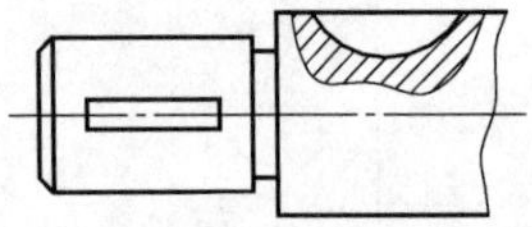	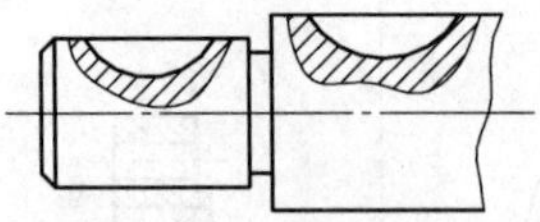	将阶梯轴两个键槽设计在同一方向上，一次装夹即可加工两个键槽
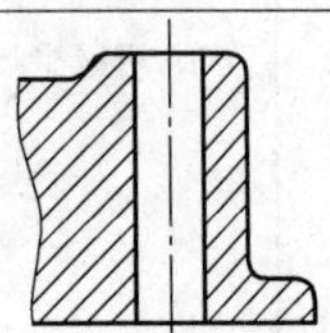	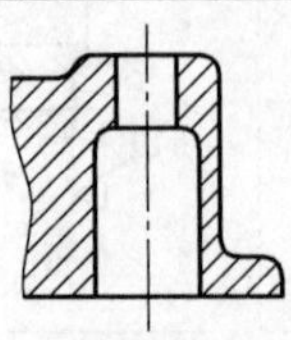	钻孔时间短，钻头寿命长，钻头不易偏斜

（续）

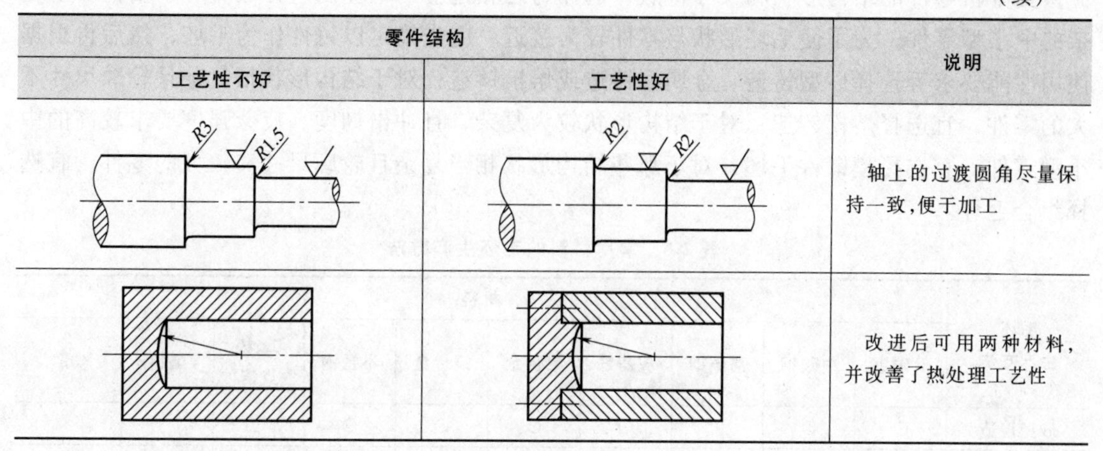

零件结构		说明
工艺性不好	工艺性好	
R3　R1.5	R2　R2	轴上的过渡圆角尽量保持一致，便于加工
		改进后可用两种材料，并改善了热处理工艺性

2）要方便进刀、退刀和测量，见表 2-7。

表 2-7　零件结构示例 7

零件结构		说明
工艺性不好	工艺性好	
		保证内部大孔的尺寸精度和表面粗糙度，以改善切削条件

2.1.2　毛坯的选择

在机械零件的制造中，绝大多数零件是由原材料通过铸造、锻造、冲压或焊接等成形方法先制成毛坯，再经过切削加工制成的。切削加工只是为了提高毛坯件的精度和表面质量，基本上不改变毛坯件的物理、化学和力学性能，而毛坯的成形方法选择正确与否，对零件的制造质量、使用性能和生产成本等都有很大的影响。机械零件毛坯可以分为铸件、锻件、冲压件、焊接件、型材、粉末冶金件及各种非金属件等。不同种类的毛坯在满足零件使用性能要求方面各有特点，毛坯的选择应该在满足使用要求的前提下，尽量降低生产成本。同一个零件的毛坯可以用不同的材料和不同的工艺方法去制造，应对各种生产方案进行多方面的比较，从中选出综合性能指标最佳的制造方法。具体选用时要考虑以下因素。

1. 满足材料的工艺性能要求

金属是制造机械零件的主要材料，一旦材料确定后，材料的工艺性能就是影响毛坯成形的重要因素，表 2-8 所列为常用材料的毛坯生产方法。

2. 满足零件的使用要求

零件的使用要求主要包括零件的结构形状和尺寸要求、零件的工作条件（通常指零件的受力情况、工作环境和接触介质等）及对零件性能的要求等。

（1）结构形状和尺寸的要求　机械零件由于使用功能不同，其结构形状和尺寸往往差异较大，各种毛坯生产方法对零件结构形状和尺寸的适应能力也不相同，所以选择毛坯时，应认真分析零件的结构形状和尺寸特点，选择与之相适应的毛坯制造方法。对于结构形状复杂的中小型零件，为了使毛坯形状与零件较为接近，应先确定以铸件作为毛坯，然后再根据使用性能要求等选择砂型铸造、金属型铸造或熔模铸造；对于结构形状很复杂且轮廓尺寸不大的零件，宜选择熔模铸造；对于结构形状较为复杂，且冲击韧度、疲劳强度要求较高的中小型零件，宜选择模锻件毛坯；对于那些结构形状相当复杂且轮廓尺寸又较大的零件，宜选择组合毛坯。

表 2-8　常用材料的毛坯生产方法

毛坯生产方法	材料									
	低碳钢	中碳钢	高碳钢	灰铸铁	铝合金	铜合金	不锈钢	工、模具钢	塑料	橡胶
砂型铸造	⊙	⊙	⊙	⊙	⊙	⊙	⊙	⊙		
金属型铸造				⊙	⊙	⊙				
压力铸造					⊙	⊙				
熔模铸造	⊙	⊙	⊙				⊙	⊙		
锻造	⊙	⊙	⊙		⊙	⊙	⊙	⊙		
冲压	⊙	⊙	⊙		⊙	⊙	⊙			
粉末冶金	⊙	⊙	⊙		⊙	⊙		⊙		
焊接	⊙	⊙			⊙	⊙	⊙	⊙	⊙	
挤压型材	⊙				⊙	⊙			⊙	⊙
冷拉型材	⊙	⊙	⊙		⊙	⊙			⊙	⊙
其他									压制及吹塑	压制

注：表中“⊙”表示材料适宜或可以采用的毛坯生产方法。

（2）力学性能的要求　对于力学性能要求较高，特别是工作时要承受冲击和交变载荷的零件，为了提高冲击韧度和疲劳强度，一般应选择锻件，如机床、汽车的传动轴和齿轮等；对于由于其他方面原因需采用铸件的，但又要求零件的金相组织致密、承载能力较强的零件，应选择相应的能满足要求的铸造方法，如压力铸造、金属型铸造和离心铸造等。

（3）表面质量的要求　为降低生产成本，现代机械产品上的某些非配合表面有尽量不加工的趋势，即实现少、无切屑加工。为保证这类表面的外观质量，对于尺寸较小的有色金属件，宜选择金属型铸造、压力铸造或精密模锻；对于尺寸较小的钢铁件，则宜选择熔模铸造（铸钢件）或精密模锻（结构钢件）。

3. 满足降低生产成本的要求

要降低毛坯的生产成本，必须认真分析零件的使用要求及所用材料的价格、结构工艺性、生产批量等各方面情况。首先应根据零件的选材和使用要求确定毛坯的类型，再根据零件的结构形状、尺寸大小和毛坯的结构工艺性及生产批量大小，确定具体的生产方法，必要时还可按有关程序对原设计提出修改意见，以利于降低毛坯生产成本。

（1）生产批量较小时的毛坯选择　若生产批量较小，毛坯生产的生产率不是主要问题，材料利用率的矛盾也不太突出，这时应主要考虑的是减少设备、模具等方面的投资，即使用价格比较便宜的设备和模具，以降低生产成本。如使用型材、砂型铸造件、自由锻件、胎模锻件、焊接结构件等作为毛坯。

（2）生产批量较大时的毛坯选择　若生产批量较大，提高生产率和材料的利用率，降低废品率，对降低毛坯的单件生产成本将具有明显的经济意义。因此，应采用比较先进的毛坯制造方法来生产毛坯。尽管设备造价昂贵、投资费用高，但分摊到单个毛坯上的成本是较低的，并且由于工时消耗、材料消耗及后续加工费用的减少和毛坯废品率的降低，可以有效地降低毛坯的生产成本。

4. 符合生产条件

为了兼顾零件的使用要求和生产成本两个方面，在选择毛坯时还必须与企业的具体生产条件相结合。当对外订货的价格低于企业的生产成本，且又能满足交货期要求时，应当向外订货，以降低成本。还要认真分析以下三方面的情况：

1）当代毛坯生产的先进技术与发展趋势，在不脱离我国国情及工厂实际情况的前提下，尽量采用比较先进的毛坯生产技术。

2）产品的使用性能和成本方面对毛坯生产的要求。

3）工厂现有毛坯生产能力状况，包括生产设备、技术力量（含工程技术人员和技术工人）、厂房等方面的情况。

总之，毛坯选择应在保证产品质量的前提下，获得最好的经济效益。

2.1.3　零件的技术要求分析

零件的技术要求包括以下几个方面的内容。

1）加工表面的尺寸精度。

2）主要加工表面的形状精度。

3）主要加工表面之间的相互位置精度。

4）加工表面的表面粗糙度及表面结构方面的其他要求。

5）热处理要求。

6）其他要求（如动平衡、未注圆角或倒角、去毛刺、毛坯要求等）。

通过对零件结构工艺特点、技术条件的分析，即可根据生产批量、设备条件等编制机械加工工艺规程。编制过程中，应着重考虑主要表面和加工较困难表面的工艺措施，从而保证加工质量。

2.2　工件加工时的定位及基准

工件的定位就是使同一批工件在夹具中占有同一的正确加工位置。工件在夹具中定位时，其位置是由工件的定位基准（面）与夹具定位元件的工作表面（定位表面）相接触或相配合来确定的。

2.2.1　基准的概念与分类

基准是指用来确定生产对象上几何要素间的几何关系所依据的那些点、线、面。具体体现基准的几何表面，称为基面，如图 2-1 所示。基准按其适用场合和作用，可分为设计基准

和工艺基准两大类。

1. 设计基准

即设计图样上所采用的基准。

2. 工艺基准

零件在加工工艺过程中所用的基准，称为工艺基准。按其用途可分为以下四种：

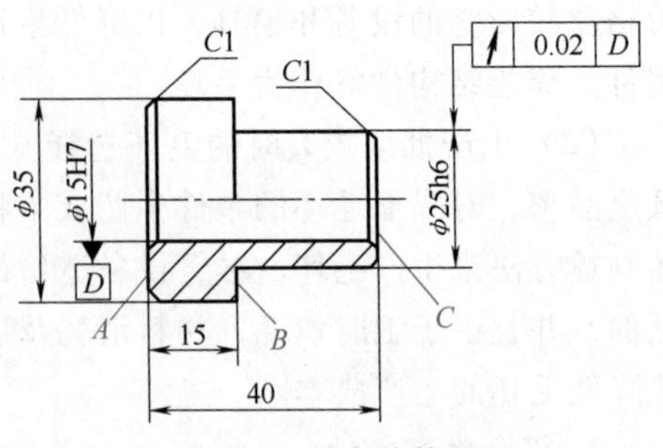

图 2-1 轴套的基面

1）工序基准。在工序图或其他工艺文件上，用来标定被加工表面位置的基准，称为工序基准。加工表面与工序基准之间，通常有两项相对位置要求：一项是加工表面对工序基准的距离要求（尺寸要求）；另一项是加工表面对工序基准的角度位置要求（如平行度、垂直度等）。加工表面对工序基准的对称度、同轴度等要求，则既包含距离要求，又包含角度要求，这些联系加工表面与工序基准之间的尺寸要求或位置要求，称为工序尺寸或工序要求。

图 2-2 所示为两个工件的加工工序图。图 2-2a 中，A 面为加工表面，本工序的加工要求为：A 面对 B 面的尺寸要求为 H；A 面对 B 面有平行度位置要求（如没有特殊标出时，平行度要求应包括在尺寸 H 的公差范围内）。故 B 面就是本工序的工序基准。有时工序基准不止一个。如图 2-2a 中，工件还有一个 C 面也在本工序中加工，它对圆柱体的中心 O 有距离为 L 的尺寸要求，故中心 O 也是本工序的工序基准。再如，图 2-2b 中，ϕD 孔为加工表面，要求孔 ϕD 与 A 面垂直，并与 B 面和 C 面保持距离 L_1 和 L_2，因此表面 A、B、C 均为本工序的工序基准。所以，工序基准可以是工件上的实际表面或表面上的线，也可以是表面的几何中心、对称面、对称线等。

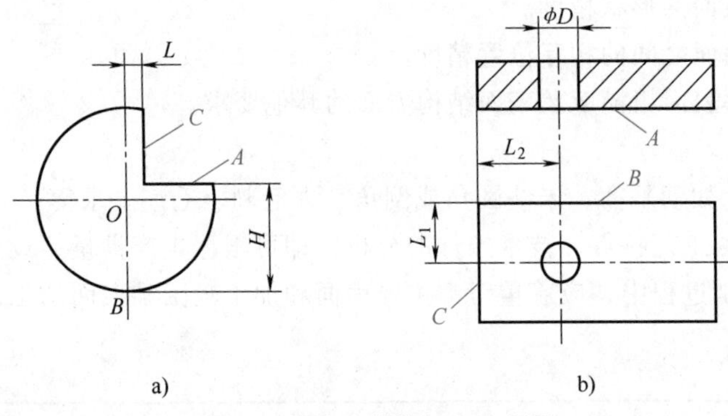

图 2-2 两个工件的加工工序图

2）定位基准。工件定位时，用来确定工件在夹具中位置的基准，称为定位。工件的定位就是使工件的定位基准得到确定的位置。定位基准的位置一经确定，工件的其他部分（包括工序基准）的位置也随之确定。

如图 2-3 所示，工件定位时，以表面 A 和 B 靠在夹具的定位元件 1 和 2 上得到定位。因为工件是一个整体，所以工件上的其他部分（如表面 C 和 D 孔的中心线 O 等），均与表面 A 和 B 保持一定的位置关系，从而得到一定的位置。因此，表面 A 和 B 就是该工件的定位基准。定位基准除了可以是工件上的实际表面，也可以是某表面的几何中心、对称线或对称面。作为定位基准的线或点，总是由具体的表面来体现，该表面称为基面。

3）测量基准。零件测量时所采用的基准，称为测量基准。图 2-3 中，孔的中心线为外圆的测量基准，表面 *A* 为表面 *B* 和表面 *C* 的测量基准。

4）装配基准。装配过程中确定零件、组件或部件在产品中的相对位置所采用的基准，称为装配基准。图 2-1 中，ϕ25h6 外圆和端面 *B* 即为装配基准。

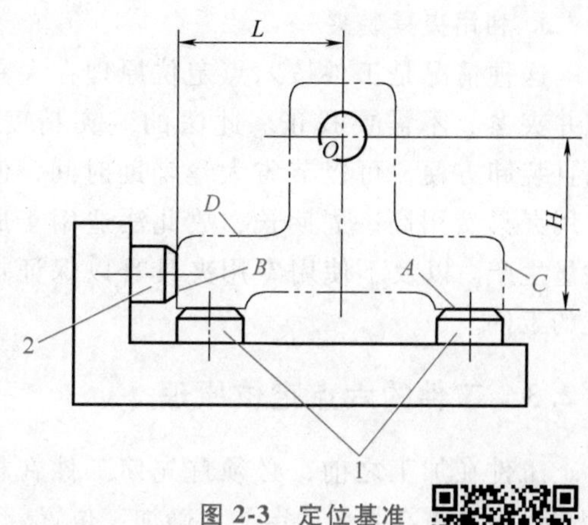

图 2-3　定位基准

1、2—定位元件

2.2.2　工件的装夹方式

根据工件定位特点的不同，工件的装夹有下列三种方式。

1. 直接找正装夹

直接找正装夹是用划针或百分表等依据工件表面直接在机床上找正工件的位置。例如，图 2-4a 所示为在磨床上磨削一个与外圆表面有同轴度要求的内孔，加工前将工件装在单动卡盘上，用百分表直接找正外圆，使工件获得正确的位置。又如，图 2-4b 所示为在牛头刨床上加工一个同工件底面与右侧面有平行度和位置度要求的槽，用百分表找正工件的右侧面，可使工件获得正确的位置。而槽与底面的平行度则由机床的几何精度来保证。

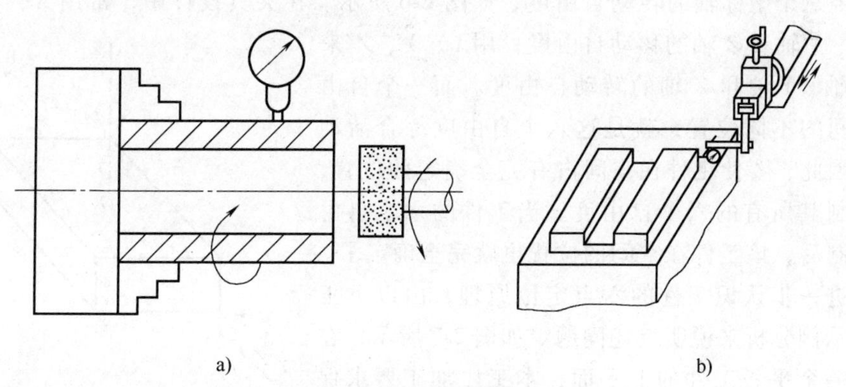

图 2-4　直接找正装夹

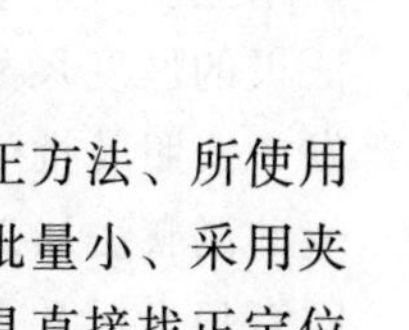

直接找正装夹的精度和工作效率，取决于要求的找正精度、所采用的找正方法、所使用的找正工具和工人的技术水平。此法的缺点是费时，因此一般只适用于工件批量小、采用夹具不经济，或工件定位精度要求特别高、采用夹具不能保证而只能用精密量具直接找正定位的场合。

2. 划线找正装夹

对于形状复杂的工件，因毛坯精度不易保证，若用直接找正装夹，则会顾此失彼，很难使工件上各个加工面都有足够和比较均匀的加工余量。若先在毛坯上划线，然后按照所划的线来找正装夹，则能较好地解决这些矛盾，如图 2-5 所示。此法要增加划线工序，定位精度也不高，因此多用于批量小、零件形状复杂、毛坯制造精度较低的场合，以及大型铸件和锻件等不宜使用夹具的粗加工。

3. 利用夹具装夹

这种情况是工件按六点定位原理在夹具中定位并夹紧，不需要找正。此法的装夹精度较高，而且装卸方便，可以节省大量辅助时间，但制造专用夹具费用高、周期长，故此法适用于成批和大量生产，以及不使用专用夹具难以保证加工精度的工件。

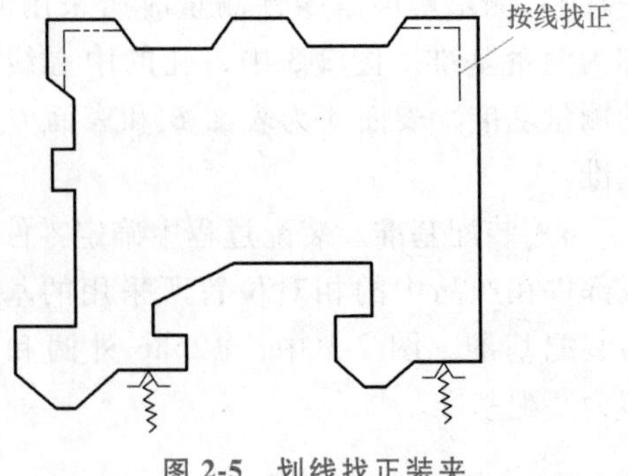

图 2-5　划线找正装夹

2.2.3　工件的六点定位原理

工件在加工之前，必须首先使工件在机床上相对于刀具占有某个确定的正确加工位置，从而使工件加工后保证达到工序所规定的加工技术要求，以得到合格的工件。那么，工件的位置怎样才算确定呢？这就是工件的六点定位原理所要讨论的问题。

任何一个工件在定位之前均是一个自由物体。一个自由物体，在空间中可向任何方向移动和转动，其位置是任意的，也就是所谓的自由。为了便于研究其活动规律，可把物体（工件）放在空间直角坐标系中，即可变为确定物体（工件）坐标位置的问题来进行研究分析。一个自由物体有六个活动的可能性，也就是具有六个自由度，包括沿三个坐标轴的移动自由度和绕三个坐标轴的转动自由度，如图 2-6 所示。在夹具设计中，常用 $\vec{X}$、$\vec{Y}$、$\vec{Z}$ 来表示沿 X 轴、Y 轴和 Z 轴的移动自由度；用 $\widehat{X}$、$\widehat{Y}$、$\widehat{Z}$ 来表示绕 X 轴、Y 轴和 Z 轴的转动自由度。而一个自由物体在空间的不同位置，就是这六个自由度综合活动的结果。因此，要使工件在空间占有完全确定的位置，就必须限制其所有的六个自由度。当工件的六个自由度完全限制后，该工件在空间的位置也就完全确定了。

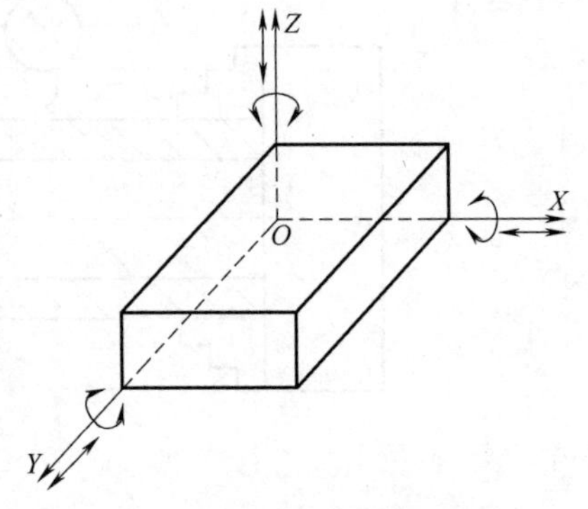

图 2-6　刚体的六个自由度

为了进一步认识工件的六点定位原理，由以下工件定位的示例分析来说明上述问题。如图 2-7 所示，在铣床上铣一个平板工件的上平面，本工序加工要求保证板的厚度尺寸 H 和上下面间的平行。从这些要求出发，按照成批生产，刀具的位置一经调整好，不再改变的调整法加工。根据上述要求来考虑加工平面时的定位。为分析研究问题，把工件置于空间直角坐标系 X、Y、Z 中。

根据上述加工要求，可选定 A 面为定位基准。由于加工平面要求与 A 面保持尺寸 H 且相互平行，因此只要将 A 面放在与机床工作台平行的平面上，且保持接触，即可满足加工要求。以 A 面为定位基准在定位表面上定位后，调整铣刀（或砂轮）的位置，使其切削刃的最低点与定位表面的距离恰好等于工序尺寸 H。这样调整刀具的位置，使工件定位，便能保证工件所要求的上下面间尺寸 H 和上下面间的平行。

工件以 A 面为定位基准在平面上定位，仅限制了工件沿 Z 轴方向的移动（$\vec{Z}$）以及绕 X 轴和 Y 轴的转动（$\widehat{X}$、$\widehat{Y}$）三个自由度。至于工件在平面上前后（Y 方向）、左右（X 方向）

的移动自由度和绕 Z 轴的转动自由度，都不影响加工表面与 A 面的平行及工序尺寸 H 的大小，即 $\vec{X}$、$\vec{Y}$、$\widehat{Z}$ 对同批工件的位置是不确定（自由）的。这三个自由度未被限制是因为它们对加工要求无影响。

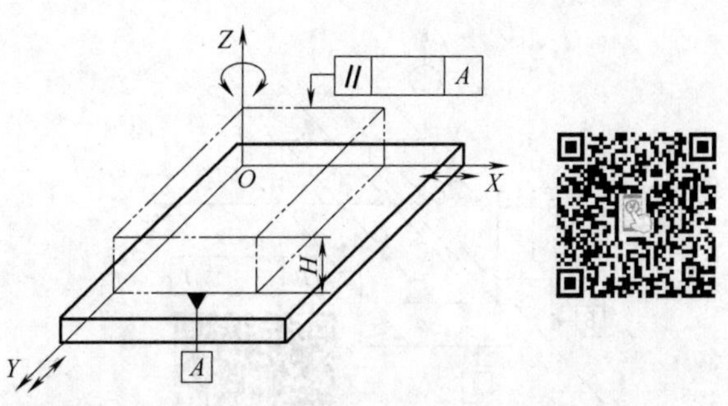

图 2-7　加工平面工序的定位分析

但是，如果实际的定位基面不是很平整，只能是工件基面上的三个凸出点与定位表面相接触，对每个工件来说，三个接触点的位置是不确定的，如图 2-8 所示，因而造成同批工件定位的不稳定。如果工件的定位基准是未加工过的粗基准，则上述不稳定的情况就更为严重。因此，需要改变上述面与面的接触为面与点的接触。如在平面上放置三个位置固定的支承点，就可使工件的定位更加稳定可靠，如图 2-9 所示，用定位支承点 1、点 2、点 3 代替原来的定位表面，与工件的 A 面保持接触。

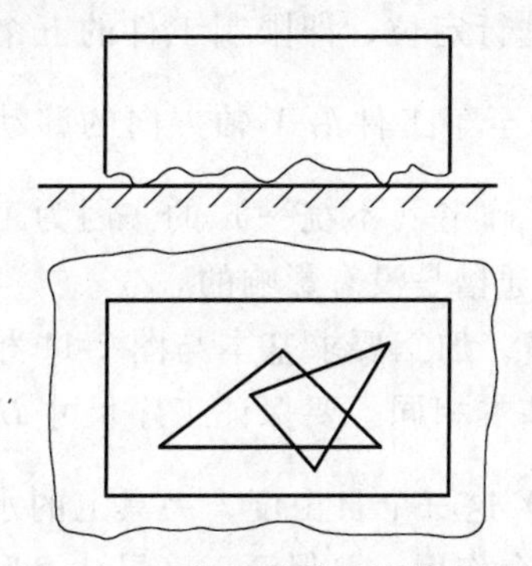

图 2-8　工件定位基准面放大图

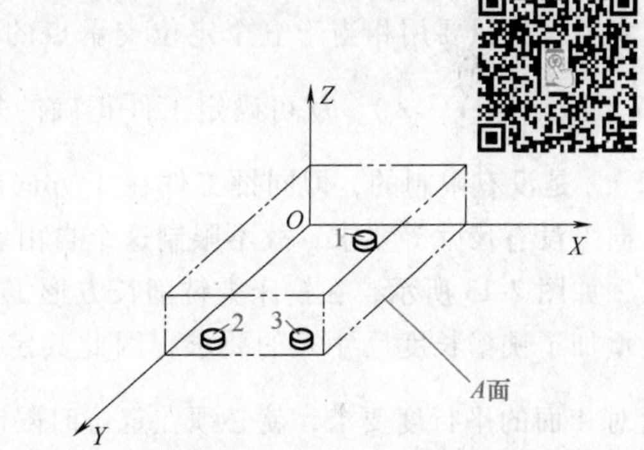

图 2-9　平面定位基准在三个支承点上的定位简图

根据加工平面的要求（工序尺寸 H 和上下面间的平行度），平面定位表面（即起三点定位作用）必须限制工件的 $\vec{Z}$、$\widehat{X}$、$\widehat{Y}$ 三个自由度，否则就不能保证工件的加工要求。工件的其他自由度对加工要求无影响，所以不必限制。这里将定位元件抽象为相应的定位支承点，用这些定位支承点来限制工件的相应自由度，可使分析工件的定位更为简明、方便。

如图 2-10 所示，在铣床上铣削长方形工件的通槽，根据图中的加工要求来考虑工件在铣床上如何定位。首先以工件的 A 面为定位基准在平面上进行定位。然后调整铣刀位置，使切削刃的最低点与定位表面的距离为尺寸 H。这样加工便能保证槽深尺寸 H 和槽底面对 A 面的平行度要求。但是，单纯以 A 面定位还不能保证其他加工要求，因为平面定位只能限制工件的三个自由度（$\vec{Z}$、$\widehat{X}$、$\widehat{Y}$），所以不能保证工件的 B 面与铣床工作台的进给方向平行，从而也就不可能保证加工出的槽侧面与 B 面间的尺寸 B 和它们之间的平行度要求（图 2-11）。为达到上述加工要求，还必须以 B 面为定位基准，使 B 面处于与机床进给方向平行的方向上。因为两点便可确定一条直线的位置，所以需要用两个定位支承点或相当于两个定位支承点（如一个窄长面等）的定位元件。

如图 2-12 所示，在与机床进给方向平行的窄长平面上设置 4、5 两个定位支承点，只要

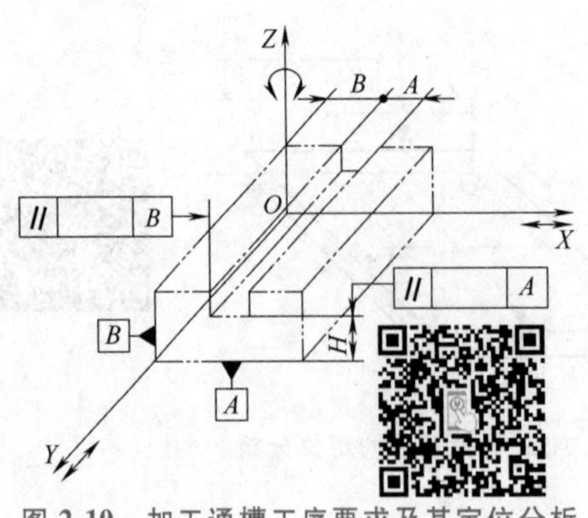

图 2-10　加工通槽工序要求及其定位分析

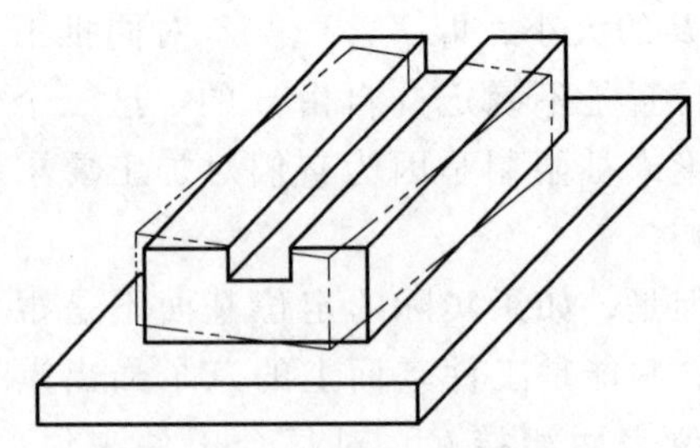

图 2-11　平面定位分析简图

工件的定位基准 B 面与窄长平面或 4、5 两个支承点保持接触，即可确定工件与机床进给方向平行的正确加工位置。然后调整铣刀的左侧刃与侧面定位表面间的距离又恰好是尺寸 B，这样使工件定位和调整刀具，便能保证槽侧面与 B 面的尺寸要求和平行度要求。而槽宽尺寸 A，则应由铣刀的尺寸直接保证。由上述分析可知，在该铣通槽工序中，根据工序的加工技术要求，只要用相当于五个定位支承点的定位元件进行定位，即限制工件的五个自由度（$\vec{X}$、$\vec{Z}$、$\widehat{X}$、$\widehat{Y}$、$\widehat{Z}$），就可确定工件正确的加工位置。至于工件沿 Y 轴方向的移动自由度（$\vec{Y}$），是没有限制的，即同批工件在 Y 方向的位置是不确定（不统一）的。因为工件在该方向上没有尺寸等要求，故不限制这个自由度，对加工通槽是没有影响的。

如图 2-13 所示，在铣床上铣削长方形工件的一段槽，加工要求基本与图 2-11 相同，只是增加了铣槽长度尺寸 C 的要求，因此其定位方法也基本相同。要保证工序尺寸 H 和槽底面对 A 面的平行度要求，就必须在定位时限制 $\vec{Z}$、$\widehat{X}$、$\widehat{Y}$ 这三个自由度，夹具上的水平面或布置在这个平面上的三个定位支承点 1、2、3 就起着这个作用。要保证工序尺寸 B 和槽侧面对 B 面的平行度要求，就必须在定位时限制 $\vec{X}$ 和 $\widehat{Z}$ 这两个自由度，夹具上的垂直侧放的窄长平面或布置在这个窄长平面的两个定位支承点 4、5 就起着这个作用。

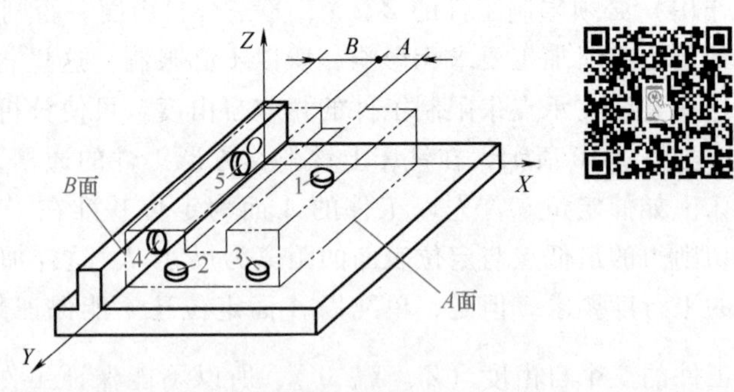

图 2-12　加工通槽的定位分析

要保证尺寸 C，必须在定位时限制 $\vec{Y}$ 这个自由度。为此，这里选用了工件的前端面为定位基准。在夹具的挡销 6 上定位，以控制机床纵向进给停止时，铣刀的中心位置与工件端面的距离恰好等于尺寸 C。此例说明，本工序必须限制工件的六个自由度（$\vec{X}$、$\vec{Y}$、$\vec{Z}$、$\widehat{X}$、$\widehat{Y}$、$\widehat{Z}$），才能保证工件占有一个完全确定满足加工要求的正确位置。

由上述工件定位的示例分析可知：工件在夹具中定位，可以看作是将工件置于空间直角坐标系中。其中，XOY 坐标平面与机床的工作台面平行；YOZ 坐标平面与机床的进给方向平行；*XOZ* 坐标平面与机床进给方向垂直。而各个定位支承的工作表面（即定位表面）分别与相应的坐标平面重合。所以工件在平面上定位就相当于布置在 *XOY* 坐标平面上三个定位支承点，限制了工件相应的三个自由度（$\vec{Z}$、$\widehat{X}$、$\widehat{Y}$）。因这个定位表面限制了工件的三个自由度，起着主要定位作用，故可称为主要定位表面。工件在窄长平面或一条线上定位就相当于布置在 *YOZ* 坐标平面一条线上的两个定位支承点，限制了工件相应的两个自由度（$\vec{X}$、$\widehat{Z}$）。因这个定位表面限制了工件的两个自由度，起着导向定位作用，故可称为导向定位表面。工件在一个小平面或一个点上定位就相当于布置在 *XOZ* 坐标平面上一个定位支承点，限制了工件相应的一个自由度（$\vec{Y}$）。因这个定位表面限制了工件的一个自由度，起着承挡定位作用，故可称为承挡定位表面。上述定位就是三个定位表面起着六点定位的作用。

在分析工件的定位时，不应考虑力的影响。限制工件的某个自由度，是指工件在某个坐标方向要占有确定的位置，而不是指工件受到外力时不能活动。工件受到外力不能活动是夹紧的任务，不要把定位和夹紧这两个概念相混淆。工件在外力作用下不能活动（即已夹紧），并不代表工件的所有自由度都被限制了。图 2-9 中，铣板状工件的上平面的定位分析，只要用相当于三个定位支承点的平面定位来限制工件的三个自由度 $\vec{Z}$、$\widehat{X}$、$\widehat{Y}$ 就能满足工件的加工要求。另外的三个自由度 $\vec{X}$、$\vec{Y}$、$\widehat{Z}$，因其对工件的加工要求无影响，所以没有限制。当工件一旦被夹紧后，便在任何方向都不能动了，但工件的 $\vec{X}$、$\vec{Y}$、$\widehat{Z}$ 三个自由度仍未被限制，也就是各个工件在这三个坐标方向上没有占有确定的位置。

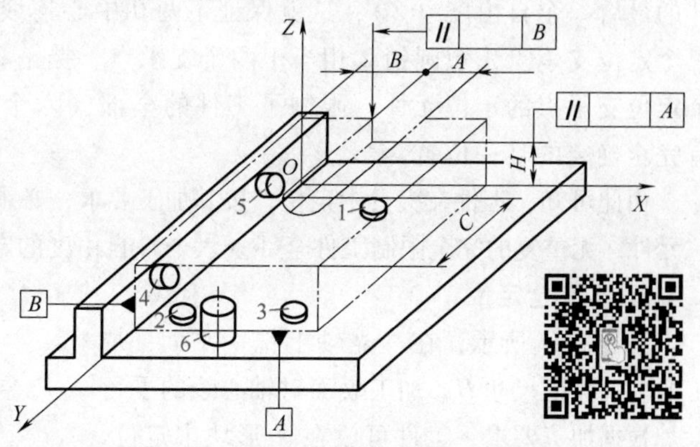

图 2-13　加工一段槽工序的定位分析

工件在夹具中的定位，就是工件在未被夹紧之前，为达到工序规定的加工要求，使同批工件在夹具中占有一个确定的正确加工位置。

1）任何工件对于空间直角坐标系（*X*、*Y*、*Z*）来说，都具有六个自由度，即 $\vec{X}$、$\vec{Y}$、$\vec{Z}$、$\widehat{X}$、$\widehat{Y}$、$\widehat{Z}$。

2）要完全限制工件的六个自由度，就必须在夹具中用相当于六个无重复作用的定位支承点定位元件，与工件的定位基准（基面）相接触或配合来限制。

3）工件定位时，需限制自由度的数目，由工件在该工序的加工技术要求确定。定位支承点的总数应不少于工件加工时必须限制的自由度数目。

工件定位时，必须遵循工件的定位原理。因为，要完全限制工件的六个自由度时，所用无重复的定位支承点数恰好为六个，所以又称为工件的六点定位原理。在设计夹具，研究和分析工件的定位问题时，必须严格遵守六点定位原理，否则就不能满足工件的加工技术要求，从而产生不良后果。

2.2.4 定位原理的应用

为了正确应用定位原理分析工件在夹具中的定位，实际生产中，常有以下几种定位情况。

1. 完全定位

如图 2-14 所示，在连杆零件上加工大孔，工件上的小孔及两端面均已加工好。工序加工要求：两孔中心距尺寸为 L，两孔中心连线应通过杆身轴线，大孔与其端面垂直。为满足上述加工要求，选工件上的端面、小孔和一侧面为定位基准。在平面 1 上定位，限制工件的三个自由度（$\vec{Z}$、$\widehat{X}$、$\widehat{Y}$），这就能保证加工的大孔与其端面垂直；在短圆销 2 上定位，限制工件的两个自由度（$\vec{X}$、$\vec{Y}$），从而保证两孔的中心距尺寸 L；最后在挡销 3 上定位，限制工件的最后一个自由度（$\widehat{Z}$），这就保证了两孔中心连线通过杆身的轴线。这样平面 1 相当于三个定位支承点，短圆销 2 相当于两个支承点，挡销 3 相当于一个支承点，共用了相当于六个定位支承点的定位元件，限制了工件的全部（六个）自由度。因此，工件在空间中才占有完全确定的唯一位置。

由此可知，工件在夹具中定位，按其加工要求，必须利用夹具中相当于六个定位支承点的定位元件，无重复的完全限制工件全部（六个）自由度的定位情况，称为完全定位或六点定位。

2. 不完全定位

如图 2-15 所示，在一光轴上铣一平面，加工要求：保证尺寸 H，加工表面对轴心线的平行度。根据加工要求，工件可放在 V 形块中定位，如图 2-16a 所示。V 形块的两个斜面，分别与工件的外圆柱面相切，即工件与 V 形块由两条切线 aa' 和 bb' 保持接触。因此，每条切线可用两个定位支承点来代替，即相当于两个定位支承点。所以，工件在图 2-16a 中 V 形块上的定位与图 2-16b 所示用四个定位支承点的定位，作用完全相同。这四个定位支承点限制了工件的四个自由度（$\vec{X}$、$\vec{Z}$、$\widehat{X}$、$\widehat{Z}$），还有 $\vec{Y}$、$\widehat{Y}$ 两个自由度未被限制，这对铣平面规定的加工要求无影响，所以不必限制。

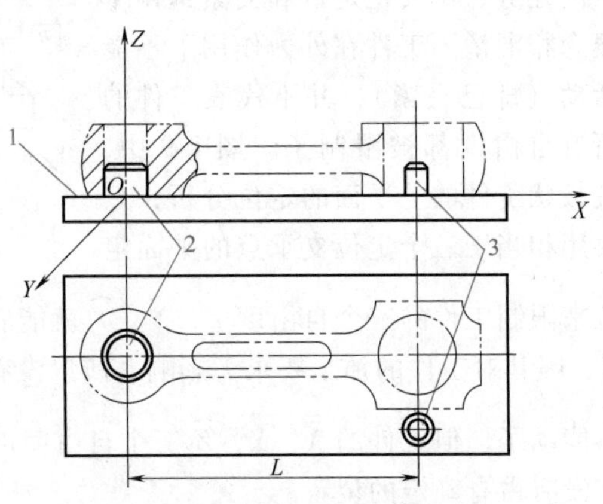

图 2-14 加工连杆大孔工序的定位分析

1—平面 2—短圆销 3—挡销

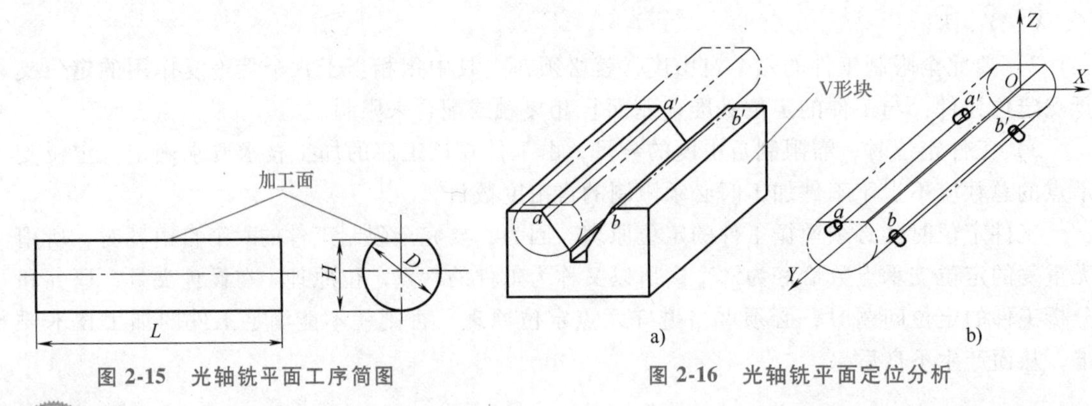

图 2-15 光轴铣平面工序简图

图 2-16 光轴铣平面定位分析

这种在该工序中，不要求工件完全定位，只要求部分定位，即限制工件的部分自由度的定位情况，称为不完全定位或部分定位。不完全定位有两种情况：

一种是由于工件的几何形状特点，限制工件某些坐标参数方向的自由度没有意义，也无法限制。例如，图 2-17 所示的例子中，没有必要（也不可能）去限制绕 Y 轴的转动自由度（$\widehat{Y}$），因为 Y 轴是工件的对称中心线，工件绕 Y 轴任意放置的结果都是一样的，所以它不影响同批工件在夹具中位置的一致性。

另一种情况是由于加工特点，工件某些坐标方向自由度的存在并不影响加工技术要求。例如，图 2-12 中加工的是通槽，工件沿 Y 轴的移动自由度（$\vec{Y}$）并不影响通槽的加工要求。又如，图 2-17 中加工平面时，工件沿 Y 轴的移动自由度（$\vec{Y}$）也不影响平面的加工要求。

从满足工件的加工技术要求出发，需要限制几个自由度就限制几个。限制了工件的几个自由度就称作几点定位。这种不完全定位并不违背工件的六点定位原理，六点定位是指工件的完全定位。若不管工件的加工要求如何，一律要六点定位，则必然会增加夹具的复杂程度，这显然是不合理的。当然，有时为了其他目的还需限制与工件加工要求无关的自由度，如为了承挡切削力、承受夹紧力、便于合理地装夹工件等，在夹具中增设支承点。如图 2-17 所示，加工工件的上平面，按其加工要求必须限制工件的$\vec{Z}$、$\widehat{X}$、$\widehat{Y}$ 三个自由度，利用工件的底面定位已能保证上面与底面的厚度尺寸和平行度要求。在夹具上又增加了支承点 1、2，是为了使工件装夹方便；增加支承点 3，是为了承挡切削力，以利于减少夹紧力。

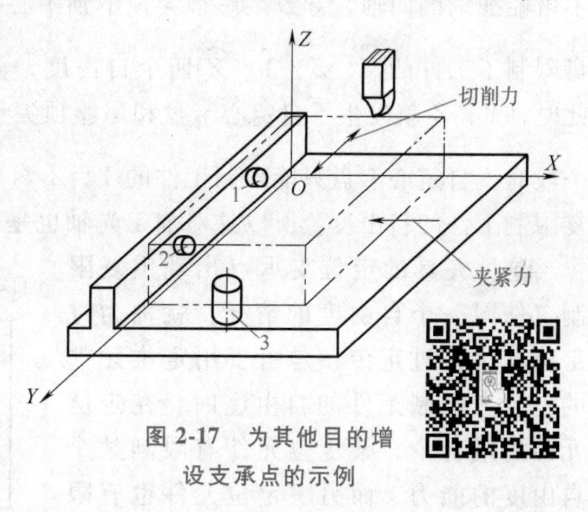

图 2-17　为其他目的增设支承点的示例

如图 2-18 所示，板状工件若要钻通孔 ϕd，工件沿 Z 方向的移动自由度（$\vec{Z}$）并不影响加工要求，故本工序必须限制工件的自由度为 $\vec{X}$、$\vec{Y}$、$\widehat{Y}$、$\widehat{X}$、$\widehat{Z}$。但是要限制$\widehat{X}$ 或 $\widehat{Y}$ 必须首先限制 $\vec{Z}$ 才能实现。或者说，要限制工件必须限制的自由度，自然也就限制了 $\vec{Z}$。因此，为了安放工件合理或配合限制其他自由度，必须限制$\vec{Z}$ 的自由度。

在此必须严格区分不完全定位和定位不足这两个不同性质的概念。不完全定位是根据工件的加工要求，可以不限制那些对加工精度无影响的自由度，是允许的，如前面所述示例分别为三点定位和五点定位。这种不足于六个定位支承点的定位是不完全定位。定位不足则是根据工件的加工要求，应该限制的自由度而没有限制，使工件定位不足，也称为欠定位。显然，这种欠定位是不能保证工件加工要求的，因此是不允许的。如前述示例（图 2-12）中，铣通槽时若其侧面 B 不

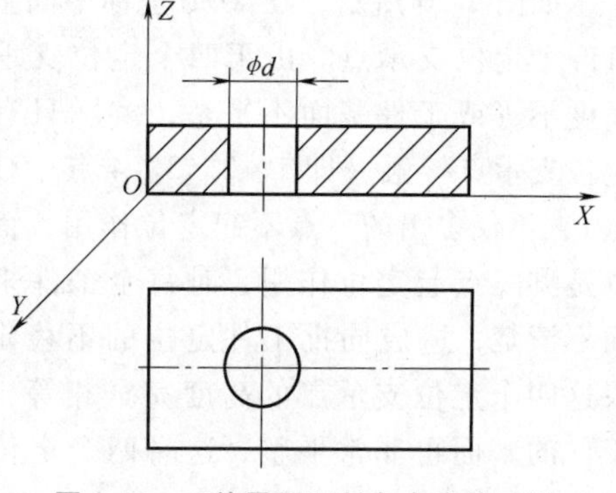

图 2-18　工件需要限制自由度的示例

是靠在一个窄长面上或两个定位支承点上，而是靠在一个挡销上，这会使应被限制的$\widehat{Z}$自由度未被限制，工件就可能偏置成如图 2-11 所示的双点画线位置，按此位置铣槽，显然无法保证槽与 B 面的距离和平行度要求，必然造成废品。因此，在确定工件在夹具中的定位方案时，绝不允许出现欠定位这种原则性错误。所以，认真分析工件在指定工序中的加工技术要求，是制定工件合理定位方案的关键之一。

3. 过定位

在车床上加工一根长轴时，一端用自定心卡盘夹住，另一端用尾座顶尖顶住（图 2-19），这是在车床上常用的一种装夹方法。但是，当自定心卡盘夹住工件较长一段时，尾座顶尖往往不能顶到工件的中心孔中，这种现象说明装夹长度过长，工件的外圆和中心孔不可能准确的同轴，导致尾座顶尖顶不到中心孔中。从限制工件的自由度来分析，自定心卡盘限制了工件的$\vec{X}$、$\vec{Z}$、$\widehat{X}$、$\widehat{Z}$四个自由度，而尾座顶尖限制了工件的$\widehat{Y}$、$\widehat{Z}$两个自由度。此时，$\widehat{Y}$、$\widehat{Z}$就发生了自定心卡盘和尾座顶尖重复限制的情况。当自定心卡盘夹住工件较短一段时，自定心卡盘只能限制工件的$\vec{Y}$、$\vec{Z}$两个自由度，与尾座顶尖同时使用时，就不会重复限制工件的自由度，所以这对加工光轴也是合理的。

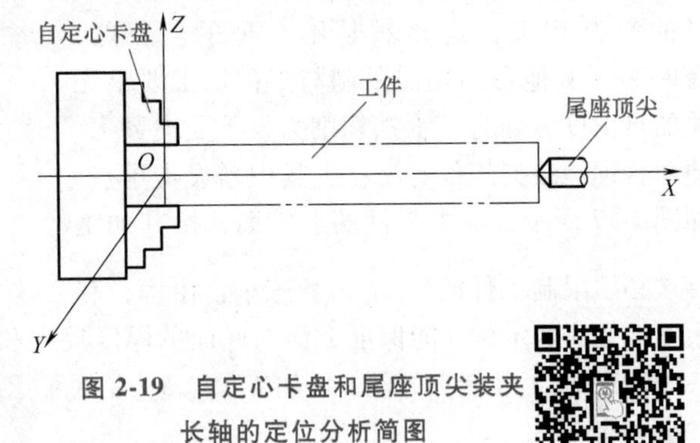

图 2-19　自定心卡盘和尾座顶尖装夹长轴的定位分析简图

这种夹具的定位支承点出现重复限制工件同一个自由度的情况，就称为过定位。这种过定位，是由于用定位元件的组合来限制工件的自由度时，在定位元件的组合中，某定位元件有限制某个自由度的能力，而另一定位元件也有限制这个自由度的能力，因此，产生了上述重复限制同一个自由度的情况。由于过定位反而造成了工件定位的不稳定，这正与工件定位的目的（占有一个确定的正确加工位置）恰好相反，因此这种现象在制定工件的定位方案时是不希望出现的。若工件定位时有过定位现象，则会产生以下不良后果。

1）由于工件的定位基准本身或各定位基准之间的位置误差，而产生过定位，造成同批工件定位的不稳定，降低了定位精度。

如图 2-20 所示，在 XOY 坐标平面上布置有四个定位支承点。由于四个定位支承点的高度不等或工件基面不平整，实际只有三个定位支承点接触（即 1、2、3、4 点中任意三点），不仅多出的一点不起定位作用，而且究竟是哪三点起定位作用，对每个工件来说反而不清楚，造成同批工件定位的不稳定。如果这四个定位支承点的高度完全相等，而且工件的基面也非常平整，这时四个定位支承点都与工件接触，但仍只能限制工件的$\vec{Z}$、

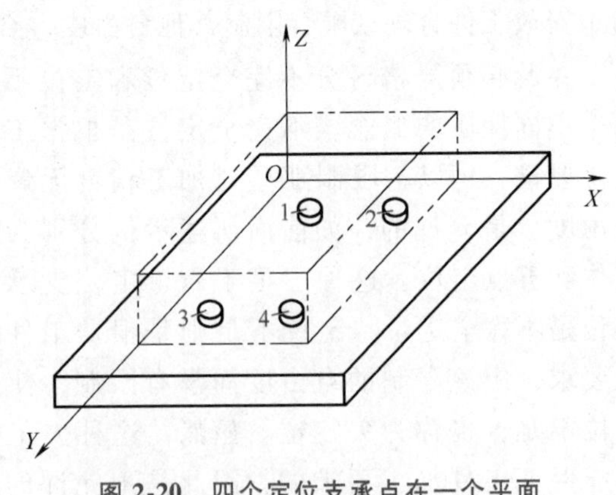

图 2-20　四个定位支承点在一个平面上的定位分析

$\widehat{X}$、$\widehat{Y}$ 三个自由度。因此，不管有多少定位支承点，只要它们处在同一平面上都只能算作三个定位支承点，限制工件的三个自由度。同理，只要各点等高且处在同一直线上，那么不管有多少定位支承点，只能算作两个定位支承点，限制工件的两个自由度。

图 2-21 所示为瓦盖的定位简图。V 形块有限制工件 $\vec{Z}$ 自由度的能力，而 A、B 两个支承点也有限制 $\vec{Z}$ 自由度的能力，因此有重复定位作用。由于定位基面尺寸 ϕD 和定位基准之间的尺寸 H 的变化（误差变化），工件装入夹具后，不能同时与 A、B 支承点和 V 形块接触。当工件与 A、B 支承点接触，而与 V 形块的某一侧接触时，$\vec{Z}$ 自由度由 A 或 B 支承点限制；当工件与 V 形块完全接触，而与 A、B 支承点中的一个点接触时，$\vec{Z}$ 自由度由 V 形块来限制。这就造成工件定位的不稳定，降低了定位精度。

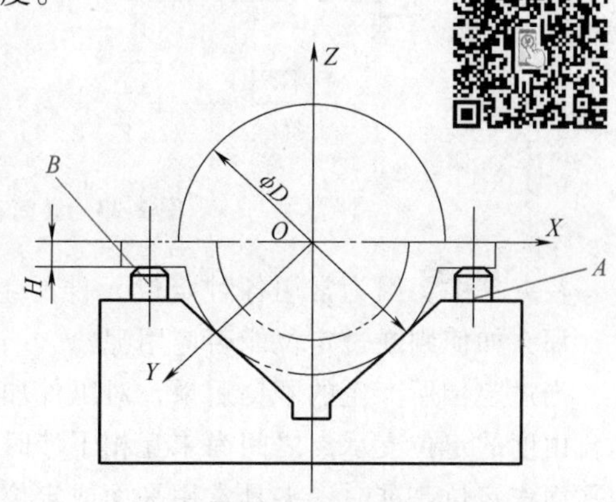

图 2-21　瓦盖的定位简图

2）由于定位基准之间的误差，使工件装不进夹具。图 2-22 所示为箱体的定位简图。以箱体的底面在平面定位元件（两块支承板）上定位，限制了工件的 $\vec{Z}$、$\widehat{X}$、$\widehat{Y}$ 三个自由度。又以箱体的孔 D 在短销上定位，限制了工件的 $\vec{Y}$、$\vec{Z}$ 两个自由度。因此，$\vec{Z}$ 自由度被支承板和短销重复限制，即过定位。此时，由于工件尺寸 H 和夹具相应尺寸 H_1 各有偏差，虽 H 和 H_1 的公称尺寸相等，但实际尺寸不可能完全相同。因此，当 $H>H_1$ 时，工件装不进夹具；当 $H<H_1$ 时，工件虽能装进夹具，但工件的底面只有在工件绕短销轴线转动后，才与夹具上的定位表面（支承板）形成线接触，这就会造成较大的定位误差。

3）在夹紧工件时，重复限制同一个自由度的定位支承点之间所形成的矛盾，便表现为工件或夹具元件的变形，造成不正常的夹紧误差。

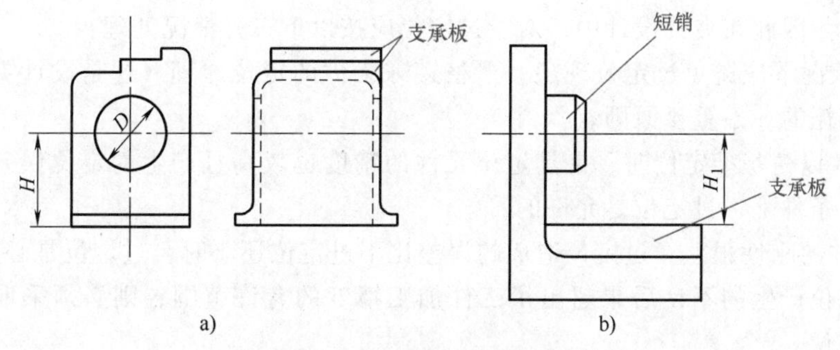

图 2-22　箱体的定位简图

图 2-23 所示为套筒在心轴上的定位简图。套筒加工时，常以工件的孔和一个端面定位，即将工件放在心轴和其端面上定位。孔在心轴上定位限制了工件的 $\vec{Y}$、$\vec{Z}$、$\widehat{Y}$、$\widehat{Z}$ 四个自由度；工件端面在心轴端面上定位限制了工件的 $\vec{X}$、$\widehat{Y}$、$\widehat{Z}$ 三个自由度。其中 $\widehat{Y}$、$\widehat{Z}$ 由心轴和

心轴端面重复限制，因此这两个自由度是过定位的。若工件的孔和其端面的垂直度很差，此时工件装在心轴和端面上的位置如图 2-23a 所示，工件端面与心轴端面实际上只有一个点接触，尚未表现过定位。这时，若按图 2-23b 所示的箭头方向夹紧工件，必然造成工件或心轴的变形，如果工件的刚度比心轴大，则造成如图 2-23b 所示的心轴变形；反之，如果夹具的刚度比工件大，则工件产生变形。

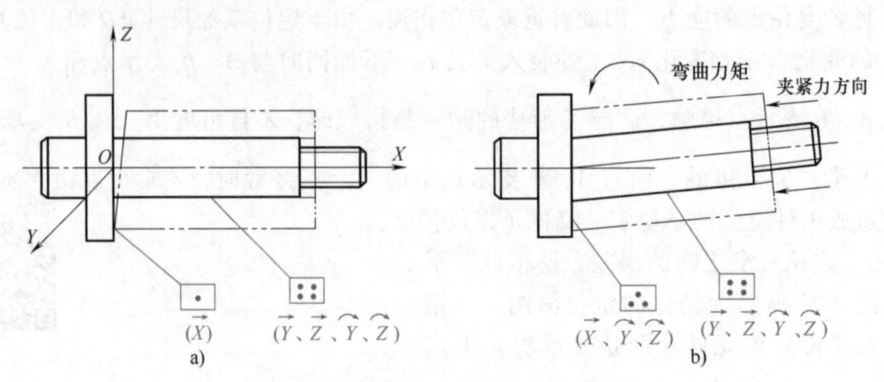

图 2-23　套筒在心轴上的定位简图

在夹具中，因为常用各种定位元件的组合来实现工件的定位，所以经常遇到过定位现象，那么如何判断过定位能否应用呢？

当过定位所产生的不良后果，对工件加工精度的影响不超过其允许范围，或重复限制相同自由度的定位支承点之间尚未互相干涉时，这种过定位是可以应用的。如工件用精加工过的平面作定位基准时，夹具常用平面或定位支承板组成的平面，来代替三个定位支承点，这反而会使其接触刚性和定位稳定性增加。此时，过定位引起的误差对工件加工精度无明显的影响，因此是可以采用的。在选择定位元件时，必须从定位基准的具体情况出发，这里的过定位就是由于定位基准和定位元件的精度都比较高而产生的。

当工件（如细长件、薄板件等）的刚性很差时，常采用过定位方式来增加支承刚性和稳定性，如薄板件的加工宜在平面上定位；细长件须在中间加支承点等。这是因为过定位引起的误差小于不过定位的情况，且误差又在工序加工要求的允许范围内。在这种情况下，过定位是必要的。因此在夹具设计中，对于过定位应按以下三种情况处理：

① 一般情况下应避免过定位现象，严格遵守工件的定位原理。这是设计夹具时，必须首先考虑和遵循的一条重要原则。

② 在工件以精基准定位时，夹具定位元件的精度也较高且产生的定位误差又在允许的范围内，这种条件下，过定位是允许的。

③ 在工件的刚性很差，过定位造成的误差比不过定位还小时，过定位是必要的。

如果过定位产生的不良后果超出了工件加工精度的允许范围，则必须采取以下相应措施，消除过定位。

① 改变夹具结构，取消过定位的支承点，消除过定位现象。如果将图 2-22 中的短销改为图 2-24 所示的菱形销，即可消除过定位的支承点，解决工件装不进夹具的问题，使工件定位更加合理。

② 提高工件定位基准间的精度，使过定位对工件定位的稳定性无明显的影响，或达到工件加工精度允许的程度。实际生产中，在齿轮、轴套类零件加工时，这种方法应用得非常

广泛。

综上，工件的定位必须是工件的定位基面与夹具的定位表面紧密接触或相互配合的，若两者脱离，则无定位可言；工件因夹紧后的摩擦力而不能活动，这不能称作定位。在分析工件的定位时，应根据工件本工序的加工技术要求或从夹具实际限制工件自由度的角度出发，进行分析判断。若由相当于六个定位支承点无重复地限制工件的六个自由度，称为完全定位；若由少于六个定位支承点限制工件的部分自由度，称为不完全定位；若超过六个定位支承点或虽少于六个定位支承点，但其中有重复作用的支承点限制工件的自由度，称为过定位。分析工件的定位时，用定位支承点这个概念，这是限制工件自由度的对应形式，借以简化问题，便于分析研究，但实际上是没有用定位支承点来与工件的定位基面相接触或配合的，其原因是定位支承点的压强大、磨损快、寿命低，而是以与工件定位基面形状相应的定位元件来定位的。但一定要掌握把定位表面抽象为定位支承点的这种分析工件定位问题的方法。

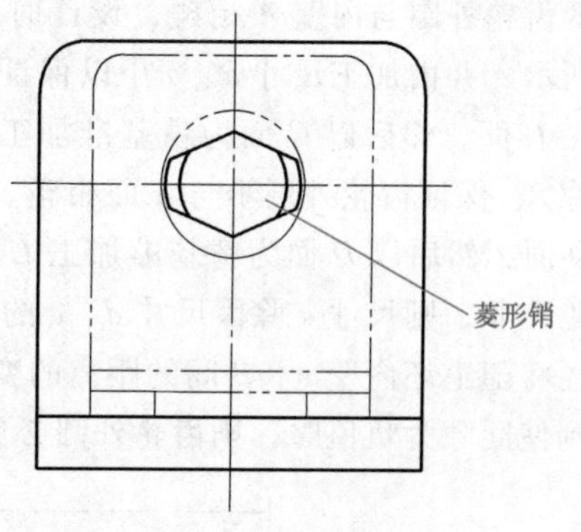

图 2-24 改变夹具结构消除过定位支承点简图

2.3 工艺路线的设计

工艺路线的设计是制订工艺规程中最重要的一项工作。拟订工艺路线时主要考虑的问题有：怎么选择定位基准，怎样确定加工方法，怎样安排加工顺序及热处理等其他工序。

2.3.1 定位基准的选择

在零件加工过程中，每一道工序都需要选择定位基准。定位基准的选择，对保证零件加工精度、合理安排加工顺序有决定性的影响。通常定位基准分为粗基准和精基准两种。用作定位的表面，如果是没有经过加工的毛坯表面，称为粗基准；如果是已经被加工过的表面，并且具有较高的精度，则称为精基准。

定位基准的选择是否合理，将直接影响工序的数量、夹具结构的复杂程度及零件精度是否易于保证，因此应进行多种方案的分析比较。有时工件上没有合适的定位基准，这时必须加工出定位基面，称为辅助基准。如活塞零件的止口和轴类零件的中心孔。辅助基准在零件使用时并无用处，完全是为了工艺上的需要，加工完毕如有必要可以去掉。由于粗基准和精基准的用途有所不同，所以选择原则也各不相同。

1. 粗基准的选择

选择粗基准时应遵循下列原则。

1）为保证加工表面与不加工表面之间的相对位置要求，应选择不加工表面为粗基准。若有几个不加工表面，则应选与加工表面位置有紧密联系的表面作为粗基准。例如，图 2-25 所示的工件，在毛坯铸造时，孔 2 与外圆 1 之间不可能铸成完全同轴，外圆 1 不需要加工，而零件要求壁厚均匀，因此粗基准应选为外圆 1。

又如，图 2-26a 所示的箱体，内壁 *A* 和 *B* 不需要加工。为了防止齿轮箱中位于孔Ⅱ轴线

的齿轮外圆与内壁 A 相碰，设计时留有间隙 δ，如图 2-26b 所示，并由加工尺寸 a、b 予以保证。若选 A 面为粗基准加工 C 面，然后以 C 面为精基准加工孔Ⅱ，则可间接获得间隙 δ，保证齿轮外圆不与 A 面相碰。若选 B 面为粗基准加工 D 面，然后以 D 面为精基准加工 C 面，最后以 C 面定位加工孔Ⅱ，则尺寸 a 除因尺寸 d、c 的加工误差而发生变化外，还将随毛坯内壁 A、B 间的距离的变化而变化，当尺寸 a 大到使间隙为负值时，则齿轮外圆必然和 A 面相碰。

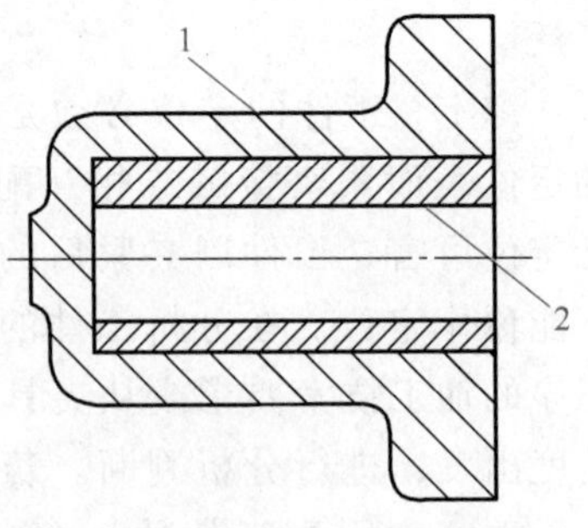

图 2-25　以不加工表面为粗基准

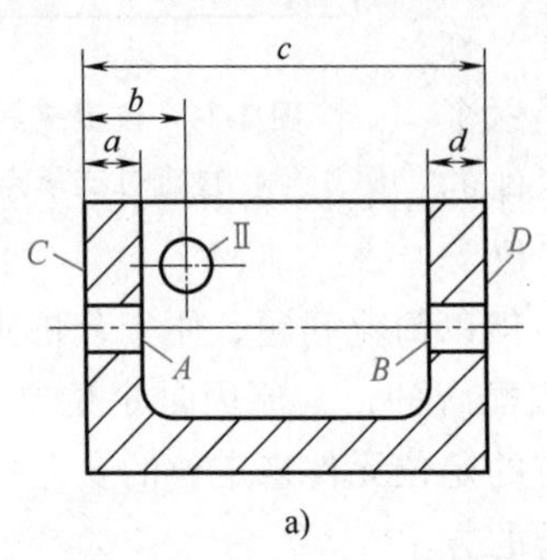

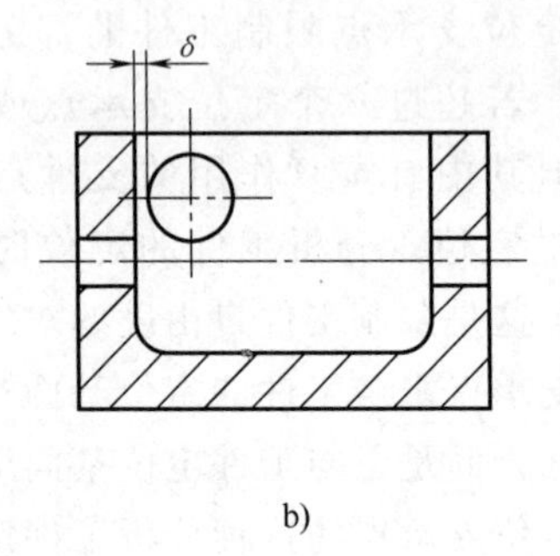

图 2-26　箱体零件简图

2）若工件加工表面较多，选择粗基准时，应合理分配各表面的加工余量。如果工件上的每个表面都需要加工，则应以余量最小的表面作为粗基准，以保证各表面都有足够的余量。例如，图 2-27 所示的阶梯轴锻件，大、小端外圆有 3mm 的偏心，若以大端外圆为粗基准，则小端外圆因加工余量不足会出现部分毛刺。

此外，为保证重要表面余量均匀，应选择该表面作为粗基准。例如，床身导轨面要求硬度高而均匀。床身铸造时，导轨面向下放置，使表层金属组织细致均匀，没有气孔、夹砂等缺陷，因此加工时只切去一层较小而均匀的余量，保留组织紧密耐磨的表层。如图 2-28 所示，应选导轨面为粗基准，加工床身底面，使床身底面与导轨面基本平行，再以床身底面为精基准加工导轨面，这时导轨面的加工余量小而均匀。

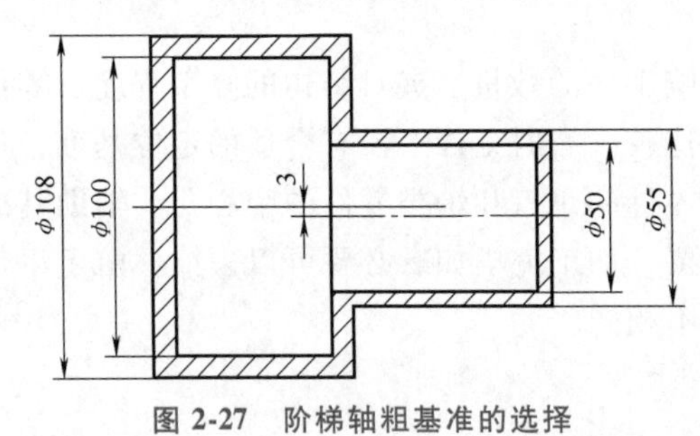

图 2-27　阶梯轴粗基准的选择

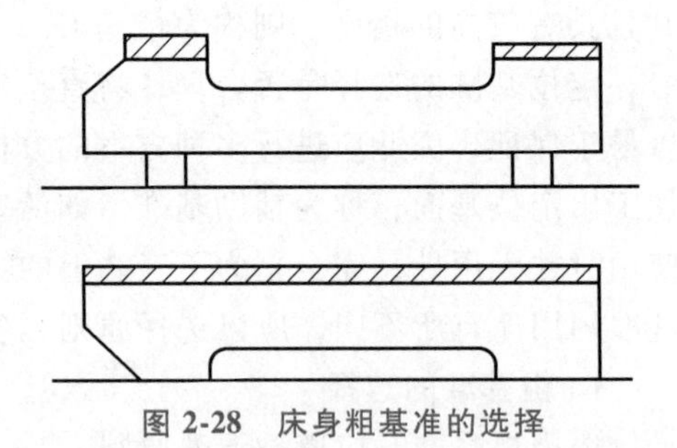
图 2-28　床身粗基准的选择

3）选作粗基准的表面，应尽可能平整、光洁，不能有飞边、浇口、冒口或其他表面缺陷，以便使定位准确，夹紧可靠。

4）由于毛坯表面比较粗糙，不能保证重复安装的位置精度，定位误差很大，所以粗基准在一个自由度方向上一般只允许使用一次。例如，图 2-29 所示的阶梯轴，若重复使用毛坯表面 B 定位分别加工表面 A 和 C，必然会产生比较大的同轴度误差。但若采用精化毛坯，

而相应的加工要求不高，重复安装的定位误差又在允许范围内，那么粗基准也可重复使用。

2. 精基准的选择

选择精基准时，应重点考虑如何减少误差，提高定位精度，也要考虑安装方便、准确、可靠。选择精基准时一般应遵循下列原则。

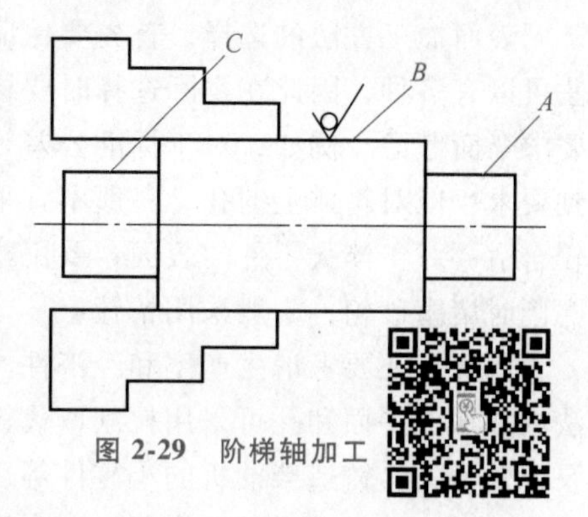

图 2-29　阶梯轴加工

1）应尽量选用零件上的设计基准作为精基准，即遵循基准重合原则。这样可避免因基准不重合而引起的基准不重合误差。

2）尽可能选用统一的定位基准加工各个表面，以保证各表面间的位置精度，即遵循基准统一原则。例如，轴类零件采用两个顶尖孔作精基准，箱体类零件采用一个面积大、精度高的平面和两个距离较远的孔作精基准，圆盘类零件采用内孔和端面作精基准等。采用统一基准有一系列优点，它可以简化工艺规程的制订工作，避免由于基准转换引起的误差，还可以节约夹具设计与制造的费用。

3）为了获得均匀的加工余量或使加工表面间有较高的位置精度，有时可采取互为基准反复加工的原则。例如加工精密齿轮时，因齿面淬硬层较薄，磨削余量应小而均匀，因此要以齿面为基准磨内孔，再以内孔为基准磨齿面。这样不但磨齿余量小而均匀，还能保证轮齿基圆对内孔有较高的同轴度。此外，某些内、外圆表面同轴度要求比较高的套类零件，也常采用互为基准反复加工的方法。

4）有的精加工工序要求加工余量小而均匀，以保证加工质量和提高生产率，此时应选择加工面本身作为定位基准，即遵循自为基准的原则。如图 2-30 所示，在磨削床身导轨时就是用百分表直接找正床身的导轨面，而床腿并不起定位作用。此外，如用浮动铰刀铰孔，用圆拉刀拉孔，以及用无心磨床磨外圆等，也都是以加工面本身作为定位基准的实例。

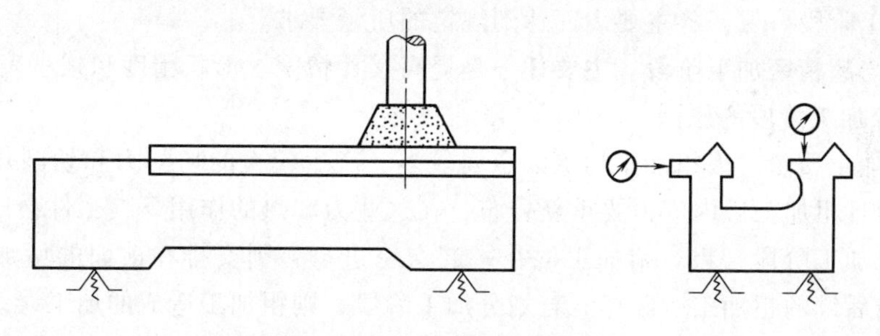
图 2-30　按加工面本身找正

基准选择的各项原则有时互相矛盾，必须根据实际条件综合分析后才能决定究竟应遵循哪一原则。在保证加工精度的前提下，应使夹具结构简单，加工方便。

2.3.2　工艺路线的拟订

拟订工艺路线是制订工艺规程的关键。工艺路线不仅影响加工质量和效率，而且影响工人劳动强度、设备投资、车间面积、生产成本等，因此必须进行多种方案的分析比较。拟订工艺路线除与定位基准的选择有密切关系外，还要考虑下列几个方面。

1. 表面加工方法的选择

表面加工方法的选择，首先要保证加工质量。由于获得同一精度及表面粗糙度的加工方法可以有多种，因此在实际选择时要结合零件的结构形状、尺寸大小，以及材料和热处理的要求全面考虑。例如，对于标准公差等级为IT7的孔，采用镗削、铰削、拉削和磨削均能达到要求；但对箱体上的孔，一般不宜采用拉削和磨削；对大孔用镗比较合适，对小孔用铰比较合适；对于淬火零件的表面，要用磨削加工，因其表面硬度较高；对于有色金属，为避免磨削时堵塞砂轮，一般采用精镗。

其次，还要考虑生产率和经济性。对于大批大量生产，应尽量采用高效率的先进工艺方法，如加工平面和孔可采用拉削取代铣削、刨削和镗削；采用精化毛坯，如粉末冶金制造油泵齿轮，失蜡铸造柴油机的小零件等，可减小切削加工量。若年产量不大，而盲目采用高效率加工方法和专用设备，会因设备利用率不高，造成经济损失。任何一种加工方法，可获得的加工精度均有一个相当大的变动范围。但是，不同的精度要求（误差大小）所花费的加工时间、加工成本不尽相同，要求误差可满足技术要求，又不必花费过高的成本。这种在正常加工条件下（采用符合质量标准的设备、工艺装备和标准技术等级工人、不延长加工时间）所能保证的加工精度，称为该加工方法的经济加工精度。选择加工方法时，应根据工件的精度要求选择与经济加工精度相适应的加工方法。此外，选择加工方法还应考虑设备的精度及其负荷率、工艺装备和工人技术水平等实际情况。

2. 加工阶段的划分

（1）按工序性质划分的加工阶段

1）粗加工阶段。切除各加工表面上的大部分余量，使毛坯形状和尺寸接近零件成品。因此，采用的加工方法应有较高生产率。

2）半精加工阶段。消除粗加工留下的误差，使工件达到一定精度，为精加工做准备，并完成一些次要表面的加工，如钻孔、攻螺纹、铣键槽等。

3）精加工阶段。保证各主要表面达到规定的质量要求。

4）精密与超精密加工阶段。主要任务是提高尺寸精度、形状精度和减小表面粗糙度。

（2）划分加工阶段的原因

1）保证加工质量。因粗加工切除的金属较多，产生较大的切削力和切削热，所需的夹紧力也大，而且粗加工后内应力要重新分布，在这些力和热的作用下，工件会产生较大的变形。若不划分加工阶段，粗、精加工混在一起交错进行，则安排在前面的精加工产生的效果，必然会被后继的粗加工所破坏。若划分加工阶段，则粗加工造成的加工误差，可通过半精加工和精加工予以修正，使加工质量得到保证。

2）及早发现毛坯缺陷并及时处理。在粗加工时切除大部分余量，能尽早发现毛坯缺陷，以便及时对毛坯进行报废或修补，避免浪费精加工工时，甚至影响生产计划的完成。精加工工序安排在后面，还可保护精加工表面不受损伤。

3）合理使用设备。粗加工可采用功率大、精度一般的高效率设备，精加工可采用相应的精密机床，使机床设备能发挥其性能特点，也延长了精密机床的使用寿命。

4）便于安排热处理工序。在工艺过程中插入必要的热处理工序，并以此为界划分为不同加工阶段。例如，精密主轴粗加工后安排消除应力的时效处理，以减少内应力变形对精加工的影响；半精加工后安排淬火，不仅满足零件的力学性能要求，而且淬火引起的变形还可通过精加工来消除；精加工后安排冷却处理及低温回火，可使尺寸稳定。

注意，工艺过程的加工阶段划分应从整个加工过程来考虑，不能单纯从某一加工表面或工序的粗、精加工来划分。例如，某些定位基准在半精加工甚至在粗加工阶段就要加工得很准确，而某些钻小孔的粗加工工序又常安排在精加工阶段。

3. 工序的集中与分散

加工方法确定后，要按生产类型和工厂条件确定工艺过程的工序数，确定工序数有两个原则：工序集中和工序分散。

（1）工序集中　工序集中是将零件加工集中在少数几道工序，而每道工序所包含的加工内容却很多。工序集中的特点是：

1）减少了工件安装次数，不仅缩短了辅助时间，而且由于在一次安装下能加工较多的表面，因此易于保证这些表面的相互位置精度。

2）减少了工序数目，缩短了工艺路线，有利于简化生产计划和组织工作，并能减少运输时间和费用。

3）减少了设备、操作工人和生产面积。

4）有利于采用高效专用机床和工艺装备，以提高劳动生产率。

5）专用设备和工艺装备较复杂，生产准备工作和投资都比较大，转换产品比较困难。

（2）工序分散　工序分散是将零件加工分得很细，工序多、工艺路线长，而每道工序包含的加工内容却很少。工序分散的特点是：

1）设备与工艺装备比较简单，调整方便，便于掌握，容易适应产品的变换。

2）有利于选择合理的切削用量，减少机动时间。

3）设备多、工人多、生产面积大。

总之，工序集中和分散各有其特点，必须根据生产规模、零件结构和技术要求、机床设备等具体生产条件进行综合分析，来决定工序集中或分散的程度。在一般情况下，单件小批生产只能是工序集中，但多采用通用机床；大批大量生产可以工序集中，也可工序分散，后者特别适合加工尺寸小、形状简单的零件。成批生产可采用多刀、多轴机床使工序集中，即使在通用机床上加工，也以工序适当集中为宜。

4. 加工顺序的安排

（1）机械加工工序　机械加工工序安排的原则是：

1）先粗后精。先安排粗加工，然后安排半精加工、精加工，最后安排精密加工及超精密加工。

2）先主后次。先加工零件的主要表面和装配基准，然后加工次要表面。这是因为次要表面的加工工作量一般都比较小，而且它们往往又和主要表面有相互位置要求，因此一般都安排在主要表面达到一定精度之后，但在最后精加工或精密加工之前。

3）先基准后其他。先把精基准加工出来，为后继工序的加工提供精基准。例如，轴类零件加工采用中心孔作为统一基准，因此安排时先打中心孔。如果精基准不止一个，应按照基准转换的顺序和逐步提高精度的原则安排。例如，精密坐标镗床主轴套筒，其外圆和内孔要互为基准反复加工。

4）先面后孔。对于箱体、支架、连杆和拨叉等零件，应先加工平面后加工孔，这是因为平面的轮廓尺寸较大，用平面定位比较稳定可靠，因此在安排加工顺序时，总是选择平面

作为定位精基准，先加工平面，然后以平面定位加工孔。

为保证加工质量，有些零件的最后精加工安排在部件装配之后或在总装过程中进行。例如，柴油机连杆大头孔精镗和珩磨工序应安排在连杆盖和连杆体装配之后。又如，车床主轴上连接自定心卡盘的法兰止口及平面，要在法兰装上主轴后进行最后的精加工，这种法兰不能互换。

（2）热处理工序　热处理工序主要用来提高材料的力学性能，改善材料的切削性能和消除材料的内应力等。因此，热处理工序的安排可分为两种。

1）预备热处理。预备热处理的目的是改善加工性能、消除内应力和为最终热处理做好组织准备。例如，对于碳的质量分数超过0.5%的碳钢和合金钢，为了便于切削，在加工前进行退火以降低硬度；对于碳的质量分数低于0.5%的碳钢和合金钢采用正火，以提高硬度，使切屑不粘刀。调质能得到组织细致均匀的索氏体，可使以后表面淬火和氮化时的变形减少，因此，有时调质也作为预备热处理，但一般安排在粗加工与半精加工之间。对于精度一般的铸件，有时粗加工后安排一次时效处理，可同时消除铸造和粗加工的内应力，减小后继工序中工件的变形。对于精度高的铸件，如坐标镗床的箱体，应在半精加工后安排第二次时效处理，使精度稳定。除铸件外，对于刚性差的精密零件，如精密丝杠，为消除加工中产生的内应力，稳定零件的加工精度，应在粗加工、半精加工和精加工之间安排多次时效处理。

2）最终热处理。最终热处理主要是用来提高材料的硬度和强度，如淬火-回火、各种化学热处理（渗碳、渗氮）等。最终热处理通常安排在半精加工之后和磨削加工之前（渗氮处理则安排在粗磨和精磨之间）。因淬火后材料的塑性和韧性差，内应力大，容易产生裂纹，组织不稳定，使其力学性能和尺寸发生变化，所以淬火后必须进行回火处理，使材料具有一定的强度、硬度及良好的韧性。

（3）辅助工序　辅助工序包括工件的检验、去毛刺、倒棱边、去磁、清洗和涂防锈油等。其中，检验工序是主要的辅助工序，是保证质量的重要措施。除每道工序操作者自检外，检验工序应安排在粗加工后、精加工前、重要工序前后、送外车间加工前后，以及加工完毕进入装配和成品库前（最终检验）。有时，还应进行特种性能检验，如磁力探伤、密封性等。

有的工厂为了减少手工去毛刺，把铣键槽等容易产生毛刺的工序安排在磨外圆前，把齿端倒角工序安排在剃齿前进行。

2.4　加工余量的确定

2.4.1　加工余量的基本概念

工件的加工工艺路线拟订之后，在进一步安排各个工序的具体内容时，就要对每道工序进行详细设计，如确定每道工序的工序尺寸。而工序尺寸的确定与工序的加工余量有着密切关系。工件要达到应有的精度和表面粗糙度，必须经过多道加工工序，故应留有加工余量，加工余量是指加工过程中从加工表面切去的材料层厚度。加工余量主要分为工序余量和加工总余量两种。

（1）工序余量　工序余量是相邻两工序的工序尺寸之差，即在一道工序中从某一加工表面切除的材料层厚度。

1）基本余量。由于毛坯制造和各个工序尺寸都存在误差，加工余量是个变动值。当工序尺寸用基本尺寸计算时，所得到的加工余量称为基本余量。

如图 2-31 所示，对于非对称的加工表面，加工余量是单边余量；对于被包容表面，$Z_b=a-b$；对于包容表面，$Z_b=b-a$。其中，Z_b 为本工序的工序余量，a 为前工序的工序尺寸，b 为本工序的工序尺寸。

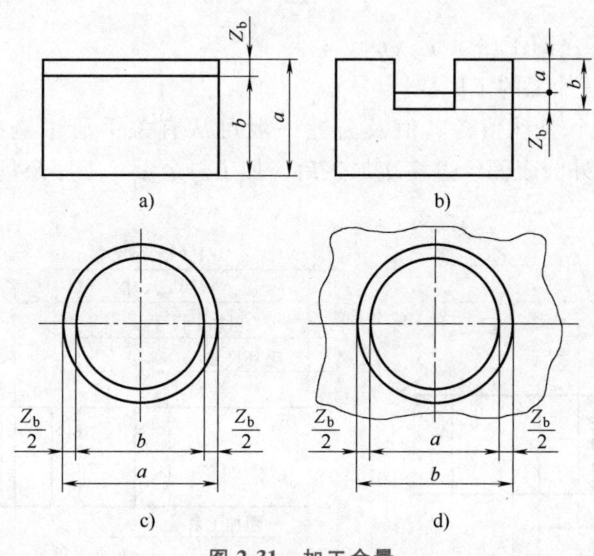

图 2-31　加工余量

图 2-31a 和 b 中，平面的加工余量是单边余量，它等于实际切除的金属层厚度。图 2-31c 和 d 中，外圆和孔等旋转表面的加工余量是指直径上的，故为双边余量，即实际所切除的金属层厚度是加工余量之半。

当加工某个表面的一道工序包括几个工步时，相邻两工步尺寸之差就是工步余量，即在一个工步中，从某一加工表面切除的材料层厚度。

2）最大余量、最小余量和余量公差。由于毛坯制造和各个工序加工后的工序尺寸都不可避免地存在误差，加工余量也是变动值，有最小余量、最小余量之分，余量的变动范围称为余量公差。

如图 2-32a 所示，对于被包容面来说，基本余量是前工序和本工序基本尺寸之差；最小余量是前工序最小工序尺寸和本工序最大工序尺

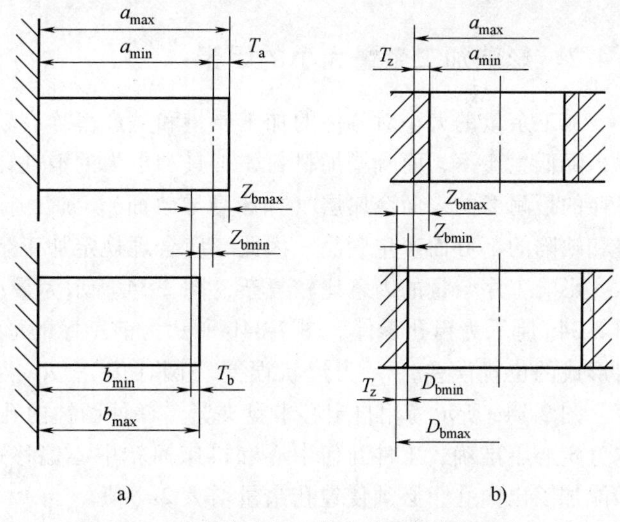

图 2-32　最大余量、最小余量和余量公差

T_z—本工序余量公差　T_a—前工序的工序尺寸公差

T_b—本工序的尺寸公差

寸之差，是保证该工序加工表面的精度和质量所需切除的金属层最小厚度；最大余量是前工序最大工序尺寸和本工序最小工序尺寸之差。如图 2-32b 所示，对于包容面来说则相反。余量公差即加工余量的变动范围（最大加工余量与最小加工余量的差值），等于前工序与本工序两工序尺寸公差之和。

（2）加工总余量　毛坯尺寸与零件图样的设计尺寸之差称为加工总余量。加工总余量 Z 等于各工序余量之和，即

$$Z=\sum_{i=1}^{m} Z_i$$

式中　Z_i——第 i 道工序的工序余量（mm）；

m——该表面总加工的工序数。

加工总余量也是个变动值，其值及公差一般可从有关手册中查找或根据经验确定。图 2-33 所示为内孔和外圆表面经过多次加工后，加工总余量、工序余量和加工尺寸的关系。

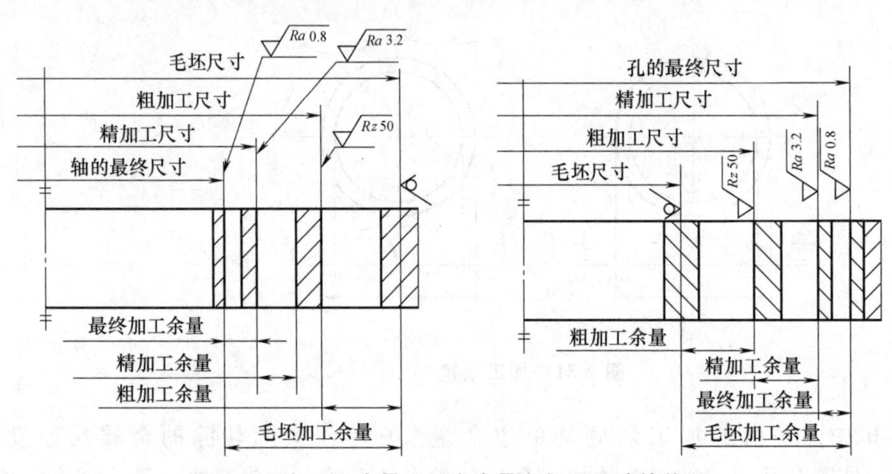

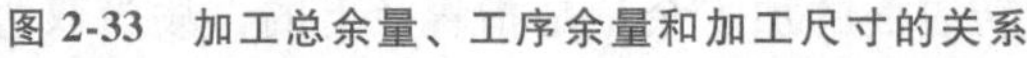
图 2-33　加工总余量、工序余量和加工尺寸的关系

2.4.2　影响加工余量大小的因素

加工余量的大小对零件的加工质量和生产率均有较大影响。加工余量过大，不仅浪费工时，降低生产率，而且增加材料、工具和电力的消耗，提高加工成本，有时甚至会切去需要保存的最耐磨的表面金属层（如床身导轨面）。加工余量过小，则不能保证切除零件上有误差和缺陷的部分而产生废品。因此，应合理规定加工余量的数值。

影响工序余量的因素比较复杂，图 2-34 所示为最小加工余量与其构成因素之间的关系。图 2-34a 所示为镗孔零件。图 2-34b 所示为前工序的形位误差及表面缺陷，其中 ρ_a 为轴线歪斜形成的位置误差，η_a 为形状误差（圆柱度），Ra 为表面粗糙度值，D_a 为表面缺陷层深度。图 2-34c 所示为用自定心卡盘夹紧工件外圆镗内孔时产生的安装误差，由于自定心卡盘本身定心不准确，工件几何中心和机床回转中心偏移距离 ε_b，从而使内孔余量不均匀。为了能加工出内孔，必须使镗孔余量增大 $2\varepsilon_b$ 值。

工序尺寸公差带的分布一般规定在工件的“入体”方向，故对于被包容表面（轴），工序尺寸即最大尺寸；对于包容面（孔），工序尺寸则为最小尺寸。毛坯尺寸的公差一般采用双向标注。

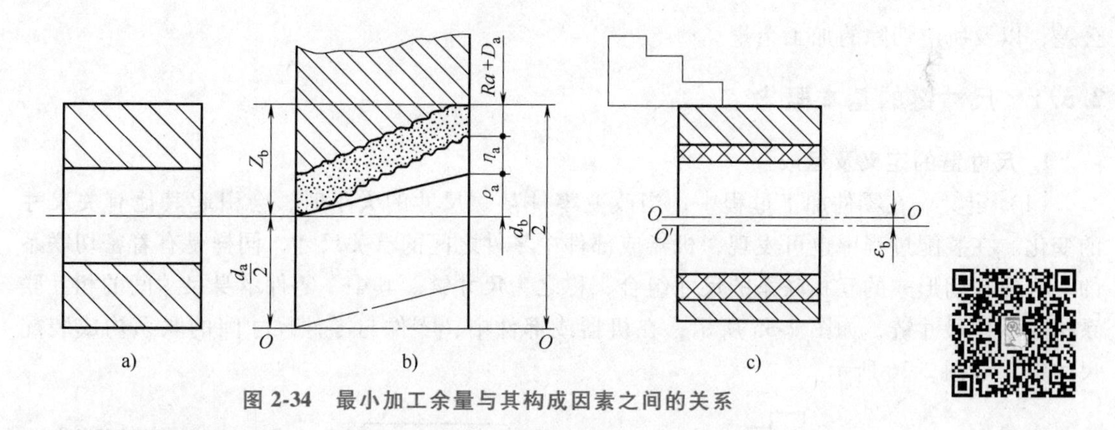

图 2-34　最小加工余量与其构成因素之间的关系

由于 ρ_a 和 ε_b 都是有一定方向的，因此它们的合成应为向量和。

考虑到前工序的尺寸公差 T_a 已包括形状误差 η_a，可以得出最小余量的计算式为：

对平面加工，单边余量 $2Z_b = T_a + Ra + D_a + |\rho_a + \varepsilon_b|$

对外圆和孔，双边余量 $2Z_b = T_a + 2(Ra + D_a) + |\rho_a + \varepsilon_b|$

应用上述公式时，应考虑一些具体情况。例如，在无心外圆磨床上加工时，可不考虑安装误差 ε_b 的影响，故计算最小余量的公式为

$$2Z_b = T_a + 2(Ra + D_a) + 2\rho_a$$

当采用浮动铰刀铰孔时，ρ_a 和 ε_b 可以忽略不计，故最小余量为

$$2Z_b = T_a + Ra + D_a$$

精密与超精密加工主要是为了提高尺寸精度、形状精度和减小表面粗糙度值，其余量计算式为

$$2Z_b = T_a + 2Ra$$

如果有些加工方法不能纠正尺寸及形状误差，则其余量计算式为

$$2Z_b = 2Ra$$

2.4.3　确定加工余量的方法

（1）经验估计法　有些工厂按经验估算加工余量，这种方法较简单，但需要有经验的工艺技术人员才能胜任这一工作，所估余量一般都偏大，此法常用于单件小批生产。

（2）查表修正法　查表修正法是以工厂生产实践积累的资料或有关手册查出的数据为基础，结合实际加工情况进行修订，从而确定加工余量的方法，此法应用比较广泛。查表时应注意表中数据是公称值，对称表面（如轴或孔）的加工余量是双边的，非对称表面的加工余量是单边的。

（3）分析计算法　对影响加工余量的各项因素做系统的统计检验，得到有关数据后进行综合计算以确定余量的大小。这种根据实际调查的统计数据计算得到的余量最为经济合理，但需要积累比较全面的资料，目前应用较少。

2.5　工艺尺寸链

拟定加工工艺路线后，需通过工艺尺寸链原理，确定各个工序所应达到的加工尺寸及其

公差，以及所应切除的加工余量。

2.5.1 尺寸链的基本概念

1. 尺寸链的定义及组成

（1）定义　在零件加工过程中，当改变零件某一尺寸的大小时，会引起其他有关尺寸的变化。在装配过程中也可发现，机器或部件中零件之间的有关尺寸，同样是有着密切联系的。构成封闭形式的互相联系的尺寸组合，称之为尺寸链。其中，零件本身尺寸间的相互联系构成零件尺寸链，如图 2-35 所示；在机器或部件中，零件与零件尺寸间的联系构成装配尺寸链，如图 2-36 所示。

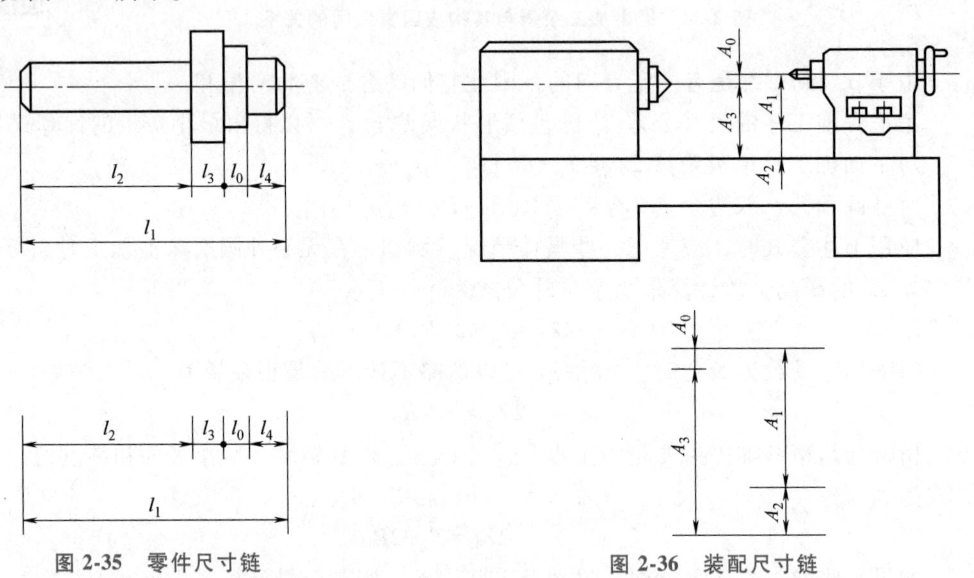

图 2-35　零件尺寸链　　　　图 2-36　装配尺寸链

尺寸链的定义包含两个内容：

1）尺寸链中的各个尺寸应构成封闭形式，并按照一定顺序首尾相接。

2）尺寸链中任一尺寸的变化都将直接影响其他尺寸的变化。

（2）组成　如图 2-35 所示，封闭形式的各个尺寸 l_1、l_2、l_3、l_4 及 l_0 构成了尺寸链，在 l_1、l_2、l_3、l_4 中，任何一个尺寸的变化，都会影响尺寸 l_0 的精度。同样，在图 2-36b 中 A_1、A_2、A_3 若变化，将会影响主轴中心线和后顶尖的中心线在垂直平面内对床身导轨的等高度 A_0。构成尺寸链的每个尺寸，称为尺寸链的环。它们又可分为封闭环和组成环。

1）封闭环。在加工或装配过程中，最后间接获得或间接保证的尺寸，称为封闭环。如图 2-35 和图 2-36 中的 l_0 或 A_0 就是封闭环。一个尺寸链有且只有一个封闭环。由于封闭环是尺寸链中最后形成的一个环，所以在加工或装配未完成前，它是不存在的。封闭环的概念非常重要，应用尺寸链分析问题时，若封闭环判断错误，则分析计算的结论也必然是错误的。

2）组成环。在尺寸链中，由加工或装配直接控制，影响封闭环精度的各个尺寸称为组成环。在一个尺寸链中，除封闭环外的其他环都是组成环。如图 2-35 中的 l_1、l_2、l_3、l_4 和图 2-36 中的 A_1、A_2、A_3 就是组成环。组成环的尺寸在加工或装配过程中直接得到，每个尺寸的大小都会影响封闭环尺寸的公差和极限偏差。组成环按其对封闭环的影响又可分为增环和减环两类。

① 增环。当其余组成环的尺寸不变，若某一组成环的尺寸增大使封闭环的尺寸也随之增大，这样的组成环称为增环。如图 2-35 中的 l_1 和图 2-36 中的 A_1、A_2 即为增环，以符号 $\overrightarrow{l_1}$、$\overrightarrow{A_1}$、$\overrightarrow{A_2}$ 来表示。

② 减环。当其余组成环的尺寸不变，若某一组成环的尺寸增大使封闭环的尺寸随之减小，这样的组成环称为减环。如图 2-35 中的 l_2、l_3、l_4 和图 2-36 中的 A_3 即为减环，以符号 $\overleftarrow{l_2}$、$\overleftarrow{l_3}$、$\overleftarrow{l_4}$ 或 $\overleftarrow{A_3}$ 来表示。

在尺寸链中，判别增环和减环，除用定义进行判别外，组成环数较多时，还可用画箭头的方法。即在绘制尺寸链简图时，用沿封闭方向的单向箭头表示各环尺寸。凡是箭头方向与封闭环箭头方向相同的组成环就是减环，箭头方向与封闭环箭头方向相反的组成环就是增环。

2. 尺寸链的分类

1）尺寸链按其应用范围可分为工艺尺寸链和装配尺寸链。

2）尺寸链中按其各环所处空间位置的不同可分为：

① 直线尺寸链。该尺寸链各环位于同一平面内，且彼此平行。

② 平面尺寸链。该尺寸链各环位于同一平面内，但其中有一环或几环彼此不平行。

③ 空间尺寸链。该尺寸链各环位于不平行的平面。

3）尺寸链按其各环的几何特征可分为：

① 长度尺寸链。该尺寸链各环均为长度尺寸的尺寸链，如图 2-35 和图 2-36 中的尺寸链。

② 角度尺寸链。该尺寸链各环均为角度尺寸的尺寸链。有时角度尺寸可用平行度、垂直度来表示。角度尺寸链最简单的形式是具有公共角顶的封闭角度尺寸联系，如图 2-37a 所示，β_1、β_2 为组成环，β_0 为封闭环。图 2-37b 所示为由各角度所组成的封闭多边形，这时 α_0、α_1、α_2 和 α_3 构成一个角度尺寸链。

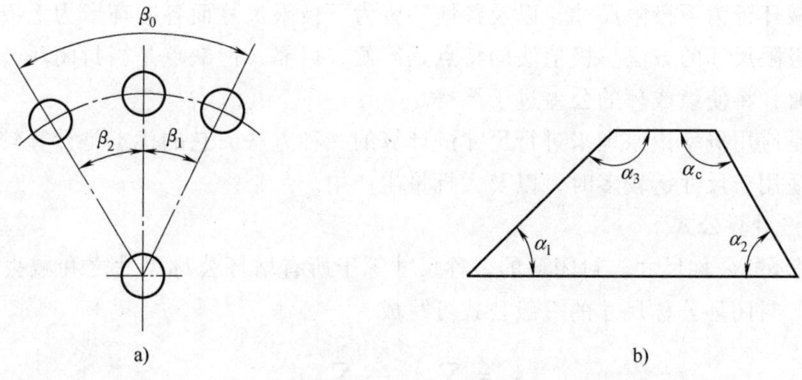

图 2-37 角度尺寸链

4）尺寸链按其相互联系的形态又可分为：

① 独立尺寸链。该尺寸链中的所有组成环和封闭环都只属于一个尺寸链，其中任何一环都不再参与其他尺寸链的组成。

② 相关尺寸链。该尺寸链中的一个或几个环分布在两个或两个以上的尺寸链中，这种环称之为公共环。相关尺寸链按其尺寸联系的形态可以分为并联、串联、混联三种。

a. 几个尺寸链通过一个或几个公共环相互联系起来的并联形式称为并联尺寸链。在并联尺寸链中，若一个公共环的尺寸有变动，就会将这种影响同时带入所有相关的尺寸链中。如图 2-38a 所示，A 尺寸链与 B 尺寸链的公共环有两个，即 $A_5=B_0$，$A_4=B_2$。若公共环中任何一个尺寸大小有变化，将同时影响尺寸链 A 与尺寸链 B。

b. 一个尺寸链是在另一个尺寸链的基线上开始的，这种互联形式称为串联尺寸链。串联尺寸链的特点是当尺寸链的某一环的大小有变化时，与其相连的尺寸链的基线位置将随之改变。如图 2-38b 所示，当尺寸链 A 中任何一个环的大小有变化时，尺寸链 B 的基线 O_1O_1 的位置随即改变。同样，尺寸链 B 中任何一个环的大小有变化时，将改变尺寸链 C 的基线 O_2O_2 的位置。因此，当公共基线发生变动时，与它有关的尺寸链都将发生变动。

c. 由并联尺寸链和串联尺寸链混合组成的复合尺寸链称为混联尺寸链。如图 2-38c 所示，尺寸链 A 与尺寸链 B 为串联，尺寸链 A 与尺寸链 C 为并联。

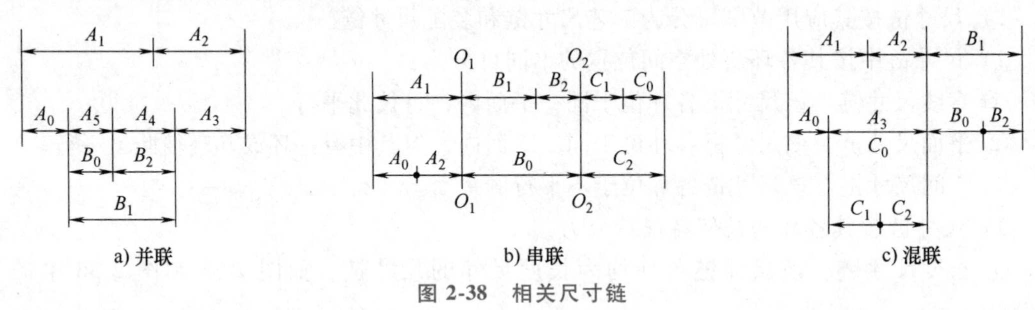

图 2-38　相关尺寸链

2.5.2　直线尺寸链的计算方法

直线尺寸链有两种计算方法：极值法和概率法。

极值法又称为极大极小值解法。它是按误差综合的两个最不利情况，即各增环皆为上极限尺寸而各减环皆为下极限尺寸，以及各增环皆为下极限尺寸而各减环皆为上极限尺寸，来计算封闭环极限尺寸的方法。极值法的特点是简便、可靠，但缺点是当封闭环公差较小、组成环数较多时，将使组成环的公差过于严格。

概率法是应用概率论原理来进行尺寸链计算的一种方法。它的优点是计算较科学，经济效果也好，适用于尺寸链较多时，以及大批量生产中。

1. 极值法计算公式

1）封闭环的公称尺寸。封闭环的公称尺寸等于所有增环公称尺寸之和减去所有减环公称尺寸之和。封闭环公称尺寸的一般公式可写成：

$$A_0=\sum_{i=1}^{n}\overrightarrow{A}_i-\sum_{i=n+1}^{m}\overleftarrow{A}_i \tag{2-1}$$

式中　A_0——封闭环公称尺寸；

$\overrightarrow{A}_i$——第 i 个增环的公称尺寸；

$\overleftarrow{A}_i$——第 i 个减环的公称尺寸；

n——增环的总环数；

m——组成环（包括增环和减环）的总环数。

2）封闭环的极限尺寸。封闭环上极限尺寸等于所有增环上极限尺寸之和减去所有减环下极限尺寸之和，封闭环下极限尺寸等于所有增环下极限尺寸之和减去所有减环上极限尺寸之和。

封闭环极限尺寸的一般公式可写成：

$$A_{0\max} = \sum_{i=1}^{n} \overrightarrow{A}_{i\max} - \sum_{i=n+1}^{m} \overleftarrow{A}_{i\min} \tag{2-2}$$

式中　$A_{0\max}$——封闭环上极限尺寸；

$A_{i\max}$——增环上极限尺寸；

$A_{i\min}$——减环下极限尺寸。

$$A_{0\min} = \sum_{i=1}^{n} \overrightarrow{A}_{i\min} - \sum_{i=n+1}^{m} \overleftarrow{A}_{i\max} \tag{2-3}$$

式中　$A_{0\min}$——封闭环下极限尺寸；

$A_{i\min}$——增环下极限尺寸；

$A_{i\max}$——减环上极限尺寸。

3）封闭环的上、下极限偏差。封闭环的上极限偏差等于所有增环的上极限偏差之和减去所有减环的下极限偏差之和，封闭环的下极限偏差等于所有增环的下极限偏差之和减去所有减环的上极限偏差之和。

将封闭环上极限尺寸、封闭环下极限尺寸分别减去封闭环的公称尺寸，便得封闭环的上、下偏差。因此用式（2-2）、式（2-3）分别与式（2-1）相减，可得封闭环上、下偏差的一般公式：

$$ES_0 = \sum_{i=1}^{n} \overrightarrow{ES}_i - \sum_{i=n+1}^{m} \overleftarrow{EI}_i \tag{2-4}$$

式中　ES_0——封闭环上极限偏差；

$\overrightarrow{ES}_i$——增环上极限偏差；

$\overleftarrow{EI}_i$——减环下极限偏差。

$$EI_0 = \sum_{i=1}^{n} \overrightarrow{EI}_i - \sum_{i=n+1}^{m} \overleftarrow{ES}_i \tag{2-5}$$

式中　EI_0——封闭环下极限偏差；

$\overrightarrow{EI}_i$——增环下极限偏差；

$\overrightarrow{ES}_i$——减环上极限偏差。

由于从零件图和工艺卡片中所标注的尺寸和公差中很容易算出上、下极限偏差，故用式（2-4）、式（2-5）算出上、下极限偏差后，再反求封闭环的上、下极限尺寸，比用式（2-2）、式（2-3）计算更为简便、迅速。

4）封闭环的公差。封闭环的公差等于各组成环公差的总和。

用封闭环的上极限尺寸减去封闭环的下极限尺寸，可得到封闭环公差与组成环公差的关系式，因此用式（2-3）减去式（2-2），可得封闭环公差的一般公式：

$$T_0 = \sum_{i=1}^{m} T_i \tag{2-6}$$

式中 T_0——封闭环的公差；

T_i——组成环公差。

在封闭环公差 T_0 一定的条件下，若能减少组成环数，就可相应地放大各组成环的公差而使其易于加工。因此，在组成装配尺寸链或工艺尺寸链时，应尽量减少组成环数。这一原则称为最短尺寸链原则。

2. 概率法计算公式

1）将极限尺寸变成平均尺寸：

$$A_\Delta = \frac{A_{\max} + A_{\min}}{2} \tag{2-7}$$

式中 A_Δ——平均尺寸；

$A_{\max}$——上极限尺寸；

$A_{\min}$——下极限尺寸。

2）将极限偏差变成中间偏差：

$$\Delta = \frac{ES+EI}{2} \tag{2-8}$$

式中 Δ——极限偏差；

ES——上极限偏差尺寸；

EI——下极限偏差尺寸。

3）封闭环中间偏差的二次方等于各组成环中间偏差二次方之和：

$$T_{0M} = \sqrt{\sum_{i=1}^{m} T_i^2} \tag{2-9}$$

式中 T_{0M}——封闭环中间偏差；

T_i——组成环中间偏差。

2.5.3 直线尺寸链在工艺尺寸链的应用

工艺设计过程中需要进行的工艺尺寸链计算通常有以下几种情况。

1. 加工表面本身各次加工尺寸的确定

零件上的单一内孔、外圆、平面、曲面的加工大多需要确定加工表面本身各次加工尺寸。当表面需要经过多次加工时，各次加工的尺寸及其公差取决于各工序的加工余量及所采用的加工方法所能达到的经济加工精度。因此，确定各工序的加工余量和各工序所能达到的经济加工精度后，就可以计算出各工序的尺寸及公差。计算顺序是从最后一道工序（最后一次加工）向前推算。

加工法兰盘零件上的 $\phi60^{+0.08}_{0}$ mm 圆孔，材料为 45 钢，表面粗糙度 Ra 值为 0.8μm；需淬硬，毛坯为锻件。孔的机械加工工艺过程是粗镗→半精镗→热处理→磨孔，如图 2-39 所示。加工过程中，使用同一基准完成该孔的各次加工，即基准不变。在分析中忽略不同装夹中定位误差对加工精度的影响。试确定各加工工序的工序尺寸及其上、下偏差。

求解过程如下。

1）根据手册、标准文献资料，查得加工孔各工序的直径加工余量为

磨孔余量：$Z_0=0.5\text{mm}$。

半精镗余量：$Z_1=1.0\text{mm}$。

粗镗余量：$Z_2=3.5\text{mm}$。

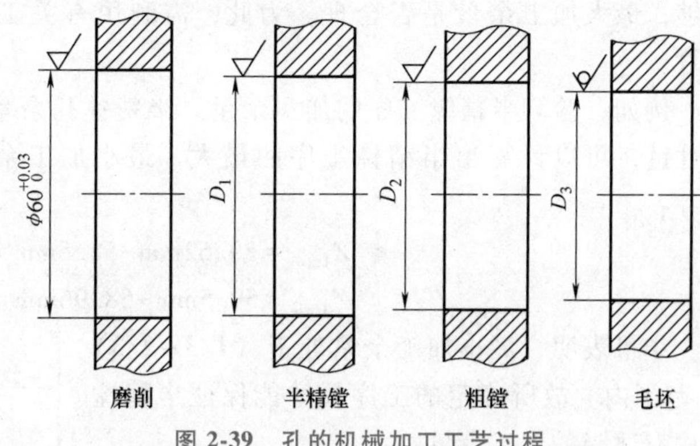

图 2-39　孔的机械加工工艺过程

2）确定各个工序的尺寸。磨削后应达到零件图上规定的设计尺寸，故磨削工序尺寸为 $D=60\text{mm}$。

为了留出磨削加工余量，半精镗后孔径的基本尺寸应为 $D_1=60\text{mm}-0.5\text{mm}=59.5\text{mm}$；为了留出半精镗加工余量，粗镗后孔径的基本尺寸应为 $D_2=59.5\text{mm}-1.0\text{mm}=58.5\text{mm}$；为了留出粗镗加工余量，毛坯孔径的基本尺寸应为 $D_3=58.5\text{mm}-3.5\text{mm}=55\text{mm}$。各工序尺寸如图 2-40 所示。

3）确定各工艺尺寸的公差。这时既要考虑获得工序尺寸的经济加工精度，又要保证各工序有足够的最小加工余量。为此各加工工序的加工精度等级不宜相差过大。

根据文献、工艺人员手册，查找确定各工序尺寸标准公差等级对应的尺寸公差为

磨削：0.03mm（IT7）。

半精镗：0.12mm（IT10）。

粗镗：0.46mm（IT13）。

毛坯：4.00mm（IT18）。

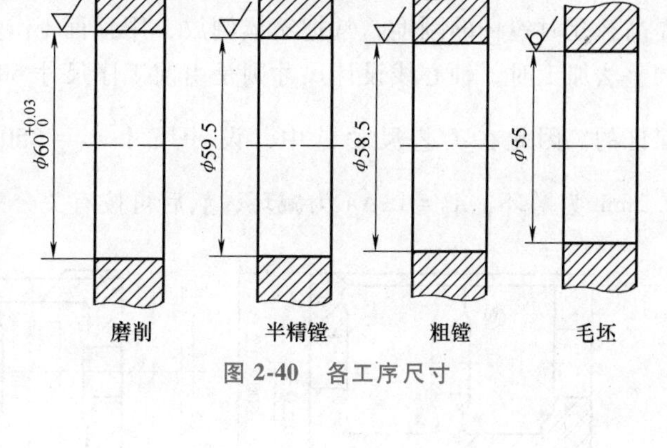

图 2-40　各工序尺寸

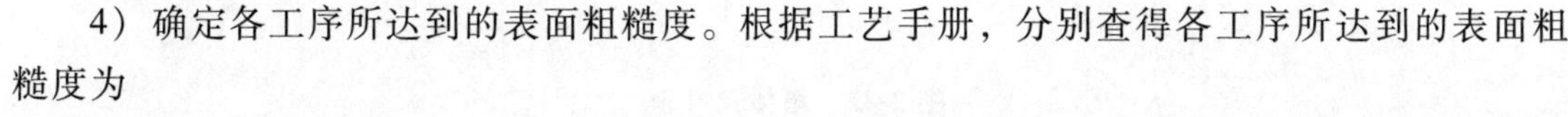
4）确定各工序所达到的表面粗糙度。根据工艺手册，分别查得各工序所达到的表面粗糙度为

磨削：0.8μm。

半精镗：3.2μm。

粗镗：12.5μm。

5）确定各工序尺寸的偏差。各工序尺寸的偏差，按照常规加以确定，即加工尺寸按“单向入体原则”标注极限偏差，毛坯尺寸按“1/3～2/3 入体原则”标注偏差，如图 2-41 所示。

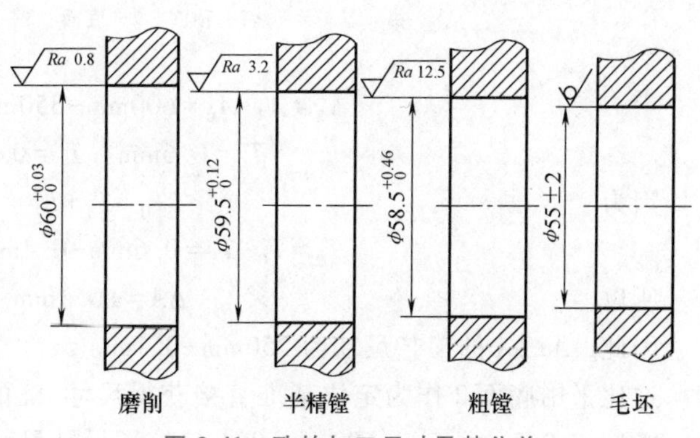

图 2-41　孔的加工尺寸及其公差

6）校核各工序的加工余量是否

合理。在初定各工序尺寸及其偏差之后，应验算各工序的加工余量，校核最小加工余量是否足够，最大加工余量是否合理。为此，需利用有关工序尺寸的加工余量尺寸链进行分析计算。

例如，验算半精镗工序的加工余量。半精镗孔余量尺寸链如图 2-42 所示。根据此余量尺寸链，可以计算出半精镗工序的最大、最小加工余量，即余量尺寸链的封闭环的极限尺寸：

$$Z_{1\max} = 59.62\text{mm} - 58.5\text{mm} = 1.12\text{mm}$$
$$Z_{1\min} = 59.5\text{mm} - 58.96\text{mm} = 0.54\text{mm}$$

结果表明，最小加工余量处于（1/3～2/3）Z_1 范围内。故所确定的工序尺寸能保证半精镗工序有适当的加工余量。

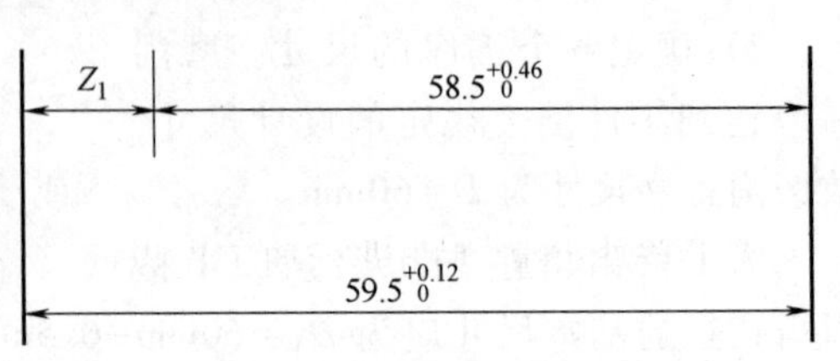

图 2-42　半精镗孔余量尺寸链

2. 定位基准与设计基准不重合时的尺寸换算

当定位基准与设计基准不重合时，为达到零件的设计精度，需要进行尺寸换算。如图 2-43a 所示，孔轴心线的设计基准为底面 2，尺寸为 350mm±0.3mm，顶高为 600mm±0.2mm。为了能在镗模 3 上配置中间导向支承，以提高镗孔时镗杆的刚度，常把箱体倒放，用顶面 1 作为定位基准，如图 2-43b 所示。当采用调整法加工时，轴心线设计尺寸则是由前工序尺寸 600mm±0.2mm 和本工序尺寸 $A \pm \Delta A$ 间接保证的。因此在工艺尺寸链中，设计尺寸 $A_0 = 350\text{mm} \pm 0.3\text{mm}$ 为封闭环，$\overrightarrow{A}_1 = 600\text{mm} \pm 0.2\text{mm}$ 为增环，$\overleftarrow{A}_2 = A \pm \Delta A$ 为减环，然后再按有关公式计算。

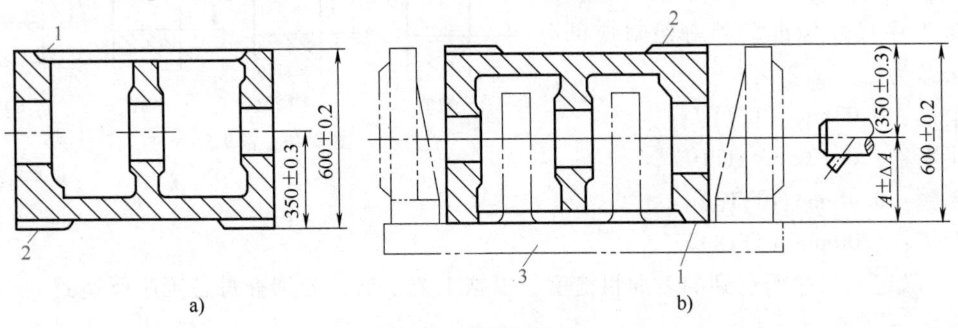

图 2-43　箱体尺寸链

1—顶面　2—底面　3—镗模

$$\overleftarrow{A}_2 = \overrightarrow{A}_1 - A_0 = 600\text{mm} - 350\text{mm} = 250\text{mm}$$
$$T_0 = 0.6\text{mm},\ T_1 = 0.4\text{mm}$$

因为

$$T_0 = T_1 + T_2$$
$$T_2 = T_0 - T_1 = 0.6\text{mm} - 0.4\text{mm} = 0.2\text{mm}$$

所以

$$\Delta A = \pm 0.1\text{mm}$$

因此，$A \pm \Delta A$ 的工艺尺寸为 250mm±0.1mm。

这比采用底面 2 作为定位基准直接获得尺寸 A_0 的允许误差±0.2mm 大大缩小。若箱体 $A_0 = 350\text{mm} \pm 0.3\text{mm}$、$A_1 = 600\text{mm} \pm 0.4\text{mm}$，即设计尺寸要求不变，而因为加工方法和加工经济的原因将工序尺寸 A_1 的公差放大，则因为 $T_1>T_0$，即 0.8mm>0.6mm，就不能满足工艺尺寸链的基本计算式 $T_0=\sum_{i=1}^{m}T_i$，这时，即使本工序的加工误差 $T_2=0$，也无法保证尺寸 350mm±0.3mm 在允许范围内，必须采取以下措施：

1）与设计部门协商，能否将孔轴心线尺寸要求放宽，使 $T_0>T_1$。

2）改变定位基准，仍用底面 2 定位加工，使定位基准与设计基准重合。这种做法的缺点是中间导向支承要用吊装式，装拆麻烦，精度保持性差。

3）改变加工方法，使前工序和本工序尺寸的加工精度均有所提高，如压缩 $T_1=0.5\text{mm}$，$T_2=0.1\text{mm}$，就能保证 $A_0=350\text{mm}\pm0.3\text{mm}$ 的技术要求。

3. 测量基准与设计基准不重合时的尺寸换算

有些表面加工后，按设计尺寸不便或无法直接测量。因此，需要在零件上另选一易于测量的表面作为测量基准进行加工，以间接保证设计尺寸要求，这时需要进行尺寸换算。

图 2-44a 所示的轴承座，图上标注的设计尺寸 A_0 不便直接测量，如果先按尺寸 A_1 车出端面 A，然后以 A 面为测量基准控制尺寸，则可间接获得设计尺寸 A_0。因此，在工艺尺寸链中，标注尺寸 A_0 为封闭环，A_2 和 A_1 为组成环。图 2-44a 中设计尺寸 A_0 和 A_1 给予两组不同的公差，如图 2-44b 所示，分别计算如下。

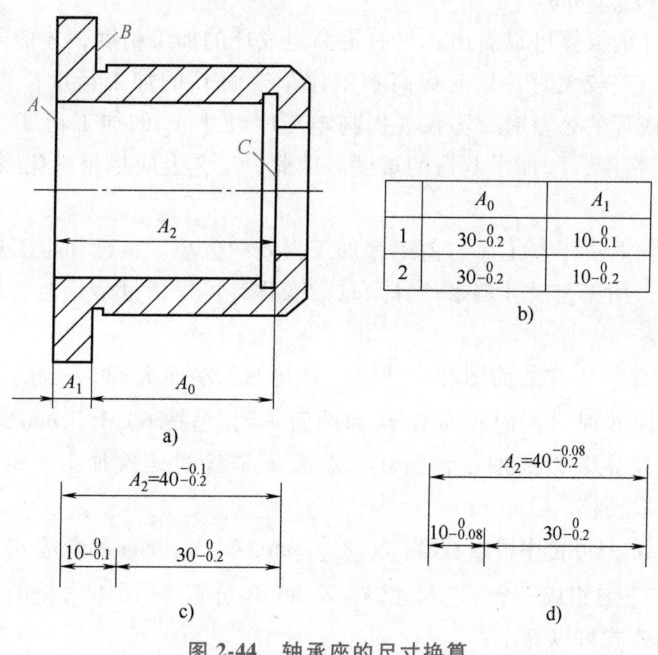

	A_0	A_1
1	$30^{\ 0}_{-0.2}$	$10^{\ 0}_{-0.1}$
2	$30^{\ 0}_{-0.2}$	$10^{\ 0}_{-0.2}$

图 2-44　轴承座的尺寸换算

1）设 $A_0=30^{\ 0}_{-0.2}$，$A_1=10^{\ 0}_{-0.1}$，求车内孔端面 C 的尺寸 A_2 及其公差，如图 2-44c 所示。

由式（2-1）求公称尺寸 A_2：

因为
$$30\text{mm}=A_2-10\text{mm}$$
所以
$$A_2=(30+10)\text{mm}=40\text{mm}$$
由式（2-4）求上极限偏差 ES_2：

因为
$$0=ES_2-(-0.1\text{mm})$$

所以 $$ES_2=-0.1\text{mm}$$

由式（2-5）求下极限偏差 EI_2：

因为 $$-0.2\text{mm}=EI_2-0$$

所以 $$EI_2=-0.2\text{mm}$$

最后求得 $A_2=40_{-0.2}^{-0.1}\text{mm}$。

2）设 $A_0=30_{-0.2}^{\ 0}\text{mm}$，$A_1=10_{-0.2}^{\ 0}\text{mm}$，若仍采用上述工艺，由于组成环 A_1 的公差和封闭环的公差相等，可求得尺寸 A_2 的公差为零，而要求尺寸 A_2 加工绝对准确是不可能的，因此必须压缩尺寸 A_1 的公差，如图 2-44d 所示，设 $A_1=10_{-0.08}^{\ 0}\text{mm}$，则 A_2 的计算如下。

由式（2-1）求公称尺寸：

$$A_2=(30+10)\text{mm}=40\text{mm}$$

由式（2-4）求上极限偏差 ES_2：

因为 $$0=ES_2-(-0.08\text{mm})$$

所以 $$ES_2=-0.08\text{mm}$$

由式（2-5）求下极限偏差 EI_2：

$$EI_2=-0.2\text{mm}$$

最后求得 $A_2=40_{-0.2}^{-0.08}\text{mm}$。

由上述两组尺寸的换算可以看出，只有提高组成环的加工精度，才能间接保证封闭环的要求。当封闭环的公差较大时，只需提高本工序车端面 C 的加工精度；当封闭环的公差等于甚至小于一个组成环的公差时，不仅要提高本工序尺寸 A_2 的加工精度，而且还要提高前工序尺寸 A_1 的加工精度，增加了制造的难度。因此，工艺上应尽量避免测量尺寸的换算。

4. 余量校核

工序余量的变化取决于本工序与前工序加工误差的大小。在已知本工序和前工序的尺寸及其公差的情况下，用工艺尺寸链来计算余量的变化，可以衡量余量能否适应加工情况，防止余量过大或过小。

图 2-45 所示为盘形工件的简图和尺寸链。最初加工端面 K 时，是按 $60.8_{-0.1}^{\ 0}\text{mm}$ 确定的宽度，在半精车端面 E 时（同时也车孔 D 和端面 F），是按 $60.3_{-0.1}^{\ 0}\text{mm}$ 进行加工的，而最终精车端面 E 采用定距装刀来加工，因此，端面 E 需经过两次加工，每次余量是否够用，需用工艺尺寸链加以校核。

从图 2-45b 所示的尺寸链中可以看出，$60.8_{-0.1}^{\ 0}\text{mm}$、$60.3_{-0.1}^{\ 0}\text{mm}$ 和余量 Z_1，以及 $60.3_{-0.1}^{\ 0}\text{mm}$、$60_{-0.05}^{\ 0}\text{mm}$ 和余量 Z_2 各自组成一个工艺尺寸链。Z_1 和 Z_2 分别为两个尺寸链的封闭环。

按尺寸链基本公式可以算出：

$$Z_1=60.8\text{mm}-60.3\text{mm}=0.5\text{mm}$$

$$ES_1=[0-(-0.1)]\text{mm}=+0.1\text{mm}$$

$$EI_1=(-0.1-0)\text{mm}=-0.1\text{mm}$$

$$Z_2=(60.3-60)\text{mm}=0.3\text{mm}$$

$$ES_2=[0-(-0.05)]\text{mm}=+0.05\text{mm}$$

$$EI_2=(-0.1-0)\text{mm}=-0.1\text{mm}$$

所以 $Z_1=0.5\pm0.1\text{mm}$，$Z_2=0.3_{-0.1}^{+0.05}\text{mm}$。

即半精车 E 面的余量 Z_1 变化的范围是 0.4~0.6mm，精车余量 Z_2 的变化范围是 0.2~0.35mm，其中精车最小余量为 0.2mm，对这个零件来说是合适的，因此由有关工序尺寸及公差所决定的余量及其偏差是合适的。

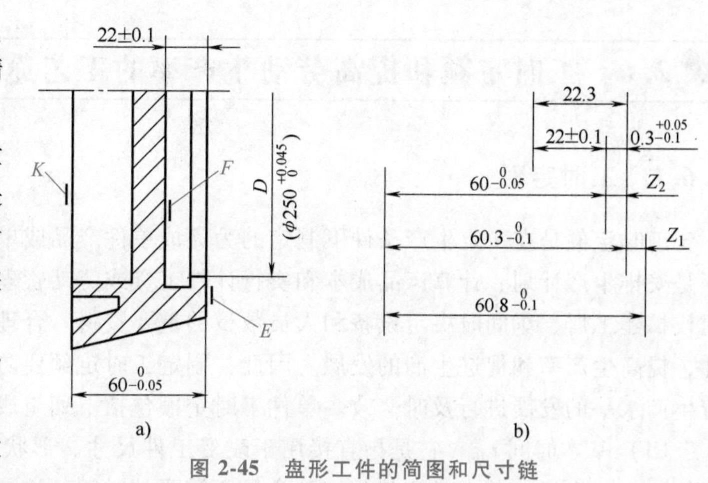

图 2-45　盘形工件的简图和尺寸链

5. 一次加工满足多个设计尺寸要求的工艺尺寸的计算

一个带有键槽的内孔，设计尺寸如图 2-46 所示，该内孔有淬火处理要求，因此有以下加工工艺安排：

1）镗内孔至 $\phi 49.8^{+0.046}_{0}$ mm。

2）插键槽。

3）淬火处理。

4）磨内孔，保证内孔直径 $\phi 50^{+0.03}_{0}$ mm 和键槽深度 $\phi 53.8^{+0.3}_{0}$ mm 两个设计尺寸的要求。求淬火前插键槽的深度尺寸。

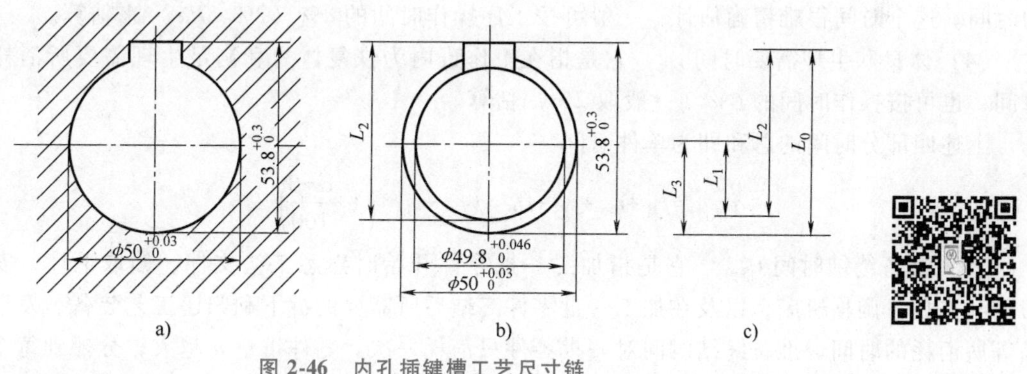

图 2-46　内孔插键槽工艺尺寸链

显然，插键槽工序可采用已镗孔的下切线为基准，用试切法保证插键槽深度。这里，插键槽深度尚为未知，需经计算求出。磨孔工序应保证磨削余量均匀（可按已镗孔找正夹紧），因此其定位基准可以认为是孔的中心线。这样，孔 $\phi 50^{+0.03}_{0}$ mm 的定位基准和设计基准重合，而键槽深度 $53.8^{+0.3}_{0}$ mm 的定位基准和设计基准不重合。因此，磨孔可直接保证孔的设计尺寸要求，而键槽深度的设计尺寸就只能间接保证了。

将有关工艺尺寸标注在图 2-46b 中，按照工艺顺序画工艺尺寸链，如图 2-46c 所示。在尺寸链中，键槽深度的设计尺寸 L_0 为封闭环，L_2 和 L_3 为增环，L_1 为减环。画尺寸链图时，先从孔的中心线（定位基准）出发，画镗孔半径 L_1，再以镗孔下母线为基准画插键槽深度 L_2，以孔中心线为基准画磨孔半径 L_3，最后用键槽深度的设计尺寸 L_0 使尺寸链封闭。其中：$L_0=53.8^{+0.3}_{0}$ mm，$L_1=24.9^{+0.023}_{0}$ mm，$L_3=25^{+0.015}_{0}$ mm。求解该尺寸链得：$L_2=53.7^{+0.285}_{+0.023}$ mm。

2.6 工时定额和提高劳动生产率的工艺途径

2.6.1 工时定额

工时定额是在一定生产条件下制定的为完成单件产品或单个工序所建立的工时。工时定额是安排生产计划、计算产品成本和实行计件工资或劳动管理制度的重要依据之一，也是新建或扩建工厂、车间时决定设备和人员数量的重要资料。合理的工时定额能调动工人的积极性，提高生产率和促进生产的发展。因此，制定工时定额要防止过高或过低两种倾向，并随着生产水平的发展进行及时修改。单件工时定额包括下列组成部分。

（1）基本时间 $t_{基}$　它是指直接用于改变工件尺寸、形状或表面质量所需要的时间。对于切削加工来说，基本时间就是切除余量所需要的时间，它包括切削时间和刀具的切入、切出时间，又可称为机动时间，一般可用计算方法确定。

（2）辅助时间 $t_{辅}$　它是指在每个工序中，工人为完成主要工作而进行的各种辅助动作所需要的时间，包括装卸工件、开停机床、改变切削用量、测量工件等所需要的时间。基本时间与辅助时间之和称为工序操作时间。

（3）工作地点服务时间 $t_{服}$　它是指工人在工作班内照管工作地点和为了保持正常工作状态所需要的时间，包括调整和更换刀具、修整砂轮、润滑及擦拭机床、清理切屑等所需要的时间。这个时间很难精确估计，一般可按工序操作时间的 $a\%$（2%~7%）来估算。

（4）休息和生理需要时间 $t_{休}$　它是指在工作班内为恢复体力和满足生理需要所消耗的时间，也可按操作时间的 $\beta\%$（一般取 2%）估算。

上述四部分时间的总和即为单件时间：

$$t_{单件}=t_{基}+t_{辅}+t_{服}+t_{休}=(t_{基}+t_{辅})\left(1+\frac{\alpha+\beta}{100}\right)$$

（5）准备终结时间 $t_{准终}$　它是指加工一批零件开始时熟悉工艺文件、领取毛坯、安装刀具和夹具、调整机床，以及在加工一批零件终结后所需要的拆下和归还工艺装备、发送成品等所消耗的时间。准备终结时间对一批零件只消耗一次。零件批量 n 越大，分摊到每个零件上的准备终结时间 $t_{准终}/n$ 就越少。所以成批生产的单件工时定额为

$$t_{定额}=t_{单件}+\frac{t_{准终}}{n}=(t_{基}+t_{辅})\left(1+\frac{\alpha+\beta}{100}\right)+\frac{t_{准终}}{n}$$

大量生产时，在每个工作地点只完成一个固定工序，不需要上述准备终结时间，所以其单件时间定额为

$$t_{定额}=t_{单件}=(t_{基}+t_{辅})\left(1+\frac{\alpha+\beta}{100}\right)$$

2.6.2 提高劳动生产率的工艺途径

劳动生产率是指工人在单位时间内创造合格产品的数量，或指用于制造单件产品所消耗的劳动时间。制定工艺规程时，必须在保证产品质量的同时，提高劳动生产率和降低产品成本，用最低的消耗，生产更多、更好的产品。因而提高劳动生产率是一个综合性的问题，下

面仅就工艺上的一些问题进行讨论。

1. 缩短单件时间定额

缩短单件时间定额可提高劳动生产率，首先应集中精力缩减占工时定额较大的部分。例如，在普通车床上小批量生产某一零件，基本时间仅占26%，而辅助时间占50%，这时应着重在缩减辅助时间上采取措施。又如，生产批量较大，在多轴自动机床上加工时，基本时间占69.5%，而辅助时间仅占21%，这时应设法缩减基本时间。

（1）缩减基本时间

① 提高切削用量。提高切削速度、增大进给量和增加切削深度都可以缩减基本时间，减少单件时间。这是广为采用的提高劳动生产率的有效方法。随着刀具材料的改进，刀具的切削性能已有很大提高。采用硬质合金刀具车削时的切削速度一般可达200m/min，而陶瓷刀具可达500m/min。聚晶立方氮化硼刀具，切削普通钢材时的切削速度可达900m/min；当加工60HRC以上的淬火钢、高镍合金钢时，在980℃仍能保持其热硬性，切削速度可在90m/min以上。

磨削的发展趋势是采用高速和强力磨削，以提高金属切除率。高速磨削速度已达60m/s以上。强力磨削是采用小进给量和大深度一次磨削成形的工艺方法，由铸、锻件毛坯或棒料直接磨出零件所要求的表面形状和尺寸，使粗、精加工一次完成，部分取代铣、刨等粗加工工序。由于磨削深度大（一次可达6~12mm）、金属切除率高，因此可以减少磨削工序的基本时间。

② 减小切削行程长度。减少切削行程长度也可以缩减基本时间。例如，用几把车刀同时加工同一个表面，用宽砂轮，采用切入法磨削等，生产率均可大大提高。某厂用宽300mm、直径600mm的砂轮，采用切入法磨削花键轴上长度为200mm的表面，单件时间由原来的4.5min减少到45s。但是用切入法加工，要求工艺系统具有足够的刚性和抗振性，横向进给量要适当减小，以防止振动，同时主电机功率也要增大。

③ 合并工步。用几把刀具对一个零件的几个表面或用一把复合刀具对同一个表面同时进行加工，工步由原来需要的若干工步集中为一个复合工步。由于工步的基本时间全部或部分重合，故可减少工序的基本时间，同时还可减少操作机床的辅助时间，又因减少了工位数和工件安装次数，因而有利于提高加工精度。例如，在龙门铣床上安装三把铣刀，同时加工主轴箱上有关平面，可提高生产率。

（2）缩减辅助时间　若辅助时间在单件时间中占有很大比重，则提高切削用量对提高生产率不会产生显著效果。因此，为进一步提高生产率要从缩减辅助时间着手。

① 直接缩减辅助时间。尽可能使辅助动作机械化和自动化，从而减少辅助时间。例如：采用先进夹具可减少工件的装卸时间；在大批大量生产中采用气动、液压驱动的高效夹具，对单件小批生产实行成组工艺，采用成组夹具或通用夹具；采用主动检验或数字显示自动测量装置能在加工过程中测量工件的实际尺寸，并根据测量结果控制机床进行自动调整，因而减少了加工中的测量时间，此法在内、外圆磨床上应用已取得显著成效。此外，在各类机床上已开始配备数字显示装置，它是以光栅、感应同步器等为检测元件，可连续显示刀具在加工过程中的位移量，使工人能直观地读出工件加工尺寸的变化，因此节省了停机测量的转动时间。

② 间接缩减辅助时间。使辅助时间与基本时间部分或全部重合，以减少辅助时间。例如：采用往复式进给铣床夹具，如图2-47所示。当工件2在工位Ⅰ上加工时，工人在工位

Ⅱ上装卸另一工件，切削完毕后，可以立即加工工位Ⅱ上的工件，使辅助时间与基本时间部分重合。

③ 缩减工作地点服务时间。通过缩减刀具小调整和每次更换刀具的时间，提高刀具或砂轮的寿命，使刀具和砂轮在一次刃磨和修整中可以加工更多的零件，因而缩减了加工每个零件所需的工作地点服务时间。例如：采用各种快换刀夹、刀具微调机构、专用对刀样板及自动换刀装置等，可以减少刀具的装、卸和对刀所需的时间；采用可转位刀具，除减少刀具装卸和对刀时间外，还可节省刃磨时间。

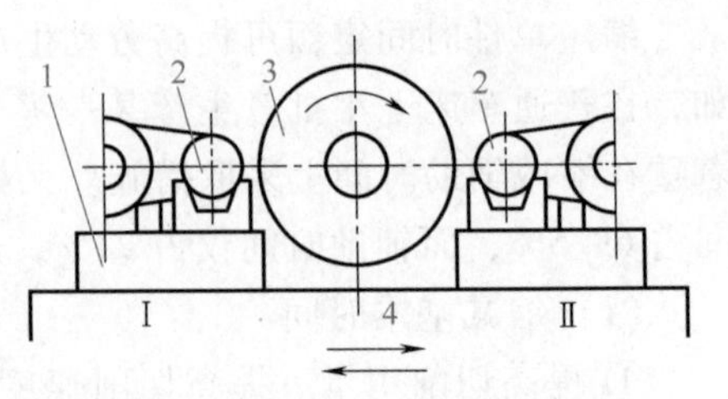

图 2-47　往复式进给铣床夹具

1—夹具　2—工件　3—铣刀　4—工作台

④ 缩减准备终结时间。在中、小批生产中，由于批量小、品种多，准备终结时间在单件时间中占有较大比重，因此生产率难以提高。应设法提高零件的通用化和标准化水平，增大批量，或采用成组技术。

2. 采用先进工艺方法

采用先进工艺或新工艺来提高生产率的方法有以下几项。

1）对特硬、特脆、特韧材料及复杂型面采用特种加工可提高生产率。例如，用电火花加工锻模、用电解加工锻模、线切割加工冲模等，能大量减少钳工劳动。

2）在毛坯制造中采用冷挤压、热挤压、粉末冶金、失蜡铸造、压力铸造、精锻和爆炸成型等新工艺，能提高毛坯精度，减少切削加工，节约原材料，经济效果十分显著。提高劳动生产率不能只局限于机械加工本身，要重视毛坯工艺及其他新工艺、新技术的应用，从根本上改革工艺，以提高劳动生产率。

3）采用少、无切削工艺代替切削加工方法。例如，用冷挤压齿轮代替剃齿，表面粗糙度 Ra 值可达 1.25~0.63μm，生产率可提高 4 倍。

4）改进加工方法。在大批大量生产中采用拉削、滚压代替铣削、铰削和磨削，在成批生产中采用精刨、精磨或精镗代替刮研，都能大大提高生产率。例如，某车床主轴铜轴承套采用精镗代替刮研，表面粗糙度 Ra 值可小于 0.16μm，圆柱度误差小于 0.003mm，装配后与主轴接触面积达 80%，生产率可提高 32 倍。

3. 进行高效及自动化加工

对于大批大量生产，可采用刚性流水线、刚性自动线的生产方式，广泛采用专用自动机床、组合机床及工件输送装置，使零件加工的整个工作循环都是自动进行的。这种生产方式的生产率极高，在汽车、发动机、拖拉机、轴承等制造业中应用十分广泛。

对于成批生产，多采用数控机床、加工中心、柔性制造单元及柔性制造系统，进行部分或全部自动化生产，以实现多品种小批量生产的自动化，提高生产效率。对于单件小批量生产，以实现成组工艺，扩大成组批量，借助于数控机床、加工中心的灵活加工方式，可最大限度地实现自动化加工方式。

2.7　工艺方案的比较与技术经济分析

制定工艺规程时，在保证质量的前提下，往往会出现几种不同的方案。其中，有些方案生产率很高，但设备和工、夹具的投资较大；有些方案可能投资较少，但生产率较低。因此，不同的方案就有不同的经济效果。为了选取给定的生产条件下最经济合理的方案，就需要进行技术经济分析。工艺方案的技术经济分析大致可分为两种情况：一是对不同工艺方案进行工艺成本的分析和比较，二是按某些相对技术经济指标进行比较。

对生产规模较大的主要零件工艺过程的技术经济分析，应通过工艺成本和投资指标的估算予以评定。零件的工艺成本并不是实际生产成本，它仅是生产成本中与工艺过程有关的生产费用，与工艺过程无关的费用（如行政总务人员的工资、厂房折旧和维持费用等）在工艺方案经济评定中不予考虑。因此，工艺成本包括可变费用 V（元/件）和不变费用 S（元）两大部分。

可变费用 V 与年产量有关，并随年产量的增减而成比例地变动。它包括：毛坯的材料和制造费用、包括奖金在内的操作工人的工资、机床电费、通用机床折旧费和修理费、通用夹具和刀具费用等。但这些费用在工艺方案确定的情况下，分摊到每一产品上的部分一般是不变的。

不变费用 S 与年产量的变化没有直接关系。它包括：调整工人的工资、专用机床折旧费和修理费、专用刀具和夹具费用等。由于专用机床和专用工艺装备一般不能用于加工其他零件、当产量不足、负荷不满时，只能闲置，而设备折旧费又是固定的，因此当年产量在一定范围内变化时，这些费用基本不变，从而归于不变费用。但不变费用分摊到单件产品上是变量，产量越大，每一产品的不变费用就越少。

若零件的年产量为 N，则全年工艺成本 E 的计算公式为

$$E=VN+S$$

同样，单件工艺成本 E_d 为

$$E_d=V+\frac{S}{N}$$

图 2-48 表明，全年工艺成本 E 与年产量 N 呈线性关系。图 2-49 表明，单件工艺成本 E_d 与年产量 N 呈双曲线的关系。这种双曲线变化关系表明当 S（主要是专用设备费用）一定时，若生产量较小，则 S/N 与 V 相比在成本中所占比重较大。因此，N 的增大会使成本显著下降，这种情况相当于单件、小批生产（图 2-49 曲线中的 A 段）；反之，当生产纲领超过一定范围，使 S/N 所占比重很小，这时需采用高效率生产方案，使 V 减小，才能获得好的经济效果，这相当于大批、大量生产（图 2-49 曲线中的 C 段）。当各种工艺方案的基本投资相近，或在采用现有设备的条件下，工艺成本便可作为衡量各种方案经济性的依据。用工艺成本衡量不同的工艺方案时，可先分别计算各自的工艺成本，然后求出工艺成本的差额。例如：

$$E_1=V_1N+S_1$$

$$E_2=V_2N+S_2$$

$$\Delta E=E_1-E_2=N(V_1-V_2)+(S_1-S_2)$$

式中　E_1、E_2——工艺方案Ⅰ与Ⅱ的工艺成本，单位为元/年；

V_1、V_2——工艺方案Ⅰ与Ⅱ的可变费用，单位为元/年；

S_1、S_2——工艺方案Ⅰ与Ⅱ的不变费用，单位为元/年。

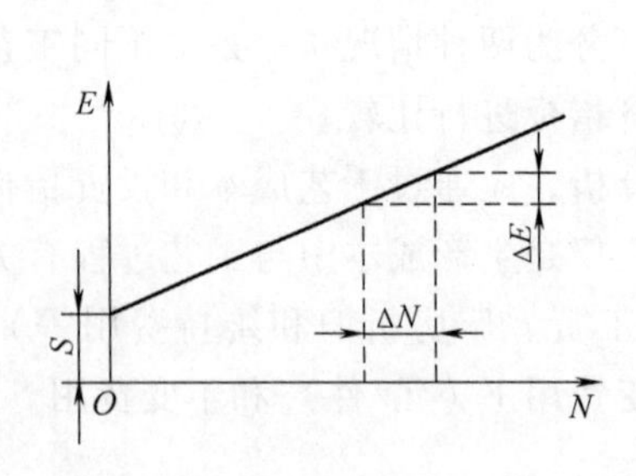

图 2-48　全年工艺成本与年产量的关系

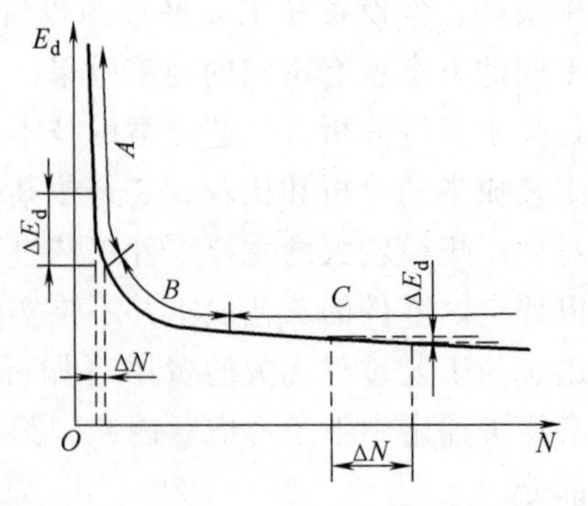

图 2-49　单件工艺成本与年产量的关系

工艺成本的差额在工艺方案确定的条件下，是随着年产量而变化的，如图 2-50 所示。当年产量小于 N_k 时，工艺方案Ⅰ较工艺方案Ⅱ超支 ΔE；当年产量大于 N_k 时，工艺方案Ⅰ节约 ΔE。N_k 为临界产量，其值可由计算得到。

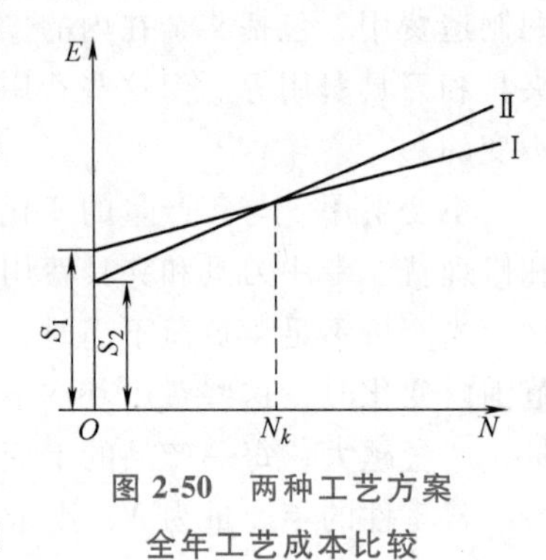

图 2-50　两种工艺方案全年工艺成本比较

当 $N=N_k$ 时，$E_1=E_2$

即 $$V_1N_k+S_1=V_2N_k+S_2$$

所以 $$N_k=\frac{S_1-S_2}{V_1-V_2}$$

当比较的两个工艺方案的基本投资差额较大时，若单纯比较其工艺成本是难以全面评定其经济性的，必须同时考虑不同方案基本投资差额的回收期限 τ。回收期限 τ 表示需要多长时间才能将此基本投资因工艺成本降低而收回来，其计算公式为

$$\tau=\frac{K_1-K_2}{E_2-E_1}=\frac{\Delta K}{\Delta E}$$

式中　τ——回收期限（年）；

ΔK——执行工艺方案Ⅰ增加的投资；

ΔE——采用工艺方案Ⅰ节约的全年工艺成本。

回收期限越短，经济效果越好。回收期限一般应满足以下几个条件：

1）回收期限应小于基本投资设备的使用年限；

2）回收期限应小于该产品预定生产的年限；

3）回收期限应小于国家规定的标准，例如，新夹具的标准回收期限为 2~3 年，新机床的标准回收期限为 4~6 年。

课后习题

2-1　简述精基准的四个选择原则主要解决工艺过程的什么问题。

2-2　为什么要求重要表面加工余量均匀？

2-3　机械制造中，何谓封闭环？如何确定加工尺寸链的封闭环？

2-4　制定机械加工工艺规程时，高精度的零件的工艺过程较长（工序多），一般要划分几个加工阶段，分别是哪几个阶段？

2-5　何谓结构工艺性？对机械零件结构工艺性有哪些要求？

2-6　工序集中和工序分散的含义是什么？各有什么优缺点？

2-7　零件加工过程中，已有加工面应尽量采用精基准定位，粗基准一般只在第一道工序中使用一次。这种说法对吗？为什么？

2-8　图 2-51 所示零件的孔与底面已加工完毕，在加工导轨上的平面 A 时，应选哪个面作为定位基准比较合理？请提出两种方案并加以比较。

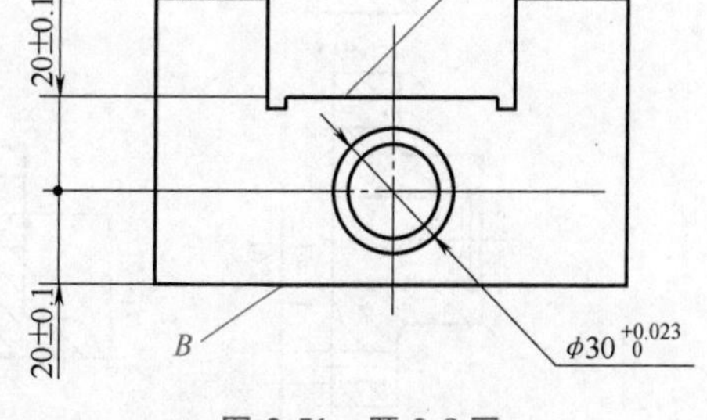

图 2-51　题 2-8 图

2-9　采用调整法大批量生产图 2-52 所示零件的指定工序时，试合理选择其定位基准，并确定采用什么定位元件，此元件限制零件的哪几个自由度。

1）在车床上加工中孔 d 及 E 面。

2）在立式组合钻床上加工盘形零件的 2×ϕ15mm 孔。

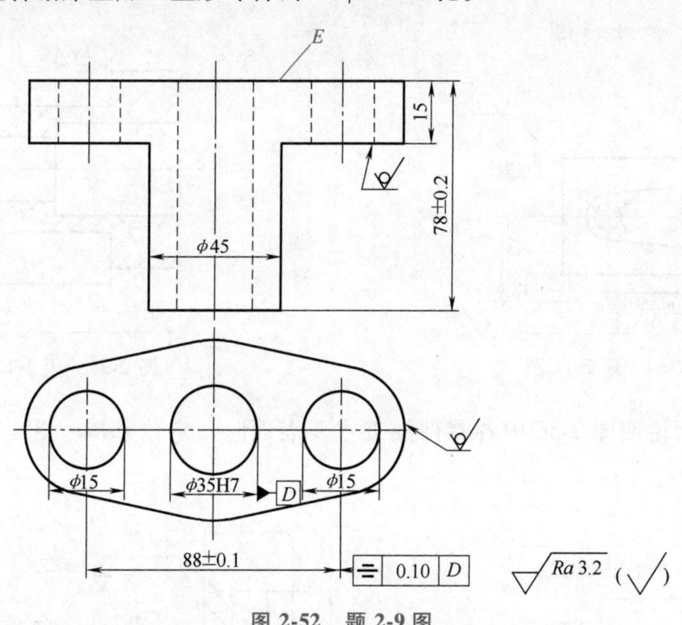

图 2-52　题 2-9 图

2-10　图 2-53 所示零件在加工时应如何选择粗、精基准，请简要地说明理由。注：标有△符号的为加工面，其余为非加工面；图 2-53a、b 要求保持壁厚均匀，图 2-53c 所示零件毛坯孔已铸出，要求该孔加工余量均匀。

2-11　图 2-54 所示箱体零件的工艺路线为：粗、精刨底面→粗、精刨顶面→粗、精铣两端面→在卧式镗床上先粗镗、半精镗。精镗 ϕ80H7 孔，然后将工作台移动 100±0. 03mm，再粗镗、半精镗、精镗 ϕ60H7 孔。该零件为中批生产，试分析上述工艺路线有无原则性错误，并提出改正方案。

2-12　如图 2-55 所示，已知工件的相关尺寸 $L_1=70^{-0.025}_{-0.05}$mm，$L_2=60^{\ 0}_{-0.025}$mm，$L_3=20^{+0.15}_{\ 0}$mm。由于 L_3 不便测量，试重新给出可以测量的尺寸，并标注该测量尺寸及偏差。

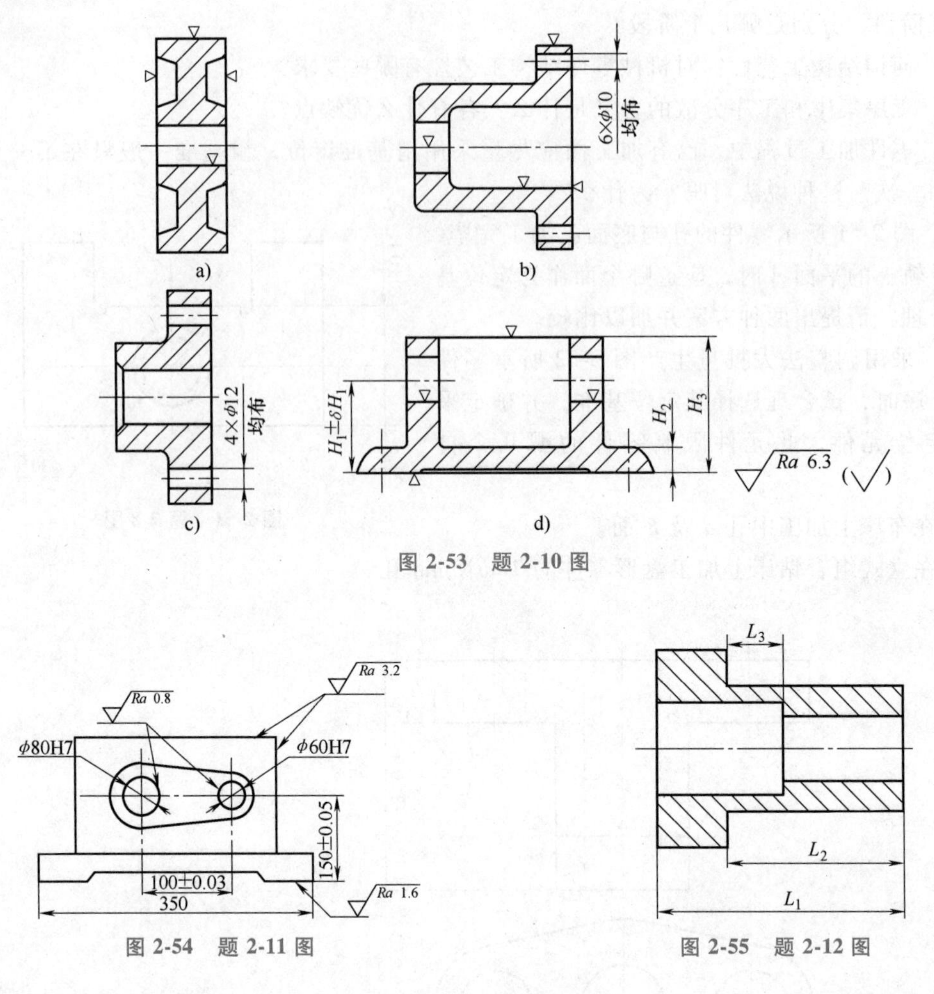

图 2-53　题 2-10 图

图 2-54　题 2-11 图

图 2-55　题 2-12 图

2-13　试分析说明图 2-56 中各零件加工主要表面时，定位基准（粗、精基准）应如何选择？

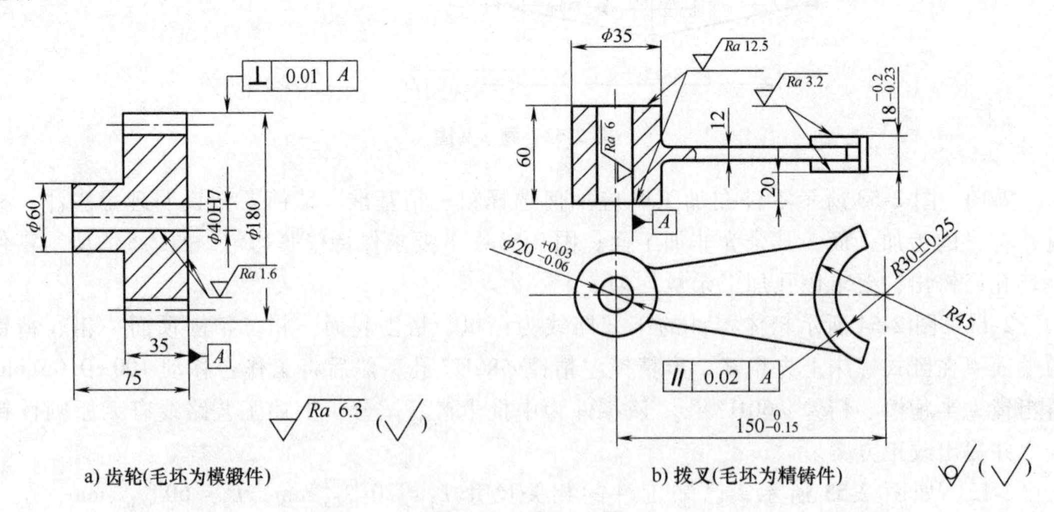

图 2-56　题 2-13 图

第3章

机床夹具设计原理

在机械制造过程中，凡用来夹持并确定工件正确位置的装置，都统称为夹具。在机械加工、装配、检验、热处理、焊接、运输等工作中都大量地采用各种夹具。

3.1 机床夹具概述

3.1.1 机床夹具在机械加工中的作用

夹具是机械加工中不可缺少的工艺装备之一，它可保证产品质量、提高生产率、扩大机床的使用范围、减轻劳动强度等。机床夹具在机械加工中有以下作用。

1）易于保证加工精度，并使加工精度稳定。由于夹具在机床上和工件在夹具中的装夹位置均已确定，所以工件在加工中的位置得到可靠保证，且不受主观因素的影响，从而使定位精度较高，加工精度稳定。

2）缩短装夹时间，提高劳动生产率。采用专用夹具装夹工件，不用找正便可将工件迅速地装夹到正确加工位置上，从而缩短与装夹工件有关的辅助时间。由于使用了夹具，工件的装夹牢固可靠，还增大了切削用量，增加了加工刀具、工件数目，以减少加工时间，提高劳动生产率。

3）扩大机床工艺范围，充分发挥机床潜力。采用夹具可使一种机床有多种功能，从而扩大机床的工艺范围，实现“一机多用”，如在车床的拖板上或在摇臂钻床工作台上装上镗模，就可以进行箱体零件的镗孔，代替镗床工作。

4）减轻工人的劳动强度，保证安全生产。

3.1.2 机床夹具的分类与组成

1. 机床夹具的分类

通常按使用特点，机床夹具可划分为以下类型。

1）通用夹具。在通用机床上一般都附有通用夹具，如：车床上的自定心卡盘、单动卡盘、顶尖、拨盘和鸡心夹头；铣床上的平口钳、分度头和回转工作台等。因为它们有很强的通用性，无须调整或稍加调整就可以用于装夹不同的工件，所以称为通用夹具。

2）专用夹具。专用夹具是为某种工件在某道工序上的装夹需要而专门设计制造的夹具。因为它具有专用性，所以称为专用夹具。

3）组合夹具。组合夹具是由一套预先制造好的标准元件和部件，依据工件的加工要求，组装成的专用夹具，具有专用夹具的功能。它的特点是：结构灵活多变，标准元件能长期重复使用，当每批工件加工完之后，可以拆卸重复使用。

4）可调整夹具和成组夹具。这两种夹具的共同特点都是把整个夹具分成两部分：夹具的基本部分（如夹具体、传动装置等）和可调整部分（如定位元件、夹紧元件等）。前者对所有加工对象不变，后者可随具体加工对象的变化而变化。这两种夹具之间的差别仅在于成组夹具是工件在成组工艺分类基础上，根据一组具体工件而设计的，而可调夹具是在工件一般分类基础上设计的。

5）随行夹具。在自动线上，随被装夹的工件一起由一个工位移到另一个工位的夹具，称为随行夹具。它是一种移动式夹具，主要负责装夹和输送工件。

此外，夹具还可以按动力来源不同分为手动夹具、气动夹具、液压夹具、电动夹具、电磁夹具、真空夹具等；按使用夹具的设备不同又分为车床夹具、铣床夹具、磨床夹具、钻床夹具、镗床夹具等。

2. 机床夹具的组成

1）定位装置。夹具上用来确定工件位置的一些元件称为定位装置。定位装置是机床夹具的主要功能元件之一，其功能是确定工件在夹具上的正确位置。

2）夹紧装置。夹具中由夹紧元件、中间传力机构和动力装置构成的装置称为夹紧装置。夹紧装置也是机床夹具的主要功能元件之一，其功能是确保工件定位后获得正确位置，以及在加工过程中各种力的作用下保持工件位置不变。

3）夹具体。夹具体是机床夹具的基础支承件，其功能是将夹具中的定位装置、夹紧装置及其他所有元件或装置连接起来构成一个整体，并通过它与机床连接，以确定整个夹具在机床上的位置。

4）连接元件。连接元件用来确定夹具本身在机床上的位置。根据机床的工作特点，夹具在机床上的安装连接有两种形式：一种是安装在机床工作台上，如铣床夹具、镗床夹具等；另一种是安装在机床主轴上，如车床夹具中的心轴类、盘类夹具等。夹具在机床上的安装形式不同，所用的连接元件也不相同。例如，铣床夹具与铣床工作台连接用定位键，盘类车床夹具与车床主轴连接用过渡盘。

5）对刀元件。对刀元件用来确定刀具与工件的位置。它是铣床夹具的特殊元件，加工前，用对刀块来调整铣刀的位置。

6）导向元件。导向元件用来调整刀具的位置，以及引导刀具进行切削。它是钻床夹具和镗床夹具所特有的元件，主要指钻模中的钻套和镗模中的镗套等。加工时，钻头与钻套、镗杆与镗套之间均应留有适量间隙，这是影响钻床夹具和镗床夹具加工精度的一个因素。

7）其他元件或装置，根据不同工件的加工需要，有些夹具需要采用分度装置、靠模装置、上下料装置、顶出器和平衡块等，以分别满足生产率、加工精度、仿形、装卸工件等其他要求。这些装置或元件一般需专门设计。

3.2 工件在夹具中的定位方式与定位元件

要解决工件在夹具中的定位问题，除在工件上选择适当的表面作定位基准（面）外，

还必须将定位基准支承在适当分布的定位支承点上，这就是定位装置的设计。下面就着重讨论工件以平面定位、圆柱面定位和它们的组合表面定位等情况下，使用的定位方式和定位元件。

3.2.1 工件以平面定位及其定位元件

1. 定位方式

如图 3-1 所示，在一个长方形工件上加工孔 ϕD。要求保证位置尺寸 A 和 B，同时要求孔 ϕD 垂直于底面 E。这些加工要求应由夹具来保证。

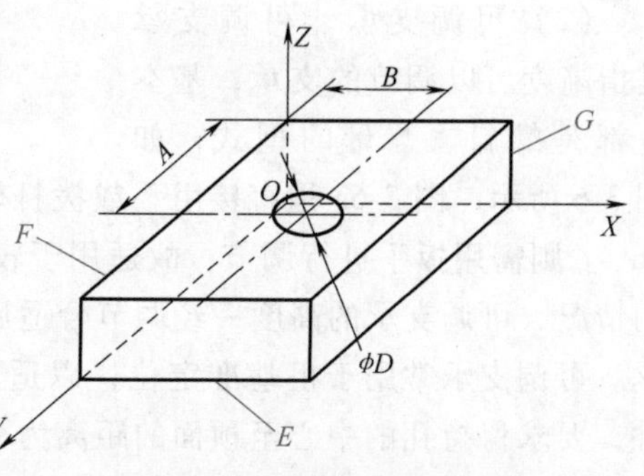

图 3-1 平面定位分析简图

首先以工件的 E 面为定位基准（图 3-2），以 XOY 作为主要定位表面，限制了工件的 $\vec{Z}$、$\widehat{X}$、$\widehat{Y}$ 三个自由度，从而保证了加工孔与底面 E 的垂直。当基面 E 是精基准时，为了保证定位基准与定位表面很好的接触，该定位元件往往制成图 3-2 所示的中间凹陷形式（或由两块支承板组成）。如果基面 E 为粗基准，为了使工件定位稳定，定位表面应以三个支承钉来构成，如图 3-3 所示。

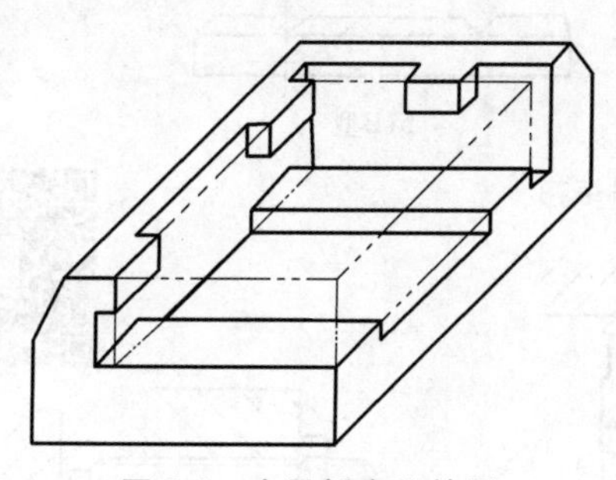
图 3-2 支承板定位简图

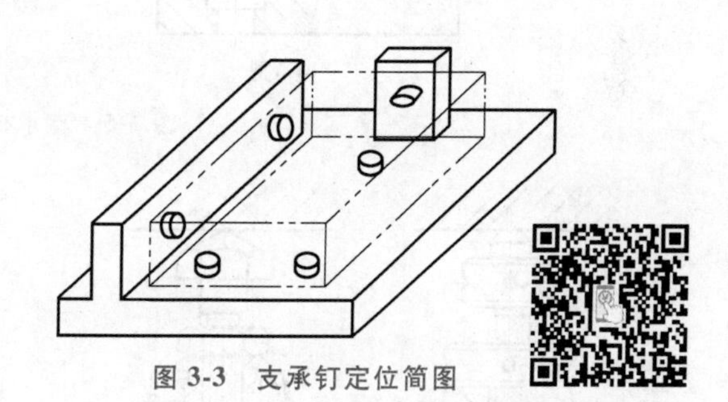
图 3-3 支承钉定位简图

再以工件的 F 面为定位基准（图 3-2），与 YOZ 平面接触，限制了工件的 $\vec{X}$、$\widehat{Z}$ 两个自由度，从而保证了工序尺寸 B。同样，该定位表面一般制成窄长面，此窄长面应沿 OY 方向布置（定位元件最好也制成中间凹陷）。

2. 定位元件

上述定位元件根据工件加工要求都是用来限制工件自由度的，因起着主要支承工件的作用，所以称作主要支承。支承按结构和作用不同可分为下面几种类型。

（1）固定支承　固定支承包括支承钉和支承板。

1）支承钉。图 3-4 所示为支承钉的常用结构，更多结构参见 JB/T 8029.2—1999《机床夹具零件及部件　支承钉》。图 3-4 中 A 型为平头支承钉，它适用于精基准定位。B 型为球头支承钉，C 型为齿纹支承钉，这两种适用于粗基准定位。球头支承钉容易因磨损而失去精度，一般很少使用。齿纹支承钉能增大接触面间的摩擦力，常用于侧面定位。

2）支承板。图 3-5 所示为支承板的常用结构，其结构尺寸都已标准化，设计时可查 JB/T 8029.1—1999《机床夹具零件及部件　支承板》，支承板多用于工件以精基准定位。图 3-5 中，A 型支承板结构简单而紧凑，但切屑容易落入螺钉头周围的缝隙中，且不易清除，因此多用于侧面和顶面的定位。B 型支承板的工作表面上有 45°的斜槽，且能保持与工件定位基面接触的连续性，清除切屑方便，适用于底面定位。

（2）可调支承　可调支承是指高度可以调节的支承，基本上都是螺钉、螺母的型式，如图 3-6 所示。图 3-6a 是直接用手或拨杆转动螺柱进行调节的，一般适用于轻型工件；图 3-6b、c 则需用扳手进行调节，故适用于较重的工件；图 3-6d 为可调支承用于侧面定位时的应用情况，可调支承的高度一经调节合适后便需用锁紧螺母锁紧，以防止松动而使高度发生变化。可调支承常用于粗基准定位，以适应不同批毛坯尺寸的变化。如图 3-7 所示的箱体零件，要求保持孔的中心至顶面的距离为 H。由于不同批的毛坯，铸孔中心至底面的尺寸 L 变化很大，为使以后镗孔余量均匀，保证尺寸 H 的要求，在加工同批工件的最初几件时，需用划线找正，调节可调支承的高度，以适应本批工件的定位要求；在多品种生产的工厂中，往往需要用一个夹具加工形状相同而尺寸不同的一组零件，以适应成组工艺的需要。

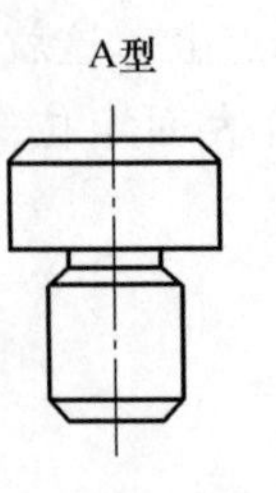
A型

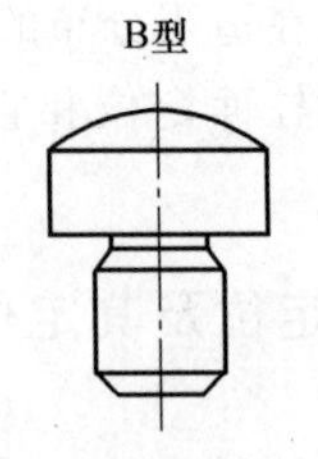
B型

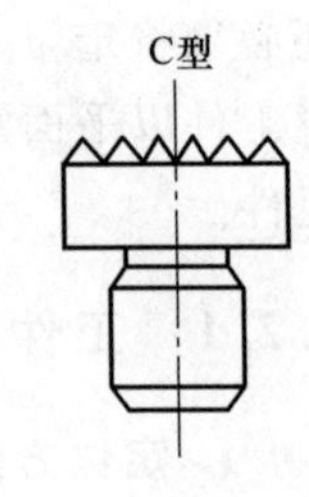
C型

图 3-4　支承钉的常用结构

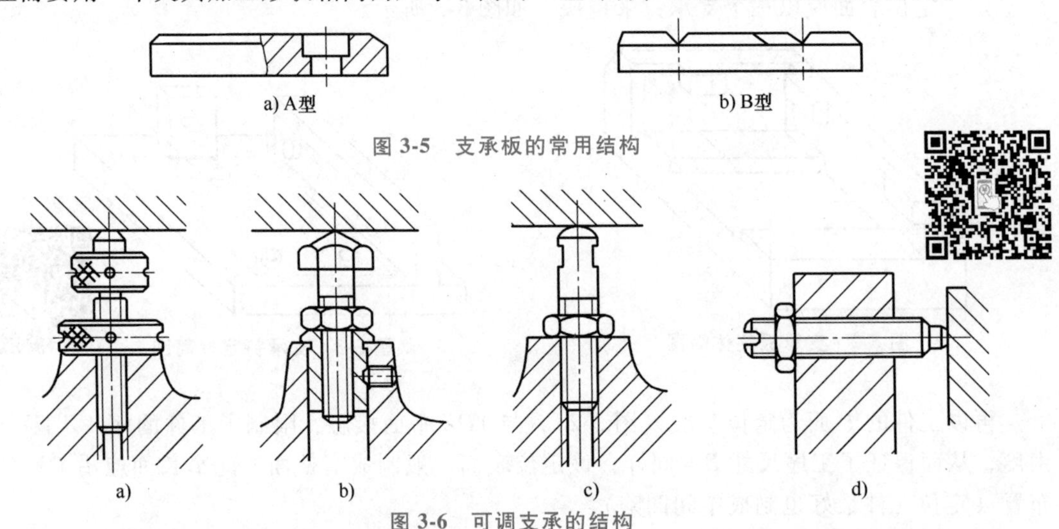
a) A型　b) B型

图 3-5　支承板的常用结构

a)　b)　c)　d)

图 3-6　可调支承的结构

（3）辅助支承　工件在夹具中的位置是由主要支承按定位原理确定的。但是，当工件刚性较差时，在切削力和夹紧力的作用下，若单纯由主要支承定位，工件将发生变形或定位的不稳定，这时便需要增加辅助支承。

如图 3-8 所示，在壳体大端面上钻孔时，工件以孔和小端面为定位基准，在夹具的 A 面和短销 1 上定位，钻孔 3。由于小端面太小，钻孔位置悬伸较远，所以钻孔时，工件定位不够稳定，为提高工件的定位稳定性，采用了三个均布的辅助支承 2。

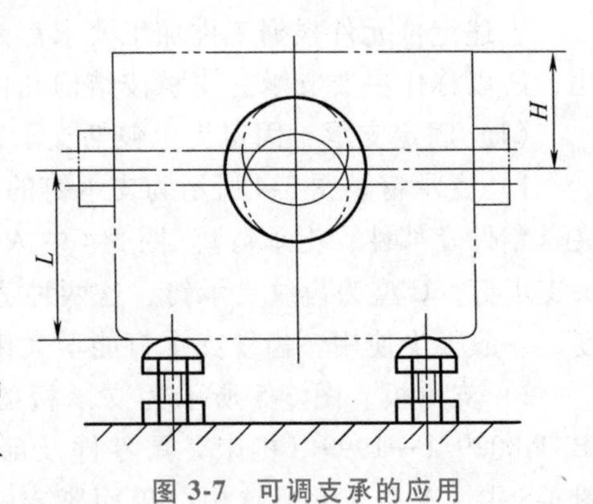

图 3-7　可调支承的应用

如图 3-9 所示，加工轴承座底面，工件以 *A*、*B* 面为定位基准在夹具的平面和可调支承钉上定位。由于工件底面悬伸太长，工件刚性又差，为防止因切削力作用而产生弯曲变形，所以在工件伸出部分增加了辅助支承 1，以增加工件的支承刚性。

上述两例使用的是结构最简单的螺钉、螺母型式的辅助支承，但它操作费时，效率低。

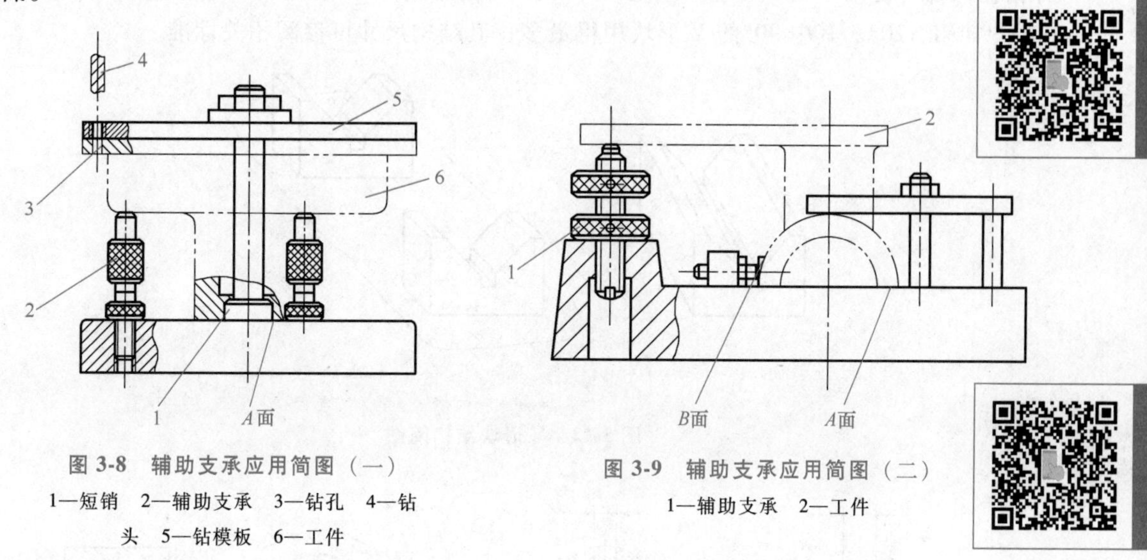

图 3-8　辅助支承应用简图（一）
1—短销　2—辅助支承　3—钻孔　4—钻头　5—钻模板　6—工件

图 3-9　辅助支承应用简图（二）
1—辅助支承　2—工件

由上述可知，辅助支承只起增加工件定位的稳定性和支承刚性的作用，不起限制工件自由度的作用。

3.2.2　工件以外圆定位及其定位元件

工件以外圆面定位有定心定位和支承定位两种基本方法。

（1）定心定位　定心定位有各种形式的定心夹紧卡盘、弹簧夹头及其他形式的定心夹紧机构，有时也用套筒作为定位元件，如图 3-10 所示。图 3-10a 中，工件以大端面在主要定位表面上定位，而以较短的外圆面在孔中定心；图 3-10b 中，工件则以较长的外圆面在孔中定心，并确定轴心线的方向。为便于装入工件，套筒端部应有 15°或 30°的倒角。

还可以用半圆孔定位，如图 3-11 所示。下半圆孔固定在夹具体上，起定位作用，上半圆是活动的，用作夹紧工件。

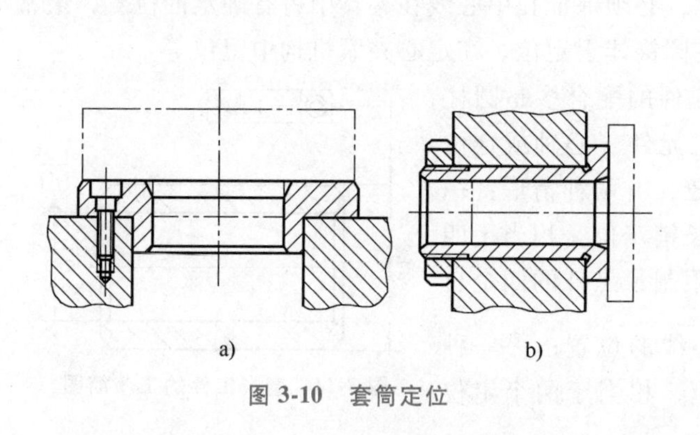

图 3-10　套筒定位

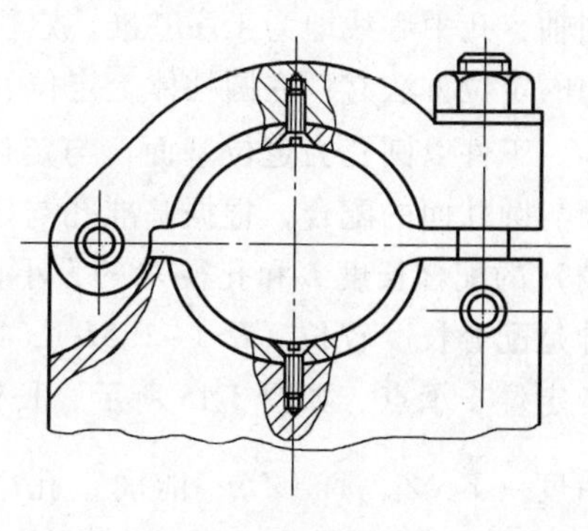

图 3-11　半圆孔定位

（2）支承定位　图 3-12 所示为 V 形块结构简图。它是由两个斜面组成的槽形定位元件。图 3-12a 用于基准面较短时的精基准定位；图 3-12b 用于工件较长时或阶梯轴的定位。V 形块定位用于加工对称性较高的工件，如在轴上铣对称性键槽 B（图 3-13a）或钻径向的对称孔 d（图 3-13b）。工件也可以一段圆弧作为定位基面，如图 3-13c 所示的在法兰盘两凸耳钻孔，都可使用 V 形块定位，保证工件的对中性要求。V 形块的两工作斜面的夹角常用 60°、90°和 120°。其中 90°的 V 形块用得最多，其结构尺寸可参阅相关标准。

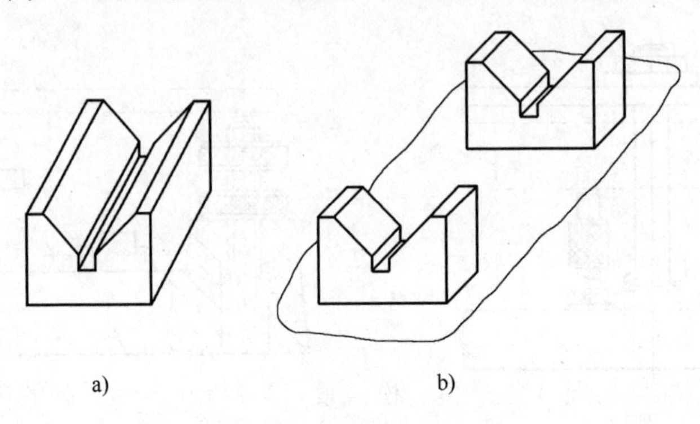

图 3-12　V 形块结构简图

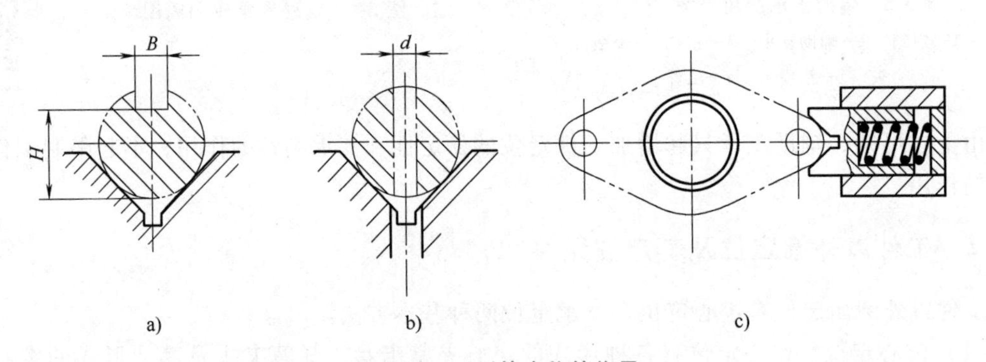

图 3-13　V 形块定位的作用

3.2.3　工件以圆孔定位及其定位元件

1. 定位方法

套类工件常以孔中心线为定位基准。如图 3-14 所示，套筒零件在加工外圆时要求内孔同轴，孔中心线即为工序基准。定位时，必须保证孔中心线在夹具中占有确定的位置，最常用的定位方法有：在圆柱体上定位、在圆锥体上定位、在定心夹紧机构中定位等。

工件以圆孔为定位基面，与定位元件的配合多是圆柱面与圆柱面的配合，根据基准孔与定位元件（心轴或定位销）的配合长度 L 和孔径 D 的大小比较，有两种情形：一种是配合长度较长（$L>1\sim1.5D$），即长销定位，相当于四个定位支承点，如图 3-15 所示，长销限制了工件的四个自由度（$\vec{Y}$、$\vec{Z}$、$\widehat{Y}$、$\widehat{Z}$），能确定孔中心线的位置；另一种是配合长度较短（$L<D$），即短销定位，相当于两个定位

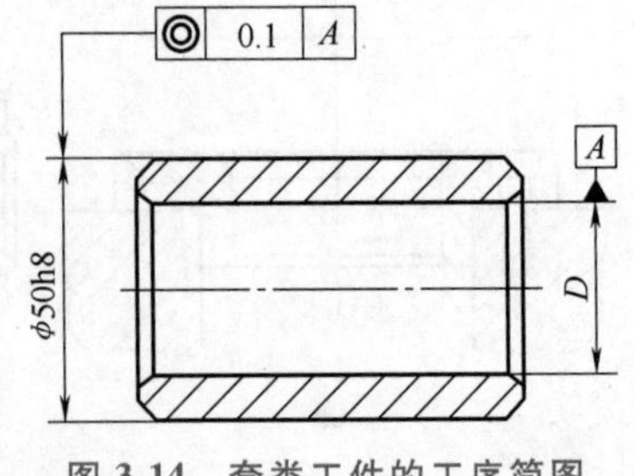

图 3-14　套类工件的工序简图

支承点，如图 3-16 所示，短销限制了工件的两个自由度（$\vec{Y}$、$\vec{Z}$），只能确定孔中心点的位置。

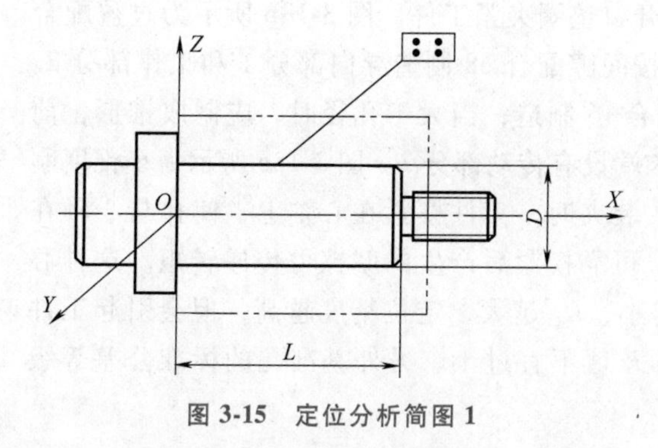

图 3-15　定位分析简图 1

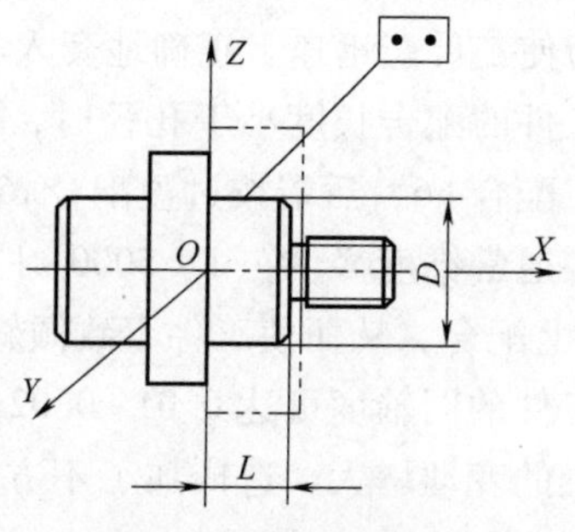

图 3-16　定位分析简图 2

所谓配合的长或短是相对的，它与配合松紧程度等有关。因此，不可能规定一个区分长或短的绝对界限。上述 L 与 D 的相对关系，仅作为分析工件定位时的参考。具体应根据工件与定位元件的实际配合情况（长或短、松或紧），分析其实际限制的工件自由度，才是实际可行的分析判断的方法。

2. 定位元件

工件以圆孔为定位基面，夹具通常所用的定位元件是定位销和心轴。

（1）定位销　定位销是短小的圆柱形定位元件，以其外圆面为定位表面，其标准结构如图 3-17 所示。图 3-17a、b、c 是直接用过盈配合$\left(\frac{H7}{r6}\right)$装在夹具体上的固定式定位销。当定位销直径 $d \leqslant 10$mm 时，为避免受力剪断，将定位销根部制成大圆角。为使其不妨碍工件定位，应使圆角部分沉入坑内，如图 3-17a 所示，图 3-17b 为带肩定位销，用于孔与端面组合定位。

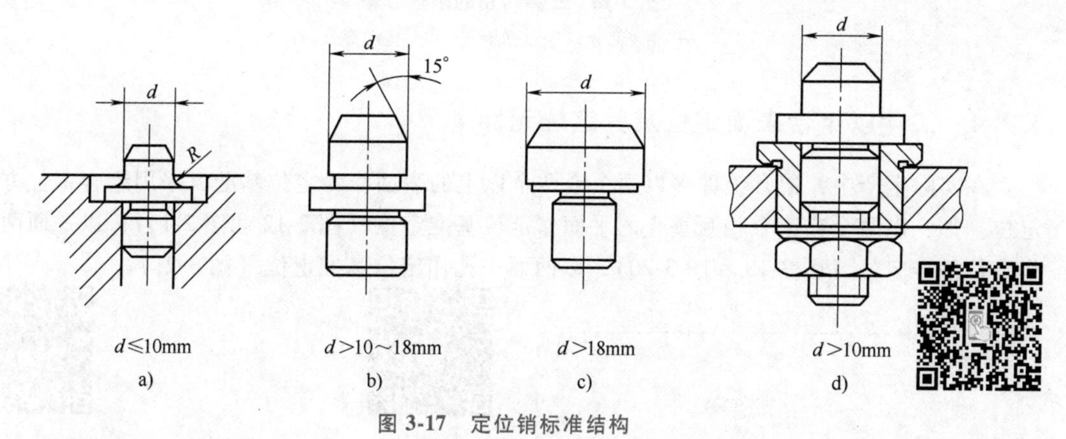

图 3-17　定位销标准结构

大批量生产用的可换定位销，常因装卸工件时频繁磨损而丧失定位精度。所以，应采用图 3-17d 所示的可换定位销，以便定期更换。其衬套与夹具体为过盈配合$\left(\frac{H7}{r6}\right)$，与定位销则为间隙配合$\left(\frac{H7}{h6}\right)$。关于定位销的结构、尺寸和技术要求等，可参阅相关标准。

（2）心轴　心轴的结构形式很多，应用非常广泛。图 3-18 所示为三种常用的刚性心轴。图 3-18a 所示为间隙配合心轴，心轴定位表面的直径一般按配合 h6、g6、f7 制造，装卸工件方便，但工件定位精度较差，还需用螺母通过开口垫圈夹紧工件。图 3-18b 所示为过盈配合心轴，为使工件能迅速、正确地套入心轴，应按间隙配合 e8 制造导向部分 1 和工作部分 2。当它与工件的配合长度小于孔径时，按过盈配合 r6 制造；当大于孔径时，应制成锥形，前端按间隙配合 h6，后端按过盈配合 r6 制造。末端设有传动部分 3。图 3-18c 所示为小锥度刚性心轴，通常锥度 K 为（1∶5000~1∶1000）。装夹时，工件楔紧在心轴上，使孔与心轴在长度 L_K 上配合，从而使工件不致倾斜。另外，可靠楔紧后产生的摩擦力传递转矩。这种心轴加工工件的同轴度可达 0.01~0.02mm。K 越小，L_K 越大，定位精度越高，但会引起工件轴向位置的变动增大，造成加工不方便，所以 K 值不宜过小。另外基准孔的标准公差等级不宜低于 IT7。

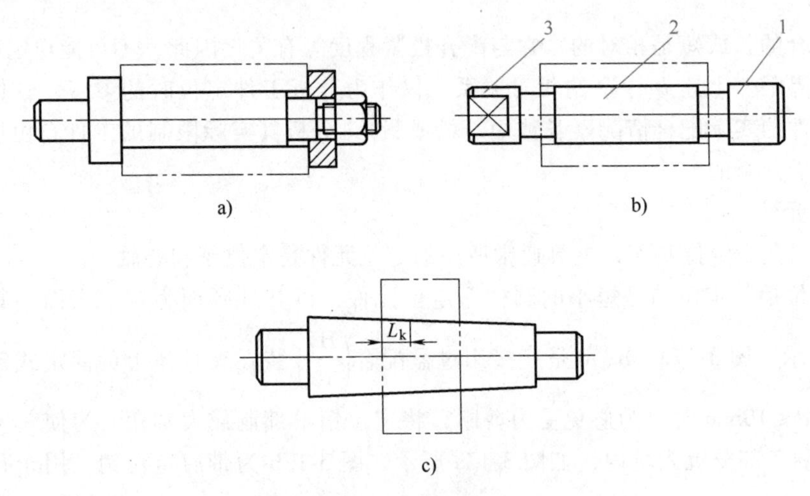

图 3-18　三种常用的刚性心轴

1—导向部分　2—工作部分　3—传动部分

3.2.4　工件以组合表面定位及其定位元件

在实际生产中，通常工件多以两个或两个以上的表面作为定位基准，采用组合定位方式定位。如：以两个或三个相互垂直的平面作定位基准定位（图 2-12 和图 2-13），以一面两孔作定位基准定位（图 3-19 和图 3-20），以两面一孔作定位基准定位（图 3-21）。

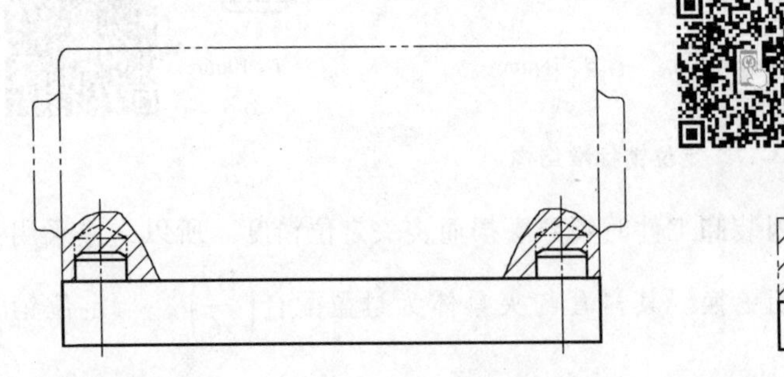

图 3-19　以一面两孔作定位基准定位示例 1

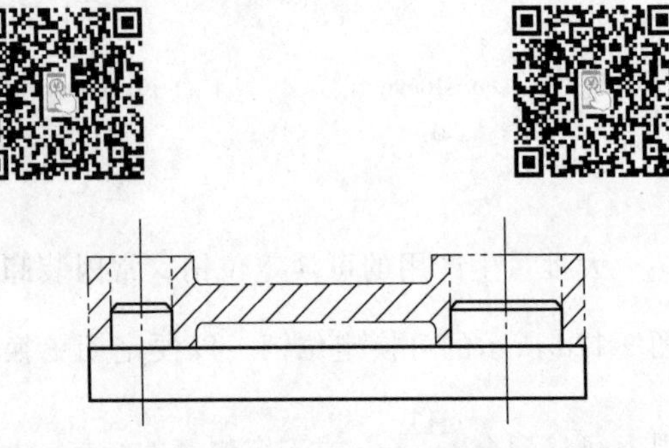

图 3-20　以一面两孔作定位基准定位示例 2

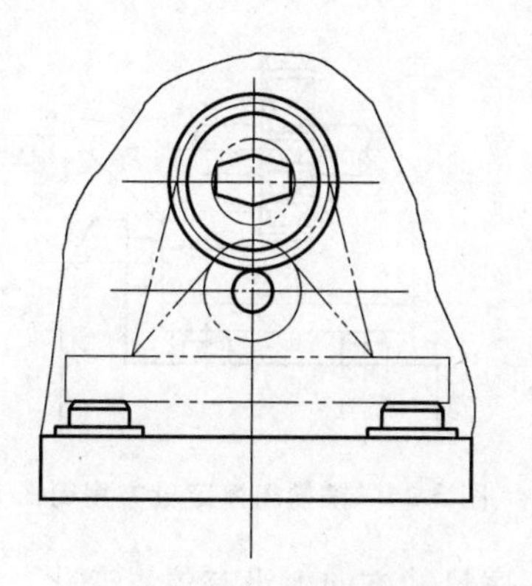

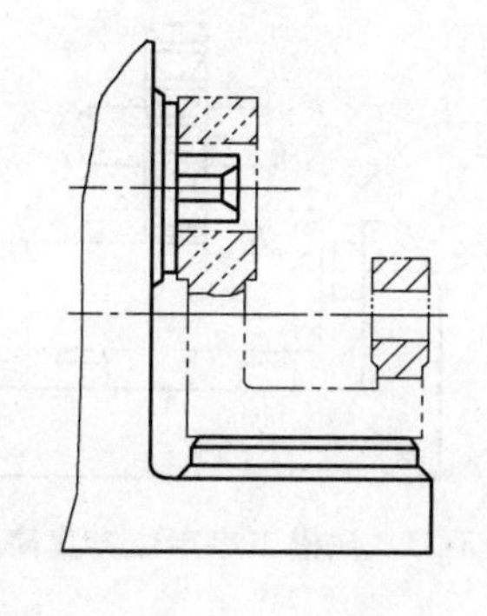

图 3-21　以两面一孔作定位基准定位示例

以工件两个以上的表面作定位基准进行组合定位时，夹具中须有相应的定位元件组合来实现工件的定位。由于工件定位基准之间、夹具定位元件之间都有一定的位置误差，所以必须注意工件的过定位问题。在大批量生产中，加工箱体、杠杆、支架等零件时，工件常以平面和垂直于此平面的双孔作定位基准组合起来定位，一般也称为平面双孔定位。此时，工件上的双孔可以是专为工艺的定位需要而加工的工艺孔，如图 3-19 所示，也可是工件上原有的孔，如图 3-20 所示。

3.3　定位误差的分析与计算

对于一批工件来说，由于每个工件彼此在尺寸、形状和相互位置上均有差异，因此，一批工件在同一个夹具中进行定位时，工件的各个表面都有不同的位置精度。加工时，每次将夹具、刀具调整好以后，对这批工件来说，如果不计加工过程中的其他误差，则被加工表面在机床上的位置是不变的。因此，产生定位误差的原因，就在于工序基准的位置在工件定位后有变化。所以，定位误差是指工件定位时，被加工表面的工序基准在沿工序尺寸方向上的最大可能变动范围。

3.3.1　定位误差的组成及计算方法

图 3-22 所示为铣槽工序简图，要求保证尺寸 $H_{0}^{+\delta_H}$ 和 $B_{0}^{+\delta_B}$。由工件的定位原理可知，限制工件除沿铣槽方向的移动自由度之外的五个自由度即可完成定位。因此，单纯从工件的定位需要来看，可以用工件的 *D* 面和 *A* 面作定位基准，也可用 *D* 面和 *C* 面作定位基准，如图 3-23 所示。两种定位情况限制工件的自由度是相同的，都能满足工件的定位要求，但进一步分析其定位精度却是不一样的。

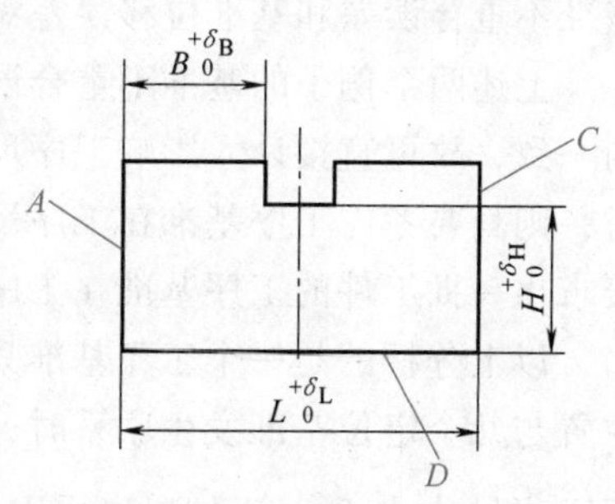

图 3-22　铣槽工序简图

如果按图 3-23 将工件定位，*A*、*D* 面都既是工序基准，又是定位基准（即基准重合），那么只要把铣刀与夹具的定位表面的相互位置按尺寸 *H* 和 *B* 调整好，若暂不考虑其他误差的影响，则加工后的实际尺寸就是尺寸 *H* 和 *B*。这时不存在因工件定位而引起的误差（即没有定位

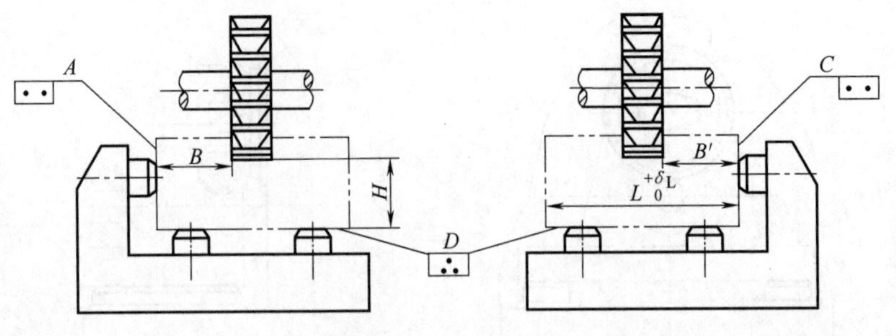

图 3-23　铣槽工序定位方案简图 1　　图 3-24　铣槽工序定位方案简图 2

误差），即这批工件在定位时，工序基准在沿工序尺寸方向上没有位置变化。但按图 3-24 将工件定位时，A 面是工序尺寸 B 的工序基准，C 面是定位基准，此时工序基准与定位基准不重合，而刀具的位置只能按距 C 面的尺寸 B' 来调整。因此，加工直接得到的尺寸是 B' 而不是 B，由图 3-25 中可以看出，对一批工件来说，以 C 面为定位基准时，每个工件工序基准 A 的位置，随加工尺寸 L 的误差 δ_L 的变化而变动。这时，一批工件的工序基准（A 面），在沿工序尺寸 B 方向上的最大变动范围为 δ_L，是由尺寸 L 的最大和最小尺寸所决定的，即

$$\delta_L = L_{max} - L_{min}$$

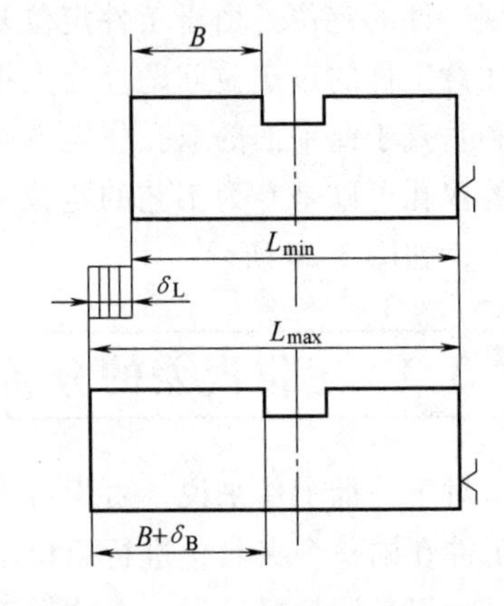

图 3-25　基准不重合误差分析简图

因此，在尺寸 B 中，实际上附加了由于工序基准与定位基准不重合，所引起的工序基准相对于定位基准的最大变动范围 δ_L 这样一个误差值，它直接影响工序尺寸 B 的误差。它是由于基准不重合引起的，所以称为基准不重合误差（Δ_b）。该误差使工序基准沿工序尺寸方向的最大变动量，以 Δ_{bg} 表示，这是定位误差的一种。

由上面例子的分析讨论，可得出产生定位误差的原因如下：

1）基准不重合时产生的基准不重合误差，所引起的工序基准沿工序尺寸方向的最大变动量 Δ_{bg}。

2）由于工件定位基面和夹具定位表面本身的误差产生的基准位移误差，所引起的工序基准沿工序尺寸方向的最大变动量 Δ_{wg}。

工件在夹具中定位时产生的定位误差，就是 Δ_{bg} 和 Δ_{wg} 所组成的。不论由哪种原因引起的定位误差，都将使工序基准在工序尺寸方向发生变动，造成工序尺寸的加工误差。所以，基准不重合误差和基准位移误差对工序尺寸影响的总和即为定位误差 Δ_D，$\Delta_D = \Delta_{bg} + \Delta_{wg}$。

上述两个例子的基准不重合误差和基准位移误差，使工序基准的位移均与工序尺寸的方向一致，故可直接计入影响工序尺寸的定位误差。若工序基准的位移方向与工序尺寸不一致时，则只要考虑工序基准在工序尺寸方向上的最大位移即可。因此，计算定位误差时，可直接求出一批工件的工序基准在工序尺寸方向上的相对位置最大位移量，它就是定位误差 Δ_D。

以上分析的是一个工序基准只与一个定位基准发生联系的简单情况。当一个工序基准的位置与几个定位基准发生联系时，情况就比较复杂。例如，图 3-26a 所示的燕尾面，要求保证工序尺寸 $A \pm \delta_A$。工件以底面 P 和 $D^{+\delta_D}_{0}$ 孔为定位基准，分别在平面和菱形销上定位，确定

工件在夹具中的位置。工序尺寸 A 的工序基准是孔 D 的中心 O。因此，工序基准的位置与两个定位基准都有关。工序基准 O 与定位基准 P 之间以公差为 δ_H 的尺寸 H 相联系，属于基准不重合，必定使工序基准 O 在基准尺寸公差（δ_H）范围内，沿基准尺寸方向变动。如图 3-26b 所示，工序基准由 O 移至 O'。由图 3-26a 可知，基准尺寸 H 与工序尺寸 A 的方向不一致，它们之间的夹角为 60°。所以，基准不重合误差对工序基准在工序尺寸方向有影响的分量为

$$\Delta_{bg}=\delta_H\cos60° \tag{3-1}$$

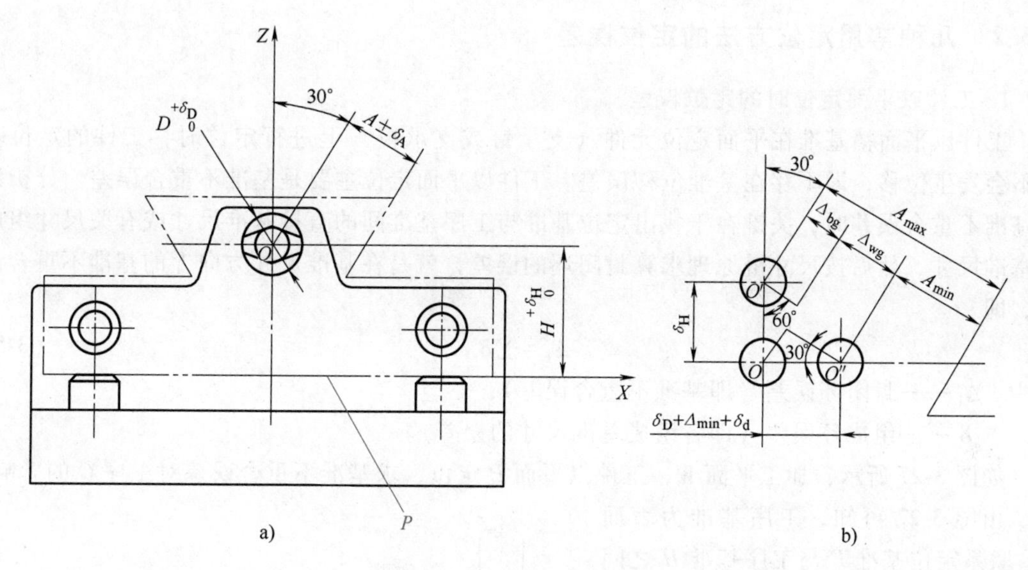

图 3-26　定位误差分析简图

定位基准 P 以平面在夹具的主要定位表面上定位，所以无基准位移误差 Δ_w；工序基准 O，同时也是水平方向的定位基准，属于基准重合，所以无基准不重合误差。但是，由于定位基面（孔的内圆柱面 $D^{+\delta_D}_{0}$）和菱形销的定位表面（圆弧部分的直径 $d^{0}_{-\delta_d}$）本身有制造误差，会使定位基准 O 沿水平（X）方向产生基准位移误差 Δ_w，其最大移动范围为 $\delta_D+\Delta_{min}+\delta_d$。如图 3-26b 所示，此时工序基准由 O 移至 O''，其移动方向与尺寸 A 的方向也不一致，它们之间的夹角为 30°。所以，基准位移误差对工序基准在工序尺寸方向有影响的分量为

$$\Delta_{wg}=(\delta_D+\Delta_{min}+\delta_d)\cos30° \tag{3-2}$$

对工序尺寸 A 来说，由于上述的基准不重合误差 Δ_b 和基准位移误差 Δ_w，分别都将引起工序基准 O 沿工序尺寸 A 方向的位置误差。考虑 Δ_b 和 Δ_w 是相互独立的误差因素，故可按算术和求其对工序尺寸 A 的总影响，即定位误差 Δ_D 的计算公式为

$$\Delta_D=\Delta_{bg}+\Delta_{wg}=\delta_H\cos60°+(\delta_D+\Delta_{min}+\delta_d)\cos30° \tag{3-3}$$

从这个例子中可以看到，工序基准的位置同时与两个定位基准（或一个定位基准）有关时，会出现基准位移误差和基准不重合误差与工序尺寸或位置要求的方向不一致的情况，因此计算定位误差时应将上述两项误差投影到工序尺寸或加工要求的方向上来叠加，其计算公式的一般形式为

$$\Delta_D=\Delta_b\cos\alpha\pm\Delta_w\cos\beta \tag{3-4}$$

式中　Δ_D——工序尺寸的定位误差；

Δ_b——工序基准沿基准尺寸方向的基准不重合误差；

Δ_w——定位基准在某指定方向的基准位移误差；

α——基准不重合误差 A 与工序尺寸方向的夹角；

β——基准位移误差 A_w 与工序尺寸方向的夹角。

式中“+”或“-”符号的判断方法为：若两项误差为独立误差因素时，取“+”；若不是独立误差因素时，则应视实际方向而定。

3.3.2　几种常用定位方法的定位误差

1. 工件以平面定位时的定位误差

工件以平面精基准在平面定位元件（支承钉或支承板）上进行定位时，工件的定位基面不会发生位移，即不存在基准位移误差。工件以平面定位主要是基准不重合误差。分析计算基准不重合误差时，关键在于找出定位基准与工序基准间的直接基准尺寸或有关尺寸组成的基准尺寸，然后按尺寸链原理求算封闭环的误差，就是在基准尺寸方向上的基准不重合误差，即

$$\Delta_b = \sum \delta_i \tag{3-5}$$

式中　Δ_b——封闭环误差（即基准不重合误差）；

δ_i——组成环误差（即各组成基准尺寸的误差）。

如图 3-27 所示，加工平面 W，工件以平面 P 定位，求基准不重合误差对工序 C 的影响。

由图 3-27 可知，工序基准为表面 H，联系定位基准 P 与工序基准 H 之间的尺寸由 $A^{+\delta_A}_{\ 0}$ 和 $B^{+\delta_B}_{\ 0}$ 所组成，可由尺寸链简图求算封闭环误差，即

$$\Delta_b = \sum \delta_i = \delta_A + \delta_B \tag{3-6}$$

上述基准不重合误差 Δ_b 的方向与工序尺寸 C 的方向一致，所以它将直接影响工序尺寸 C 的误差，即

$$\Delta_D = \Delta_{bg} = \delta_A + \delta_B \tag{3-7}$$

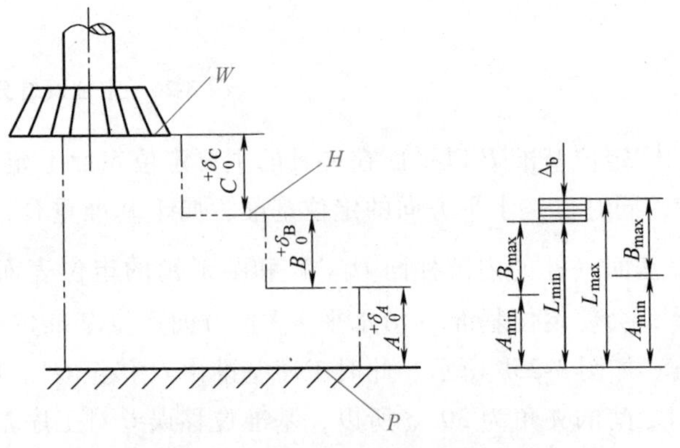

图 3-27　基准不重合误差计算简图

以上分析计算定位误差时，都是以尺寸误差来考虑的，没有考虑形位误差对工序尺寸的影响。如图 3-28 所示，在铣槽工序中要求保证工序尺寸 $B^{+\delta_b}_{\ 0}$。由图 3-28 可知，工序基准和定位基准是重合的，所以 $\Delta_b=0$；但是由于工件的加工误差，一批工件的 B 面与 A 面有垂直度误差，当两面相交成 $90°\pm\delta_a$，便使定位基准 B 面随 $\pm\delta_a$ 的变化而变动。因为工件以 A 面在主要定位表面上定位，$\vec{Y}$ 已被限制，则定位基准 B 面绕 Y 轴的位置也就随 A 面的确定而确定了。因此，相应造成定位基准 B 面沿 X 轴的位置变动，其最大变动范围就是定位基准 B 面的基准位移误差：

$$\Delta_w = 2(H-H_1)\tan\delta_a \tag{3-8}$$

式中　Δ_w——定位基准 B 面的基准位移误差；

H——工件的高度；

H_1——支承点到底面的高度。

这个误差与工序尺寸 B 方向一致，也就是工序尺寸 B 的定位误差 Δ_D，即 $\Delta_D=2(H-H_1)\tan\delta_a$。但是，在一般情况下，是不进行这种误差计算的，因为这种相互垂直的平面多是互为基准进行加工的，误差（δ_a）较小。当垂直度误差较大，而工序尺寸要求较高时，此项误差的影响，就不可忽视。

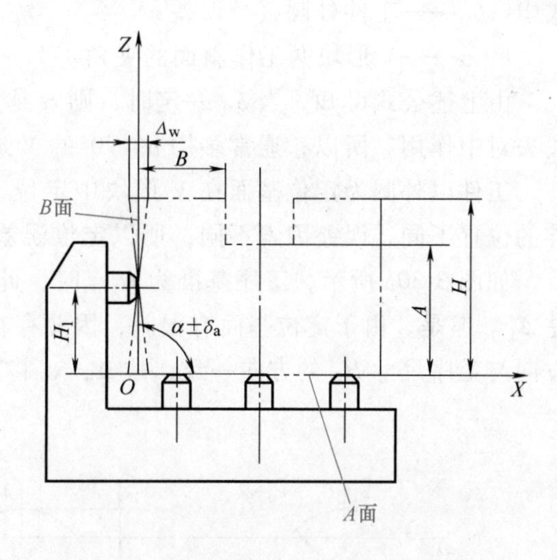

图 3-28 由形位误差引起的定位误差分析

2. 工件以外圆定位时的定位误差

这里主要分析以外圆为定位基面，在V形块中定位时的定位误差，如图 3-29 所示。V形块是一种对中元件，因此当V形块和工件外圆制造得很准确时，工件定位基准（圆心）的位置应是不变的。但是，对一批工件来说，由于工件外圆有制造误差，它将使工件定位基准 O 在V形块的对称轴线上产生位移。若工件外圆直径误差为 δ_D，当其直径由最大 D 到最小 $D-\delta_D$ 变化时，工件定位基准（即圆心）将由 O 降到 O'，该变动范围就是基准位移误差 $\Delta_{w(z)}$，可由图 3-29 中的几何关系求得：

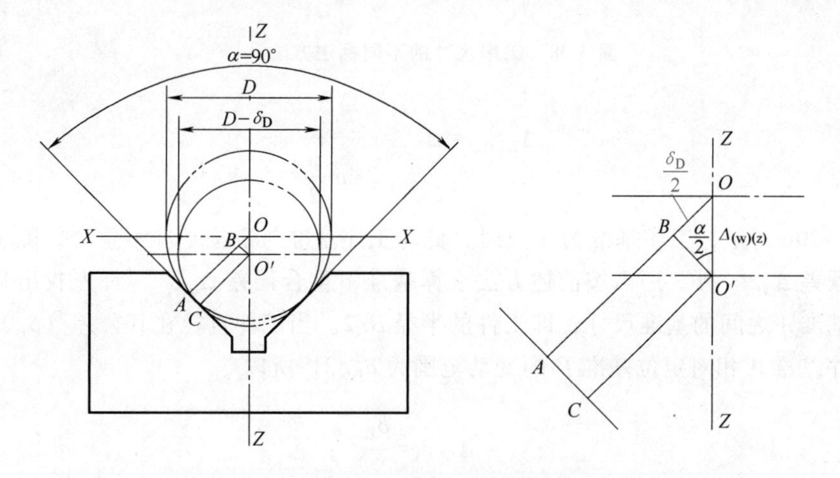

图 3-29 工件以外圆在V形块中定位的基准位移误差分析

$$OO'=\frac{OB}{\sin\frac{\alpha}{2}}$$

因为
$$OB=OA-O'C=\frac{D}{2}-\frac{D-\delta_D}{2}=\frac{\delta_D}{2}$$

则有
$$\Delta_{w(z)}=OO'=\frac{\delta_D}{2\sin\frac{\alpha}{2}}$$

式中　δ_D——工件外圆直径误差；

α——V形块两工作斜面的夹角。

由上述公式可知，当 δ_D 一定时，则 α 越大，$\Delta_{w(z)}$ 越小。但 α 过大（$\alpha=180°$）时，即失去对中作用。所以，通常多用 $\alpha=90°$ 的V形块。

工件以外圆为定位基面在V形块中定位，加工圆柱面上一平面或一键槽时，其工序基准的位置不同，误差因素不同，所以定位误差也不等。

如图3-30a所示，工序基准为 O 点时，此时工序基准与定位基准重合，无基准不重合误差 Δ_b。但是，由于定位基面有误差，因此存在基准位移误差 $\Delta_{w(z)}$。由上述分析知 $\Delta_{w(z)}$ 的方向与工序尺寸 H_0 的方向一致，故 $\Delta_{w(z)}$ 将直接影响工序尺寸 H_0，即

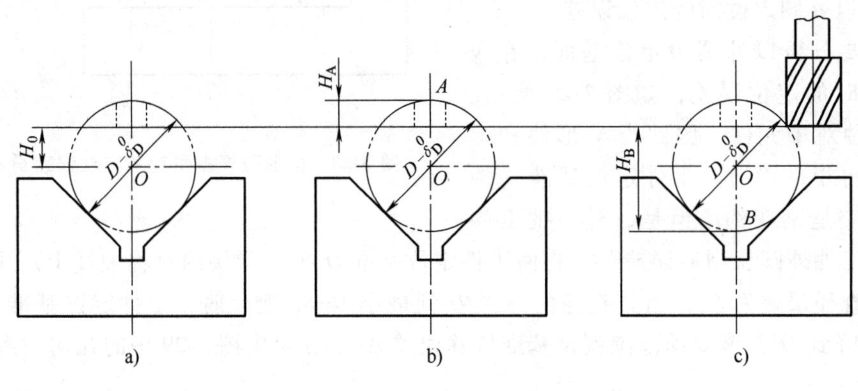

图3-30　工序尺寸的不同标注方法

$$\Delta_{D(H_0)}=\Delta_{wg}=\frac{\delta_D}{2\sin\dfrac{\alpha}{2}} \tag{3-9}$$

如图3-30b所示，工序基准为 A 点时，此时工序基准与定位基准不重合，除上述已知的基准位移误差 $\Delta_{w(z)}$ 外，还需按前述方法求算基准不重合误差 $\Delta_{b(A)}$。首先找出从定位基准 O 到工序基准 A 之间的基准尺寸，即工件的半径 $D/2$。当工件直径在其公差（δ_D）范围内变动时，工序基准 A 相对定位基准 O 的变动范围为 $\delta_D/2$，所以

$$\Delta_{b(A)}=\frac{\delta_D}{2}$$

由图3-30可看出，$\Delta_{b(A)}$ 的方向，当外圆由上极限尺寸变化到下极限尺寸时，工序基准 A 相对定位基准 O 的变动方向将由 A 到 A'。由于基准位移误差 $\Delta_{w(z)}$ 使定位基准由 O 降到 O' 的同时又使工序基准由 A' 降到 A''，两者方向相同，都将使工序基准 A 向同方向变动。故工序基准在 H_A 方向上的最大变动范围（即定位误差）为二者之和，即

$$\Delta_{D(H_A)}=\Delta_{wg}+\Delta_{bg}=\frac{\delta_D}{2\sin\dfrac{\alpha}{2}}+\frac{\delta_D}{2}=\frac{\delta_D}{2}\left(\frac{1}{\sin\dfrac{\alpha}{2}}+1\right) \tag{3-10}$$

如图3-30c所示，工序基准为 B 点时，同时存在基准位移误差 $\Delta_{w(z)}$ 和基准不重合误差

$\Delta_{b(B)}$，二者的数值也和图 3-30b 的情况一样，即

$$\Delta_{wg}=\Delta_{w(z)}=\frac{\delta_D}{2\sin\dfrac{\alpha}{2}},\Delta_{bg}=\Delta_{b(B)}=\frac{\delta_D}{2} \tag{3-11}$$

由图 3-31 可知，基准不重合误差为 $\Delta_{b(B)}$，当由上述极限情况变化时，将使工序基准 B 上升到 B'。而基准位移误差 $\Delta_{w(z)}$ 在使定位基准 O 下降到 O' 的同时，又使工序基准 B 由 B' 下降到 B''。因此，Δ_{wg} 和 Δ_{bg} 两者方向相反，将分别使工序基准 B 向相反的方向变动。故工序基准在工序尺寸 H_B 方向上的最大变动范围（即定位误差）为二者之差，即

$$\Delta_{D(H_B)}=\Delta_{wg}-\Delta_{bg}=\frac{\delta_D}{2\sin\dfrac{\alpha}{2}}-\frac{\delta_D}{2}=\frac{\delta_D}{2}\left(\frac{1}{\sin\dfrac{\alpha}{2}}-1\right) \tag{3-12}$$

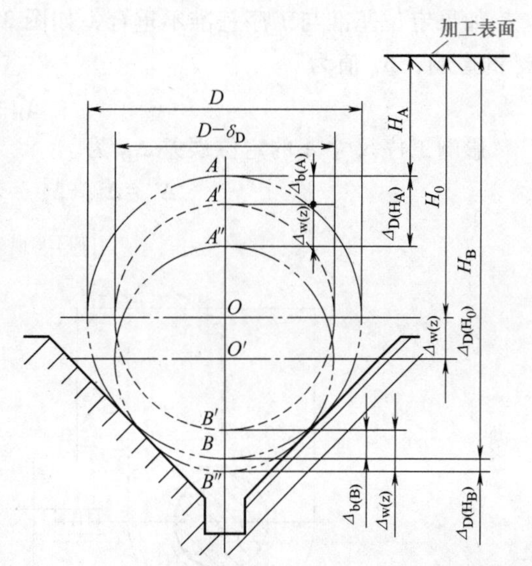

图 3-31　用 V 形块定位时定位误差

由上述三种工序尺寸的定位误差分析可知：

1）虽然在同样的 V 形块上定位，但由于工序基准的位置不同，因而误差因素不同，所以定位误差不等（$\Delta_{D(H_A)}>\Delta_{D(H_0)}$ $\Delta_{D(H)_B}$）。

2）基准位移误差 Δ_w 和基准不重合误差 Δ_b，都是由定位基面的误差 δ_D 引起的。故它们不是独立因素，不能盲目相加，当定位基面的尺寸由一个极限变到另一个极限时，应根据它们对工序尺寸的影响方向是相同还是相反，来决定是“+”还是“−”。

3. 工件以圆孔定位时的定位误差

套类工件经常以刚性心轴（定位销）对孔进行定位，其配合方式为间隙配合。由于配合间隙的存在，定位基准将产生基准位移误差。如图 3-32 所示，孔相对轴可在间隙范围内作任意方向、任意大小的位置变动。定位基准（孔中心线）位置的最大变动量，即为基准位移误差。

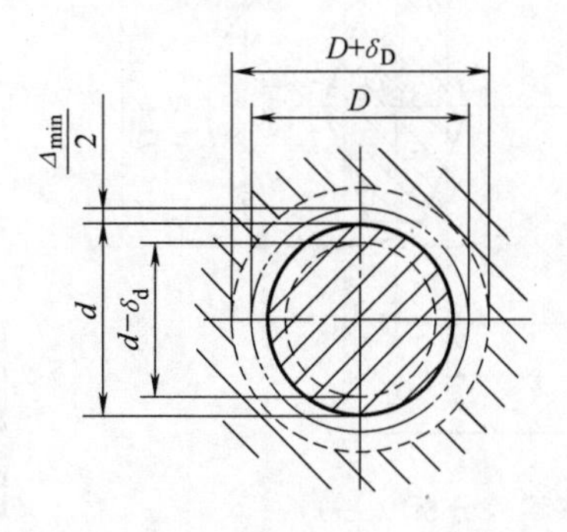

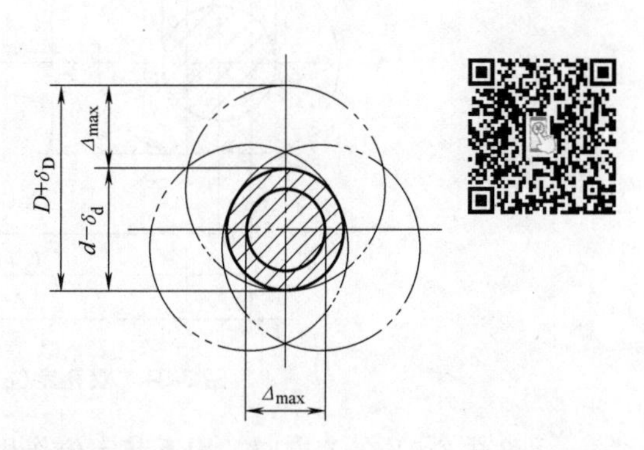

图 3-32　圆孔在心轴或定位销上定位的基准位移

如图 3-33a 所示，工序基准与定位基准都是 O，属于基准重合，所以无基准不重合误差 Δ_b，但有基准位移误差 Δ_w，因工序尺寸 A 是沿孔的半径方向标注的，可直接引起工序尺寸 A 的误差，该误差即为定位误差 Δ_D，即

$$\Delta_D = \Delta_{wg} = \delta_D + \Delta_{min} + \delta_d \tag{3-13}$$

如果定位基准与工序基准不重合，如图 3-33b 所示，工序尺寸 A 还受到基准不重合误差 Δ_b 的影响，Δ_b 值为

$$\Delta_b = 2\delta_H \tag{3-14}$$

影响工序尺寸 A 的定位误差 Δ_D 为

$$\Delta_D = \Delta_{bg} + \Delta_{wg} = 2\delta_H + \delta_D + \Delta_{min} + \delta_d \tag{3-15}$$

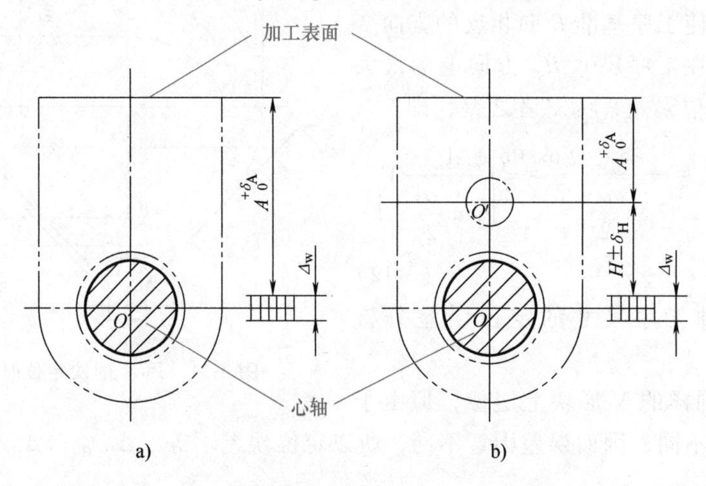

图 3-33　圆孔定位的定位误差分析

4. 工件以组合表面定位时的定位误差

这里主要分析计算双孔定位时，工件孔中心可能产生的基准位移误差。如图 3-34 所示，最大误差出现在夹具定位销直径为最小值，而工件定位孔直径为最大值时，孔 1 的中心 O_1' 的位移误差 $\Delta_{w(X)}$ 和单孔定位时相似，在任何方向上均为

$$\Delta_{w1(X)} = \Delta_{w1(Y)} = \Delta_{1max} = \delta_{D1} + \Delta_1 + \delta_{d1} \tag{3-16}$$

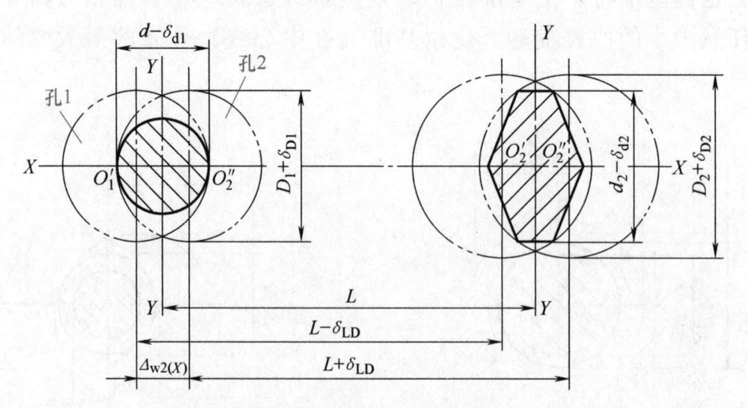

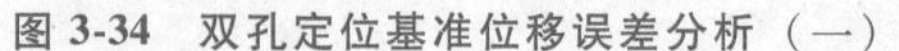

图 3-34　双孔定位基准位移误差分析（一）

孔 2 中心 O_2' 在 X 方向，因不起定位作用，故在该方向不存在基准位移误差。但当以孔 2

在 X 方向作工序基准时，它除随孔 1 的位移误差 $\Delta_{w1(X)}$ 变动外，还需计算由两孔（即定位基准 O_1' 与工序基准 O_2'）中心距误差（$\pm\delta_{LD}$）所造成的基准不重合误差（Δ_b），即

$$\Delta_b = 2\delta_{LD} \tag{3-17}$$

孔 2 中心 O_2' 在 Y 方向的基准位移误差为 $\Delta_{w2(Y)}$，其最大误差条件是两孔间距和两销间距相等，且在两孔直径最大，两销直径最小时。此时，即与单孔定位情况类似。

工件以双孔定位除产生上述的 X 和 Y 方向的基准位移误差外，还可能使两孔中心连线产生倾斜误差，该误差常以两孔中心连线的倾斜角 α 来表示。如图 3-35 所示，在两孔直径最大，两销直径最小，且孔间距和销间距都等于 L 时，出现倾角最大。此时，双点画线圆表示工件的一个极限位置，虚线圆表示工件的另一极限位置，则倾角误差 α 可由图 3-35 中的几何关系求得：

$$\tan\alpha = \frac{\overline{BC}}{L} = \frac{BO_2'+O_2'C}{L} = \frac{\Delta_{w1(Y)}+\Delta_{w2(Y)}}{2L} \tag{3-18}$$

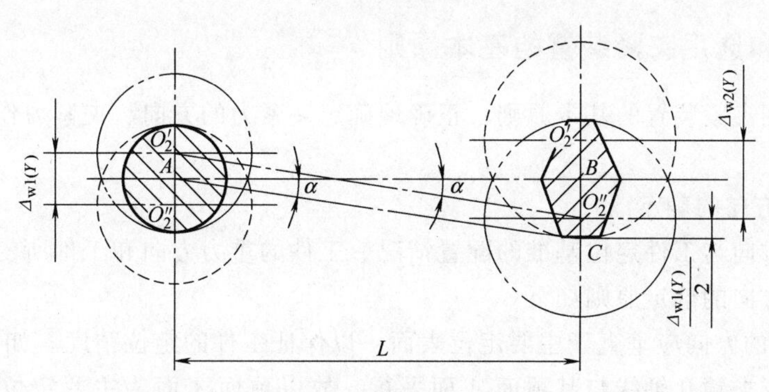

图 3-35 双孔定位基准位移误差分析（二）

由误差分析可知，为减少上述误差，应尽量选用精度较高、孔距较远的双孔进行定位。将求得的有关基准位移误差，按对工序尺寸最不利的情况，反映到工序尺寸上来，即为影响工序尺寸的定位误差。

3.4 工件的夹紧

在加工过程中，工件将受到切削力、惯性力及其本身重力等力的作用，若无相应的夹紧力与其平衡，工件在力的作用下就可能发生位移，破坏了工件的定位，甚至会造成事故。所以，夹紧装置是夹具不可缺少的基本组成部分。

3.4.1 夹紧装置的组成和基本要求

1. 夹紧装置的组成

夹紧装置的结构形式是多种多样的，主要由下列几部分组成。

1）动力装置。动力装置是产生夹紧作用力的装置，其动力夹紧装置包括气动、液压、电动等装置。

2）传动机构。传动机构是在动力装置和夹紧元件之间，传递夹紧作用力给夹紧元件，使其变为夹紧力的机构。在传递力的过程中，根据夹紧工件的实际需要，传动机构能起到以

下作用：

① 改变夹紧作用力的方向和大小。

② 夹紧工件后能起自锁作用，即在夹紧作用力消失后，仍能使工件处于可靠的夹紧状态。

3）夹紧元件。夹紧元件与工件直接接触，接受传动机构传来的作用力，具体执行夹紧任务。一般把传动机构和夹紧元件合称为夹紧机构。

2. 夹紧装置的基本要求

夹紧装置设计和选用得是否合理、正确，对保证工件的加工质量和生产率有很大的影响。因此，对夹紧装置应提出以下要求。

1）夹紧过程中应能保持工件定位时所获得的正确位置；动作迅速，操作方便、省力。

2）夹紧力大小适当，既保证加工时工件不振、不移，又无不允许的变形。

3）夹紧装置复杂程度应与生产规模相适应，力求结构简单、维修方便。

3.4.2 设计和选用夹紧装置的基本原则

设计和选用夹紧装置的基本原则：正确地确定夹紧力的方向、夹紧力作用点的位置和夹紧力的大小。

1. 夹紧力方向的确定

夹紧力的方向与工件定位基准的配置情况、工件的重力方向和工件所受切削力的方向等有关。夹紧力方向的确定原则如下。

1）夹紧力的方向应垂直于主要定位表面，以保证工件的定位精度。如图 3-36 所示，箱体镗横向孔，要求镗孔轴线与其顶面 *A* 面平行。故以顶面 *A* 面为主要定位基准在主要定位表面上定位（限制工件三个自由度），以侧面 *B* 为导向定位基准在垂直的导向定位表面上定位（限制工件两个自由度）。

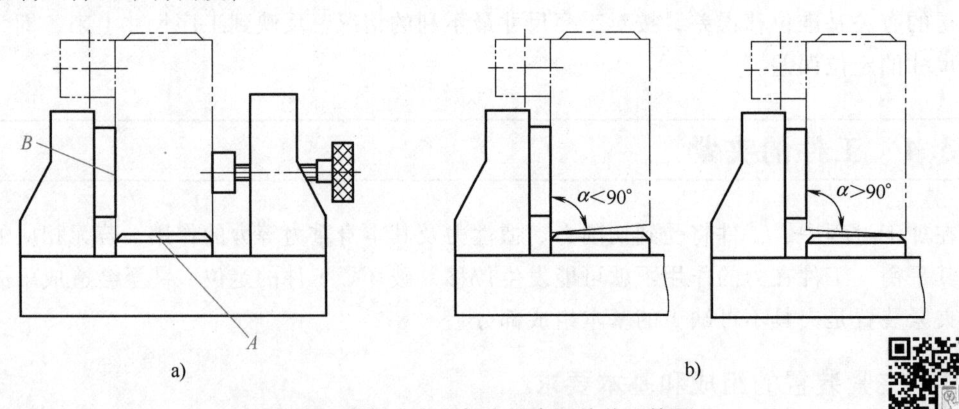

图 3-36　夹紧力方向与定位表面的关系简图

如用图 3-36a 中沿螺钉方向为主要夹紧力的方向，则由于箱体 *A*、*B* 面的垂直度偏差，工件在夹具中的实际位置如图 3-36b 所示。当 *A*、*B* 两面的夹角 $\alpha<90^\circ$ 或 $\alpha>0^\circ$ 时，都将使 *A* 面与定位表面变为两点接触，而 *B* 面却变为平面接触。其结果都不能保证箱体的定位要求，也达不到加工要求。反之，如果夹紧力的方向垂直于主要定位表面，则能同时满足箱体的定位要求和加工要求。

2）夹紧力的方向应有利于减少夹紧力。在加工时，工件要受到切削力 P、工件自身的重力 G 和夹紧力 W 的作用。例如，在钻床上钻孔，如图 3-37 所示，P、G、W 三者方向一致。因此，工件在 P、G 的作用下压在定位表面上。这些力产生的摩擦力可以补偿一部分为防止工件转动所需的夹紧力，所以此时所需的夹紧力 W 就较小。

如图 3-38a 所示，在壳体的凸缘上钻孔时，由于壳体较高，只能按图 3-38b 所示定位方法加工。

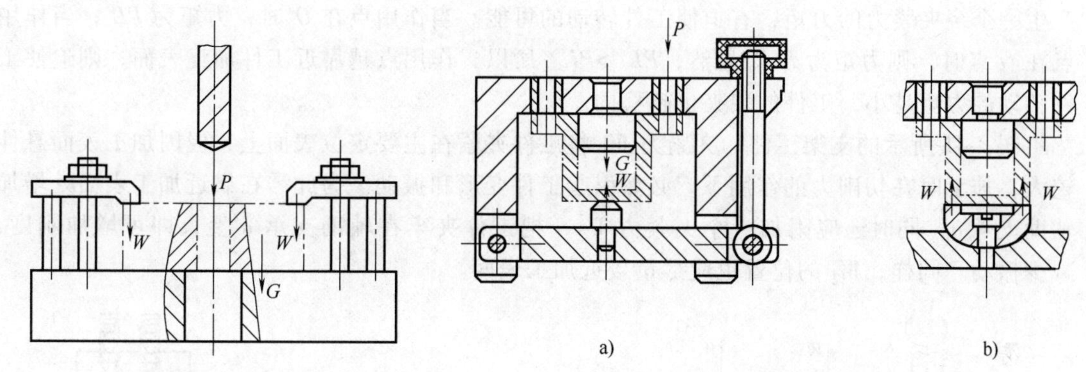

图 3-37　钻削时 P、G、W 三者同向简图　　图 3-38　夹紧力方向和作用点的选择简图

这种定位方式，不仅需要 W 大，而且 P 和 G 都直接作用在夹紧机构上，因此在加工时容易引起振动，操作极不方便，需托住工件进行装夹。一般应尽量避免采用这种装夹方式。

2. 夹紧力作用点的选择

正确选择夹紧力作用点的位置，这与工件的定位可靠、防止工件夹紧变形、保证工件加工精度等有关。夹紧力作用点位置的选择原则如下。

1）夹紧力作用点的位置应能保证工件定位稳定，不致发生位移或偏转。如图 3-39a 所示，夹紧力作用点在 W_1 的位置时，虽然垂直于主要定位表面，但作用点却在支承范围以外，夹紧时势必造成工件翻转，以致破坏定位。移到 W_1' 的位置，才是正确的。

如图 3-39b 所示，夹紧力在 W 的方向和作用点的位置时，由于 W 产生分力 N，有向上抬起工件的趋势，起着破坏工件定位的作用。如把夹紧力改用 W' 的方向和作用点的位置，则 W' 有分力 N，且指向定位表面，因而可保证工件定位稳定可靠。

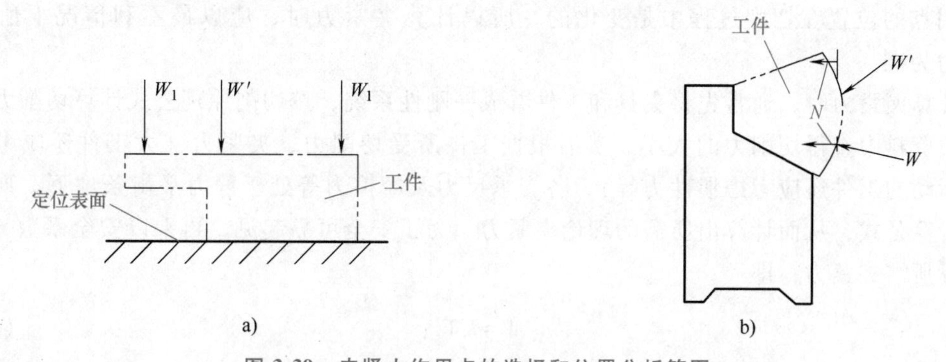

图 3-39　夹紧力作用点的选择和位置分析简图

因此，夹紧力的作用点应在定位元件之上，或由定位元件所形成的支承范围内。

2）夹紧力作用点应在工件刚度较大的部位，以减少夹紧变形。夹紧元件是一个球头支承钉，它与工件既是点接触，又是作用在工件刚度最差的位置，势必造成工件有较大的变形，影响加工精度。因此，应使夹紧力分散在壳体圆周上，以增大接触面积，且使夹紧力作用在工件刚度较大的部位，可避免工件的变形。

3）夹紧力作用点应靠近工件的加工表面，以增加夹紧的可靠性。夹紧力的作用点靠近工件加工表面，可使夹紧稳固，不易产生振动。如图 3-40 所示，铣削台阶面时，切削力 P 产生一个绕夹紧力的力矩，有迫使工件转动的可能。当作用点在 O'时，力矩为 PL'；当作用点在 O 点时，则力矩为 PL。显然，$PL' > PL$。所以，作用点越靠近工件加工表面，则迫使工件转动的力矩越小，工件的装夹也越稳固。

图 3-41 所示的支架工件，夹紧力 W_1 将工件夹紧在主要定位表面上，但因加工表面悬伸较大，加工时在切削力的作用下，必然引起工件变形和振动。为此需在靠近加工表面处增加辅助支承 a，同时还应附加一个夹紧力 W_2，把工件夹牢在辅助支承 a 上，即可增加刚度，减少振动。同样，W_2 的位置也应尽量接近加工表面。

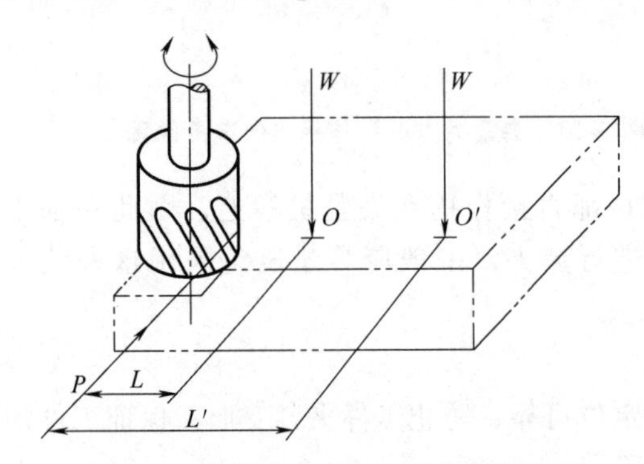

图 3-40　夹紧力作用点位置的选择简图

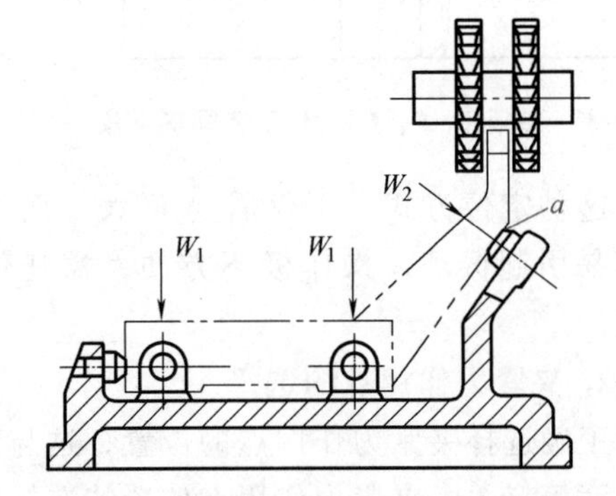

图 3-41　增加辅助支承及夹紧力的示例

3. 夹紧力大小的计算

夹紧力的大小与确定夹紧装置的结构尺寸、保证夹紧工件的可靠性等，都有很大的关系。若夹紧力太小，则不能抵抗切削力的作用，进而影响装夹工件的可靠性；若夹紧力太大，则易使工件变形，降低加工精度。确定夹紧力大小的主要作用是防止切削力破坏工件的定位，因而夹紧力的大小主要是根据切削力的大小来确定的。由于切削力的大小和作用点的位置在切削过程中是变化的，所以计算夹紧力时，应以最不利情况下所需的夹紧力为准。

计算夹紧力时，通常先将夹具和工件看成一刚性系统，按切削原理公式计算切削力，或从有关资料中查得切削力的大小。然后根据工件所受切削力、夹紧力（大工件还应考虑重力，运动的工件还应考虑惯性力等）、各支承反力及摩擦力等处于静力平衡条件下，列出夹紧力计算公式，从而计算出所需的理论夹紧力。为了安全可靠起见，再乘以安全系数 K，作为实际所需夹紧力，即

$$W = KW' \tag{3-19}$$

式中　W——实际所需夹紧力；

W'——按平衡条件求得的理论夹紧力；

K——安全系数，通常 $K=1.5\sim3$，粗加工时取 $K=2.5\sim3$，精加工时取 $K=1.5\sim2$。

3.4.3 典型夹紧机构

生产中常用的典型夹紧机构有斜楔夹紧机构、螺旋夹紧机构、偏心夹紧机构、复合夹紧机构等。

1. 斜楔夹紧机构

(1) 夹紧原理　斜楔夹紧机构是夹具中最基本的夹紧机构，其他常用的夹紧机构绝大多数是利用斜面楔紧作用的原理来夹紧工件的，如螺钉、偏心等均是这种斜楔的变型。

图 3-42 所示为利用斜楔夹紧工件的翻转式钻模，工件在平面和心轴上定位，加工周边上的螺钉孔。当敲击斜楔的大头时，斜楔沿敲击方向移动，其斜面高度由小变大，夹紧工件。加工完后，当敲击斜楔小头时，斜楔退出，即可卸下工件。

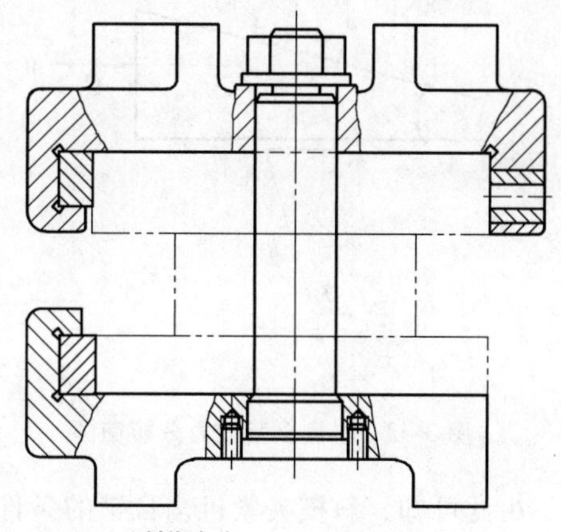
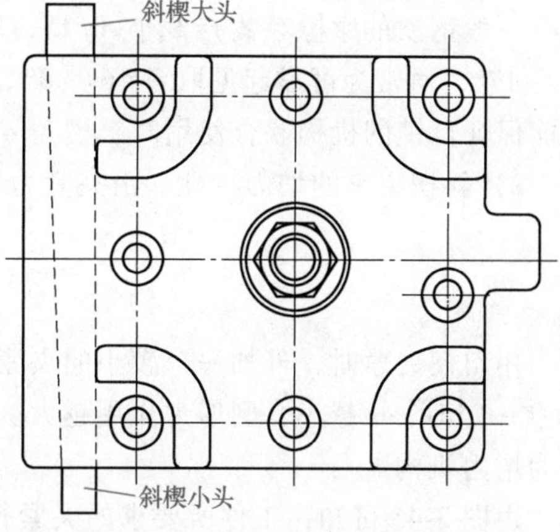

图 3-42　利用斜楔夹紧工件的翻转式钻模

(2) 夹紧力的计算　如图 3-43 所示，单楔夹紧机构中，斜楔在外力 Q 的作用下楔入工件和夹具体之间，夹紧工件。此时，斜楔受到工件对它的作用力（即夹紧力）W 和夹具体的反作用力 N。另外在夹紧时，由于斜楔的楔入运动，滑动面上还有 W 和 N 产生的摩擦力 F_1 和 F_2。设 W 和 F_1 的合力为 R_1，N 和 F_2 的合力为 R_2。再将 R_2 分解成垂直分力 W 和水平分力 Q_2，则可根据斜楔的静力平衡可得：

$$Q=F_1+Q_2 \tag{3-20}$$

其中

$$F_1=W\tan\varphi_1,\ Q_2=W\tan(\alpha+\varphi_2) \tag{3-21}$$

把式 (3-21) 代入式 (3-20)，移项后得到夹紧力：

$$W=\frac{Q}{\tan\varphi_1+\tan(\alpha+\varphi_2)} \tag{3-22}$$

式中　Q——作用在斜楔上的夹紧作用力；

W——在 Q 作用下，斜楔产生的夹紧力；

α——斜楔的楔角，一般 $\alpha=6°\sim10°$；

φ_1——斜楔与工件的摩擦角，一般 $\varphi_1=4°\sim6°$；

φ_2——斜楔与夹具体间的摩擦角，一般 $\varphi_2=4°\sim6°$。

(3) 结构特性

1) 斜楔夹紧的自锁特性。自锁就是在去掉夹紧作用力 Q 之后，斜楔在摩擦力的作用下，仍能保持对工件夹紧的状态。这时摩擦力的方向和斜楔松开的趋向相反，如图 3-44 所示。外力 Q 为零，根据力的平衡，合力 R_1 与 R_2 应大小相等、方向相反并位于一条直线上，为使斜楔自锁，必须满足的条件是

$$F_1 \geqslant Q'_2$$

即
$$W\tan\varphi_1 \geqslant W\tan(\alpha+\varphi_2)$$
$$\varphi_1+\varphi_2 \geqslant \alpha$$

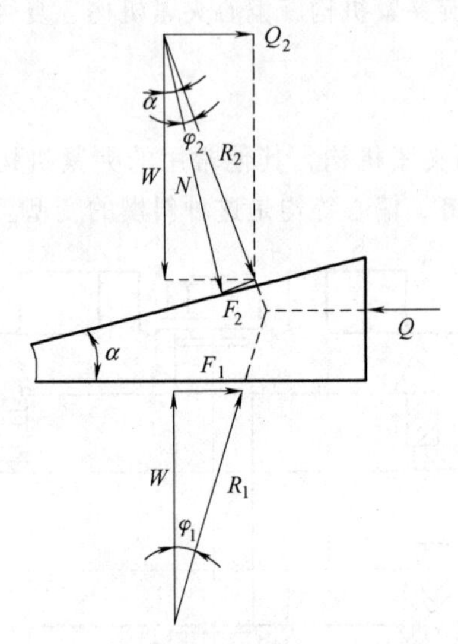

图 3-43　斜楔夹紧受力分析简图

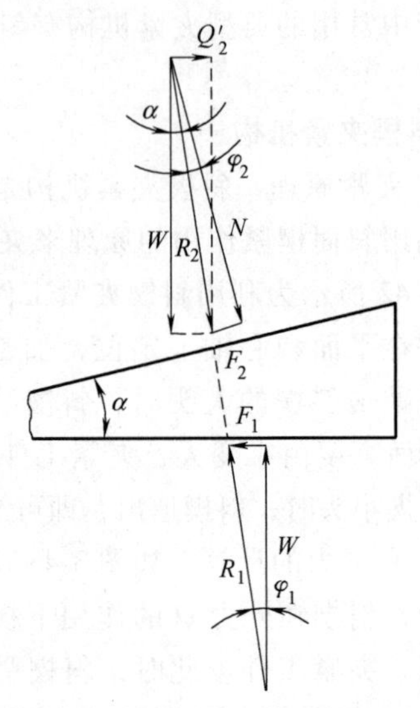

图 3-44　斜楔夹紧自锁分析简图

由此可知，斜楔夹紧机构自锁的条件是上述两摩擦角之和（$\varphi_1+\varphi_2$）必须大于楔角 α。

一般钢铁的摩擦系数 $f=0.1\sim0.15$，摩擦角 $\varphi=\arctan(0.1\sim0.15)=5°43'\sim8°28'$，故 $\alpha\leqslant 11°\sim17°$，通常为可靠起见取 $\alpha=6°\sim8°$。用其他动力（如气动和液动等）推动斜楔或与其他能保证自锁的机构联合使用时，楔角 α 可不受此限制。

2）斜楔夹紧的增力特性。由夹紧力计算公式可得增力比 i_Q 为

$$i_Q=\frac{W}{Q}=\frac{1}{\tan\varphi_1+\tan(\alpha+\varphi_2)}$$

用斜楔夹紧时，外加一个较小的夹紧作用力 Q，就可得到一个比 Q 大几倍的夹紧力 W。当 Q 一定时，α 越小，则增力作用越大。因此，在气动、液压等动力夹紧装置中，常用斜楔作为增力机构。

由图 3-45 可知，工件所要求的夹紧行程 H 和斜楔相应的移动距离 L 有如下关系：

$$\tan\alpha=\frac{H}{L} \quad 或 \quad \frac{H}{L}=\frac{1}{\tan\alpha}=i_L$$

式中　i_L——移动距离的综合小倍数。

当夹紧力 Q 一定时，楔角 α 越小，自锁性能越好，夹紧力越大，但夹紧行程小，移动距离大。夹紧力增加几倍（在不计摩擦力时，$i_Q=\cot\alpha$），夹紧行程就缩小几分之一，这是斜楔的一个重要特性。在选择楔角 α 时，必须考虑增力和移动距离。当用手动夹紧时，可取 α 为 15°、30°，以减少移动距离；若要求有较大的夹紧行程且自锁时，可采用双楔角的斜楔。

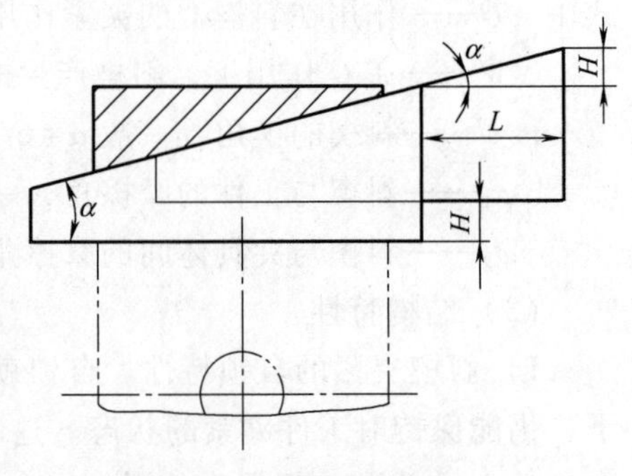

图 3-45　斜楔夹紧行程与移动距离的关系简图

手动斜楔夹紧装置由于在夹紧松开时，既费时又费力，且效率低，所以实际生产中很少应用。因此，斜楔夹紧机构主要用于与动力装置联合使用的动力夹紧装置中。

2. 螺旋夹紧机构

使用螺钉直接夹紧或与其他元件组合实现工件夹紧的机构，可统称为螺旋夹紧机构。

如图 3-46 所示，其中，图 3-46a 是用螺钉直接夹紧工件的结构，图 3-46b 是用螺钉和螺母夹紧工件的结构。这类结构易损伤被压表面，或带动工件一起转动。所以，生产中常用图 3-47 所示的典型螺旋夹紧机构。螺钉上装有手柄 1，下端装有压块 5，由它夹紧工件 6。螺钉在螺母套 2 中转动，实现对工件的夹紧和松开。螺母套 2 拧在夹具体 4 上，以保护夹具体，并由螺钉 3 防止螺母套转动。压块与螺钉间有间隙，可自由摆动，以保证与工件表面的良好接触。

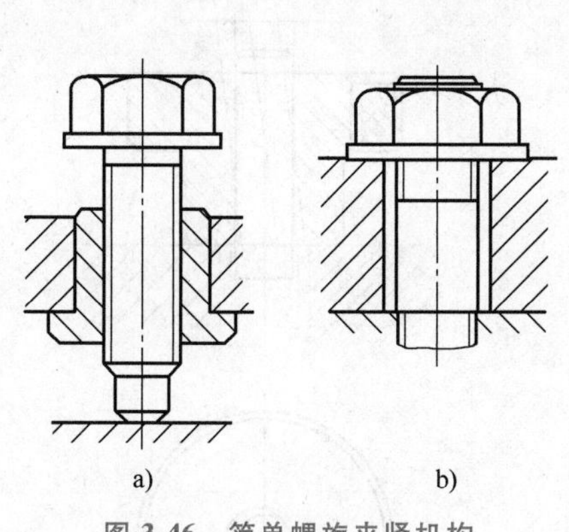

图 3-46 简单螺旋夹紧机构

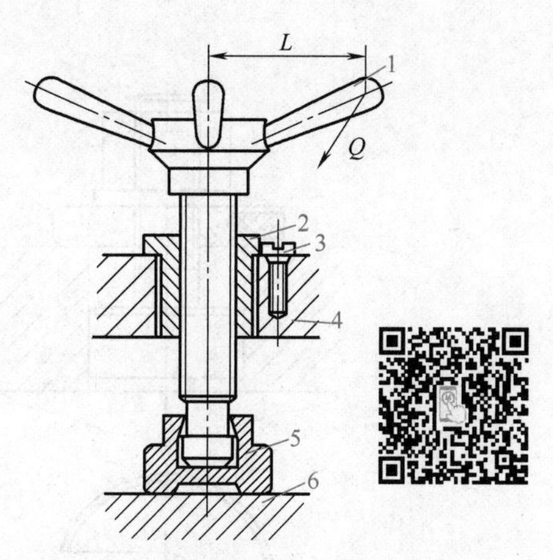

图 3-47 典型螺旋夹紧机构

1—手柄 2—螺母套 3—螺钉
4—夹具体 5—压块 6—工件

由于螺旋夹紧机构的结构简单、夹紧可靠，所以在手动夹紧机构中应用极广。而螺钉与压板组成的螺钉压板夹紧机构，是其主要夹紧形式。但因其夹紧动作慢，故辅助时间较长，效率较低。为克服这一缺点，在某些情况下可用快速夹紧的螺旋夹紧机构替代，如图 3-48 所示。图 3-48a 的螺杆 1 上开有直槽，转动手柄松开工件，将直槽对准螺钉 2，即可使螺杆沿直槽迅速退出。图 3-48b 为夹紧状态，转动手柄 4 松开工件后，扳动手柄 5，螺杆 3 即可快速退出。图 3-48c 为带有开口垫圈的螺母夹紧。稍松螺母，即可取下开口垫圈，由于螺母外径小于工件孔径，工件通过螺母卸下。若工件孔径太小，可用图 3-48d 所示的快卸螺母。该螺母上加工有与螺孔中心线呈一很小角度的光孔 ϕD，它略大于螺纹外径 M。螺母可斜着沿光孔套入螺杆，再将螺母摆正，此时螺母与螺杆的螺纹咬合，再略转动螺母即可夹紧工件。

3. 偏心夹紧机构

偏心夹紧机构是指由偏心件直接夹紧或与其他元件组合来实现夹紧工件的机构。因圆偏心结构简单，制造方便，所以生产中广泛应用的偏心件是偏心轮和偏心轴。图 3-49 所示为常见的圆偏心夹紧机构，图 3-49a、b 用的是圆偏心轮，图 3-49c 用的是偏心轴，图 3-49d 用的是偏心叉。

圆偏心具有结构简单、动作快等优点，但由于其夹紧力较小，自锁性能较差，因此一般

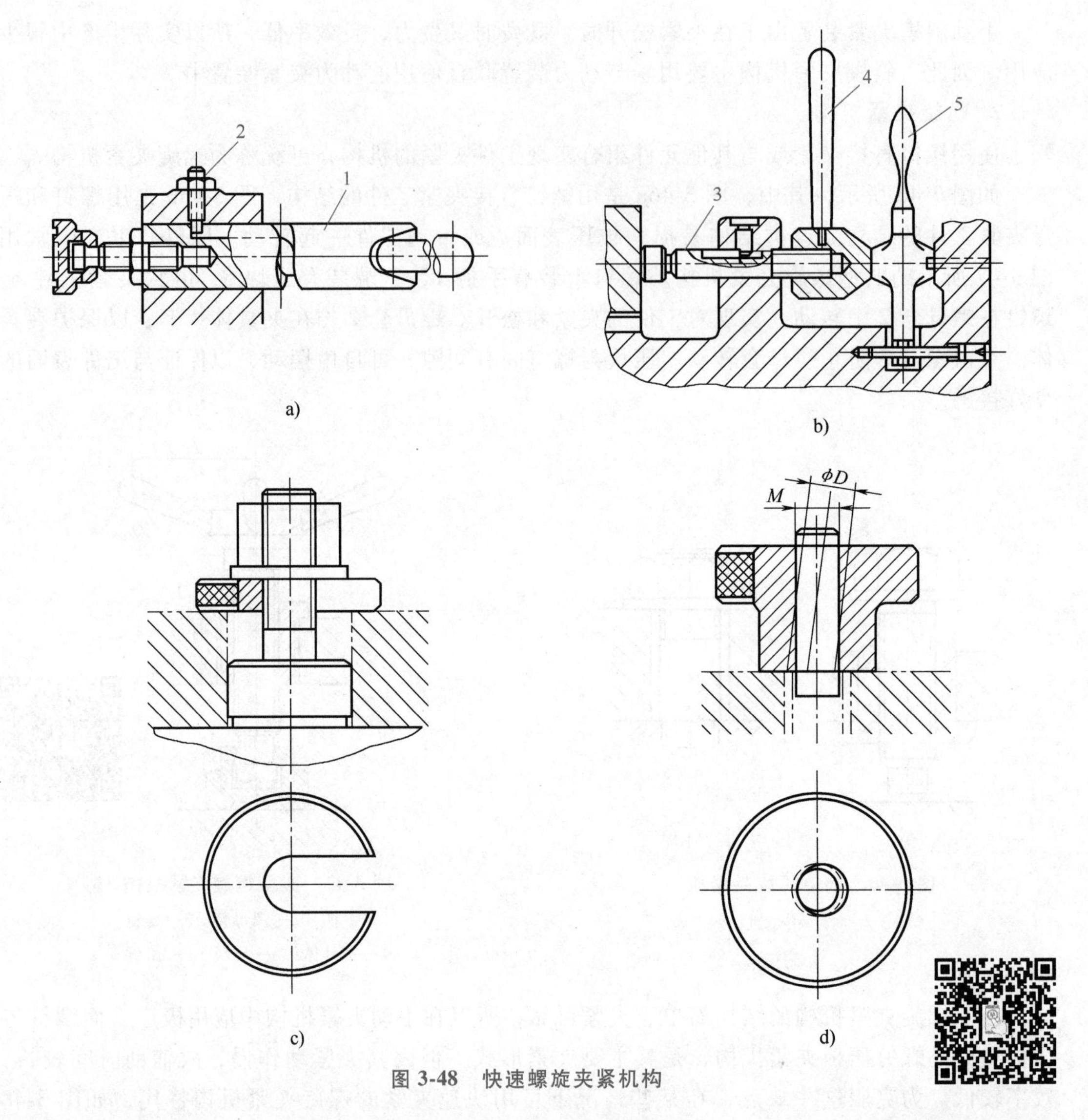

图 3-48　快速螺旋夹紧机构

适用于切削负荷较小、又无较大振动的场合，不能用于重铣削和车削夹具。又因结构尺寸不能太大，为满足自锁条件，其夹紧行程相应也会受到限制。因此，对工件的夹紧面，相应尺寸公差要求要严格。同时，对圆偏心回转轴中心至定位表面间的距离应有严格的公差要求或设计成可调结构。

4. 复合夹紧机构

上面介绍了几种最常用的典型夹紧机构，它们既可以单独用来夹紧工件，也可以与动力装置或其他夹紧元件等组成复合夹紧机构。

（1）复合压板夹紧机构　压板是一种杠杆夹紧元件，它不能单独使用，必须与螺钉、偏心轮等夹紧机构联合使用才能达到夹紧的目的。压板与螺钉联合使用称为螺钉压板，这种结构最为常用；压板与偏心轮联合使用的称为偏心压板。图 3-50 所示为常见的螺钉压板夹紧机构。拧紧螺母 4，作用力通过垫圈 3 作用在压板 2 的中间，按杠杆比加在工件 1 上的夹紧力 Q 仅是螺钉作用力的一部分，故装卸较为费力。图 3-51 所示为常见的偏心压板夹紧机

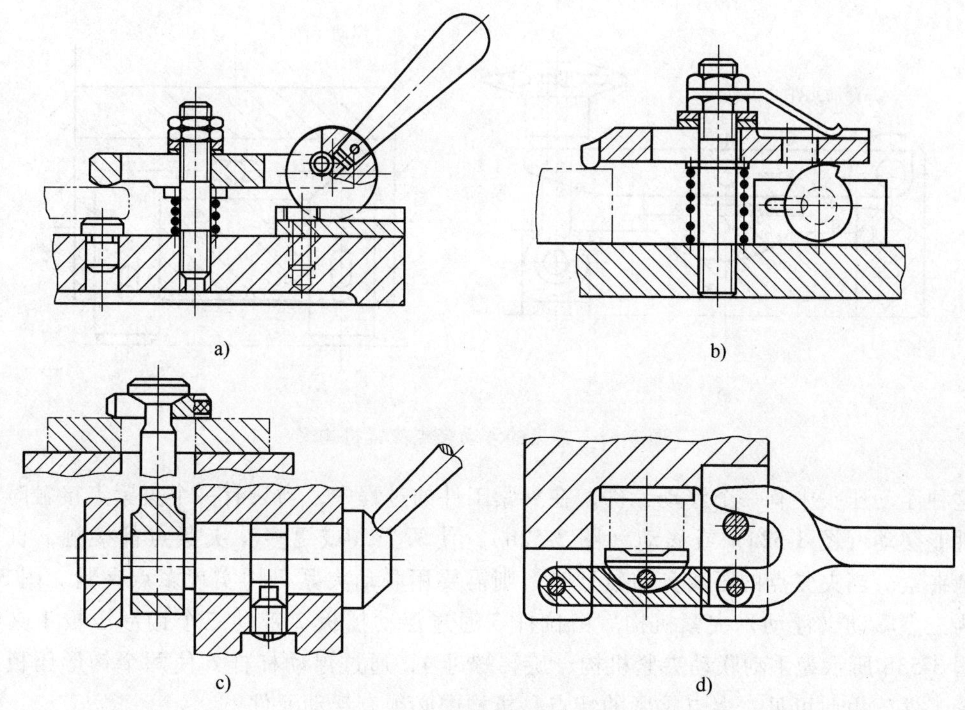

图 3-49 常见的圆偏心夹紧机构

构。支点在压板的中间，顺时针转动手柄 2 时，圆偏心转动，从而抬起压板右端，压板左端夹紧工件 1。偏心轮支承在开有导向槽的垫块 3 上，当松开手柄时，偏心轮可沿槽前进或后退，同时带动压板前进或后退以便装卸工件。

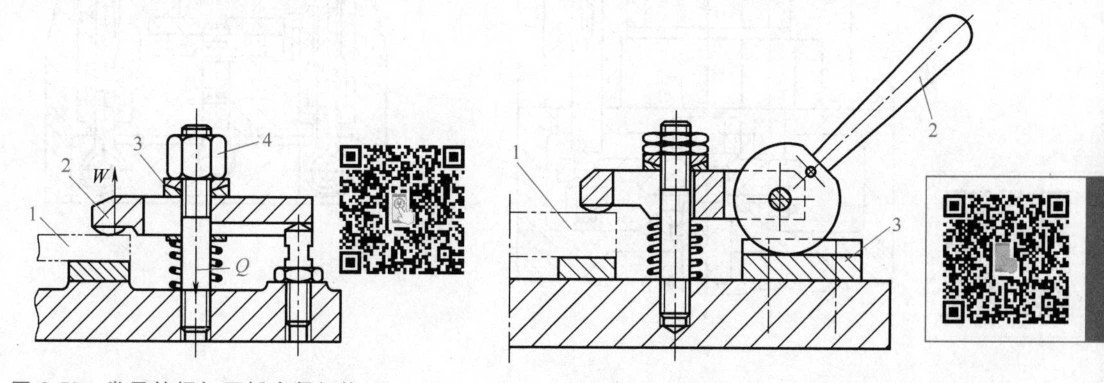

图 3-50 常见的螺钉压板夹紧机构

1—工件 2—压板 3—垫圈 4—螺母

图 3-51 常见的偏心压板夹紧机构

1—工件 2—手柄 3—垫块

（2）多点或多向联动夹紧机构 在夹紧工件时，常因工件的加工需要，需在同一方向上布置几个夹紧点，或因定位基面在不同方向，需在不同方向上设置夹紧点。要求各夹紧点上的夹紧元件能同时而均匀地夹紧工件，以保证工件定位的稳定可靠，否则会因工件变形或位移而破坏定位。为此，需采用多点或多向同时动作的联动夹紧机构。

1）多点夹紧。多点夹紧是由一个夹紧作用力，通过一定的机构分到两个以上的夹紧点上对工件进行夹紧。图 3-52 所示为常见的浮动多点夹紧机构。

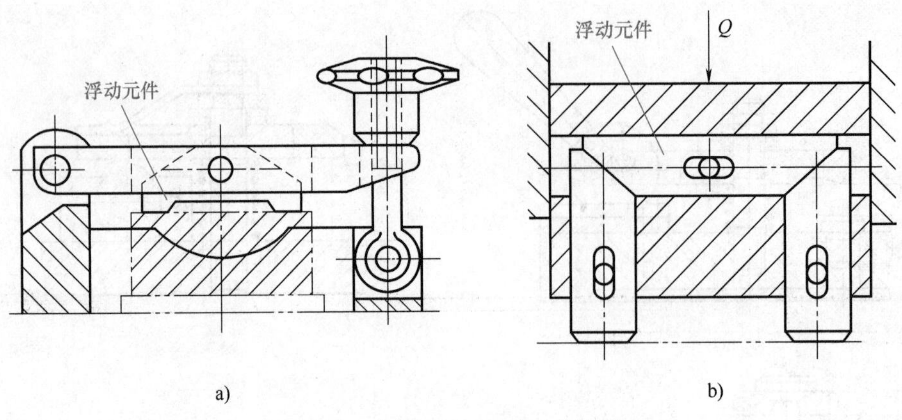

图 3-52　常见的浮动多点夹紧机构

这种浮动压头中有一个浮动元件，在夹紧工件的过程中，当只有一个夹紧点接触时，这个元件能摆动（图 3-52a）或移动（图 3-52b），使两个（或更多）夹紧点都接触，直至最后均衡夹紧。当夹紧点的距离分布较远时，则需要用联动夹紧机构实现多点夹紧。图 3-53a 所示为三点联动（浮动）夹紧机构。由拉杆 3 通过浮动摇板 2 带动三个钩形压板 1 夹紧工件。图 3-53b 所示为手动联动夹紧机构，旋转螺母 4，通过浮动杠杆 6 使两个钩形压板 5 同时夹紧工件。由此可见，多点夹紧的特点是机构中必须有浮动元件。

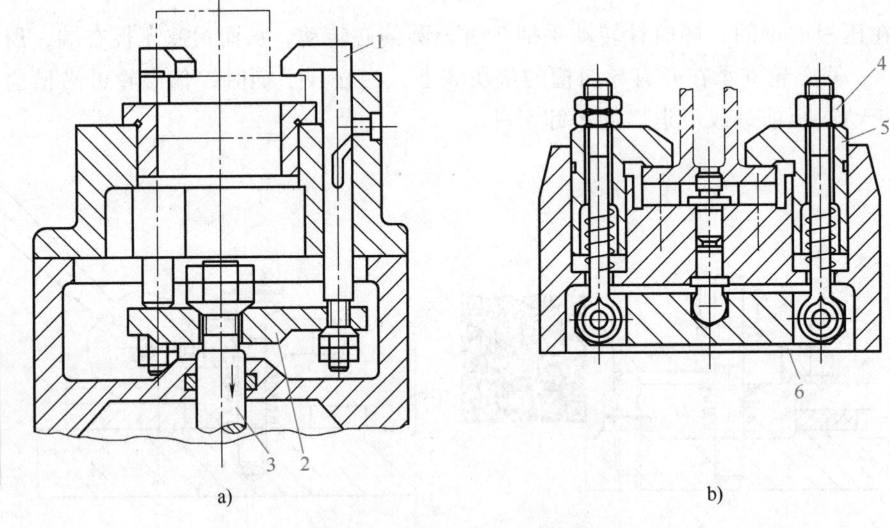

图 3-53　多点联动夹紧机构

1、5—钩形压板　2—浮动摇板　3—拉杆　4—螺母　6—浮动杠杆

2）多向夹紧。多向夹紧是通过特定机构，将一个夹紧作用力分到两个方向上，对工件进行夹紧。这与上述多点夹紧的实质是一样的，它也必须有浮动元件来实现对工件的夹紧。最常见的是要求在相互垂直的两个方向上同时夹紧工件，即双向联动夹紧。

（3）多件联动夹紧机构　多件夹紧是通过特定机构，用一个夹紧作用力实现对数个相同的或不同的工件进行夹紧。实现多点夹紧的浮动原理和机构同样可用于多件夹紧。实现多件夹紧的机构形式很多，这里只介绍以下两种。

1）多件平行夹紧。图 3-54a 是利用浮动压块进行多件夹紧。每两个工件用一个浮动压块，工件多于两个时，浮动压块之间需要用浮动件连接。夹紧四个工件 1 需要用三个浮动件 2。图 3-54b 是用液性塑料为介质代替浮动元件实现多件夹紧。由上述平行多件夹紧可知，要将若干工件在彼此平行的方向上同时夹紧，夹紧元件必须是浮动的，以补偿工件被夹紧尺寸的偏差。否则，其中有些工件会因夹不牢或夹不着，而引起安全和质量事故。

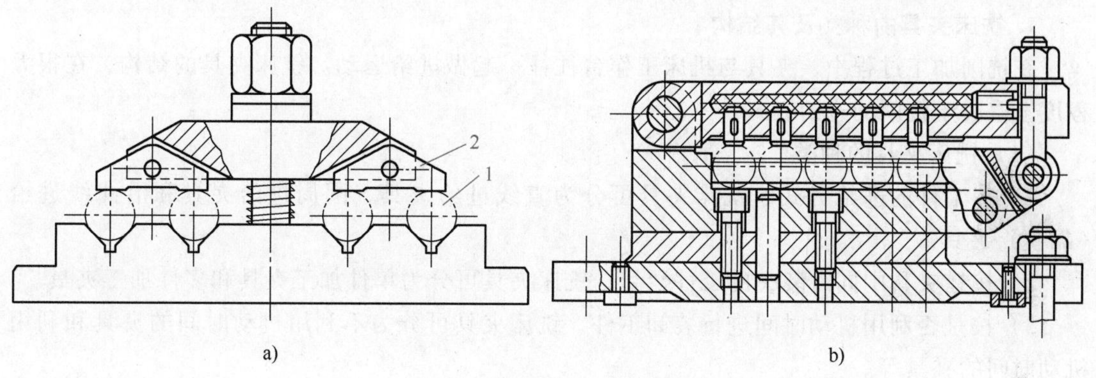

图 3-54　多件平行夹紧机构

1—工件　2—浮动件

2）多件连续夹紧。图 3-55a 是轴承盖的工序图，要求加工两端面，保证工序尺寸 B，图 3-55b 是它的多件连续夹紧夹具。工件以盖顶的圆弧和平面为定位基面，在 V 形块压板 2 上定位并夹紧；只有夹具最左端的定位件 1 是纯定位元件，而最右端的压板 4 是纯夹紧元件。当拧紧螺钉 5 时，夹紧机构便通过压板 4 及带 V 形槽的压板 2 绕铰链轴 3 转动，从而依次连续夹紧各工件。因此，这种夹紧方法适用于顺工件排列方向进行的加工。这时，基准位移误差与工序尺寸方向成 90°，所以不会造成定位误差。

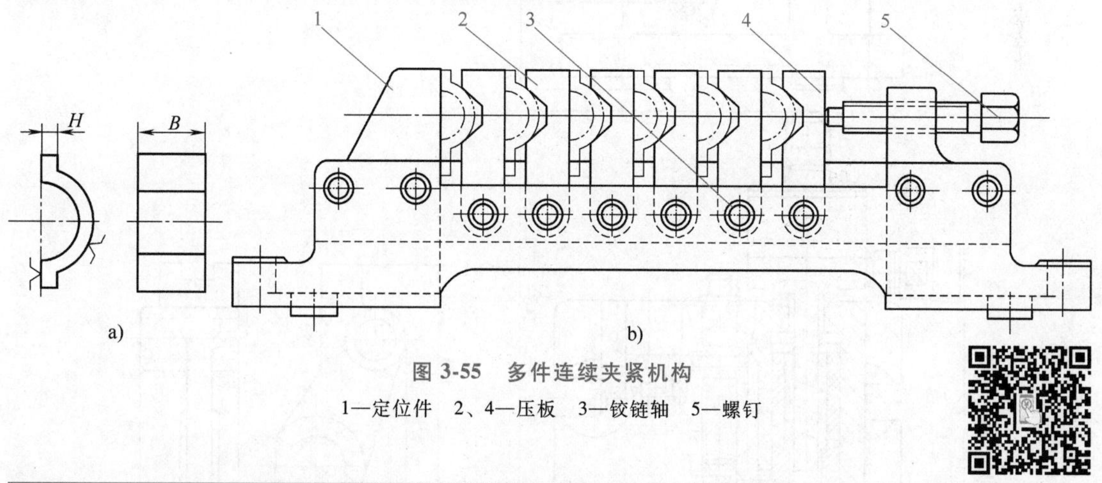

图 3-55　多件连续夹紧机构

1—定位件　2、4—压板　3—铰链轴　5—螺钉

3.5　各类机床夹具的设计特点

任何一种机床夹具，通常都是由定位元件、夹紧装置、夹具体，以及其他一些元件、装置等组成的。但各类机床夹具在其元件的结构、夹具的整体构造和技术要求等方面，又有各自的特点。下面将对铣床夹具、车床夹具和镗床夹具的设计要求和设计方法进行分析介绍。

3.5.1 铣床夹具

在机床夹具中，铣床夹具占有很大的比重。铣床夹具主要用来加工平面、沟槽、缺口及成形表面等。铣床夹具一般必须有确定刀具位置和夹具方向的对刀装置和定位键，以保证夹具与刀具、机床的相对位置。

1. 铣床夹具的种类及其结构

在铣削加工过程中，夹具与机床工作台往往一起做进给运动。铣床夹具的结构，在很大程度上取决于铣削的进给方式。

（1）铣床夹具的种类

1）按工件的进给方式，铣床夹具可分为直线进给夹具、圆周进给夹具和沿曲线进给（靠模）夹具。

2）按在夹具中同时装夹的工件数目，铣床夹具可分为单件加工夹具和多件加工夹具。

3）按是否利用机动时间进行装卸工件，铣床夹具可分为不利用机动时间的夹具和利用机动时间的夹具等。

（2）铣床夹具的结构

1）单件加工夹具。这种夹具每次只装夹一个工件。图 3-56 所示为单件加工铣床夹具

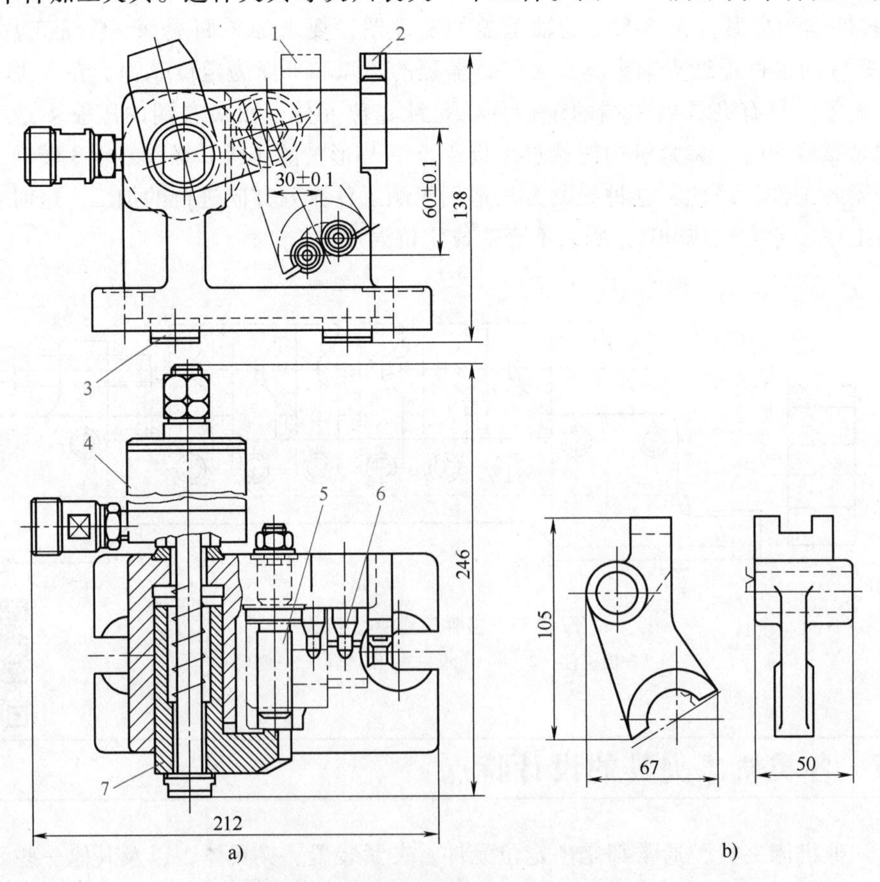

图 3-56 单件加工铣床夹具（气动）

1—工件 2—对刀块 3—定位键 4—气缸 5、6—定位销 7—钩形压板

（气动），要求加工拨叉上的一个通槽（图 3-56b）。工件 1 以孔在长定位销 5 上定位，以一个端面在心轴台肩上定位，以半圆孔在两个定位销 6 上定位（相当一个菱形销）。由气缸 4 带动钩形压板 7 夹紧工件。夹具在机床上的位置是由定位键 3 来确定的。而刀具相对于夹具的位置，则由夹具上的对刀块 2 来确定。

单件加工的铣床夹具由于装卸工件等的辅助时间长，所以生产率较低，一般用于生产批量较小的情况。

2）多件加工夹具。这种夹具可以同时装夹两个或两个以上的工件。图 3-57 所示为用于在小轴端面上铣工件通槽的多件加工铣床夹具。六个工件 1 以外圆面在活动 V 形块 2 上定位，以另一端面在支承钉 5 上定位，来保证小轴铣槽的对称和槽的深度。活动 V 形块 2 装在两根导向柱 6 上，V 形块之间用弹簧 3 分离。工件定位后，由薄膜式气缸 4 推动 V 形块 2 依次将工件连续夹紧。由对刀块 8 和定位键 7 来保证夹具与刀具和机床的正确相对位置。

多件加工的铣床夹具，由于一次可装夹多件，分摊在每个工件上的辅助时间可大为减少，所以可提高生产率，一般多用于生产批量较大的情况。

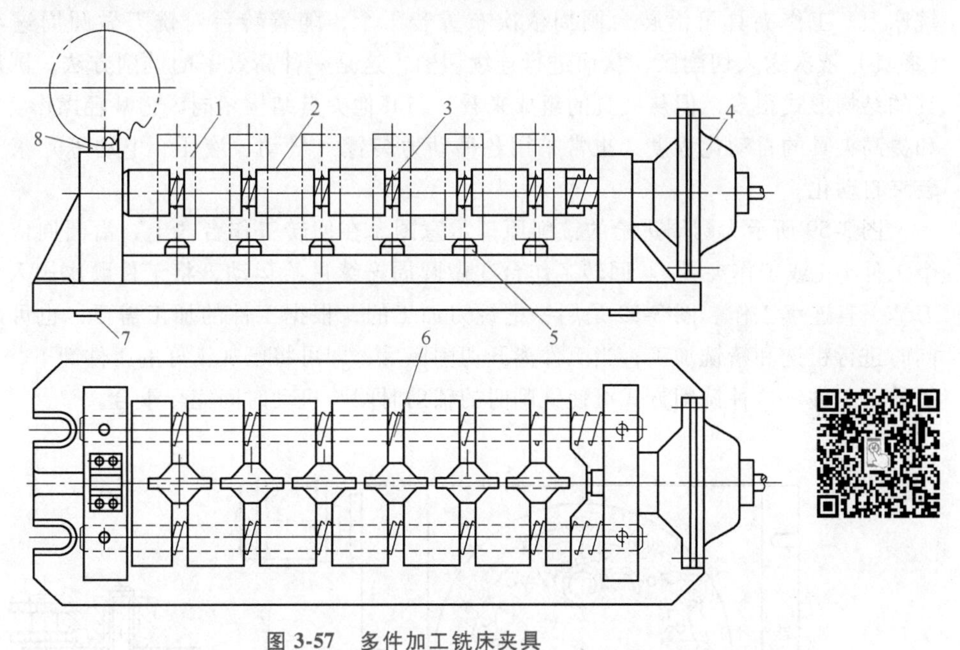

图 3-57　多件加工铣床夹具

1—工件　2—V 形块　3—弹簧　4—气缸　5—支承钉　6—导向柱　7—定位键　8—对刀块

从上述夹具实例中可以看出，在设计直线进给的铣床夹具时，根据生产规模的不同，可采用单件、多件等不同的夹具结构型式，而采用气动、液压夹紧机构是提高这类夹具效率的有效方法。但是，从提高生产率的角度来看，效果仍不是很显著。因为铣削加工的切削时间较短，而单件工时中的辅助时间相对就显得长了，所以降低辅助时间是设计铣床夹具要考虑的主要问题之一。

在大批量生产中，常常利用机动时间进行工件装卸，使辅助时间与机动时间重合，来提高生产率。如图 3-58 所示，在工作台上对称装两个相同的夹具 1 和 3，刀具处在中间时作为原始位置。当工作台向右直线进给时，刀具 2 便加工装在夹具 1 中的工件，这时便可装卸夹具 3 中的工件。待夹具 1 中的工件加工完，工作台立即向左快退至原始位置。然后工作台向

左直线进给，加工夹具 3 中的工件。同样，在加工夹具 3 中的工件的同时，装卸夹具 1 中的工件，依次反复，这种双向铣削的方法使辅助时间与机动时间重合，提高了生产率。

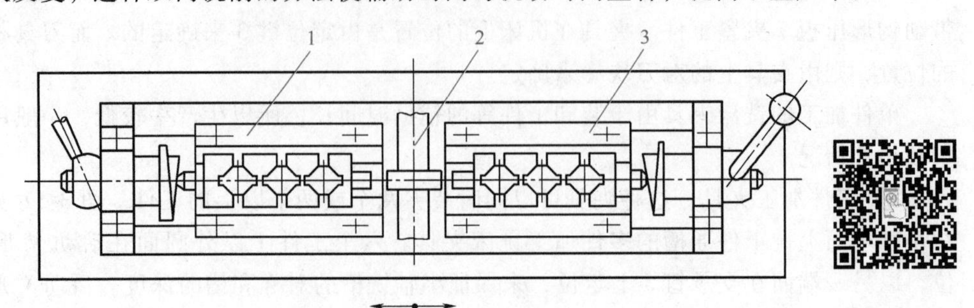

图 3-58　双向进给铣床夹具工作原理

1、3—夹具　2—刀具

3）圆周进给的铣床夹具。圆周进给的铣床夹具常用在有回转工作台的转盘铣床或鼓轮铣床上。工作夹具可沿转台圆周依次布置若干个，随着转台对铣刀做圆周进给，将工件（夹具）依次送入切削区，从而进行连续切削，这是一种高效率的铣削方法。圆周进给的夹具的结构形式很多，但从夹具的组成来看，与其他夹具结构相同。为减轻操作者的劳动强度和提高夹具的自动化程度，也常采用各种动力装置（气动、液压、电动等）来实现工件的装夹自动化。

图 3-59 所示为圆周进给的铣削原理示意图。在回转工作台 3 上，沿圆周依次装夹若干个工件 1（或工作夹具）。回转工作台 3 做圆周连续进给运动，将工件顺次送入切削区，铣刀 2 一直连续工作。图 3-59 是用一把铣刀加工的，根据工件的加工需要，也可用两把铣刀同时进行粗铣和精铣加工；当工件离开切削区后，即可将已加工好的工件卸下，再装上待加工的新工件。这种铣削方式可使铣削时的辅助时间与机动时间完全重合。

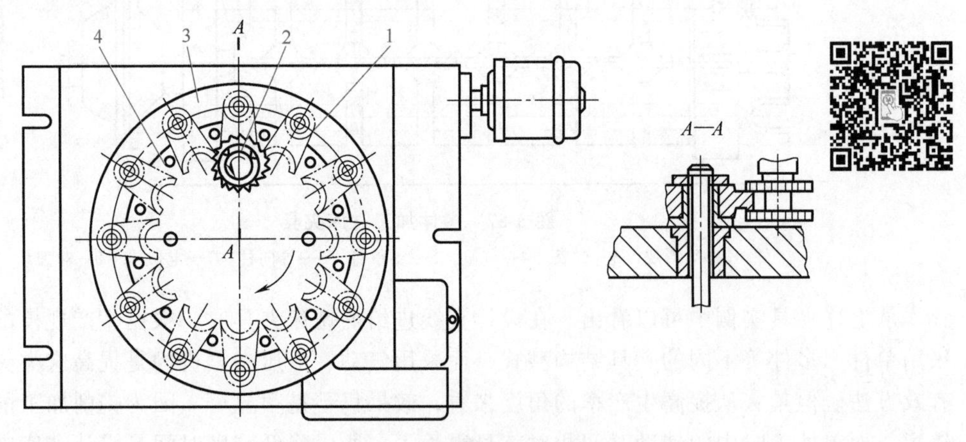

图 3-59　圆周进给的铣削原理示意图

1—工件　2—铣刀　3—回转工作台　4—夹具体

（3）铣削靠模夹具　用靠模夹具在铣床上加工各种成形表面，是机械加工中常见的加工方法。对于中小型工厂来说，采用靠模夹具可以扩大机床的工艺范围，解决缺少特殊设备问题，具有重大的技术经济意义。

加工成形表面的靠模夹具按其进给方式可分为直线进给和圆周进给两种。

1）直线进给靠模夹具。图 3-60 所示为直线进给靠模夹具的工作原理图。横向溜板 2 在重锤 6 的作用下沿导轨 1 滑动，使靠模板 3 始终靠在滚柱 5 上（滚柱 5 装在固定于机床立柱导轨上的支架 4 上）。铣刀与滚柱间的距离 K 是定值。

当铣床工作台沿箭头方向 S 纵向进给（主进给运动）时，装夹在横溜板上的工件和靠模板一起移动。在纵向进给的同时，由靠模板 3 的成形表面推动横向溜板 2 产生横向进给运动（其大小和方向由靠模控制），称为附加进给运动。因为铣刀的位置是固定的，所以通过主进给运动和附加进给运动，便可加工出所要求的成形表面。

2）圆周进给靠模夹具。当加工封闭的轮廓的成形表面（如平面凸轮等）时，其轮廓是随向量半径的变化而变化的。因此，须采用圆周进给靠模夹具。通常这种靠模夹具装在立式铣床上的回转工作台上，使靠模与工件同轴一起回转，工件径向移动则由滚柱与靠模的接触来实现。工件的成形表面由上述两种进给运动复合而成。

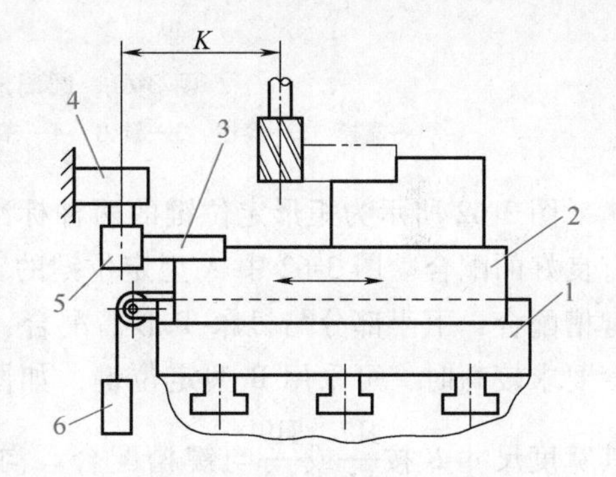

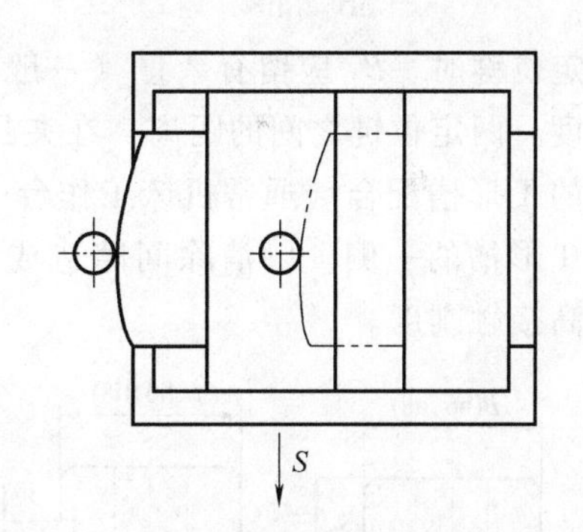

图 3-60　直线进给靠模夹具的工作原理图

1—导轨　2—横向溜板　3—靠模板

4—支架　5—滚柱　6—重锤

图 3-61 所示为圆周进给靠模夹具的工作原理图。靠模夹具 4 装在回转工作台 5 上，回转工作台又装在横向溜板 6 上，横向溜板在重锤 7 的作用下，使靠模 1 与滚柱 2 保持紧密接触。图 3-61a 是铣刀 3 与滚柱 2 在同一根轴上，并做成整体，两者直径尺寸相同。但当铣刀钝化需要重磨时，滚柱也必须一起修磨，以保持两者直径相等，否则工件形面会产生误差。

为防止切屑粘在靠模上影响加工精度，可把靠模放在工件上面，但装卸工件很不方便，因此这种方式的加工精度也不高。

图 3-61b 是另一种方式，其传动关系与图 3-61a 相同，但滚柱与刀具不同轴，两轴距离 K 为定值。因此，靠模尺寸可加大，刚性提高，滚柱与靠模接触平稳，加工精度较高。由于靠模尺寸可加大，工件有可能装在靠模上面，使装卸工件方便、省时，故可提高效率。

由此可见，靠模夹具是在与机床、刀具、工件密切联系的情况下工作的。在此系统中，靠模形面与工件所要求的形面、铣刀直径与滚柱直径之间都保持着一定的关系，设计靠模形面时应予以考虑。

2. 定位键

铣床夹具中，两个定位键与机床工作台 T 形槽配合，起到夹具在机床上的定向作用，使夹具在水平面内与机床行程方向一致（平行）。因此，对于夹具来说，应保证导向定位表面对两定位键中心（或一侧面）平行或垂直。对于机床来说，应保证 T 形槽中心（或侧面）对纵走刀方向平行。

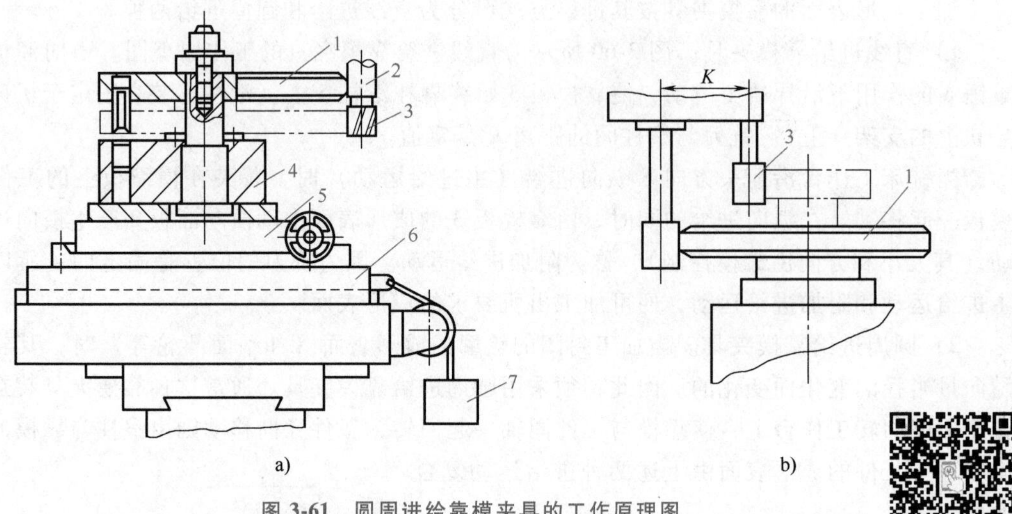

图 3-61　圆周进给靠模夹具的工作原理图

1—靠模　2—滚柱　3—铣刀　4—靠模夹具　5—回转工作台　6—横向溜板　7—重锤

图 3-62 所示为矩形定位键的两种标准结构。为提高定向精度，定位键与机床 T 形槽应有良好的配合。图 3-62 中 A 型定位键的宽度按统一尺寸 B 制造，键的上半部分与夹具底面键槽配合，下半部分与机床 T 形槽配合，它适用于夹具的定位精度要求不高时。当定位精度要求较高时，可采用 B 型定位键，如图 3-63 所示。沟槽以上部分与夹具体的键槽配合，其宽度尺寸 B 按$\frac{H7}{h6}$或$\frac{H9}{h8}$与键槽配合。沟槽以下部分宽度 B_1 与铣床工作台的 T 形槽配合。制造定位键时，B_1 应留有余量（一般留 0.5mm），以便与机床 T 形槽修配，达到较高的配合精度。两定位键之间的距离，在夹具底座的允许范围内，应尽可能远些。定位键应与精度较高的 T 形槽配合（通常机床工作台中间的 T 形槽精度高）。也可在安装夹具时，让定位键靠向 T 形槽的一侧，以消除间隙造成的误差。夹具定位后，用 T 形螺钉紧固在工作台上，以提高接触刚度。

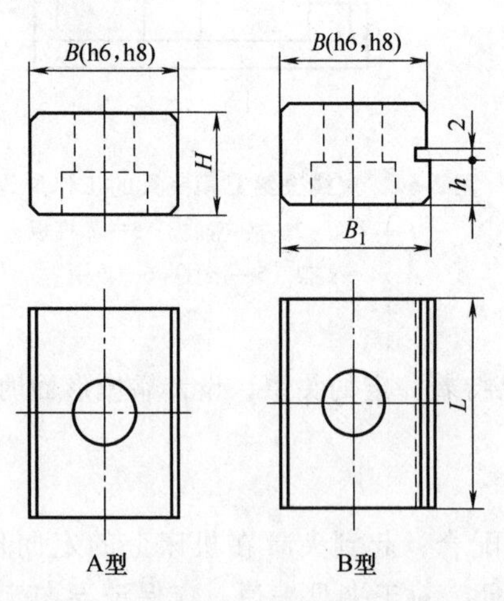

图 3-62　矩形定位键的两种标准结构

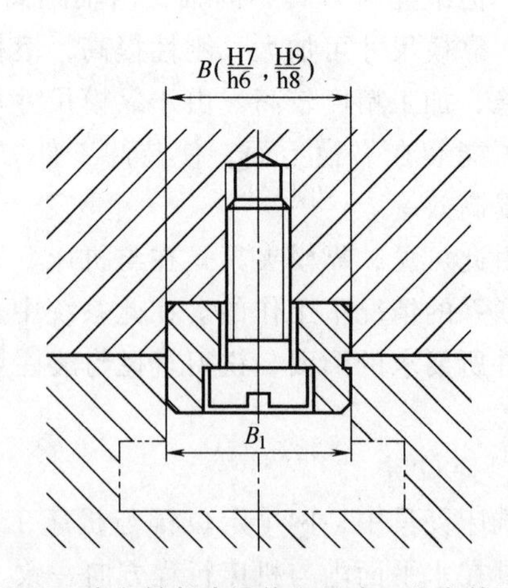

图 3-63　定向键与夹具体和机床工作台的配合

为了制造简便，也可用圆柱定位销来取代上述的标准定位键，如图 3-64 所示。图 3-64a

所示为两种圆柱定位销的结构。其中，无螺孔的定位销在装入通孔时使用；有螺孔 d_1 的定位销，是在装入盲孔时取出圆柱销用的。图 3-64b 所示为圆柱销装入夹具体（过盈配合），并与机床工作台 T 形槽配合使用的情况。但这种圆柱销，因与 T 形槽接触面小，有易磨损的缺点。当夹具相对于机床的位置精度要求较高或为重型夹具时，一般不采用定位键，而多在夹具体上设置找正基面来找正定位。

在夹具的定位键与定位表面之间没有直接尺寸联系，但两者之间的相对位置关系，如平行度、垂直度等，却要求十分严格。在设计夹具时，应根据工件的相应加工精度要求，提出夹具的技术要求。必要时，应按加工精度要求进行误差分析与计算。

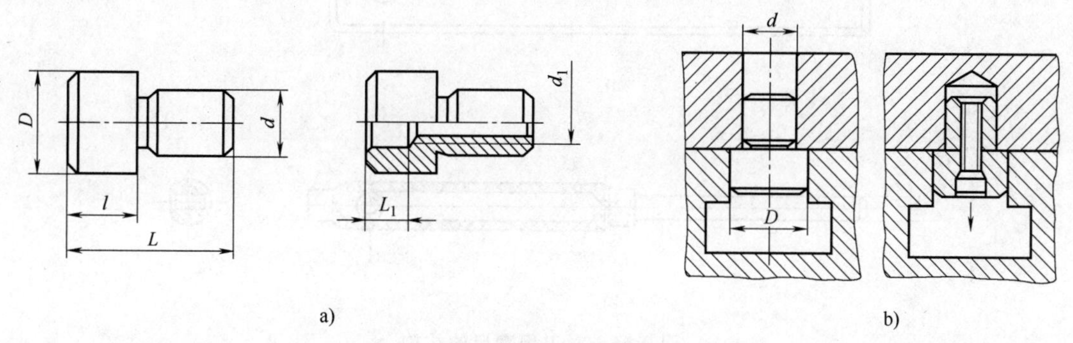

图 3-64　圆柱定位销及其应用

3. 对刀装置

对刀装置是用来确定夹具和刀具相对位置的装置，它是由对刀块和塞尺等组成的。有了对刀装置，就可以迅速而准确地调整刀具与夹具的相对位置。

图 3-65 所示为四种常见的标准对刀块结构，可结合工件的具体加工要求选用。其中，图 3-65a 是圆形对刀块，用于加工水平面；图 3-65b 是方形对刀块，用于加工相互垂直的平面；图 3-65c 是直角对刀块，用于加工两个相互垂直的表面，或铣槽时对刀用；图 3-65d 是侧装的直角对刀块，用途同图直角对刀块。

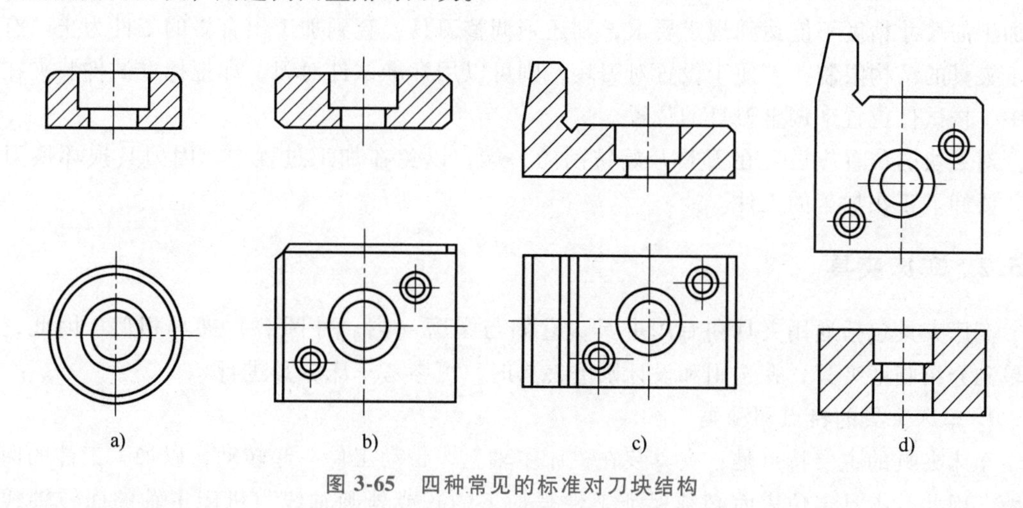

图 3-65　四种常见的标准对刀块结构

用对刀块对刀时，一般不允许刀具与对刀块直接接触，而是通过塞尺（对刀平塞尺和对刀圆柱塞尺）来校准它们之间的相对位置，否则容易损伤刀具刃口和对刀块的工作表面而丧失精度。对刀用塞尺的结构如图 3-66 所示，图 3-66a 为平塞尺，厚度 b 可为 1mm、2mm、3mm；图 3-66b 为圆柱塞尺，多用于成形铣刀对刀，直径 d 可为 2mm、3mm。

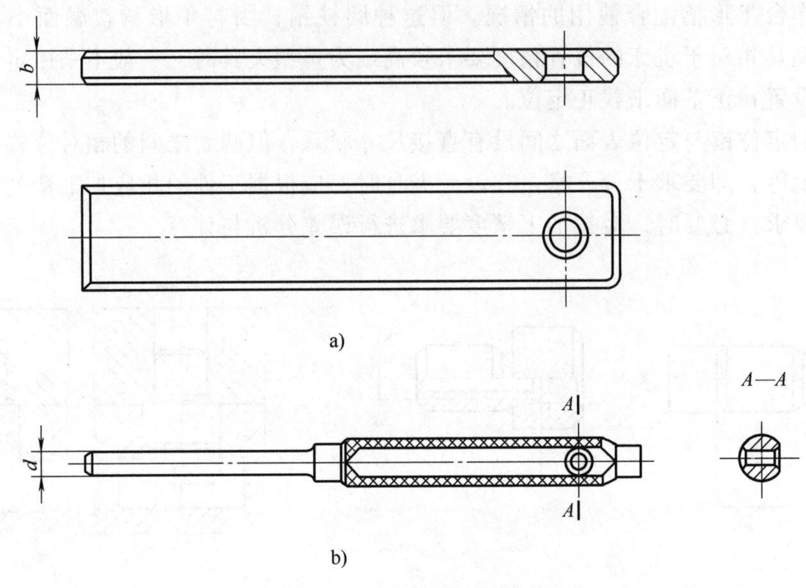

图 3-66　对刀用塞尺的结构

使用塞尺对刀时，应把塞尺放在刀具与对刀块之间，凭抽动塞尺的松紧感觉来判断对刀精度。

设计对刀装置时，应根据工件加工表面的形状，确定对刀块的结构和所用塞尺的结构。对刀块应做成单独的元件，用销钉和螺钉紧固在夹具体上，其工作表面与定位表面之间的尺寸公差，应按工件的相应加工精度要求确定。

在实际生产中，有时工件的加工精度较高，若采用对刀块对刀不能保证加工精度，则往往采用试切法对刀。有时就算使用了对刀装置对刀之后，加工的第一个工件也要进行测量。若加工的尺寸精度不能达到规定要求，则还须调整刀具，直到加工出合格的工件为止。有时由于夹具的结构限制，不便于设置对刀块，则可以用标准试件对刀，即把标准试件装夹在夹具中，按试件位置来调整刀具的位置。

对刀块的位置应设置在刀具开始铣削的一端，以免在加工过程中，因刀具损坏换刀具时，要卸下正在加工的工件。

3.5.2　车床夹具

车床夹具包括通用夹具和专用夹具，它们与圆磨（内、外圆磨）夹具相似。因此，不再单独介绍圆磨夹具，在选用和设计圆磨夹具时，可参考车床夹具进行。

1. 车床夹具的特点和种类

车床夹具的主要特点是：夹具装在机床主轴上，带动工件一起转动，以加工工件的回转表面。因此，夹具定位表面必须保证工件被加工的孔或外圆轴线与机床主轴的回转轴线一致。所以，这类夹具大部分是定心夹具。此外，由于车床（或内外圆磨床）的转速比较高，故设计这类夹具时，对其平衡性、夹紧力的大小和方向，以及各主要元件的刚度、强度和操

作安全等，都必须充分考虑。

车床夹具的种类很多，目前尚无统一分类方法。根据被加工工件定位基准的不同，以及夹具结构本身特点，车床夹具可分为：

1）以工件外圆面定位的车床夹具，如自定心卡盘及各种定心夹紧卡头（如弹簧夹头）等。

2）以工件内孔定位的车床夹具，如各种刚性心轴、花键心轴及各种弹性定心夹紧的心轴等。

3）以工件顶尖孔定位的车床夹具，如顶针、拨盘等。

4）以工件的不同表面组合定位的车床夹具，如各种弯板、花盘式夹具等。

上述各种车床夹具，大部分为通用夹具，它们会作为机床附件随车床一起提供给用户。除使用通用夹具外，还常常按工件加工需要设计一些心轴和其他专用车床夹具。本节主要介绍这些专用夹具的结构特点和设计方法。

2. 心轴

工件在圆柱心轴、小锥度心轴上定位时的定位误差，之前已有介绍，此处不再重复。

在车床（或磨床）上常用带锥柄的圆柱心轴，加工以内孔为定位基准的回转体工件，工件以内孔及其端面为定位基准，在心轴上定位，用螺母通过开口垫圈将工件夹紧。由于该心轴悬伸长度较短，可采用锥柄与车床主轴连接，锥柄一般要用拉杆拉紧。

设计圆柱心轴应正确选择工件孔与心轴的配合，孔与心轴的配合间隙将影响工件的定位误差和装卸工件是否顺利。一般情况下，心轴多采用公差带 g6 或 f7，工件的内外圆要求同轴度较高时，也可采用 h5 或 h6，但当工件孔与心轴的配合间隙较小时，装卸工件会比较费时。

另外，开口垫圈的两端面应平行，一般需要经过磨削。螺母端面应与螺纹轴线垂直。为了补偿螺母端面与心轴轴线的垂直度误差，避免夹紧时心轴弯曲变形，可采用球面垫圈。

3. 花盘、弯板式夹具

图 3-67 所示为车床花盘式夹具，是一种转位式车床夹具，可在车床上依次加工工件（输油泵体）的两个平行的 $\phi40^{+0.025}_{0}$ 孔，保证两孔的中心距尺寸 $34^{+0.2}_{0}$。工件以端面和两个销孔为定位基准，在夹具件 2 的端面和两定位销（其中一个是菱形销）上定位，采用结构紧凑的钩形压板夹紧。为保证工件中心距尺寸，夹具件 2 与夹具体 1 有 17.5±0.05mm 的偏心量。加工完一孔之后，松开两个螺母 3，拔出定位销 4，将夹具件 2 绕轴 5 转位 180°，定位销 4 在弹簧的作用下弹入夹具体 1 的另一定位孔中，然后拧紧螺母 3，将夹具件 2 紧固在夹具体 1 上，再加工另一孔。

夹具体 1 以端面、止口在过渡盘 6 上定位，并用螺钉紧固。过渡盘以其内孔在机床主轴上定位，用螺纹与机床主轴连接并紧固。为使夹具旋转时平衡，装有平衡块 7。

图 3-68 所示为车床弯板式夹具。工件以平面上的双孔为定位基准，在夹具的平面和双销上定位，用两个钩形压板 3 夹紧工件。工件定位基面与被加工孔轴线具有 8°的夹角。因此，夹具相应的定位表面，是由与机床主轴回转轴线呈 8°夹角的弯板 6，以及夹具体 4 构成的。此时的定位表面与机床主轴轴线既不平行也不垂直，所以需借助于工艺孔来标注，并检测被加工孔和端面的位置尺寸，以及各定位表面的位置尺寸。

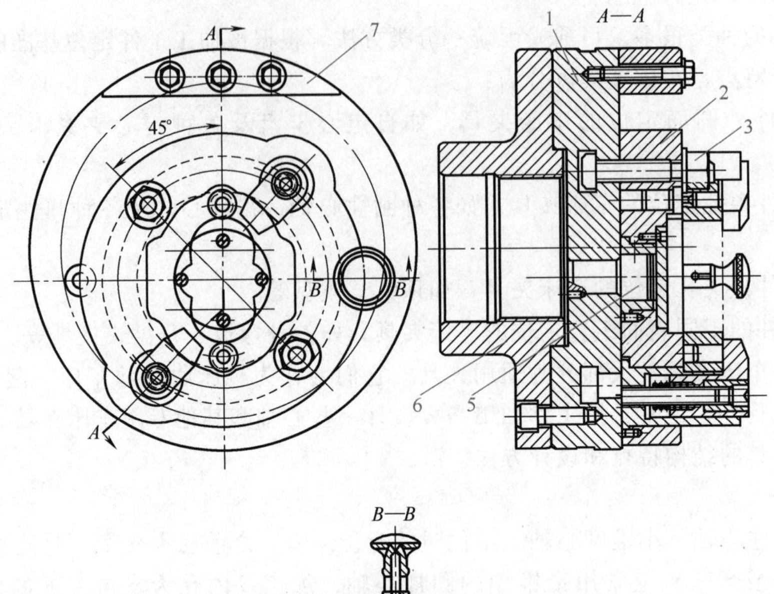

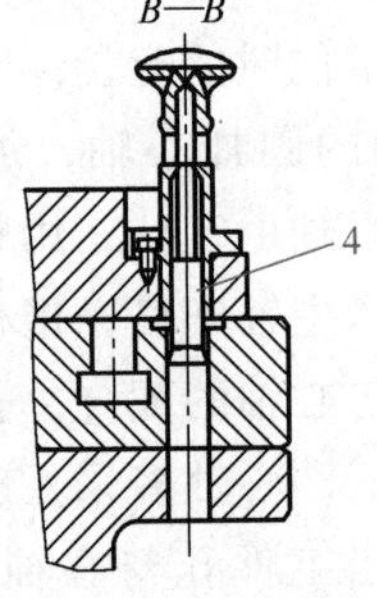

图 3-67　车床花盘式夹具

1—夹具体　2—夹具件　3—螺母　4—定位销　5—轴　6—过渡盘　7—平衡块

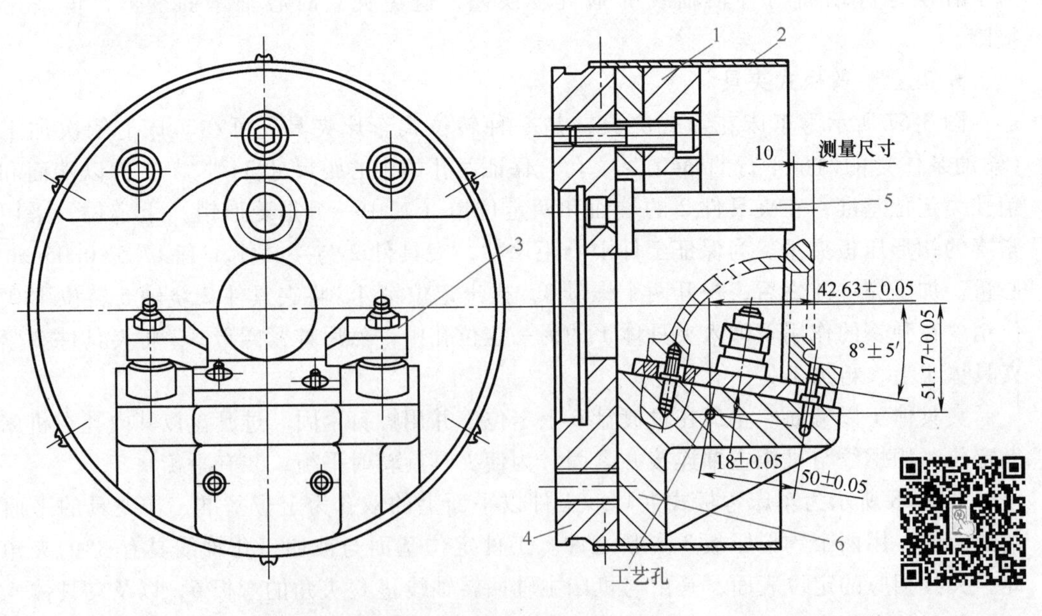

图 3-68　车床弯板式夹具

1—平衡块　2—防护罩　3—钩形压板　4—夹具体　5—测量柱　6—弯板

为测量工件被加工端面的位置尺寸，还设置了测量柱5。为使夹具的回转平衡，设有平衡块1。夹具体4通过其端面、止口与过渡盘定位并连接。为保证操作安全，将夹具上不规则的外露件都罩在防护罩2之中。

4. 设计车床夹具应注意的问题

根据车床的加工特点设计车床夹具时，除要遵循一般机床夹具的设计原则外，还应注意以下问题。

（1）夹具结构的设计　夹具结构在设计时应力求紧凑，轮廓尺寸要小，重量要轻，重心尽可能靠近回转轴线，以减少离心力和回转力矩。车床夹具的轮廓尺寸如图3-69所示。

1）当夹具采用锥柄与机床主轴锥孔连接时，一般 $D<140\text{mm}$ 或 $D\leqslant(2\sim3)d$。

2）当夹具采用过渡盘与机床主轴连接时，若 $D<150\text{mm}$，$B/D\leqslant1.25$；若 $150\text{mm}\leqslant D\leqslant300\text{mm}$，$B/D\leqslant0.9$；若 $D>300\text{mm}$，$B/D\leqslant0.6$。

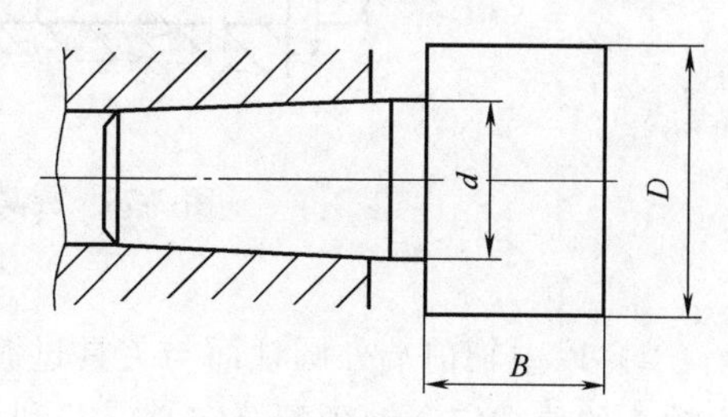

图3-69　车床夹具的轮廓尺寸

3）当为单支承的悬臂心轴时，其悬伸长度应小于直径的5倍。

4）当为前后顶尖支承的心轴时，其长度应小于直径的12倍。

5）当心轴直径大于50mm时，宜采用空心结构，以减轻重量。

（2）定位装置的设计　车床夹具主要用来加工回转体表面。夹具的定位装置的作用是保证工件加工表面的轴线与车床主轴的回转轴线重合。但由于工件结构的不同，其定位装置的结构和布置也不相同。对于盘、套类工件或其他回转体工件，要求工件的定位基面、加工表面和车床主轴三者的轴线重合，因此常采用心轴或定心夹紧机构。而对于壳体、支架、托架等形状复杂的工件，由于被加工的回转表面与工件定位基准（或工序基准）间有位置尺寸和平行度、垂直度等相互位置要求，因此夹具定位装置的布置，主要应保证工件定位基准与车床主轴回转轴线具有正确的位置关系，也就是定位表面与主轴轴线的相对位置关系，应和工件加工表面对其定位基准的位置关系相适应。

（3）夹紧机构的设计　车床夹具的夹紧机构设计，必须充分考虑主轴高速回转的特点。工件在加工过程中，除受切削力外，夹具还受离心力和工件的重力。这三个力对夹具定位元件的施力方向是变化的。因此，夹紧力必须足够大，夹紧装置的自锁性能要可靠。另外，也应注意夹紧力的施力方式，要防止引起夹紧变形和在回转过程中发生松动。

（4）夹具回转的平衡问题　车床夹具随主轴一起回转时，若不平衡就会产生离心力，转速越高，离心力就越大。离心力不仅会增加主轴与轴承的磨损，而且会引起振动，影响工件的加工质量，降低刀具的使用寿命，影响操作安全等。因此，设计车床夹具时，必须考虑平衡问题。由于平衡问题不易准确计算，生产中常用加配重块或采用减重孔的方法，通过平衡试验，来达到平衡夹具的目的。为便于平衡调整，可将配重块做成多片式，或者在夹具上开径向槽或圆弧槽。在车床主轴刚性较好，转速不高的情况下，也允许存在一定的不平衡现象。

（5）夹具与车床主轴的连接方式　为保证工件加工表面与车床主轴轴线间的正确位置，除工件在夹具中正确定位外，在夹具与主轴的配合表面之间，也必须有良好的配合与可靠的连接，才能保证工件的加工精度。根据车床主轴的结构形状不同，夹具与车床主轴的连接方式可分为以下几种类型。

1）以主轴的内锥孔与夹具的锥柄配合连接。图 3-70 所示为夹具与车床主轴的锥孔连接简图。夹具 2 以其锥柄与主轴锥孔配合定心，一般通过拉杆 1 拉紧。由于主轴锥孔较小，夹具的径向尺寸不宜过大（最大外径<140mm）。

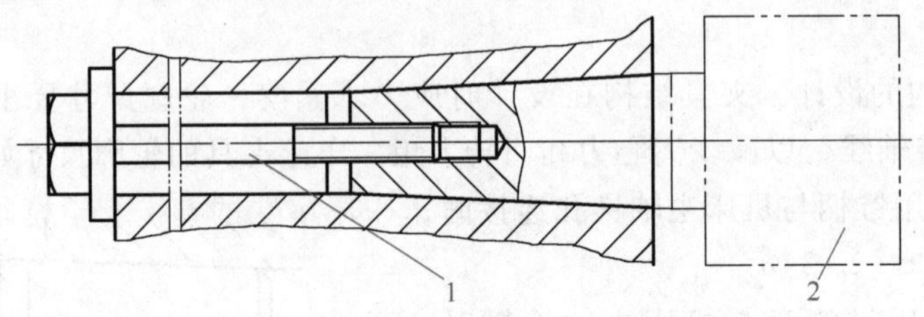

图 3-70　夹具与车床主轴的锥孔连接简图

1—拉杆　2—夹具

2）以主轴前端外圆柱面与夹具过渡盘连接。如图 3-71 所示，夹具 3 通过过渡盘 2，与主轴 1 的前端定心轴颈配合定心，并利用主轴前端的螺纹紧固在一起。为保证工作安全，可用压块、螺钉将过渡盘压紧在主轴上，以防止过渡盘在主轴高速回转、反转、紧急制动时，因惯性作用而松动脱开。

3）以主轴前端短锥面与夹具过渡盘连接。如图 3-72 所示，夹具 3 通过过渡盘 2 的内锥孔，与主轴 1 前端的短锥面相配合而定心，并用螺钉紧固在主轴上。

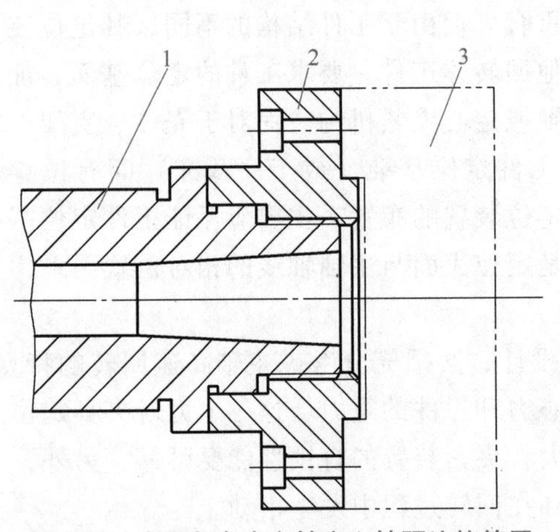

图 3-71　夹具与车床主轴定心轴颈连接简图

1—主轴　2—过渡盘　3—夹具

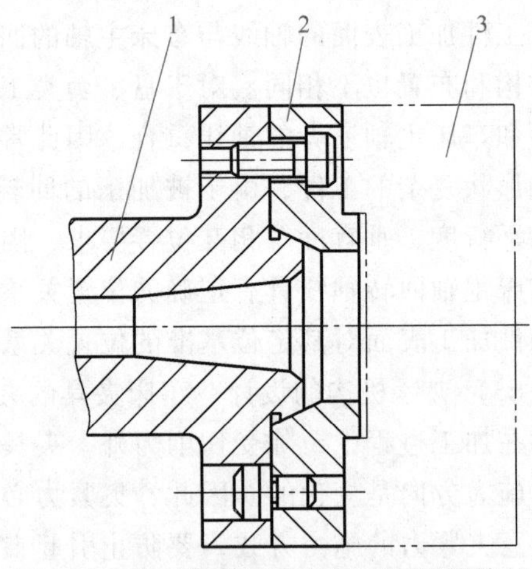

图 3-72　夹具与车床主轴短锥面连接简图

1—主轴　2—过渡盘　3—夹具

在以上几种夹具与车床主轴的连接方式中，多数是利用锥面定心，因其具有对中作用，故定心精度较高；而以圆柱面定心的连接，因有配合间隙，故会影响定心精度。过渡盘常作为机床附件，一般用铸铁制造，设计夹具时，一般不用设计，选用标准结构即可。

3.5.3　镗床夹具

镗床夹具也称镗模，它是在镗床上用来加工箱体、支架等工件上的单孔或孔系的机床夹具。

1. 镗床夹具的种类及其结构

（1）镗床夹具的种类　镗床夹具按其结构特点、使用机床和镗套分布位置的不同，有以下分类方法。

1）按所用机床类别不同，镗床夹具可分为万能镗床夹具、组合镗床夹具、精密镗床夹具，以及一般通用机床（如车床、铣床等）镗孔夹具等。

2）按夹具的结构特点不同，镗床夹具可分为卧式镗孔夹具和立式镗孔夹具等。

3）按镗套的分布位置不同，镗床夹具可分为镗套位于被加工孔前方的、镗套位于被加工孔后方的、镗套位于被加工孔前后方的，以及没有镗套的。

（2）镗床夹具的结构　图3-73所示为镗削车床尾座孔的镗模，镗模的两个支承分别设置在刀具的前方和后方。镗杆9和主轴之间通过浮动接头10连接。工件以底面、槽及侧面在定位板3、4及可调支承钉7上定位，限制六个自由度。采用联动夹紧机构，拧紧夹紧螺钉6，压板5、8同时将工件夹紧。镗模支架1上装有滚动回转镗套2，用以支承和引导镗杆。镗模以底面A作为安装基面安装在机床工作台上，其侧面设置找正基面B，因此可不设定位键。

前后双支承导向镗模一般用于镗削孔径较大、孔的长径比$L/D<1.5$的通孔或孔系，其加工精度较高，但更换刀具不方便。当工件同一轴线上孔数较多且两支承间距离$L>10d$时，在镗模上应增加中间支承，以提高镗杆刚度。

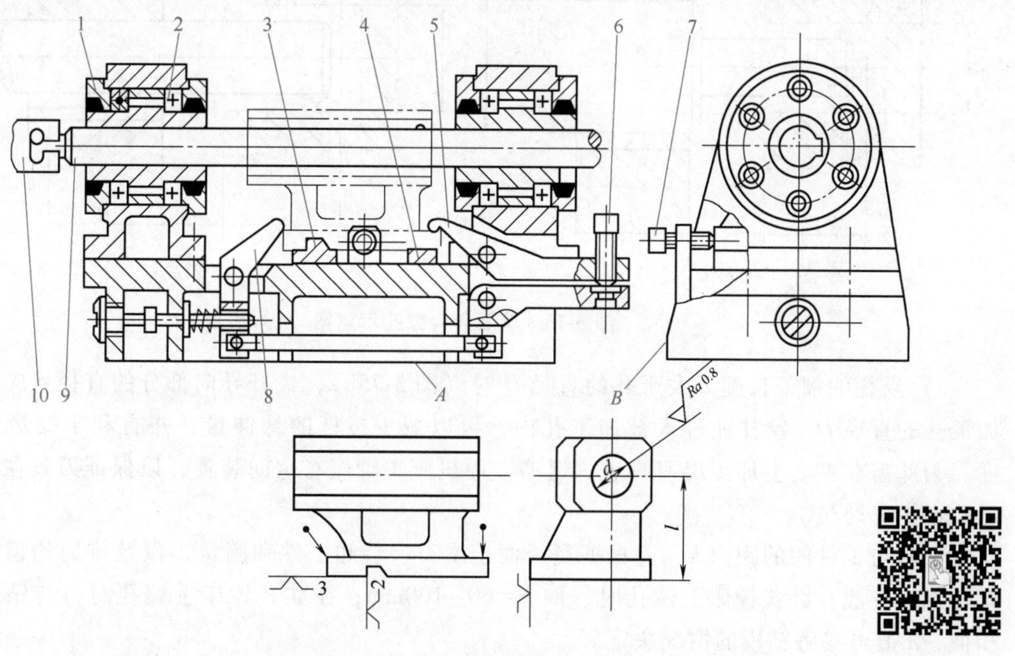

图3-73　镗削车床尾座孔的镗模

1—镗模支架　2—滚动回转镗套　3、4—定位板　5、8—压板　6—夹紧螺钉
7—可调支承钉　9—镗杆　10—浮动接头

2. 镗模支架的布置方式

镗床夹具的结构主要取决于镗模支架的布置方式，因为它决定了镗杆的引导方法和位置精度，所以它是保证镗模精度的关键。常用的镗模支架布置方式主要有以下几种。

（1）单前导向　单前导向，如图 3-74 所示，镗模支架布置在刀具的前方，只用一个镗套引导镗杆，镗杆与机床主轴采用刚性连接。这种布置方式适用于加工孔径 D>60mm、L<D 的通孔。由于镗杆导向部分的直径 d 小于所加工孔的直径 D，所以对于需要更换刀具进行多工步加工是很方便的，此时不需要更换镗套。

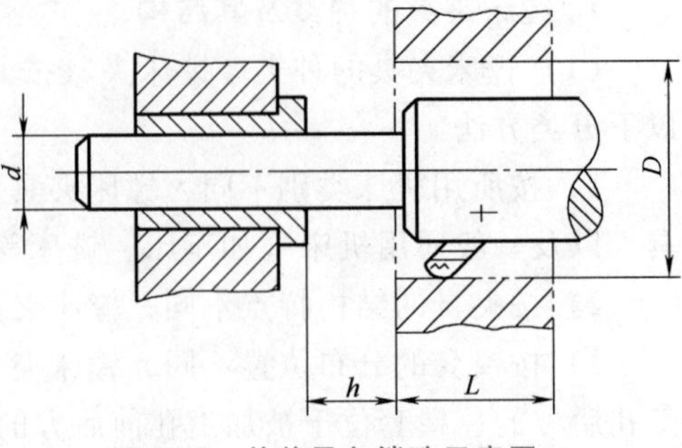

图 3-74　单前导向镗孔示意图

为了便于排屑，在一般情况下，$h=(0.5\sim1)D$，但 h 值不应小于 20mm。

（2）单后导向　单后导向是将镗模支架布置在刀具的后方，镗杆与机床主轴采用刚性连接，主要用于加工孔径 D<60mm 的孔。根据 L/D 的比值大小，有两种应用情况。

1）当孔的加工精度要求较高，孔的加工长度 L 小于孔的直径 D 时（图 3-75a），镗杆导向部分的直径 d 可大于所加工孔的直径 D。因此，镗杆的刚性好，加工精度也较高。因这种布置无前导向，故装卸工件和更换刀具均较方便。

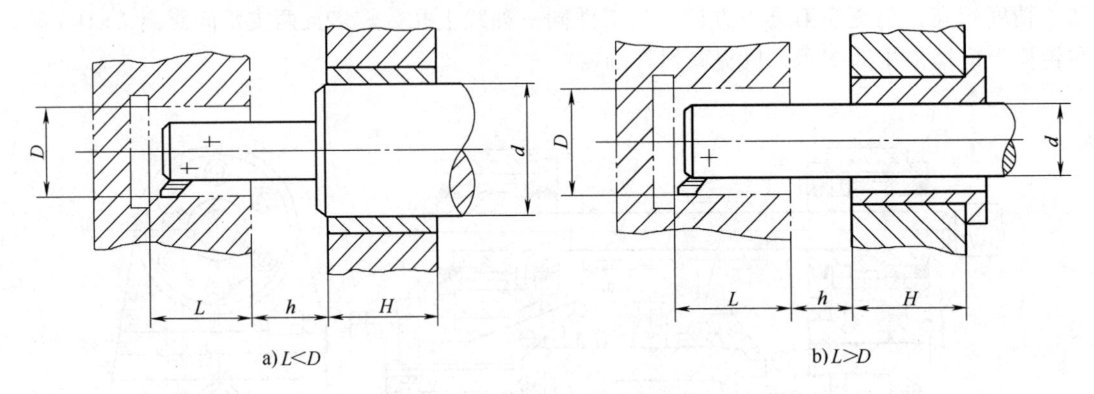

图 3-75　单后导向镗孔示意图

2）当孔的加工长度 L 大于孔的直径 D 时（图 3-75b），镗杆导向部分的直径 d 应小于所加工孔的直径 D，镗杆能进入被加工孔内，可以减少镗杆的悬伸量，并有利于缩短镗杆长度。为此需在镗套上加工出刀具进、退槽，而机床主轴应有定向装置，以保证刀具在镗套的进、退槽中通过。

镗套与工件间的距离 h，应根据是否便于换刀、装卸工件和测量，以及排屑的情况等综合考虑。一般在卧式镗床上镗孔时，取 $h=60\sim100$mm；在立式镗床上镗孔时，与钻床夹具相似，h 值可参考钻模的情况决定。

镗套的高度 H，对于加工一般精度的孔，通常取 $H=(2\sim3)d$，或按镗套标准规定尺寸选取。

（3）单面双导向　单面双导向是将两个镗模支架布置在工件的一侧。如图 3-76 所示，镗杆和机床主轴可采用浮动连接，以消除机床对加工精度的影响，为保证导向精度，在设计导向时应取：

$$L\geqslant(1.5\sim5)l,\ H_1=H_2=(1\sim2)d$$

但是，镗杆在受切削力时是悬臂梁，故一般镗杆伸出镗套的距离应不大于 $5d$，即 $l<5d$。

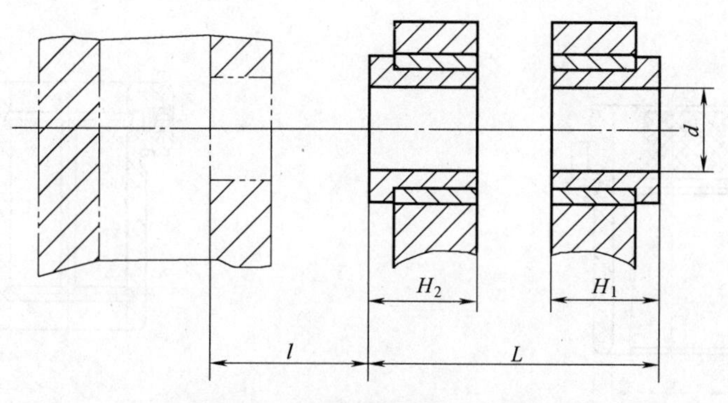

图 3-76　单面双导向镗孔示意图

（4）双面单导向　双面单导向是将镗模支架分别布置在工件的前、后两边，镗杆在前、后两个镗套中导向，如图 3-77 所示，这种导向方式可加工箱体上孔径较大的长孔（$l>1.5D$），或加工排列在同一轴线上的几个通孔，且在孔间的中心距或同轴度要求较高时采用。此时，镗杆与机床主轴采用浮动连接，镗孔的位置精度主要由夹具保证。设计这种导向时应注意：

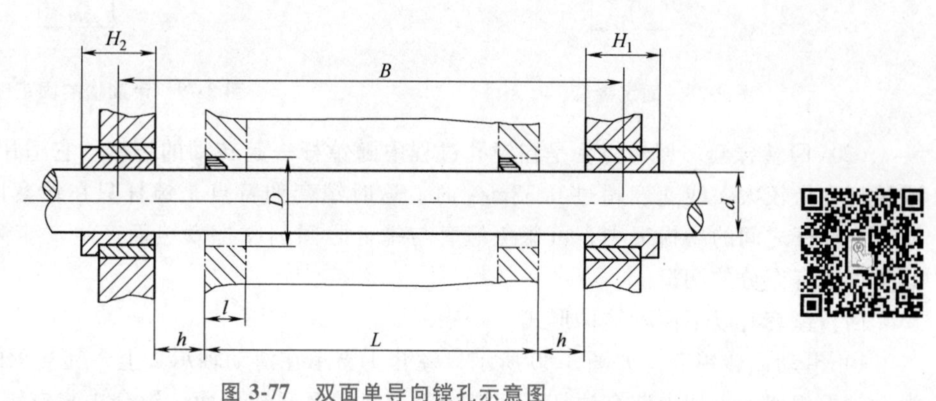

图 3-77　双面单导向镗孔示意图

如果加工同一轴线上的孔数较多，镗套间的距离大于镗杆直径 10 倍以上时（即 $B>10d$），应加中间导向支架，以增加镗杆刚度。

双面单导向的镗套高度 H 一般取：

固定式镗套　$H_1=H_2=(1.5\sim2)d$

滑动回转镗套　$H_1=H_2=(1.5\sim3)d$

滚动回转镗套　$H_1=H_2=0.75d$

3. 镗套

镗套的结构和精度直接影响被加工孔的加工精度和表面粗糙度。设计镗模时，可根据工件的加工要求和加工条件，选择标准镗套或自行设计。

（1）固定镗套　固定镗套的结构与钻套结构相似，如图 3-78 所示。固定镗套具有结构简单、紧凑，轴线位置准确等优点。但由于它在工作时是固定在镗模支架上，不随镗杆一起转动的，而镗杆在镗套中既转动又移动，容易使镗套磨损而失去导向精度，因此需要有充分的润滑。例如：可采用在镗套的工作表面开油槽（图 3-79），在镗模支架上设置润滑油杯，在镗套上设润滑油孔，在镗杆上开油槽（直槽或螺旋槽）等措施。固定镗套一般用于低速镗孔、扩孔和铰孔。

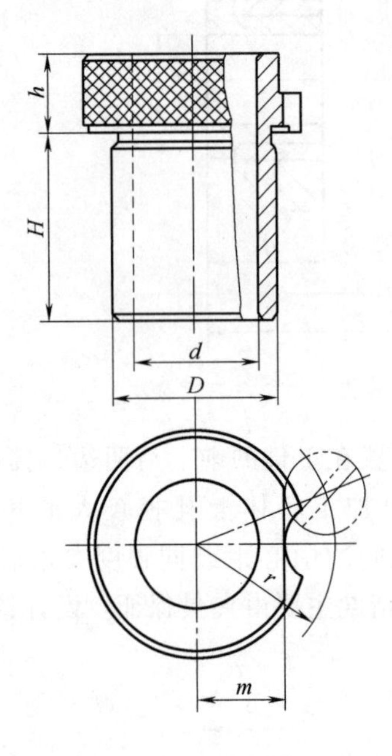

图 3-78　固定镗套

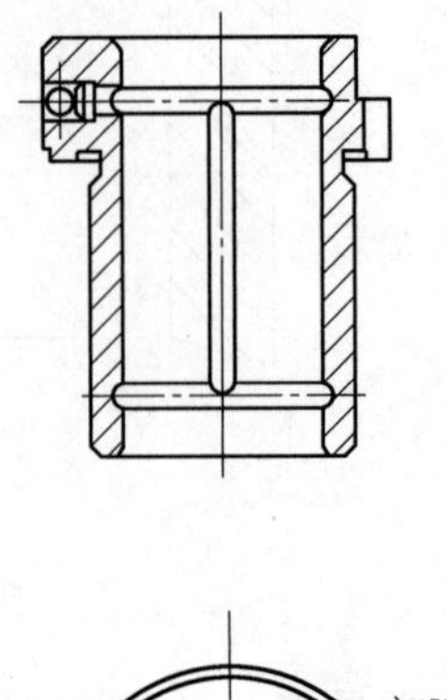

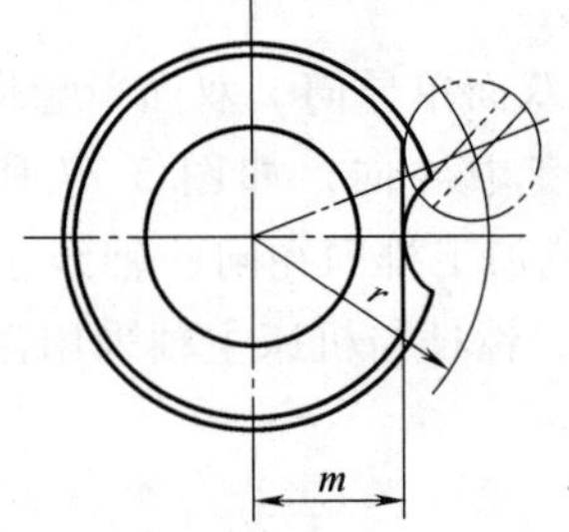

图 3-79　带油槽的固定镗套

（2）回转镗套　回转镗套是在镗孔过程中随镗杆一起转动的镗套。它适用于高速镗孔，或镗杆直径较大，线速度超过 0.33m/s 时。这时镗套的特点是镗杆只在镗套内移动，因而镗套与镗杆之间的磨损很小，可避免镗套与镗杆之间因摩擦发热而产生“卡死”现象。但必须保证有充分的润滑。

回转镗套有以下两种结构形式。

1）滑动回转镗套。如图 3-80 所示，镗套 1 支承在滑动轴承 2 上，其支承的结构与一般滑动轴承相似，支架上装有油杯，润滑油经油孔送至回转表面。镗套中装有键 3，镗杆上的键槽通过键 3 带动镗套回转，镗套上还开有进、退刀槽 4，供镗杆上的固定刀头通过。这种回转镗套径向尺寸较小，有较好的抗振性，但滑动轴承间的间隙无法调整，而且不易长期保持精度。使用时应保证轴承的充分润滑和防屑。滑动回转镗套仅在结构尺寸受到限制和旋转速度不高的半精加工中采用。

2）滚动回转镗套。如图 3-81 所示，镗套 1 支承在两个向心推力球轴承 2 上，轴承安装在镗模支架 4 的轴承孔中，孔的两端用轴承盖 3 封住。根据需要可在镗套孔内开进、退刀槽。滚动镗套因采用标准的滚动轴承，可使制造、维修方便，对润滑条件要求较低，适用于镗杆高速回转。可用调整轴承间隙、对轴承预加载荷的方式来提高轴承刚度，以适应切削负荷不平衡的情况。但因滚动回转镗套的结构尺寸较大，故不适合孔距较小的镗孔。其回转精度受滚动轴承本身精度的限制，一般比滑动回转镗套的精度低，因此适用于粗加工和半精加工。

4. 镗杆

镗杆导向部分的结构尺寸与镗套的内径和高度密切相关。因此，设计镗模时，必须同时考虑镗杆导向部分的结构设计。镗杆的导向部分，对保证镗孔精度和提高镗削速度都有重要意义。

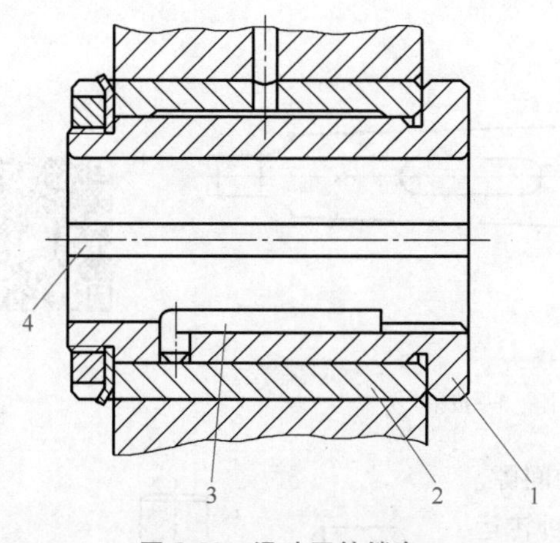

图 3-80　滑动回转镗套

1—镗套　2—滑动轴承　3—键　4—进、退刀槽

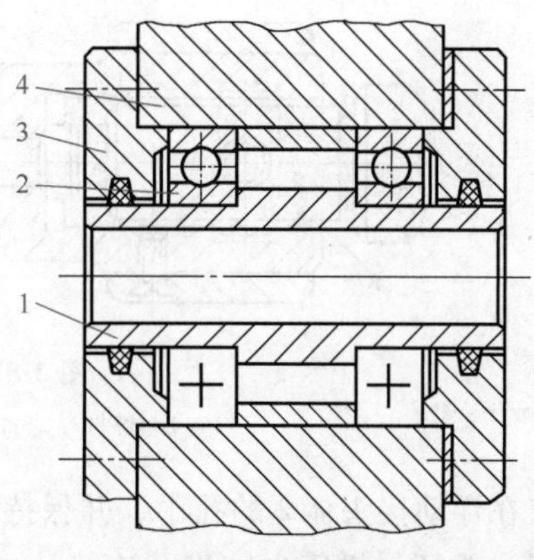

图 3-81　滚动回转镗套

1—镗套　2—向心推力球轴承　3—轴承盖　4—镗模支架

镗杆导向部分的结构如图 3-82 所示。其中，图 3-82a 所示为开有油槽的圆柱导向。这种结构最简单，但由于它与镗套的接触面积大，润滑条件不好，加工时切屑难免会进入导向部分，所以容易产生“咬死”现象。图 3-82b 和 c 所示分别为开有直槽和螺旋槽的导向。它与镗套的接触面积小，沟槽又可容屑存油，其导向情况比图 3-82a 的结构要好。但其制造复杂，镗削速度仍不宜超过 0.33m/s。以上三种结构都是整体式，其直径不宜过大，一般不大于 60mm。图 3-82d 所示为镶导向块的镗杆导向结构。由于镗杆镶有导向块（一般用铜或钢制造），与镗套间摩擦较小，镗削速度可以提高，但导向块磨损较快。采用钢导向块比铜导向块磨损大，且对镗套的摩擦增大。导向块磨损后可以更换或在导向块下加垫，再修磨外圆。这种镗杆结构简单，制造容易。

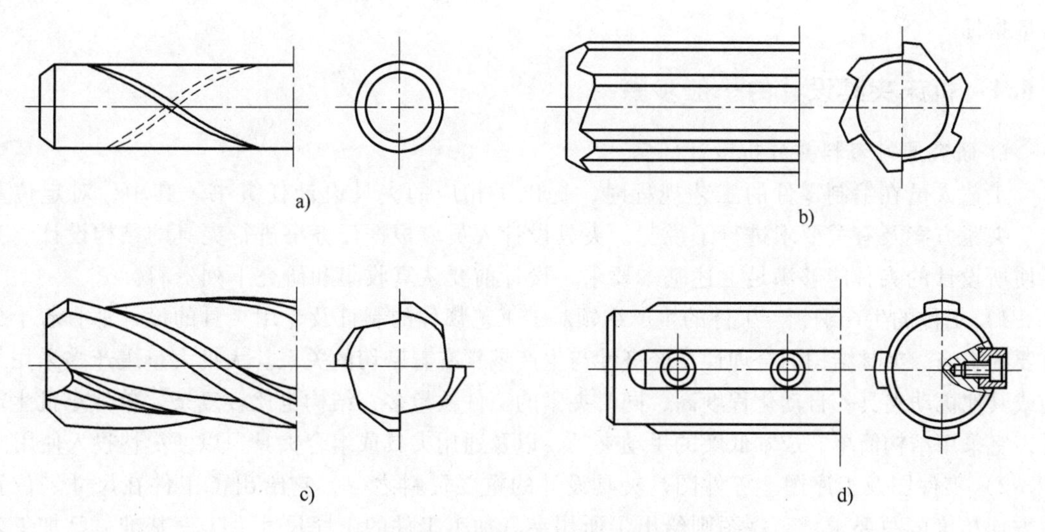

图 3-82　镗杆导向部分的结构

5. 浮动接头

镗杆与机床主轴浮动连接的形式很多，图 3-83 所示为普通镗床常用的一种浮动接头，

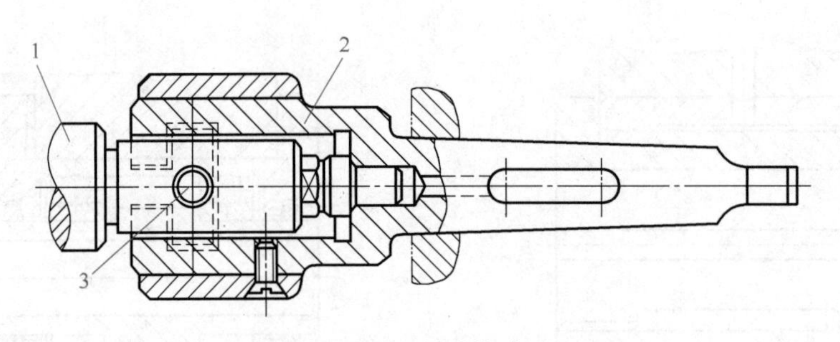

图 3-83　浮动接头

1—镗杆　2—浮动接头体　3—拨销

镗杆 1 套装在浮动接头体 2 的孔中，并保持有浮动间隙。浮动接头通过锥柄与机床主轴锥孔连接，主轴的回转运动由拨销 3 传给镗杆。镗杆连接端的结构如图 3-84 所示。浮动接头的位置应能自动调节，以补偿镗杆轴线与主轴轴线间的角度偏差和平行位移偏差，否则就失去了浮动作用，从而影响镗孔精度。镗杆连接端销孔的位置应保证对镗杆轴线的位置度（控制在 0.01mm 以内）。

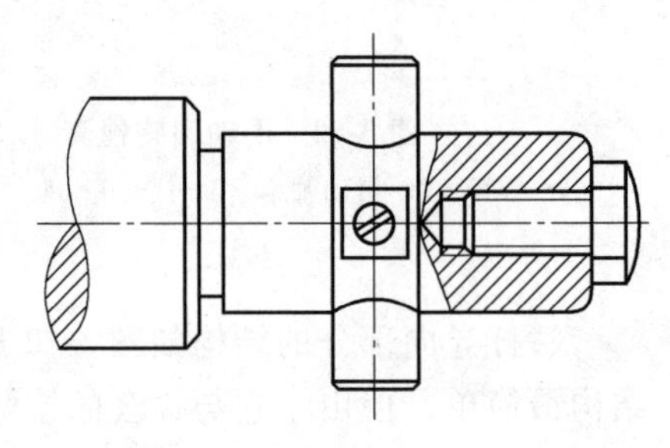

图 3-84　镗杆连接端的结构

在组合机床上使用的浮动接头结构已标准化，设计时可查阅组合机床标准的有关部分。

3.6　机床夹具的设计方法及步骤

机床夹具设计是工艺装备设计的一个重要组成部分。设计质量的高低，应以能稳定地保证工件的加工质量，生产率高，成本低，排屑方便，操作安全、省力，制造、维护容易等为衡量指标。

3.6.1　机床夹具设计的一般步骤

1. 研究原始资料并分析设计任务

工艺人员在编制零件的工艺规程时，提出了相应的夹具设计任务书。其中，对定位基准、夹紧方案及有关要求进行了说明。夹具设计人员应根据任务书进行夹具的结构设计。为了使所设计的夹具能够满足上述基本要求，设计前要认真收集和研究下列资料。

1）工件的生产纲领。工件的生产纲领对于工艺规程的制订及专用夹具的设计都有着十分重要的影响。夹具结构的合理性及经济性与生产纲领有着密切的关系。大批大量生产多采用气动或其他机动夹具，自动化程度高，同时夹紧的工件数量多，结构也比较复杂。单件小批生产时，宜采用结构简单、成本低廉的手动夹具，以及通用夹具或组合夹具，以便尽快投入使用。

2）零件图及工序图。零件图是夹具设计的重要资料之一，它给出了工件在尺寸、位置等方面精度的总要求。工序图则给出了所用夹具加工工件的工序尺寸、工序基准、已加工表面、待加工表面、工序精度要求等，它是设计夹具的主要依据。

3）零件工艺规程。了解零件的工艺规程主要是指了解该工序所用的机床、刀具、加工余量、切削用量、工步安排、工时定额、同时装夹的工件数目等。关于机床、刀具方面应了解：机床重要技术参数、规格，机床与夹具连接部分的结构与尺寸，刀具的主要结构尺寸、制造精度等。

4）夹具结构及标准。收集有关夹具、零部件标准、典型夹具结构图册。了解工厂制造、使用夹具的情况，以及国内外同类型夹具的资料。结合工厂实际，吸收先进经验，尽量采用国家标准。

2. 确定夹具的结构方案

确定夹具的结构方案主要包括：

1）工件的定位原理，确定工件的定位方式，选择定位元件。

2）确定刀具的对刀及引导方式，选择刀具的对刀及引导元件。

3）确定工件的夹紧方式，选择适宜的夹紧机构。

4）确定其他元件或者装置的结构型式，如连接元件、分度装置等。

5）协调各装置、元件的布局，确定夹具体的结构尺寸和总体结构。

在确定夹具结构方案的过程中，定位、夹紧、导向等各个部分的结构，以及总体布局都会有几种不同方案可供选择，画出草图，经过分析比较，从中选取较为合理的方案。

3. 绘制夹具总图

绘制夹具总图时应遵循国家制图标准，绘图比例应尽量取 1∶1，以便使图形有良好的直观性。如果工件尺寸大，夹具总图可按 1∶2 或 1∶5 的比例绘制；如果工件尺寸过小，总图可按 2∶1 的比例绘制。总图中，视图的布置也应符合国家标准，在表达清楚夹具内部结构及各装置、元件位置关系的情况下，视图的数目应尽量少。

绘制总图时，主视图应取操作者实际工作面对着的位置，以便于夹具装配及使用时参考。工件看作为“透明体”，所画的工件廓线与夹具的任何线条彼此独立，互不干涉，以黑色双点画线表示。

绘制总图的顺序是：先用双点画线绘出工件的轮廓外形和主要表面，围绕工件的几个视图依次绘出定位元件、导向元件、夹紧机构及其他元件或装置，最后绘制出夹具体及连接件，把夹具的各组成元件、装置连成一体。

夹具总图上应画出零件明细表和标题栏，写明夹具名称及零件明细表上所规定的内容。

4. 确定并标注有关尺寸、配合和夹具技术要求

（1）总图应标注的尺寸和公差配合

1）夹具外形的最大的轮廓尺寸。这类尺寸按夹具结构尺寸的大小和机床参数标注，表示夹具在机床上所占据的空间尺寸和可活动的范围。

2）工件与定位元件之间的联系尺寸，如圆柱定位销工作部分的配合尺寸公差等。这类尺寸会影响工件的定位误差（Δ_D）。

3）对刀或导向元件与定位元件之间的联系尺寸。这类尺寸主要是指对刀块的对刀面至定位元件之间的尺寸、塞尺的尺寸、钻套至定位元件间的尺寸、钻套导向孔尺寸和钻套孔距尺寸等。这些尺寸会影响调整误差（Δ_T）。

4）与夹具安装有关的尺寸。这类尺寸用以确定夹具体的安装基面相对于定位元件的正确位置。如机床夹具定向键与机床工作台 T 形槽的配合尺寸、角铁式车床夹具安装基面（止口）的尺寸、角铁式车床夹具中心至定位面间的尺寸等。这些尺寸对夹具的安装误差（Δ_A）会有不同程度的影响。

5）其他装配尺寸，如定位销与夹具体的配合尺寸和配合代号等。这类尺寸通常与加工精度无关或对其无直接影响，可按一般机械零件标注。

（2）总图应标注的位置精度

1）定位元件之间的位置精度。这类精度直接影响夹具的定位误差（Δ_D）。

2）连接元件（含夹具体基面）与定位元件之间的位置精度。这类精度所造成的夹具安装误差（Δ_A）会影响加工精度。

3）对刀或导向元件的位置精度。通常这类精度是以定位元件为基准。为了使夹具的工艺基准统一，也可以取夹具体的基面为基准。

（3）公差的确定　为满足加工精度的要求，夹具本身应有较高的精度。由于目前的分析计算方法还不够完善，因此，对于夹具公差仍然是根据实践经验来确定。如生产规模较大，要求夹具有一定使用寿命时，夹具有关公差可取得小些；对加工精度较低的夹具，则取较大的公差。

5. 夹具零件设计

对于夹具中的非标准零件，要分别绘制零件图。对于需要在装配时加工的部位，应特别予以注明以免出错。图样审核与一般设计相同。常用夹具元件的材料及热处理方法可查阅《机床夹具设计手册》。

6. 夹具的装配、调试和验证

完成设计图样后，设计工作尚未全部完成。只有待完成装配、调试和验证并使用夹具加工出合格的工件后，才算完成夹具设计的全过程。在使用夹具进行装配时，发现问题应及时加以解决。夹具的调试和验证可以在工具车间完成，也可直接由加工车间完成。

3.6.2　夹具的结构工艺性及案例分析

1. 夹具的制造特点

夹具通常是单件生产的，且制造周期很短。为了保证工件的加工要求，很多夹具要有较高的制造精度。企业的工具车间有多种加工设备，例如加工孔系的坐标机床、加工复杂形面的万能机床、精密车床和各种磨床等，都具有较好的加工性能和加工精度。夹具制造中，除了生产方式与一般产品不同，在应用互换性原则方面也有一定的限制，以保证夹具的制造精度。

2. 保证夹具制造精度的方法

对于与工件加工尺寸有关的且精度较高的部位，在夹具制造时常用修配法和调整法来保证夹具精度。

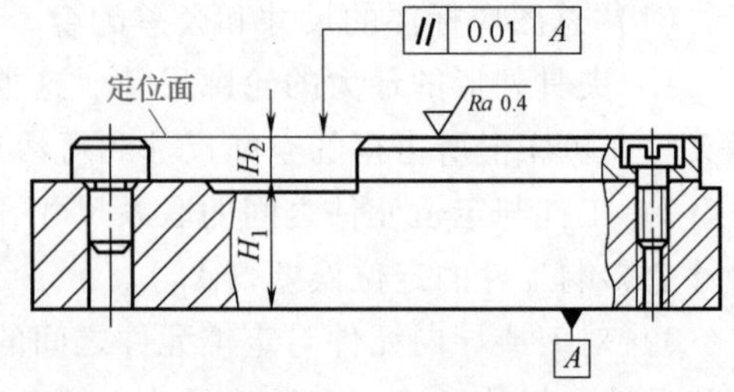

图 3-85　用支承板和支承钉保证位置精度的方法

（1）修配法　对于需要采用修配法的零件，可在其图样上注明“装配时精加工”或“装配时与XX件配作”字样等。如图3-85所示，支承板和支承钉装配后，与夹具体合并加工定位面，以保证定位面对夹具体基面A的平行度公差。

图3-86所示为钻床夹具保证位置精度的方法。在夹具体2和钻模板1的图样上注明“配作”字样，其中钻模板上的孔可先加工至留1mm余量的尺寸，待测量出正确的孔距尺

寸后，即可与夹具体合并加工出销孔 B。显然，原图上的 A_1、A_2 尺寸已被修正。这种方法又称“单配”。图 3-87 所示为铣床夹具保证位置精度的方法。

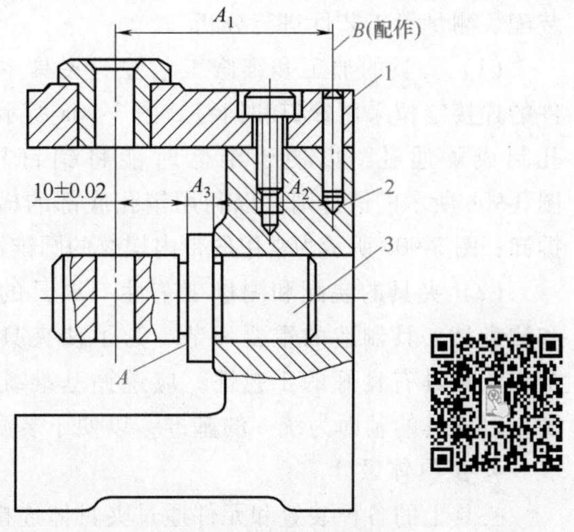

图 3-86 钻床夹具保证位置精度的方法

1—钻模板 2—夹具体 3—定位轴

车床夹具的误差较大，对于同轴度要求较高的加工，可在所使用的机床加工出定位面来。如车床夹具的测量工艺孔和校正圆的加工，可通过过渡盘和所使用的车床连接后直接加工出来，从而使两个加工面的中心线和车床主轴中心重合，获得较精确的位置精度。加工时，需夹持一个与装夹直径相同的试件（夹紧力也相似），然后车削卡爪即可使自定心卡盘达到较高的精度，如图 3-88 所示。自定心卡盘重新安装时，需再加工卡爪的定位面。

镗床夹具也常采用修配法。例如，将镗套的内孔与所使用的镗杆的实际尺寸单配间隙控制在 0. 008~0. 01mm 内，即可使镗模具有较高的导向精度。

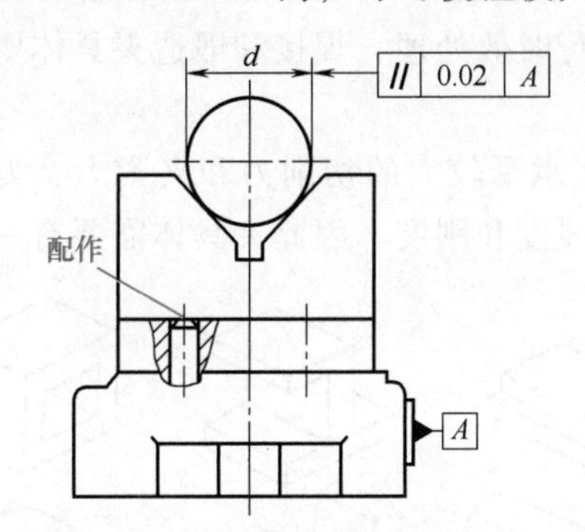

图 3-87 铣床夹具保证位置精度的方法

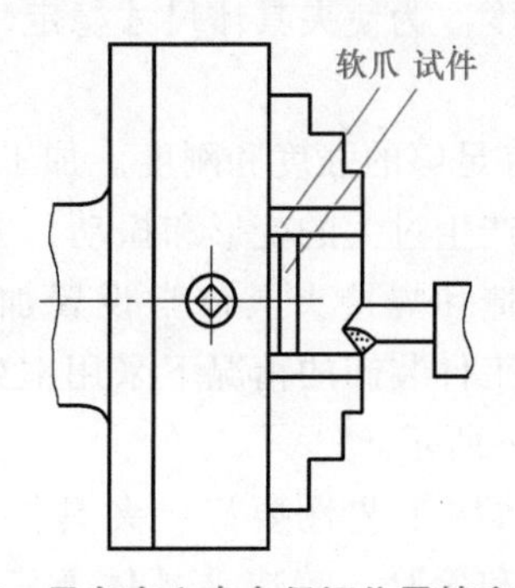

图 3-88 用自定心卡盘保证位置精度的方法

夹具的修配法都涉及夹具体的基面，从而不致使各种误差累积，达到预期的精度要求。

（2）调整法 调整法与修配法相似，在夹具上通常可设置调整垫圈、调整垫板、调整套等元件来控制装配尺寸。这种方法较简易，调整件选择得当即可补偿其他元件的误差，以提高夹具的制造精度。

例如，将图 3-86 所示的钻床夹具改为调整结构，只要增设一个支承板（图 3-89），待钻模板装配后，再按测量尺寸修正支承板的尺寸 A 即可。

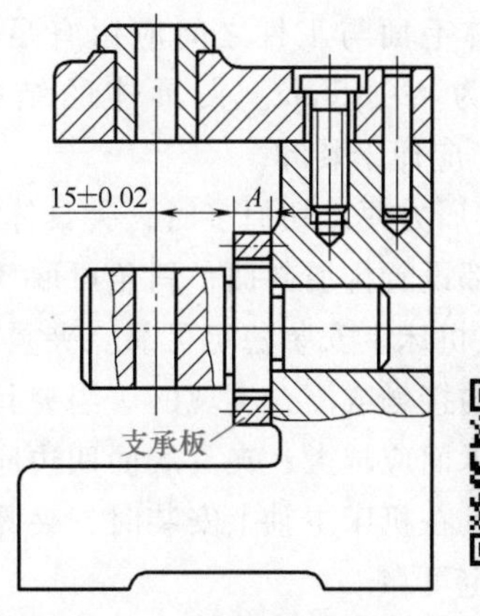

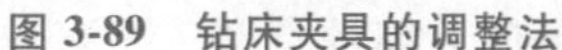

图 3-89 钻床夹具的调整法

3. 夹具的结构工艺性

夹具的结构工艺性主要表现为夹具的加工、装配、调试、测量、使用等方面的综合性能。夹具的一般标准和铸件的结构要素等，均可查阅有关手册进行设计。以下将对夹具的加工、维修、

装配、测量等工艺性进行分析。

（1）夹具的加工和维修工艺性　夹具主要元件的连接定位采用螺钉和销钉。图 3-90a 所示的销孔制成了通孔，以便于维修时能将销钉压出；图 3-90b 所示的销钉则可以利用销孔底部的横向孔拆卸；图 3-90c 所示为常用的带内螺纹的圆锥销。

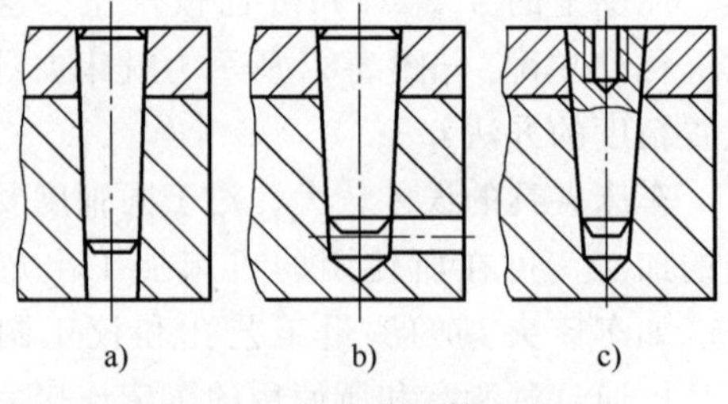

图 3-90　销孔连接的工艺性

（2）夹具的装配和测量工艺性　夹具的装配和测量是夹具制造的重要环节。为了使夹具的装配和测量具有良好的工艺性，应遵循基准统一原则，以夹具的基面为统一的基准，以便于装配和测量，从而保证夹具的制造精度。

4. 夹具体设计

夹具上的各种装置和元件通过夹具体连接成一个整体，因此夹具体的形状及尺寸取决于夹具上各种装置的布置及与机床的连接方式。

（1）对夹具体的要求

1）有适当的精度和尺寸稳定性。夹具上的重要表面，如装夹定位元件的表面、装夹刀具或导向元件的表面，以及夹具体的安装基面（与机床连接的表面）等，应有适当的尺寸和几何精度。为使夹具体尺寸稳定，铸造夹具体要进行时效处理，焊接和锻造夹具体要进行退火处理。

2）有足够的强度和刚度。加工过程中，夹具体要承受较大的切削力和夹紧力。为保证夹具体不产生过大的变形和振动，夹具体应有足够的强度和刚度。因此夹具体需要有一定的壁厚，铸造和焊接夹具体常设置加强肋，或在不影响工件装卸的情况下采用框架式结构，如图 3-91c 所示。

3）结构工艺性要好。夹具体应便于制造、装配和检验。铸造夹具体上安装各种元件的表面应铸出凸台，以减少加工面积。

夹具体毛面与工件之间应留有足够的间隙，一般为 4～15mm。夹具体的结构形式（图 3-91）应便于装卸。

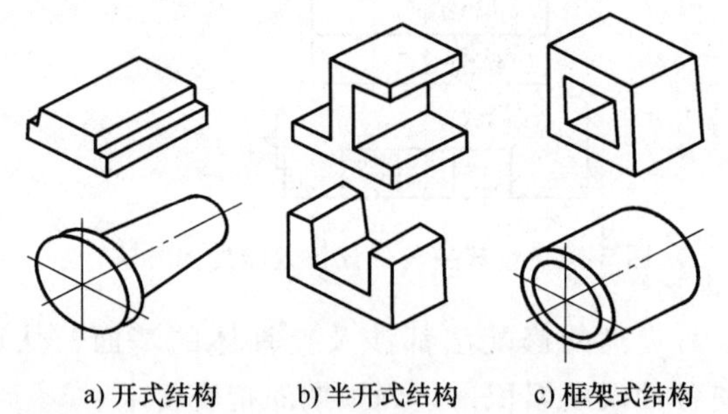

图 3-91　夹具体的结构形式

4）排屑方便。切屑多时，夹具体上应考虑设置排屑结构。在夹具体上开排屑槽，或在夹具体下部设置排屑斜面，斜角可取 30°～50°。

5）在机床上安装稳定可靠。夹具在机床上的安装都是通过夹具上的安装基面与机床上相应表面的接触或配合实现的。当夹具在机床工作台上安装时，夹具的重心应尽量低，重心越高则支承面应越大；夹具底面四边应凸出，或在底部设置四个支脚，使其与工作台接触良好。当夹具在机床主轴上安装时，夹具安装基面与主轴相应表面应有较高的配合精度，并保证安装稳定可靠。

（2）夹具体毛坯的类型

1）铸造夹具体。如图 3-92a 所示，铸造夹具体的优点是工艺性好，可铸出各种复杂形状，具有较好的抗压强度、刚度和抗振性，但生产周期长，需进行时效处理，以消除内应力。铸造夹具体的常用材料为灰铸铁（如 HT200），要求强度高时用铸钢（如 ZG270-500）。

2）焊接夹具体。如图 3-92b 所示，它由钢板、型材焊接而成，优点是制造方便、生产周期短、成本低、重量轻（壁厚比铸造夹具体薄），缺点是热应力较大、易变形，需经退火处理，以保证夹具体尺寸的稳定性。

3）锻造夹具体。如图 3-92c 所示，它适用于形状简单、尺寸不大、要求强度、刚度大的场合。锻造后也需经退火处理。此类夹具体应用较少。

4）型材夹具体。小型夹具体可以直接用板料、棒料、管料等型材加工装配而成，如各种心轴类夹具体及钢套钻模夹具体。这类夹具体取材方便、生产周期短、成本低、重量轻。

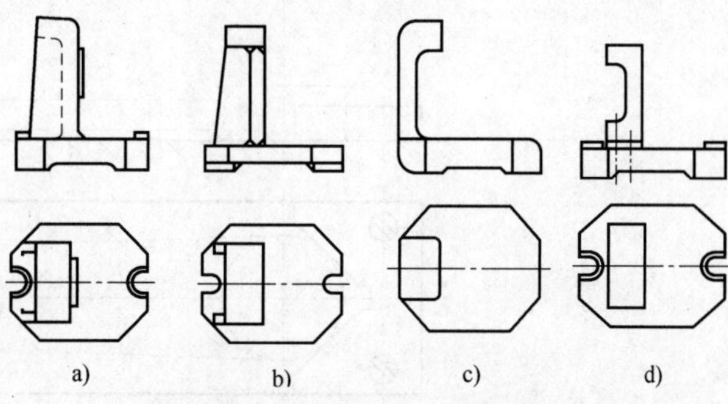

图 3-92 夹具体毛坯的类型

5）装配夹具体。如图 3-92d 所示，它是由标准的毛坯件、零件及个别非标准件通过螺钉、销钉连接组装而成的。装配夹具体具有制造成本低、生产周期短、精度稳定等优点，有利于夹具标准化、系列化，也便于夹具的计算机辅助设计。

课后习题

3-1 何谓机床夹具？机床夹具有哪些作用？

3-2 机床夹具由哪几部分组成？各有什么作用？

3-3 试分析图 3-93 所示的工件定位情况各属于何种定位？限制了工件的哪些自由度？

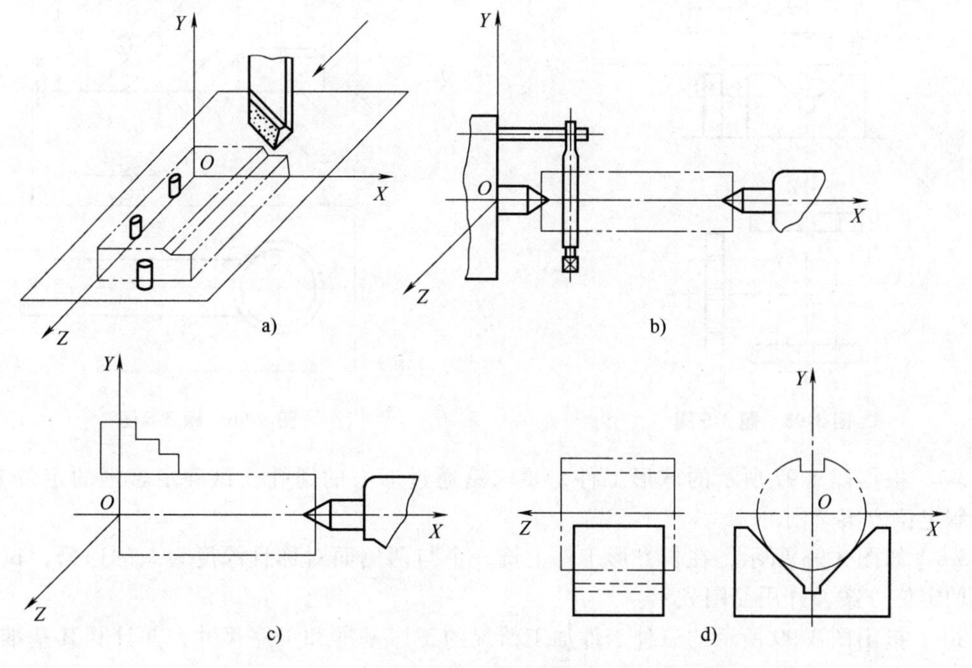

图 3-93 题 3-3 图

3-4　图 3-94 所示为连杆工件在夹具中的平面及两个固定的短 V 形块 1 和 2 上的定位，试分析图中定位属何种定位？各定位元件限制了工件的哪些自由度？是否有需要改进之处？若有请提出改进的措施。

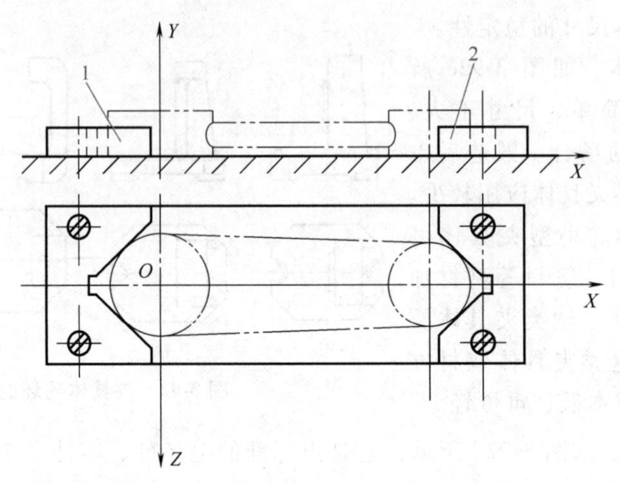

图 3-94　题 3-4 图

3-5　图 3-95 所示为三通形工件在三个短 V 形块中的定位，欲铣削一端面，保证尺寸 L。试分析该定位方法属于几点定位？能否满足工件的加工要求？

3-6　如图 3-96 所示，工件的圆孔及平面均已加工完，欲铣宽度为 $b_{-\Delta b}^{\ 0}$ 的槽，要求保证槽底至底面的距离为 h，槽侧面到 A 面的距离为 $a\pm\Delta a$，且与 A 面平行。试析该定位方案是否合理，有无更合理的定位方案，请以简图表示并说明理由。

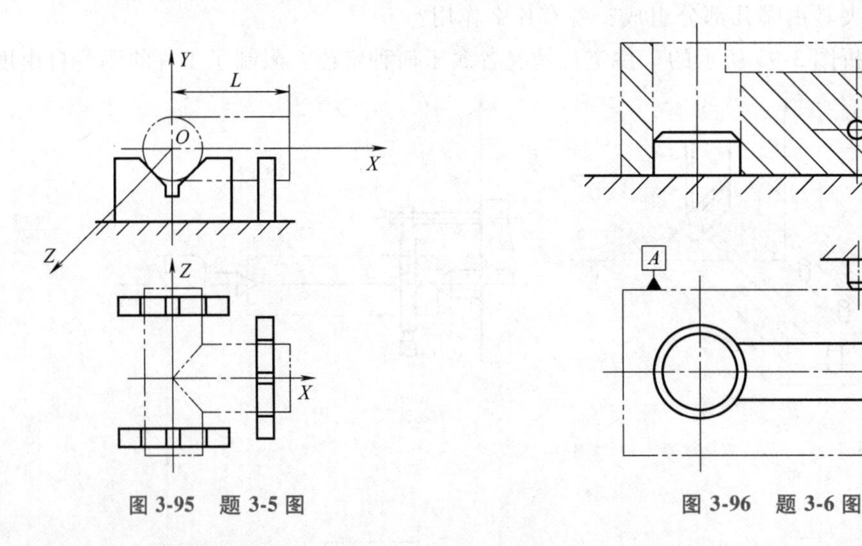

图 3-95　题 3-5 图　　　　图 3-96　题 3-6 图

3-7　根据图 3-97 所示的球形工件，要求钻通过球心的通孔，试确定合理的定位方案，并绘制定位方案草图。

3-8　如图 3-98 所示，在长方形工件上铣一个与两侧面对称且深度为 h 的通槽，试确定合理的定位方案，并用简图表示。

3-9　指出图 3-99 所示的三种工件加工情况的工序基准和工序尺寸，并计算其基准不重合误差。

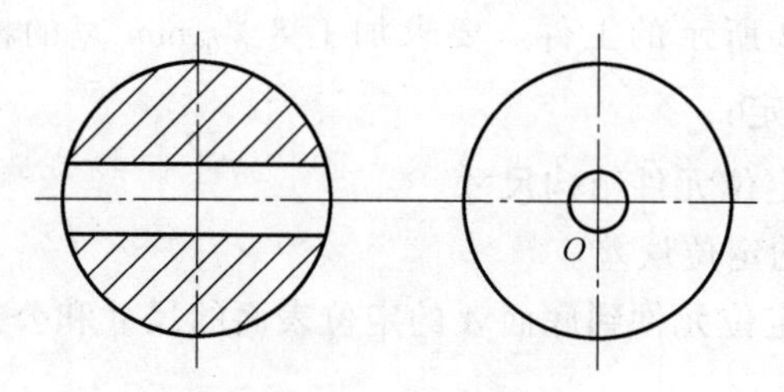

图 3-97　题 3-7 图

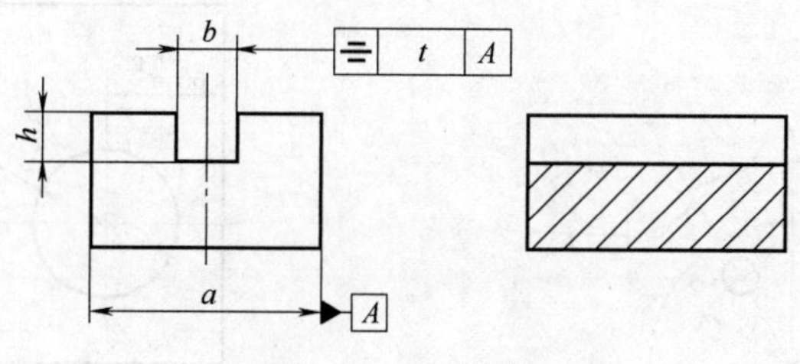

图 3-98　题 3-8 图

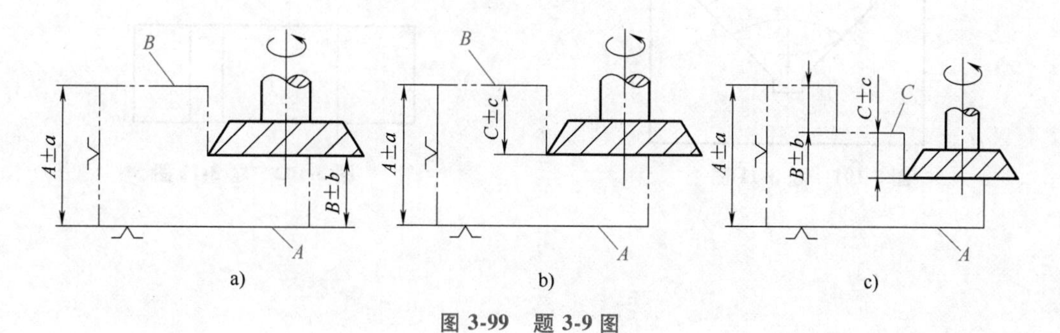

图 3-99　题 3-9 图

3-10　如图 3-100a 所示的工件，外圆表面已按尺寸 $\phi 50_{-0.062}^{\ 0}$mm 加工，需要用钻模按图 3-100b 或 c 的定位方法加工 $\phi 8_{\ 0}^{+0.036}$mm 的孔，要求保证工序尺寸 H。试分析计算这两种定位方的定位误差对工序尺寸的影响（V 形块 $\alpha=90°$）。

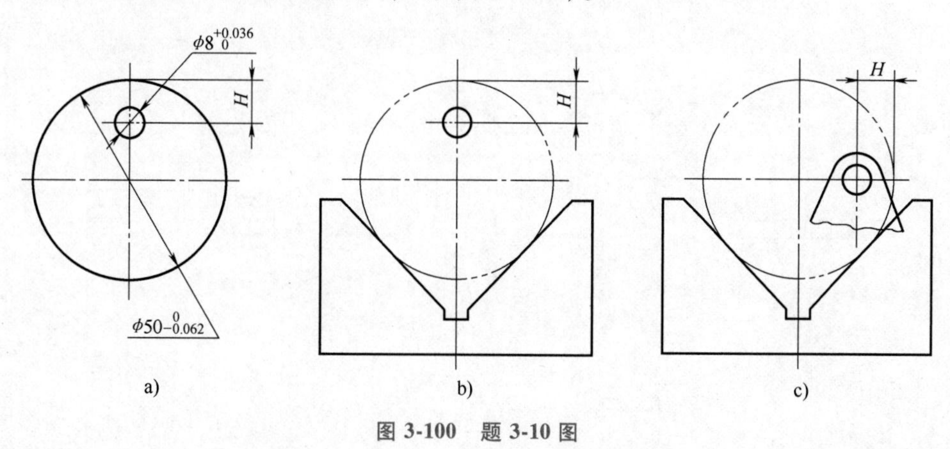

图 3-100　题 3-10 图

3-11　圆盘工件在钻模中的定位如图 3-101 所示，要求加工 O_1 和 O_2 孔，它们距圆盘中心 O 的距离 $R=28$mm，夹角 $\beta=60°$。试求工序尺寸和 β 的定位误差（$\alpha=90°$）。

3-12　加工如图 3-102 所示的工件。要求加工 $8_{-0.09}^{\ 0}$mm 宽的槽，以底面 A、侧面 B 和 $\phi55_{\ 0}^{+0.33}$mm 孔定位，试确定：

1）$\phi55_{\ 0}^{+0.33}$mm 孔的定位元件结构尺寸。

2）计算各工序尺寸的定位误差。

3）$\phi55_{\ 0}^{+0.33}$mm 孔的定位元件到底面 A 的定位表面的尺寸和公差。

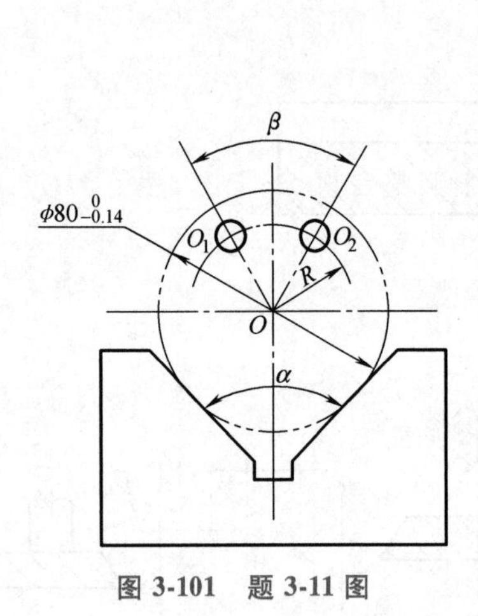

图 3-101　题 3-11 图

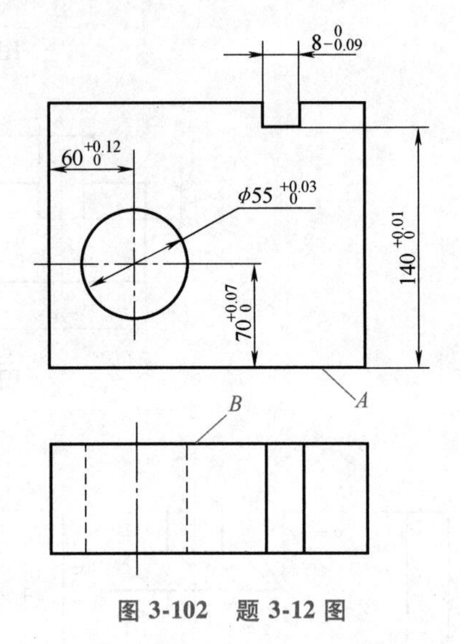

图 3-102　题 3-12 图

第 4 章

机械加工精度

加工精度是零件机械加工质量的重要指标，直接影响整台机械的工作性能和使用寿命。深入研究影响加工精度的各种因素及其规律，探究提高和保证加工误差的措施和方法是机械制造工艺学研究的重要内容。

4.1 机械加工精度概述

4.1.1 基本概念

1. 机械加工精度

机械加工精度是指零件加工后的实际几何参数与理想几何参数的符合程度。其中，理想几何参数是指绝对准确的尺寸、形状、相互位置。例如，当轴的设计尺寸为 $\phi100_{-0.054}^{0}$mm 时，其理想尺寸是指其极限尺寸的平均值 $\phi99.973$mm；绝对准确的形状、位置是指绝对的圆、绝对平行或垂直等。

由于加工中的种种原因，实际上不可能把零件加工得绝对准确，不可能同理想的几何参数完全相符合，总会产生一些偏差。零件加工后的实际几何参数与理想几何参数之间的偏差就是加工误差。可见，“加工精度”和“加工误差”仅仅是评定零件几何参数准确程度的两个方面而已。实际生产过程中，加工精度的高低往往是以加工误差的大小来衡量的。加工误差越小，加工精度越高；反之，加工误差越大，加工精度越低。

在实际生产中，任何一种加工方法不可能、也没有必要把零件加工得绝对准确，只要在保证零件在机器中的使用功能的前提下，将其加工精度保持在一定范围之内即可。国家有关标准规定了各级加工精度和相应的公差标准。

2. 经济加工精度

任何一种加工方法可获得的加工精度均有一个相当大的变动范围。但是，不同的精度要求（误差大小）所花费的加工时间、加工成本不尽相同，加工误差与加工成本的关系如图 4-1 所示。如果要求误差在 $\Delta_1 \sim \Delta_2$ 范围内，则既可满足技术

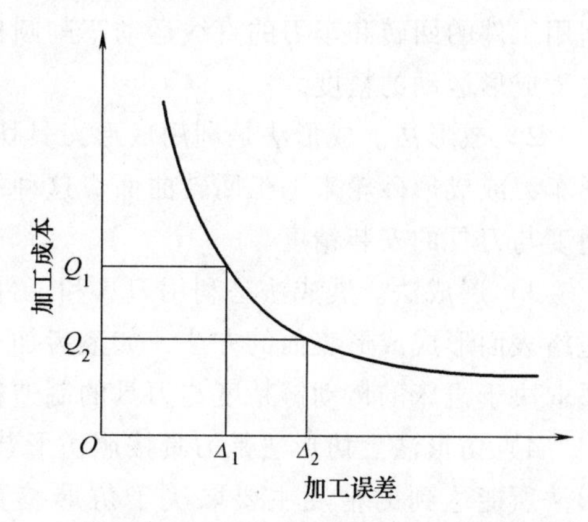

图 4-1　加工误差与加工成本的关系

要求，又不必花费过高的成本。这种在正常加工条件下（采用符合质量标准的设备、工艺装备和标准技术等级工人、不延长加工时间）所能保证的加工精度，称为该加工方法的经济加工精度。

4.1.2 获得加工精度的方法

1. 获得尺寸精度的方法

1）试切法。通过试切—测量—再试切的方法，反复进行试切，直到被加工工件的相应尺寸达到设计要求为止，这样的加工方法称为试切法。试切法的生产率低，但它不需要复杂的装置，加工精度主要取决于工人的技术水平，常用于单件小批生产。

2）调整法。按工件预先规定的尺寸调整好机床、刀具、夹具、工件之间的相对位置，并在一批零件的加工过程中保持这个位置不变，在加工中自行获得一定的尺寸精度，这种方法称为调整法。影响调整法精度的主要因素有：测量精度、调整精度、重复定位精度。当生产批量较大时，调整法有较高的生产率。调整法对调整工人的要求高，对机床操作工人的要求不高，常用于成批生产和大批量生产情况。

3）定尺寸刀具法。用刀具的相应尺寸来保证工件被加工表面尺寸精度的方法称为定尺寸刀具法。影响定尺寸刀具法精度的主要因素有：刀具的尺寸精度、刀具与工件的位置精度等。定尺寸刀具法操作简便，生产率高，加工精度也较稳定，适用于各种生产类型。

4）自动控制法。用测量装置、进给装置和控制系统构成一个自动加工系统，使加工过程中的测量、补偿调整和切削等一系列工作自动完成的方法称为自动控制法。基于程控和数控机床的自动控制法加工，其质量稳定、生产率高、加工柔性好，能适应多品种生产，是目前机械制造的发展方向和计算机辅助制造的基础。

2. 获得形状精度的方法

零件的几何形状精度，主要由机床精度和刀具精度来保证。例如，车削圆柱类零件时，其圆度及圆柱度等几何形状精度主要取决于主轴的回转精度、导轨精度及主轴回转轴线与导轨之间的相对位置精度等。又如，在加工螺纹或齿轮时，零件的几何形状精度又与刀具精度和机床传动精度有关。

机械加工中获得工件形状精度的方法有以下四种：

1）轨迹法。轨迹法是利用切削运动中刀尖的运动轨迹形成被加工表面形状的方法。如利用工件的回转和车刀的直线运动车削圆柱表面，这种加工方法所能达到的形状精度主要取决于成形运动的精度。

2）成形法。成形法是利用成形刀具切削刃的几何形状切削出工件形状的方法。如用成形车刀或成形砂轮来加工回转曲面。这种加工方法所能达到的精度主要取决于切削刃的形状精度与刀具的安装精度。

3）展成法。展成法是利用刀具和工件做展成切削运动时，由切削刃在被加工表面上的包络表面形成成形表面的方法，如滚齿加工、插齿加工等。这种加工方法所能达到的精度主要取决于机床的传动链精度与刀具的制造精度等。

4）仿形法。仿形法是刀具按照仿形装置规定轨迹进给来获得加工表面形状的方法。仿形法所能达到的精度主要取决于仿形装置的精度及其他成形运动精度，如仿形车、仿形铣等。

3. 获得相互位置精度的方法

零件各表面间的相互位置精度取决于工件的装夹方法，受机床精度、夹具精度和工件精度的影响。工件的装夹方法有找正装夹和夹具装夹两种。

零件的尺寸、几何形状及相互位置这三项精度指标是相互联系的，为了达到零件的加工精度要求，必须分析研究加工过程中影响精度的误差因素。

4.1.3 影响加工精度的误差因素

1）工艺系统的几何误差。它包括机床、夹具、刀具的制造误差和磨损量，机床传动链的静态和动态误差，以及工件、夹具、刀具的安装误差等。

2）工艺系统力效应产生的误差。它包括工艺系统弹性及塑性变形产生的误差、工件夹紧误差、惯性力和传动力所引起的误差，以及工件残余应力引起的误差等。

3）工艺系统热变形产生的误差。它包括机床、刀具、夹具以及工件热变形产生的原理误差、测量误差等，是影响零件加工精度的重要因素。

以上各误差因素在不同情况下，对加工精度的影响程度不同。因此，在分析生产中存在的具体加工精度问题时，必须分清主次，抓住主要矛盾，分析各误差因素对加工精度的影响规律，找出解决加工精度问题的措施。

4.2 工艺系统的几何误差

4.2.1 加工原理误差

加工原理误差是由于采用近似的加工运动或者近似的刀具廓形而产生的。例如，滚齿加工常常存在两种原理误差：一种是为了避免刀具制造和刃磨困难，常采用阿基米德基本蜗杆或法向直廓基本蜗杆的滚刀，来代替渐开线基本蜗杆的滚刀而产生的误差；另一种是由于滚刀切削刃数有限，所切成的齿轮齿形实际上是一条折线，与理论上的渐开线比较，存在齿形误差。生产中，采用近似加工方法的实例很多。加工原理误差的特点是可以通过理论计算，并能在设计中得到控制。但这种误差必然与其他因素所引起的误差相叠加，从而影响零件总的加工精度。

在生产实际中，采用近似的加工运动或近似的刀具廓形进行加工，可以简化机床的结构和刀具的形状，降低生产成本，提高生产率。因此，将加工原理误差控制在允许的范围内是完全允许的。

4.2.2 机床的几何误差

机床的几何误差包括机床的制造误差、安装误差和磨损量等。其中，主轴回转误差、导轨误差和传动链误差对加工精度影响较大。

1. 主轴回转误差

主轴的回转精度是机床主轴系统的重要特性，直接影响零件的加工精度。理想主轴的回转中心线的空间位置是固定不变的。实际上，由于存在着轴颈的圆度、轴颈之间的同轴度、轴承之间的同轴度、主轴的挠度，以及支撑端面对轴颈中心线的垂直度等误差，主轴的实际

回转轴线与理想回转轴线发生偏移，这个偏移量就是主轴的回转误差。

（1）主轴回转误差的三种形式　主轴的回转误差可以分为三种基本形式：纯轴向窜动、纯径向圆跳动和纯角度摆动，如图 4-2 所示。不同形式的主轴回转误差对加工精度的影响不同；同一形式的回转误差在不同的加工方式（如车削和镗削）中对加工精度的影响也不同。

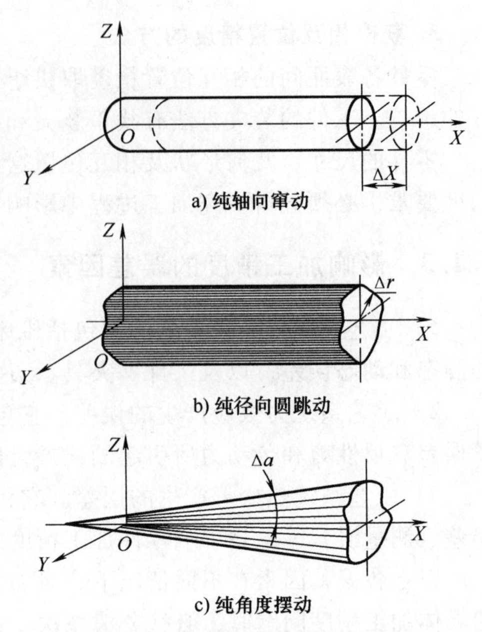

图 4-2　主轴回转误差的基本形式

1）纯径向圆跳动回转误差对加工精度的影响。在镗削时，镗刀随主轴旋转，工件不转动。当主轴中心偏移量最大时，镗刀尖不在水平位置 1 的情况下，孔也是椭圆形，如图 4-3 所示。

在车削时，主轴纯径向圆跳动对工件的圆度影响很小，如图 4-4 所示。

2）纯轴向窜动回转误差对加工精度的影响。主轴的纯轴向窜动对工件圆柱表面的加工精度没有影响。但在加工端面时，会产生端面与轴线的垂直度误差。车削螺纹也会产生螺距的周期性误差。

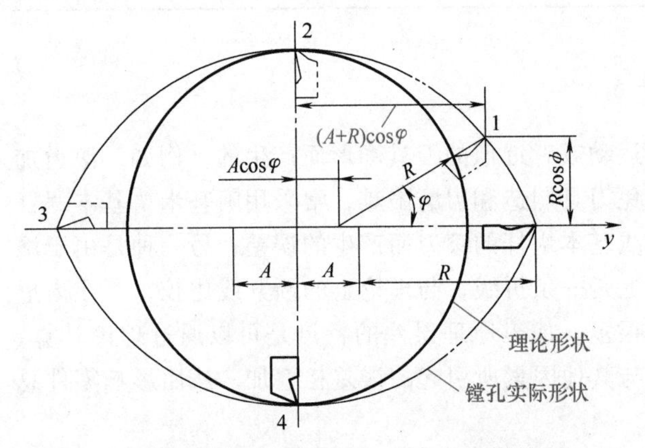

图 4-3　镗削时纯径向圆跳动对镗孔圆度的影响

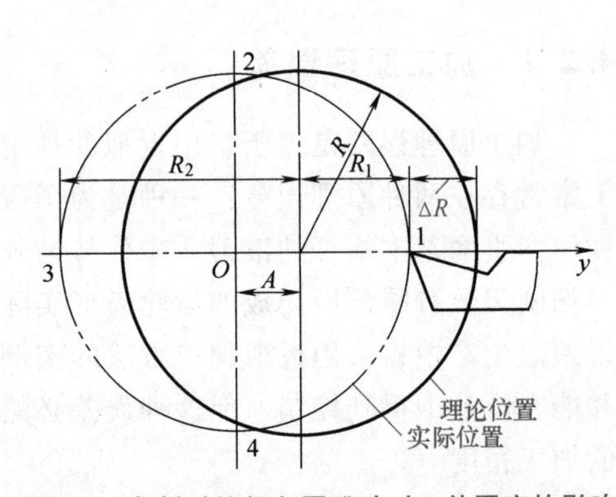

图 4-4　车削时纯径向圆跳动对工件圆度的影响

3）纯角度摆动回转误差对加工精度的影响。当主轴存在纯角度摆动时，车削外圆或内孔表面会产生锥度误差；而在镗床上镗孔时，由于主轴有纯角度摆动，而且回转轴线的平均位置 O_m 与工作台导轨不平行，即 O_m 与工件孔的轴心线 O 不同轴，镗出的孔将呈椭圆形，如图 4-5 所示。

（2）影响主轴回转误差的因素　影响主轴回转误差的主要因素是主轴的支承轴颈及其同轴度误差、轴承的误差、轴承的间隙、与轴承配合零件的误差，以及主轴系统的径向不等刚度和热变形等。不同类型的机床，其影响因素也各不相同。

1）轴承的影响。对于工件回转类机床（如车床、外圆磨床等），因切削力的方向不变，主轴回转时作用在支承上的作用力方向也不变化。此时，主轴支承轴颈的圆柱度误差影响较大，而轴承孔的圆度误差影响较小。对于刀具回转类机床（如钻床、镗床、铣床等），因切

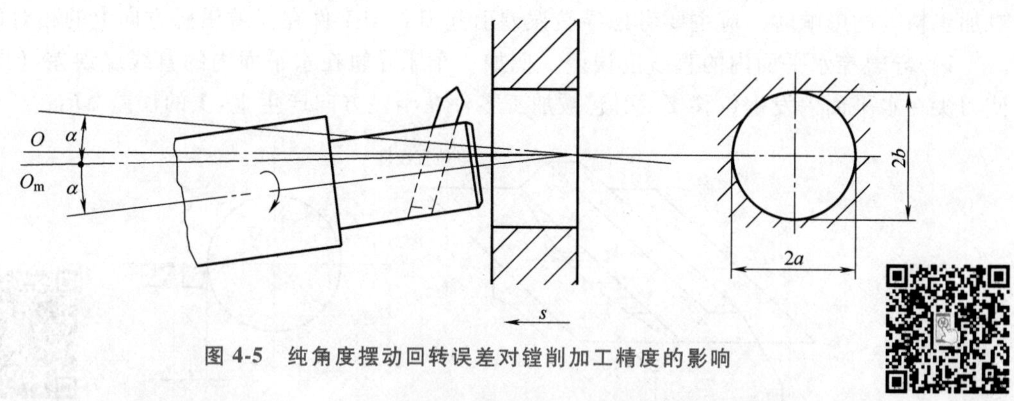

图 4-5 纯角度摆动回转误差对镗削加工精度的影响

削力的方向随主轴旋转而改变，此时，主轴支承轴颈的圆柱度误差影响较小，而轴承孔的圆度误差影响较大。

车床主轴的止推轴承滚道端面的平面度误差，以及其与回转轴向的垂直度误差，会直接引起主轴的轴向窜动，从而影响工件被加工表面的端面平面度及其与圆柱面的垂直度精度；而车削螺纹时，会产生螺距误差。

2）轴承间隙的影响。轴承间隙对回转精度也有影响，如轴承间隙过大，会使主轴工作时油膜厚度增大，油膜承受能力降低，当工作条件（载荷、转速等）变化时，油膜厚度变化较大，主轴轴线漂移量增大。

3）与轴承配合的零件误差的影响。由于轴承内外圈或轴瓦很薄，受力后容易变形，因此与之配合的轴颈或箱体支承孔的圆度误差，会使轴承圈或轴瓦发生变形而产生圆度误差。与轴承圈端面配合的零件如轴肩、过渡套、轴承端盖、螺母等有关端面，如果有平面度误差或者与主轴回转轴向不垂直，会使轴承圈滚道倾斜，造成主轴回转径向、轴向漂移。箱体前后支承孔、主轴前后支承轴颈的同轴度会使轴承内外圈滚道相对倾斜，同样也会引起主轴回转轴线的漂移。

（3）提高主轴回转精度的措施　由上述分析可知，主轴的回转精度对加工精度的影响是十分显著的。为了提高主轴的回转精度，首先要提高主轴零件的加工精度。此外，在滑动轴承方面，广泛采用静压轴承、三瓦球面支撑的动压轴承，以及三瓦的弹性轴承等结构。在滚动轴承方面，除了要根据机床的精度等级选择相应精度等级的轴承外，还要相应地确定轴颈、支承座孔、调整螺母等有关零件的精度，以及轴颈与内圈、支承座孔和外圈的配合公差等要求。实践证明，只有保证主轴、支承座孔及有关零件都具有很高的加工精度和装配精度，高精度的轴承才能发挥其作用，主轴才能获得很高的回转精度。

2. 导轨误差

导轨是机床中确定主要零部件相对位置的基准，也是主要部件的运动基准，它的各项误差直接影响零件的加工精度。机床导轨副是实现直线运动的主要部件，其制造和装配精度直接影响机床移动部件的直线运动精度，也会造成加工表面的形状误差。导轨副运动件实际运动方向与给定（理论）运动方向的符合程度，称为导向精度。在机床的精度标准中，直线导轨的导向精度一般包括：导轨在水平面内的直线度误差、导轨在垂直面内的直线度误差、前后导轨的平行度误差（扭曲）、导轨与主轴回转轴线的平行度误差。

导轨的导向误差对不同加工方法和加工对象会产生不同的影响，在分析导轨的导向误差对加工精度的影响时，应主要考虑导轨误差引起刀具与工件在误差敏感方向上的相对位移。

1）导轨在水平面内的直线度误差。例如，车床导轨在水平面内的直线度误差（图 4-6）使刀尖在水平面内发生位移 Y，引起被加工零件在半径方向产生 1∶1 的误差 ΔR。

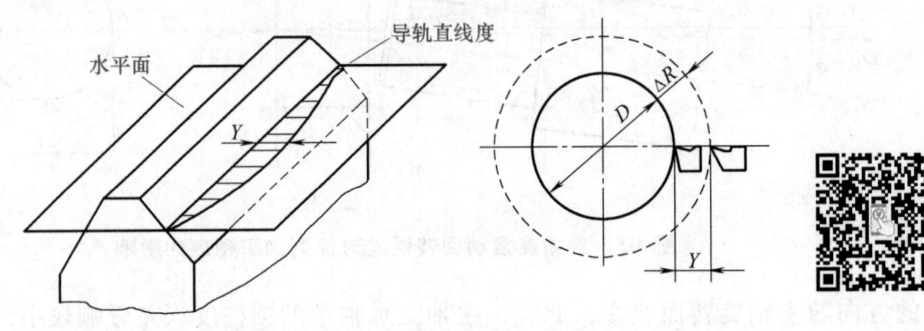

图 4-6　车床导轨在水平面内的直线度误差引起的加工误差

2）导轨在垂直面内的直线度误差。车床导轨在垂直面内的直线度误差，将引起刀尖产生 ΔZ 的误差，如图 4-7 所示，产生的半径方向的误差为 $\Delta R \approx \dfrac{\Delta Z^2}{d}$，由于它对零件的精度影响小，可以忽略不计。

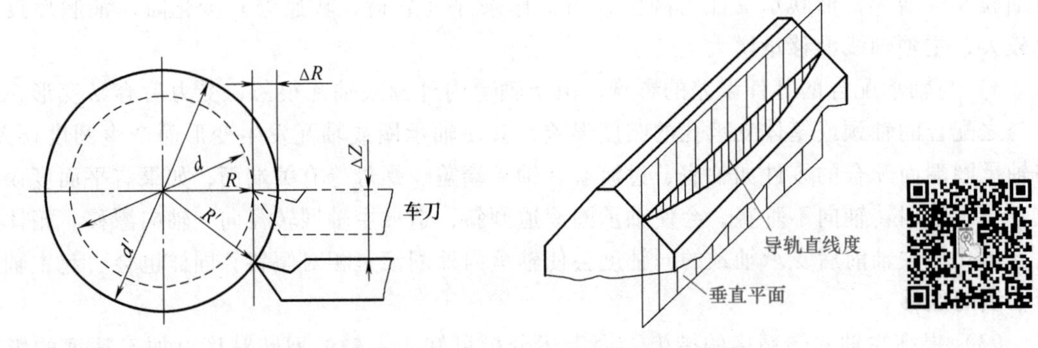

图 4-7　车床导轨在垂直面内的直线度误差引起的加工误差

机床导轨的直线度误差对加工精度的影响，对于不同机床其影响也不同，这主要取决于刀具与工件的相对位置。导轨误差引起切削刃与工件的相对位移产生在工件已加工表面的法线方向，则对加工精度有直接影响，若产生在切线方向，则可忽略不计。如龙门刨床、龙门铣床，导轨在垂直面内的直线度误差将 1∶1 地反映在工件上。

当床身导轨与主轴的中心线在水平面内不平行时，车出的内、外圆柱面就会有锥度，镗出的孔会产生椭圆。如在垂直面内两者不平行，则会车出双曲线回转体表面，如图 4-8 所示，其误差值是很小的，而镗孔则会产生与水平面内两者不平行类似的椭圆形。

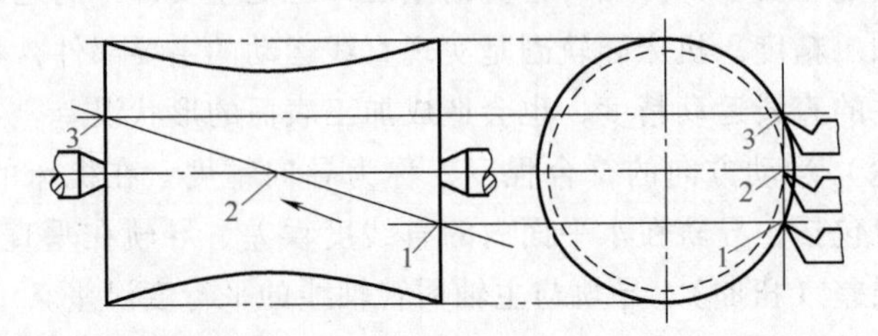

图 4-8　主轴回转中心与导轨在垂直平面内不平行时的加工误差

两导轨在垂直平面内的平行度误差（扭曲度）会使车床的溜板（或磨床的工作台等）沿床身移动时发生偏斜，从而使刀尖（或砂轮）相对工件产生偏移，影响加工精度。此外，加工精度也与机床的安装、使用有关。机床安装时，如果水平调整得不好，会使床身产生扭曲，破坏导轨原有的制造精度。在机床的使用过程中，由于导轨磨损不均匀，会使导轨产生直线度、扭曲度等误差，这些都会影响加工精度。

3. 传动链误差

机床传动链误差是指传动链始末两端传动元件之间的相对运动误差，它是由传动链中各传动件的制造误差、装配误差、加工过程中由力和热产生的变形以及磨损等引起的。传动件在传动链中的位置不同，则影响程度也不同，其中，末端元件的误差对传动链的误差影响最大。传动链中的各传动件的误差都将通过传动比的变化传递到执行元件上。在升速传动时，传动件的误差被放大相同的倍数；在降速传动时，传动件的误差被缩小相同的百分比。

为减少传动链误差对加工精度的影响，可以采取以下措施：

1）尽量缩短传动链。减少传动元件数量，可减少误差的来源。

2）采用降速比传动。特别是传动链末端传动副的传动比越小，则传动链中其余各传动元件误差对传动精度的影响就越小。

3）提高传动元件的精度，尤其是末端传动元件的制造精度和装配精度。

4）采用校正装置。其实质是人为加入一个大小与传动链原有的传动误差大小相等方向相反的误差，以抵消原有的传动链误差。图 4-9 所示为丝杠误差的校正装置。

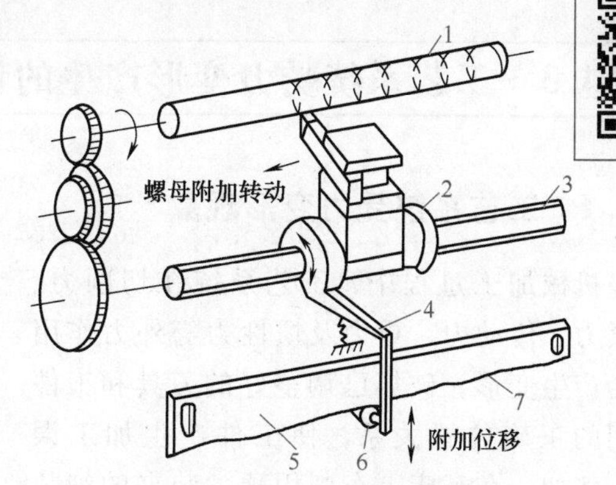

图 4-9 丝杠误差的校正装置

1—工件 2—螺母 3—丝杠 4—杠杆
5—校正尺 6—触头 7—校正曲线

4. 刀具与夹具的误差

在用定尺寸刀具（如钻、铰刀、镗刀块、拉刀及键槽铣刀等）和成形刀具（如成形车刀、成形铣刀及成形砂轮）加工时，刀具的精度直接影响被加工零件的尺寸精度和形状精度，刀具的不正确安装（如与主轴不同心等）也会直接产生加工误差。

在展成法加工中（如滚齿、插齿等），刀具切削刃的几何形状及有关尺寸都会直接影响加工精度。

一般刀具（如车刀、铣刀等）的制造精度对加工精度无直接影响。但在切削过程中，刀具不可避免地要产生磨损，并由此引起被加工零件的尺寸或形状的改变。例如在车削较长轴时，车刀磨损将产生锥度；在调整法加工时，刀具或砂轮的磨损会扩大零件的尺寸分散范围等。

为减少刀具制造误差和磨损对加工精度的影响，除合理地规定尺寸刀具和成形刀具的制造精度外，还应根据工件材料及加工要求，正确选择刀具材料、切削用量、切削液，并准确地进行刃磨，以减少磨损。

夹具误差包括定位元件、刀具引导件、分度机构及夹具体等零件的制造误差，定位元件之间的相互位置误差，以及其他有关辅具的制造误差。夹具在使用过程中的磨损同样会影响零件的加工精度。

5. 工件的定位误差

定位误差是工件在夹具上（或机床上）定位不准确而引起的加工误差。定位误差也是影响加工精度的一项因素。

6. 调整误差

在机械加工的每一道工序中，总要进行一些调整工作，如安装夹具、调整刀具尺寸等。由于调整不可能绝对准确，必然会带来一些误差，即调整误差。引起调整误差的原因有很多，如调整所用的刻度盘、定程机构（行程挡铁凸轮、靠模等）的精度，以及与它们配合使用的离合器、电器开关、控制阀等元件的灵敏度；测量用的仪表、量具本身的误差和使用误差；在调整时只测量有限几个试件、不足以判断全部零件的尺寸分布而造成的误差等。在正常情况下，机床调整后，其调整误差对每一零件的影响程度是不变的。但刀具磨损后的小调整或更换刀具的重新调整，不可能使每次调整所得到的位置完全相同，因此调整误差属于偶然性质的误差，有一定的分散范围。

4.3 工艺系统受力变形产生的误差

4.3.1 工艺系统受力变形现象

机械加工过程中，工艺系统在切削力、夹紧力、传动力、重力及惯性力等外力作用下会产生变形，破坏已调整好的刀具和工件之间的正确位置关系，使工件产生加工误差。例如，在车床上车削用顶尖装夹的细长轴（不用跟刀架或中心架）时，会产生中间粗两头细的腰鼓形的变形，从而产生圆柱度误差，如图 4-10 所示。再如，用自定心卡盘夹持薄壁套筒工件加工内孔时，加工后的工件内孔出现了三棱圆的圆度形状误差，如图 4-11 所示。

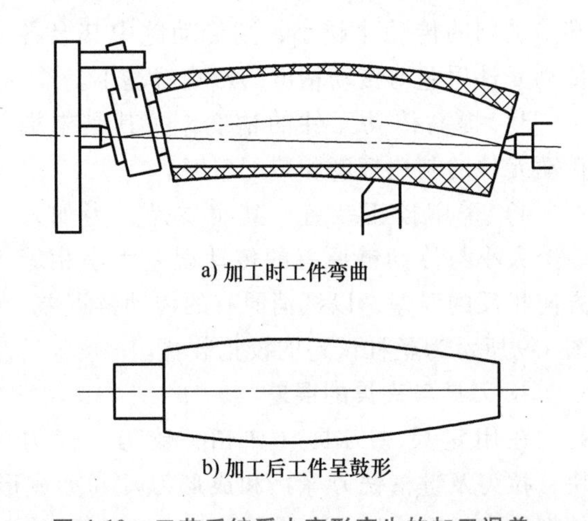

图 4-10　工艺系统受力变形产生的加工误差

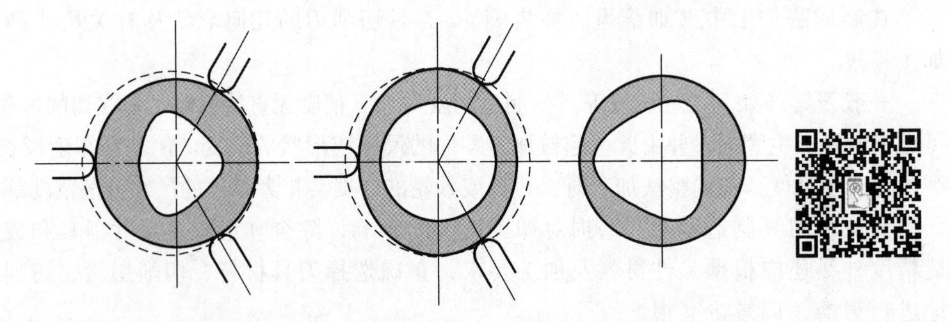

图 4-11　自定心卡盘夹持薄壁套筒工件时因变形产生的加工误差

由此可见，工艺系统受力变形是加工过程中的一项很重要的原始误差。它不仅会严重影响工件的加工精度，而且还会影响工件的加工表面质量，限制生产率的提高。

工艺系统是各种零部件按不同连接方式和运动方式组合起来的总体，因此受力后的变形是复杂的，其中既有弹性变形，也有塑性变形。

4.3.2 工艺系统的刚度

为了便于描述工艺系统受力变形对加工精度的影响，下面介绍刚度的概念。

1. 刚度的概念

刚度的一般概念是指物体或系统抵抗变形的能力，用施加到系统上的作用力与沿此作用力方向上产生的变形量的比值表示，即

$$k=\frac{F}{y} \tag{4-1}$$

式中 k——静刚度（N/mm）；

F——作用力（N）；

y——沿作用力方向的变形量（mm）。

k 越大，物体或系统抵抗变形的能力越强，加工精度就越高。

切削加工过程中，在各种外力作用下，工艺系统各部分将在各个受力方向产生相应变形。对于工艺系统受力变形，主要研究误差敏感方向上的变形量。因此，工艺系统的刚度定义为：作用于工件加工表面法线方向上的切削力与刀具在切削力作用下相对于工件在法线方向位移的比值，即

$$k_{xt}=\frac{F_y}{y_{xt}} \tag{4-2}$$

式中 k_{xt}——工艺系统刚度（N/mm）；

F_y——作用力工件加工表面法线方向上的切削力（N）；

y_{xt}——工艺系统总的变形量（mm）。

在上述工艺系统刚度的定义中，力和变形是在静态下测定的，k_{xt} 为工艺系统静刚度；工艺系统总的变形量 y_{xt} 是由总切削力作用的综合结果。

2. 工艺系统刚度的计算

工艺系统的总变形量 y_{xt} 应是各个组成环节在同一处的法向变形的叠加，即

$$y_{xt}=y_{jc}+y_{jj}+y_{d}+y_{g} \tag{4-3}$$

式中 y_{jc}——机床变形量（mm）；

y_{jj}——夹具变形量（mm）；

y_{d}——刀具变形量（mm）；

y_{g}——工件变形量（mm）。

根据刚度的定义，工艺系统各组成环节的刚度为

$$k_g=\frac{F_y}{y_g},\ k_d=\frac{F_y}{y_d},\ k_{jj}=\frac{F_y}{y_{jj}},\ k_{jc}=\frac{F_y}{y_{jc}}$$

式中 k_g——工件刚度（N/mm）；

k_d——刀具刚度（N/mm）；

k_{jj}——夹具刚度（N/mm）；

k_{jc}——机床刚度（N/mm）。

所以工艺系统刚度 k_{xt} 一般公式为

$$k_{xt}=\frac{1}{\frac{1}{k_{jc}}+\frac{1}{k_{jj}}+\frac{1}{k_{d}}+\frac{1}{k_{g}}} \tag{4-4}$$

式（4-4）表明，已知工艺系统各组成环节的刚度，即可求得工艺系统的刚度。工件和刀具一般来说都是一些简单构件，可用材料力学理论近似计算，如车刀的刚度可以按悬臂梁计算；用自定心卡盘夹持的工件，工件的刚度可以按悬臂梁计算；用顶尖加工的细长轴，工件的刚度可以按简支梁计算等。对于机床和夹具，由于结构比较复杂，通常用试验法测定其刚度。

4.3.3 工艺系统受力变形对加工精度的影响

1. 由于受力点位置变化而产生的工件几何形状误差

工艺系统的刚度除了受各个组成部分的刚度影响之外，还有一个很大的特点，那就是随着受力点的位置变化而变化。现以车床顶尖间加工光轴为例来说明。假定工件的刚度很大，切削时工件的变形可以忽略不计，工艺系统的变形完全取决于机床的变形。再假定切削过程中切削力保持不变，故刀架的变形保持不变。车床主轴箱及尾座的变形分别为 y_{tj} 和 y_{wz}，如图 4-12 所示。

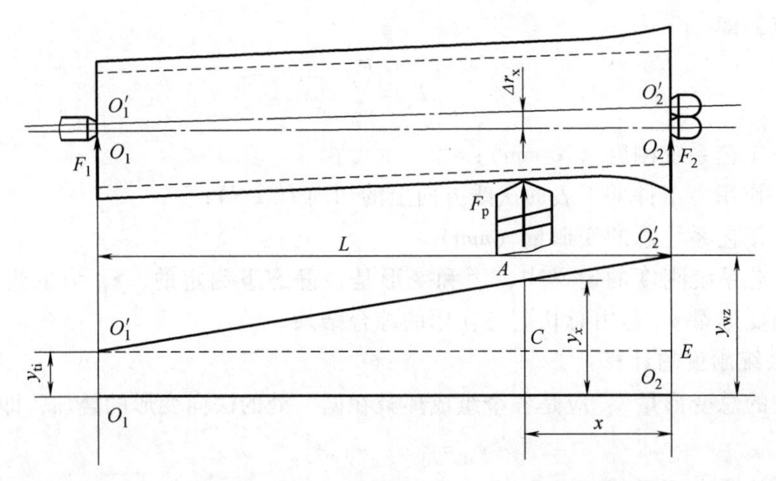

图 4-12 工艺系统变形随切削力位置而变化

若主轴箱和尾座的刚度分别为 k_{tj} 和 k_{wz}，则主轴箱和尾座的变形可表示为

$$y_{tj}=\frac{F_1}{k_{tj}}=\frac{x}{L}\frac{F_p}{k_{tj}},\ y_{wz}=\frac{F_2}{k_{wz}}=\frac{L-x}{L}\frac{F_p}{k_{wz}} \tag{4-5}$$

式中 F_1、F_2——F_p 作用于 x 处时，在主轴箱和尾座上的分力。由图 4-12 中的几何关系可得

$$y_x=\Delta r_x=\frac{x}{L}y_{tj}+\frac{L-x}{L}y_{wz} \tag{4-6}$$

式中 y_x——车刀在 x 处时机床的变形；

Δr_x——车刀在 x 处时工件中心的位移量。

代入式（4-5）得

$$y_x=\left(\frac{x}{L}\right)^2\frac{F_p}{k_{tj}}+\left(\frac{L-x}{L}\right)^2\frac{F_p}{k_{wz}} \tag{4-7}$$

如果再考虑刀架的变形 y_{dj}，则系统的变形为

$$y_{xt}=y_x+y_{dj}=F_p\left[\frac{1}{k_{dj}}+\left(\frac{x}{L}\right)^2\frac{1}{k_{tj}}+\left(\frac{L-x}{L}\right)^2\frac{1}{k_{wz}}\right] \tag{4-8}$$

可见，式（4-8）是关于 x 的抛物线型二次函数，使车出的工件呈鞍形，各截面上的直径尺寸不同，产生了形状和尺寸误差。如果工件刚度较差，还应该考虑工件的变形 y_g，按简支架计算

$$y_g=\frac{F_y}{3EI}\frac{(L-x)^2x^2}{L} \tag{4-9}$$

则工艺系统的总变形为

$$y_{xt}=F_p\left[\frac{1}{k_{dj}}+\left(\frac{x}{L}\right)^2\frac{1}{k_{tj}}+\left(\frac{L-x}{L}\right)^2\frac{1}{k_{wz}}+\frac{(L-x)^2x^2}{3EIL}\right] \tag{4-10}$$

在机械加工中，由于工艺系统的刚度随着切削力作用点的位置变化而变化，从而影响加工精度的实例有很多，分析方法基本相同，故不再赘述。

2. 误差复映

工件毛坯加工余量和材料硬度的变化，引起切削力的变化和工艺系统的受力变形，因而产生了工件的尺寸误差和形状误差。

图 4-13 所示为车削一个具有偏心的毛坯时误差的复映。在工件的每一转中，背吃刀量将从最小值 $a_{p2}=t_2-y_2$ 增加到最大值 $a_{p1}=t_1-y_1$。由于背吃刀量的变化引起了切削力的变化，工艺系统产生受力变形，发生相应的变化。切削力小，工艺系统受力变形小；切削力大，工艺系统受力变形大。所以加工偏心毛坯所得到的工件仍然略有偏心，这种现象称为误差复映。

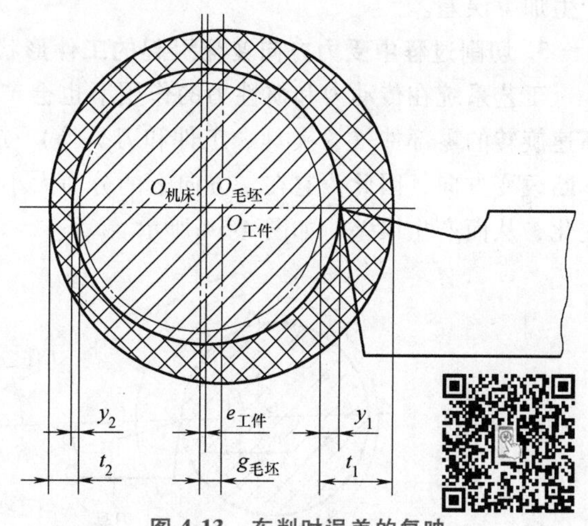

图 4-13　车削时误差的复映

根据切削力计算公式

$$F_p=C_{F_p}a_p^{X_{F_p}}f^{Y_{F_p}}U^{Z_{F_p}}k_{F_p} \tag{4-11}$$

在工艺参数一定的情况下，由于 $X_{F_p}\approx1$，有

$$F_p=Ca_p^{X_{F_p}}=Ca_p\quad(C=常数) \tag{4-12}$$

当 a_p 由 a_{p1} 变为 a_{p2} 时，工艺系统的受力变形为

$$\begin{cases} y_1=\dfrac{Ca_{p1}}{k_{xt}},\ y_2=\dfrac{Ca_{p2}}{k_{xt}} \\ \Delta_{工件}=y_2-y_1=\dfrac{C}{k_{xt}}(a_{p2}-a_{p1})=\dfrac{C}{k_{xt}}[(t_2-t_1)-(y_2-y_1)] \end{cases} \tag{4-13}$$

由于　$\Delta_{毛坯}=t_2-t_1$，所以

$$\Delta_{工件}=\frac{C}{k_{xt}+C}\Delta_{毛坯}$$

令 $\varepsilon=\dfrac{\Delta_{工件}}{\Delta_{毛坯}}$，则

$$\varepsilon=\frac{C}{k_{xt}+C}$$

ε 表示了加工误差与毛坯之间的比例关系，说明了“误差复映”的规律，称为误差复映系数。可以看出，工艺系统刚度越高，ε 越小，即复映在工件上的加工误差越小。

当加工过程分成几次进给运动进行时，每次进给的复映系数为 ε_1，ε_2，ε_3，…，则总的复映系数 $\varepsilon=\varepsilon_1\varepsilon_2\varepsilon_3\cdots$。

由于 y_i 总是小于 t_i，所以复映系数 ε 总是小于 1，几次进给后变小，加工误差也变得很小。这说明工件某一表面采用多次加工有助于提高加工精度。

毛坯材料硬度不均匀也将使切削力发生变化，工艺系统的受力变形也会随着变化，从而产生加工误差。

3. 切削过程中受力方向变化引起的工件形状误差

工艺系统在传动力和惯性力的作用下也会产生变形，从而影响加工精度。切削加工中，高速旋转的零部件（含夹具、工件和刀具等）受力不平衡将产生离心力 F_Q。在每一转中 F_Q 不断改变方向，因此，它在 y 方向上的分力大小的变化，就会使工艺系统的受力变形也随之变化，从而产生误差，如图 4-14 所示。

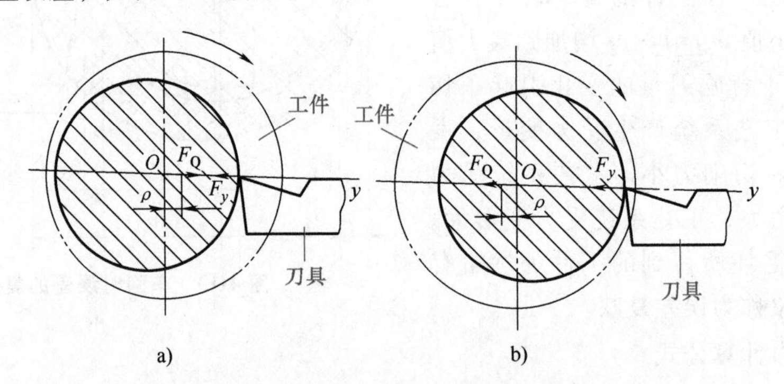

图 4-14　惯性力所引起的加工误差

车削一个不平衡工件，当离心力 F_Q 与 F_y 反向时，将工件推向刀具，使切削深度增加；当 F_Q 与 F_y 同向时，工件被拉离刀具，使切削深度减小。其结果会造成工件的圆度误差。

4. 工艺系统中其他作用力变化引起的受力变形的变化而产生的加工误差

1）对于刚度较差的工件，若夹紧时施力不当，使工件在变形状态下加工，松开夹具后，即使弹性恢复也会出现加工误差。套筒夹紧变形误差如图 4-15 所示。

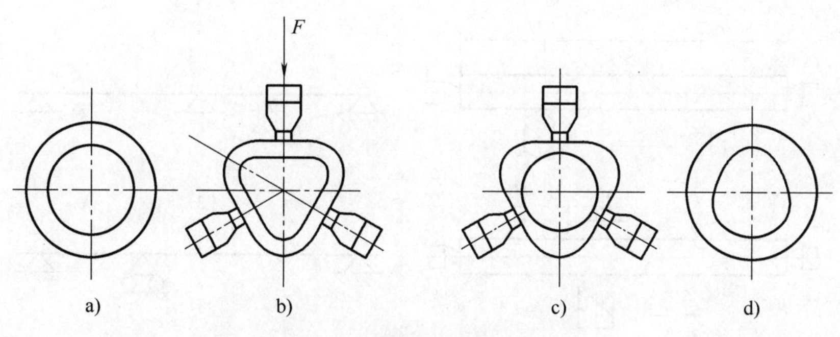

图 4-15　套筒夹紧变形误差

2）机床部件、夹具、工件在机床上移动时，在其重力作用下，使机床受力变形发生变化，也会引起加工误差。机床部件自重引起的误差如图 4-16 所示。

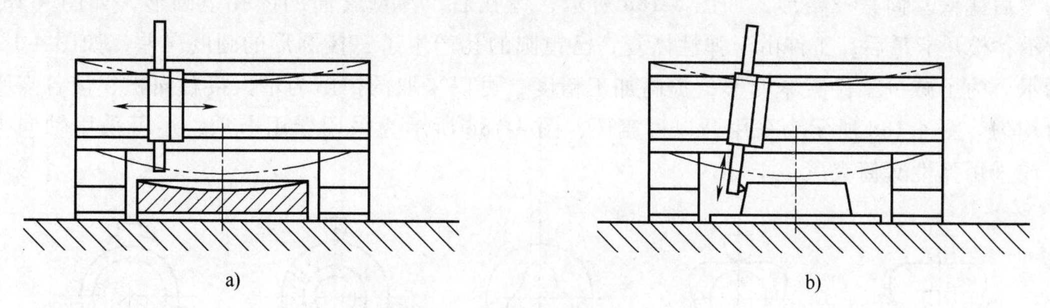

图 4-16　机床部件自重引起的误差

4.3.4　减少工艺系统受力变形的途径

提高工艺系统刚度，减少受力变形，是保证加工质量的有效措施，一般有如下几个途径。

1. 提高接触刚度

提高工艺系统中零件的配合质量可以提高接触刚度，由于零件的接触刚度大大低于零件本身的刚度，所以提高接触刚度是提高工艺系统刚度的关键。

提高接触刚度常用的方法是改善工艺系统主要零件接触面的配合质量，如机床导轨副、锥体与锥孔、顶尖与中心孔等配合面采用刮研与研磨，以提高配合表面的形状精度，减小表面粗糙度，使实际接触面积增加，从而有效地提高接触刚度。

提高接触刚度的另一措施是在接触面间预加载荷，这样可以消除配合面间的间隙，增加接触面积，减少受力后的变形。如机床主轴部件轴承常采用预加载荷的办法进行调整。

2. 提高工件刚度

在机械加工中，由于工件本身的刚度较低，特别是叉类、细长轴类等零件，容易变形。此时，提高工件的刚度是提高加工精度的关键。

提高工件刚度的主要措施是缩小切削力的作用点到支承之间的距离，以增大工件切削时的刚度。如车削细长轴时，可采用跟刀架或中心架增加支承，以提高工件刚度，如图 4-17 所示。

3. 合理装夹工件以减少夹紧变形

加工薄壁件时，由于工件刚度低，这时解决夹紧变形问题是提高加工精度的关键。

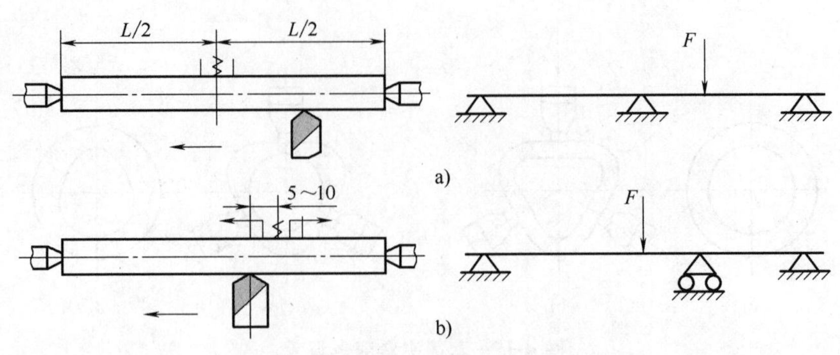

图 4-17　增加支承以提高工件的刚度

如图 4-18 所示，薄壁套筒零件在夹紧前，薄壁套筒的内外圆是正圆形，用自定心卡盘夹紧后薄壁套筒呈三棱形，如图 4-18a 所示；镗孔后，薄壁套筒的内孔呈圆形，如图 4-18b 所示；松开卡爪后，工件由于弹性恢复，已镗圆的孔产生了三棱圆形的圆度误差，如图 4-18c 所示。为了减少工件夹紧变形，提高加工精度，可以采取的措施为增大接触面积，使各点受力均匀。图 4-18d 所示为采用开口过渡环，图 4-18e 所示为采用专用卡爪，还可采用轴向夹紧或采用弹性套筒夹紧。

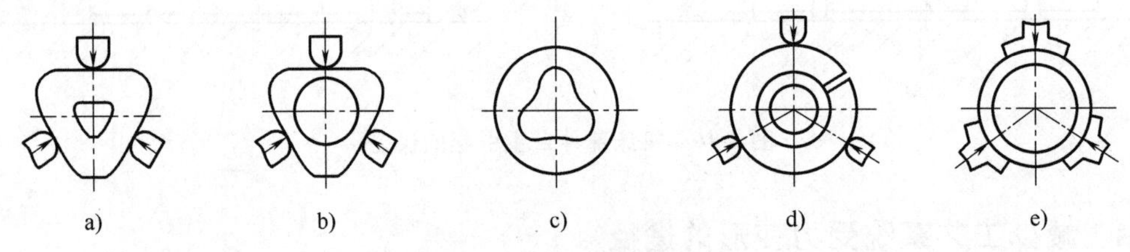

图 4-18　薄壁套筒零件加工

图 4-19 所示为磨削薄板工件。当磁力将工件吸向工作台表面时，工件将产生弹性变形（图 4-19a 和 b）；磨削完后，由于弹性恢复，已磨削完的表面又产生翘曲（图 4-18c）。改进的办法是在工件和磁力吸盘之间垫（厚）橡胶垫（图 4-19d 和 e），工件受力的作用，橡胶垫被压缩，减少了工件夹紧的变形；再以磨削好的一面作为定位基准磨削另一面。这样经过多次正反面交替磨削即可得到平面度较高的平面（图 4-19f）。

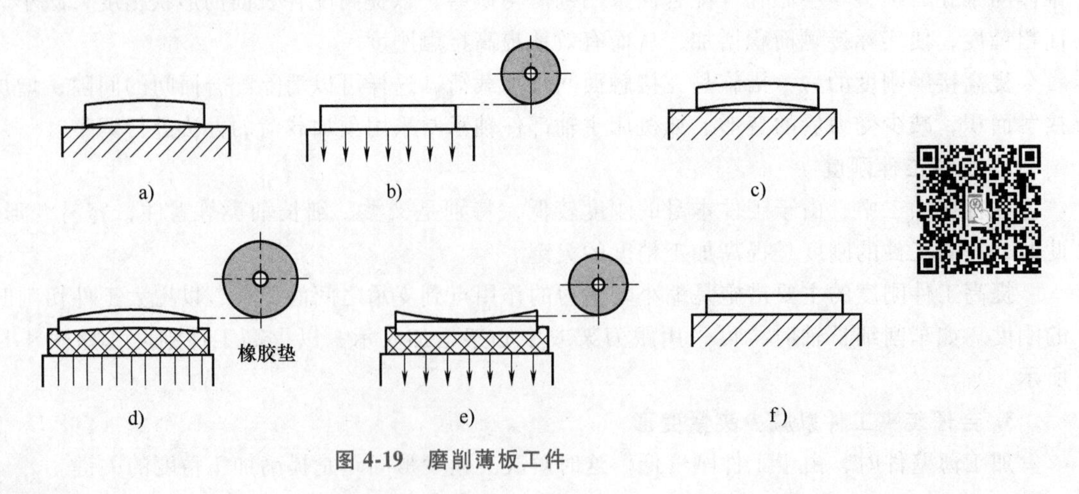

图 4-19　磨削薄板工件

4. 提高机床部件的刚度

在切削加工中，有时由于机床部件刚度低而产生变形和振动，会影响加工精度和生产率的提高。此时可以用加强杆或导向支承套来提高机床部件的刚度，如图 4-20 所示。图 4-20a 和 b 所示分别为在转塔车床上采用固定导向支承套和转动导向支承套，以提高机床部件刚度的示例。

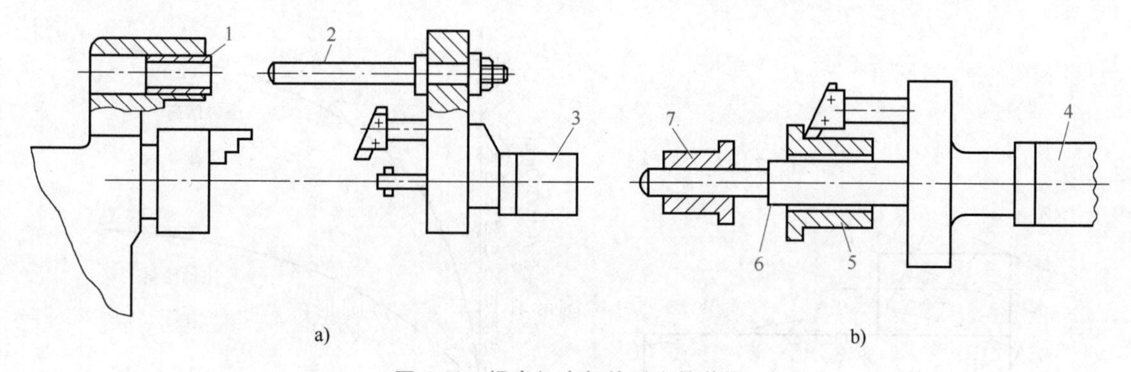

图 4-20 提高机床部件刚度的装置

1—固定导向支承套 2、6—加强杆 3、4—转塔刀架 5—工件 7—转动导向支承套

4.4 工艺系统热变形产生的误差

4.4.1 工艺系统的热源

在机械加工中，工艺系统受多种热源的影响，具体如下：

1）机械动力源（如电动机、电气箱、液压泵、活塞副等）的能量损耗转化为热量。这些热量通过金属导热或液压油流动向机床和工艺系统的其他部分传出。

2）传动部分（如轴承副、齿轮副、离合器、导轨副等）产生的摩擦热，通过金属导热和润滑油传出，在床身内的润滑油池形成一个高温区，对床身的热变形影响很大。

3）切削热的一部分传入工件和刀具，使其产生热变形，另一部分被切屑和切削液带走并落在床身上，使床身产生热变形。

4）环境传来的热量（如阳光照射、取暖设备的影响等）使工艺系统各部分受热不均匀而引起变形。

4.4.2 工艺系统的热变形对加工精度的影响

工艺系统在上述热源的影响下，常产生复杂的热变形，使工件和刀具的相对位置、切削运动、切削深度及切削力均发生变化，从而产生加工误差。据统计，在精密加工中，由于热变形引起的加工误差占总误差的 40%～70%。因此，在近代精密机床设计和精密加工工艺中，控制热变形对加工精度的影响已成为重要课题。

1. 机床热变形对加工精度的影响

各类机床的结构和工作条件相差很大，而且引起机床热变形的主要热源和变形有所不同，但对加工精度影响最大的仍然是主轴部件、床身导轨及两者的相对位移。如车床的主要热源是主轴箱内的轴承、齿轮、离合器的摩擦热及箱内油池的油温。对床身来说，其热源主要来自主轴箱。主轴箱和床身热变形的结果是使主轴轴线抬高和倾斜。图 4-21 所示为 C6140 主轴的热变形。图 4-22 所示为该车床在主轴转速为 1200r/min 时，主轴抬高和倾斜量与运转时间的关系。由图 4-21 可见，主轴轴线的抬高（约 140μm）虽不在误差敏感方向，但其对加工精度的影响却是不容忽视的。

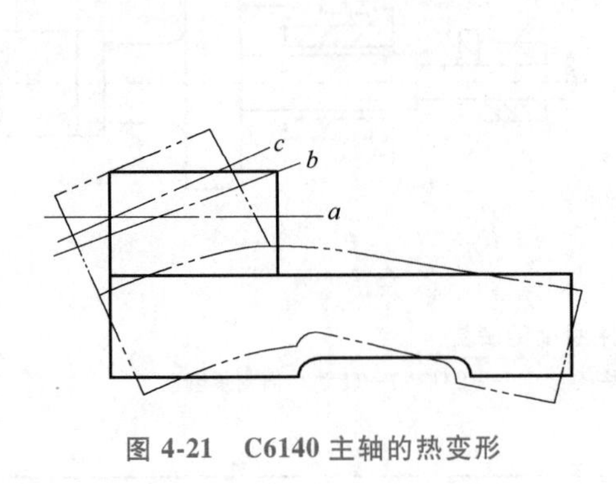

图 4-21　C6140 主轴的热变形

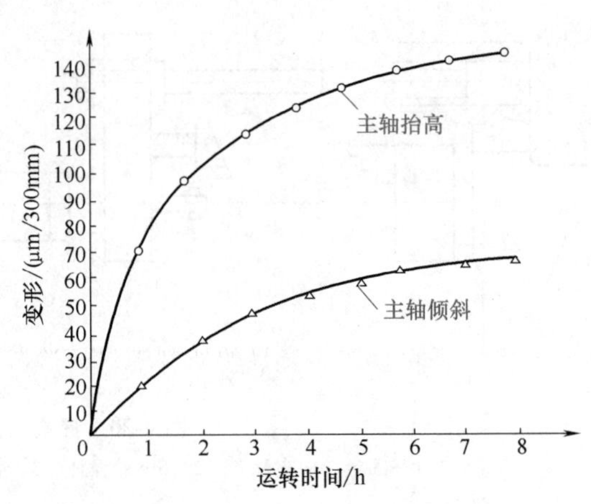

图 4-22　主轴抬高和倾斜量与运转时间的关系（$n=1200$r/min）

减小机床热变形的主要措施：在机床结构设计上，如果条件许可，应尽量将热源从工艺系统中分离出去，使其成为独立的单元；应尽量消除或减小关键部件在误差敏感方向的热位移；均衡关键部件的温度场；可采用必要的冷却、通风散热装置等。在环境措施上，在车间布置取暖设备时，应避免机床受热不均匀，如精密机床应安装在恒温室中使用，让机床在开动后空转一段时间，在达到或接近热平衡时再进行加工等。

2. 刀具热变形对加工精度的影响

刀具的热变形主要是由切削热引起的。虽然传给刀具的切削热只占总热量的很小一部分，但由于热量集中在切削部分，导体热容量小，有时刀具切削部分会有很高的温升（可达 1000℃以上），这对加工精度的影响是不可忽视的。

图 4-23 所示为车刀的热变形曲线。曲线 1 为车刀在连续切削时的热变形过程。在切削初期，刀具热变形增加很快，随后变得较为缓慢，经过一段时间后，便趋于热平衡状态，此时热变形基本稳定。一般粗加工刀具的热变形量可达 0. 005mm，其主要影响工件的尺寸精度。车削长工件时，会产生几何形状误差（锥度），但其与刀具磨损产生的误差，在方向上恰好相反，可起到一定的补偿作用，在一般情况下，这个误差并不严重。曲线 2 为车刀间断切削时的热变形过程。例如在自动车床上切削的刀具，由于有短暂的停歇时间，故刀具热变形曲线有热胀冷缩双重特性，总的热变形量比连续切削时的热变形要小一些，最后趋于稳定，并在 Δ 范围内变动。曲线 3 为车刀连续切削停

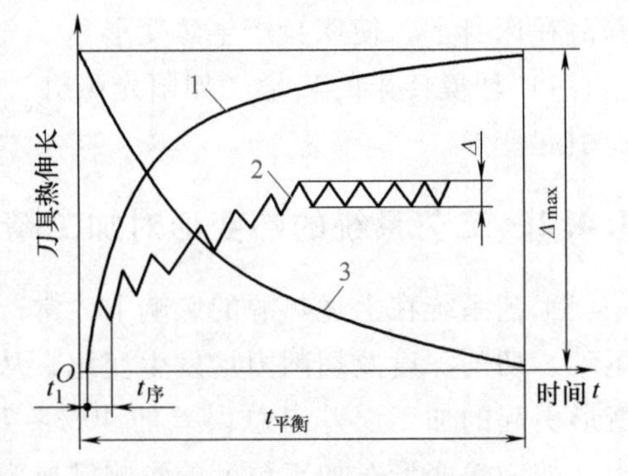

图 4-23　车刀的热变形曲线

止后刀具冷却的热变形过程。

为了减小刀具的热变形，应合理选择切削用量和刀具切削几何参数，并给以充分的冷却润滑，以减少切削热，降低切削温度。

3. 工件热变形对加工精度的影响

一般来说，工件热变形对加工精度的影响在精加工中比较突出。例如，细长且精度要求很高的工件，往往由于切削热所引起的热伸长而产生的误差比规定的公差大。

在切削加工中，工件的热变形主要是切削热引起的，有些大型精密零件还受环境温度的影响。细长轴在顶尖间车削时，工件热伸长，如果顶尖之间距离不变，则工件受顶尖的阻碍而产生弯曲变形。精密丝杠磨削时，工件热变形会引起螺距累积误差。

在一般情况下，受热均匀工件所产生的热变形主要影响尺寸精度，受热不均匀工件所产生的热变形主要影响几何精度。

为了减少工件热变形对加工精度的影响，可采取以下措施：

1）在切削区加入充足的切削液进行冷却。

2）粗、精加工分开，使粗加工的余热不带到精加工工序中。

3）刀具和砂轮未过分磨钝时就进行刃磨和修正，以减少切削热和磨削热。

4）使工件在夹紧状态下有一定的伸缩量，如在加工细长轴时采用弹簧后顶尖等。

4.4.3 减少工艺系统热变形的措施

1. 减少热源的发热

凡是可能分离出去的热源，如电动机、变速箱、液压系统、冷却系统等，均应移出机床。对于不能分离的热源，如主轴轴承、丝杠螺母副、高速运动的导轨副等，则可以从结构、润滑等方面改善其摩擦特性，减少发热；也可以用隔离材料将发热部件和机床大件（如床身、立柱等）隔离开来。对于发热大的热源，如果既不能从机床内部移出，又不便于隔热，则可采用有效的冷却措施，如增加散热面积或使用强制式的风冷、水冷、循环润滑等，控制机床的局部温升和热变形。

2. 均衡温度场

单纯地减少温升有时并不能达到满意的效果，可采用热补偿法使机床的温度场比较均匀，从而使机床产生均匀的热变形，以减少对加工精度的影响。

3. 采用合理的机床部件结构

1）采用热对称结构。在变速箱中，将轴、轴承、传动齿轮尽量对称布置，可使箱壁温升均匀，从而减少箱体热变形。

2）合理选择机床部件的装配基准。图 4-24 所示为车床主轴箱定位面位置对热变形的影响。图 4-24a 中，主轴轴心线相对于装配基准 H 而言，主要在 z 方向产生热变形，对加工精度影响较小；图 4-24b 中，z、y 方向都有热变形，对加工精度影响较大。

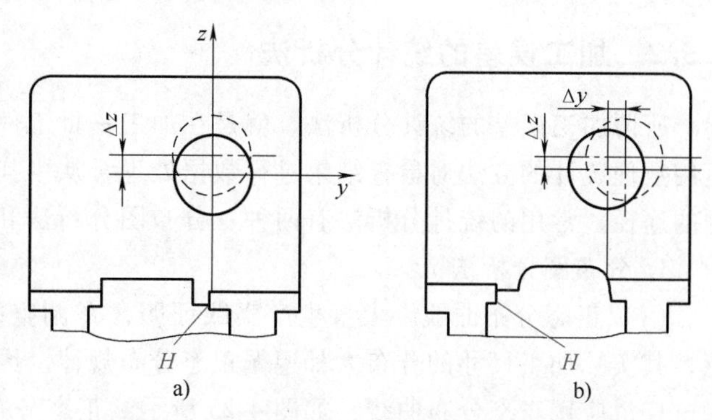

图 4-24 车床主轴箱定位面位置对热变形的影响

4. 加速达到工艺系统的热平衡状态

由于精密机床（特别是大型机床）达到热平衡的时间较长，为了缩短这个时间，可以在加工前使机床高速空运转或在机床的适当部位设置控制热源，人为地给机床加热，使其能较快达到热平衡状态，然后进行加工，因此，精密机床应尽量避免中途停车。

5. 控制环境温度

环境温度的变化和室内各部分的温差将使工艺系统产生热变形，从而影响工件的加工精度和测量精度。因此，在加工或测量精密零件时，应控制室温的变化。精密机床（如精密磨床、坐标镗床、齿轮磨床等）一般安装在恒温车间，以保持其温度的恒定。恒温精度一般控制在±1℃，精密级为±0.5℃，超精密级为±0.01℃。

4.5 加工误差的统计分析

前面所讨论的影响加工精度的各种误差因素都属于局部的、单因素，而在实际生产中，加工精度是一个受多因素影响的综合问题。应用统计分析法可使加工精度的研究由分析单因素的影响变为研究多因素的综合影响，以便从中分析和解决加工精度问题。

4.5.1 加工误差的统计性质

根据加工一批工件中误差出现的规律，将误差分为系统性误差和随机性误差两大类。

1. 系统性误差

在连续加工一批工件中，误差的大小和方向保持不变，如加工原理误差，机床、刀具、夹具、量具的制造误差，调整误差，工艺系统的静力变形等，这类误差称为常值系统性误差。

在连续加工一批工件中，误差的大小和方向随着加工顺序或加工时间的改变而有规律地变化，如机床、刀具的热变形及刀具磨损所引起的加工误差等，这类误差称为变值系统性误差。

2. 随机性误差

在连续加工的同一批工件中，有些误差的大小或方向是不规则的变化，这些误差称为随机性误差或偶然性误差。其产生的主要原因是因具体情况而异的，如毛坯的复映误差、定位误差、夹紧误差、多次调整误差、内应力引起的变形误差等。

4.5.2 加工误差的统计分析法

所谓加工误差的统计分析法，就是在加工一批工件中抽检一定数量的工件（样件），并运用数理统计的方法对检查结果进行数据处理，从中找出规律性，进而找到解决加工精度问题的途径。常用的统计分析法有两种：分布图分析法和点图分析法。

1. 分布图分析法

（1）正态分布曲线　大量生产实践证明，在调整好的机床上加工一批工件，正常情况下，其实际加工尺寸的分布大都遵循正态分布规律。因此在用统计分析法研究加工误差问题时，广泛应用正态分布曲线，如图 4-25 所示。正态分布曲线的方程式为

$$y=\frac{1}{\sigma\sqrt{2\pi}}e^{-\frac{1}{2}\frac{(x-\bar{x})^2}{\sigma^2}} \tag{4-14}$$

式中 y——尺寸分布的概率密度；

x——工件尺寸；

$\bar{x}$——工件平均尺寸（分散范围中心），$\bar{x}=\frac{1}{n}\sum_{i=1}^{n}x_i$，

其中 n 为工件数；

σ——均方根差（分散程度）。

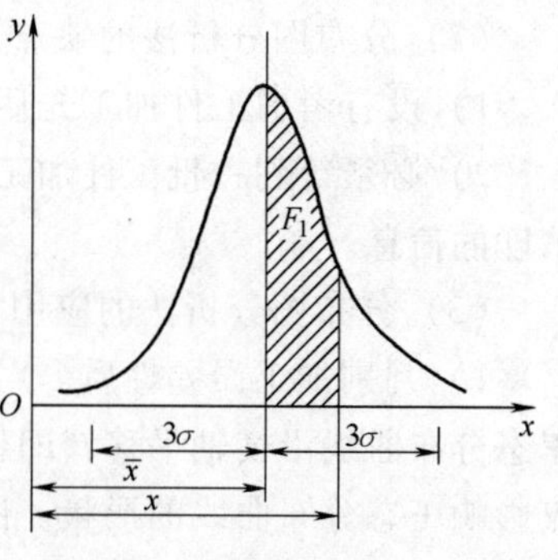

图 4-25 正态分布曲线（一）

正态分布曲线具有下列特点：

1）曲线呈钟形，中间高，两边低。这表示尺寸靠近分散中心的工件占大部分，而尺寸远离分散中心的工件占少数。

2）曲线以样件平均尺寸 $x=\bar{x}$ 为中线，两边对称。这表示尺寸大于 $\bar{x}$ 和小于 $\bar{x}$ 的同间距范围内的概率是相等的。

3）$\bar{x}$、σ 为分布曲线的两个特征参数。$\bar{x}$ 确定工件尺寸分散范围中心的位置，即影响曲线的位置，反映了工艺调整的位置的不同，如图 4-26a 所示。σ 的大小表示工件尺寸范围的大小，即影响曲线的形状，反映了工艺系统误差分散的程度，如图 4-26b 所示。σ 值大，尺寸分散范围大，曲线形状宽而平坦；σ 值小，尺寸分散范围小，曲线陡而窄。

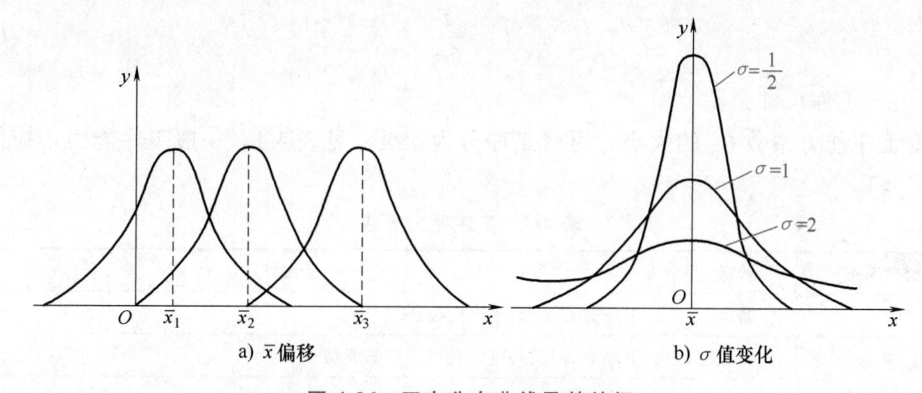

图 4-26 正态分布曲线及其特征

4）正态分布曲线所包含的总面积代表了全部工件（100%），即

$$\int_{-\infty}^{+\infty}\varphi(x)\,dx = 1 \tag{4-15}$$

如果某工序加工出的一批工件，其尺寸分布符合正态分布曲线，工件尺寸在 $\mu\pm3\sigma$ 范围内的工件数占总数的 99.73%，而在 $\mu\pm3\sigma$ 范围以外的工件数只占总数的 0.27%，这在实际生产中是完全允许的。因此，$\pm3\sigma$ 或 6σ 在分析加工误差时应用很广，是一个很重要的概念。它可以表示某种加工方法所产生的工件尺寸分散范围，即加工误差，也可以表示某种加工方法所能达到的平均经济加工精度。应使工件的尺寸公差大于 6σ，这样，当公差带对称配置于尺寸分散范围的中点时，可认为不会产生不合格零件。

综上所述，在加工过程中抽检一批样件，经测量、统计并绘制出正态分布曲线，便可从中分析所产生的加工误差的性质。若尺寸分散范围中心偏离公差带中心，则应从常值系统入手。

（2）分布图分析法的缺点

1）没有考虑工件加工先后顺序，难以把变值系统性误差和随机性误差区分开来。

2）必须等到一批工件加工完毕后，才能绘制分布图，不能在加工过程中及时提供控制精度的信息。

（3）分布图分析法的应用

1）判别加工误差性质。对于正态分布曲线而言，常值系统误差会影响平均值 $\bar{x}$，引起正态分布曲线沿横轴平移，即样本平均值 $\bar{x}$ 与公差带中心不重合；而随机误差决定了 σ 值，仅影响正态分布曲线的形状。因此，如果实际分布与正态分布基本相符，可判断整批工件的加工精度及加工误差性质。如果实际分布与正态分布有较大出入，则可根据正态分布曲线初步判断变值系统误差的类型。

2）判定工序能力及其等级。工序能力是指工序处于稳定状态时，加工误差正常波动的幅度。当加工尺寸服从正态分布时，其尺寸分布范围是 6σ，所以工序能力就是 6σ。

6σ 的大小代表了某一加工方法在规定的条件下（如毛坯余量、切削用量、正常的机床、夹具和刀具等）所能达到的加工精度。

工序能力等级描述了工序能力满足加工精度要求的程度，是以工序能力系数来表示的。当工序处于稳定状态时，工序能力系数 C_p 的计算公式为

$$C_p = \frac{T}{6\sigma} \tag{4-16}$$

式中　T——工件尺寸公差。

根据工序能力系数 C_p 的大小，可将工序分为 5 级，见表 4-1。一般工序能力不应低于二级，即 $C_p>1$。

表 4-1　工序能力等级

工序能力系数	等级	备注
$C_p>1.67$	特级	工序能力过高，不一定经济
$1.33<C_p\leqslant 1.67$	一级	工序能力足够，可以允许一定的波动
$1.00<C_p\leqslant 1.33$	二级	工序能力勉强，必须密切注意
$0.67<C_p\leqslant 1.00$	三级	工序能力不足，可能出现少量不合格品
$C_p\leqslant 0.67$	四级	工序能力差，必须加以改进

3）估算合格品率和不合格品率。由分布函数的定义可知，正态分布函数是正态分布概率密度函数的积分，即

$$\varphi(x) = \frac{1}{\sigma\sqrt{2\pi}}\int_{-\infty}^{x} e^{-\frac{1}{2}\left(\frac{x-\bar{x}}{\sigma}\right)^2} dx \tag{4-17}$$

式中　$\varphi(x)$——正态分布曲线上下积分限间包含的面积，它表征了随机变量 x 落在区间 $(-\infty,\ x)$ 上的概率。

令
$$z = \frac{x-\bar{x}}{\sigma}$$

则有
$$\varphi(z) = \frac{1}{\sqrt{2\pi}}\int_{0}^{z} e^{-\frac{z^2}{2}} dz$$

$\varphi(z)$ 为图 4-27 中阴影部分的面积。对于不同 z 值对应的 $\varphi(z)$ 值，可由表 4-2 查出。

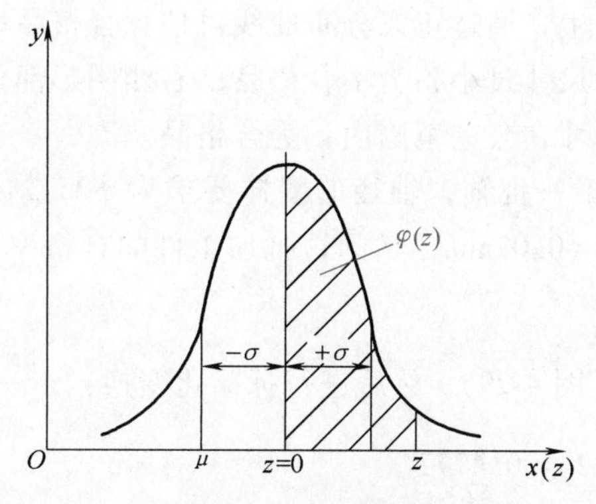

图 4-27 正态分布曲线（二）

表 4-2 不同 z 值对应的 $\varphi(z)$ 值

z	$\varphi(z)$	z	$\varphi(z)$	z	$\varphi(z)$	z	$\varphi(z)$	z	$\varphi(z)$
0.00	0.0000	0.26	0.1026	0.52	0.1985	1.05	0.3531	2.60	0.4953
0.01	0.0040	0.27	0.1064	0.54	0.2054	1.10	0.3643	2.70	0.4965
0.02	0.0080	0.28	0.1103	0.56	0.2123	1.15	0.3749	2.80	0.4974
0.03	0.0120	0.29	0.1141	0.58	0.2190	1.20	0.3849	2.90	0.4981
0.04	0.0160	0.30	0.1179	0.60	0.2257	1.25	0.3944	3.00	4.49865
0.05	0.0199	—	—	—	—	—	—	—	—
0.06	0.0239	0.31	0.1217	0.62	0.2324	1.30	0.4032	3.20	0.49931
0.07	0.0279	0.32	0.1255	0.64	0.2389	1.35	0.4115	3.40	0.49966
0.08	0.0319	0.33	0.1293	0.66	0.2454	1.40	0.4192	3.60	0.499841
0.09	0.0359	0.34	0.1331	0.68	0.2517	1.45	0.4265	3.80	0.499928
0.10	0.0398	0.35	0.1368	0.70	0.2580	1.50	0.4332	4.00	0.499968
0.11	0.0438	0.36	0.1406	0.72	0.2642	1.55	0.4394	4.50	0.499997
0.12	0.0478	0.37	0.1443	0.74	0.2703	1.60	0.4452	5.00	0.49999997
0.13	0.0517	0.38	0.1480	0.76	0.2764	1.65	0.4505	—	—
0.14	0.0557	0.39	0.1517	0.78	0.2823	1.70	0.4554	—	—
0.15	0.0596	0.40	0.1554	0.80	0.2881	1.75	0.4599	—	—
0.16	0.0636	0.41	0.1591	0.82	0.2939	1.80	0.4641	—	—
0.17	0.0675	0.42	0.1628	0.84	0.2995	1.85	0.4678	—	—
0.18	0.0714	0.43	0.1664	0.86	0.3051	1.90	0.4713	—	—
0.19	0.0753	0.44	0.1700	0.88	0.3106	1.95	0.4744	—	—
0.20	0.0793	0.45	0.1736	0.90	0.3159	2.00	0.4772	—	—
0.21	0.0832	0.46	0.1772	0.92	0.3212	2.10	0.4821	—	—
0.22	0.0871	0.47	0.1808	0.94	0.3264	2.20	0.4861	—	—
0.23	0.0910	0.48	0.1844	0.96	0.3315	2.30	0.4893	—	—
0.24	0.0948	0.49	0.1879	0.98	0.3365	2.40	0.4918	—	—
0.25	0.0987	0.50	0.1915	1.00	0.3413	2.50	0.4938	—	—

正态分布曲线与 x 轴所包围的面积代表了一批零件的总数。如果尺寸分散范围超出零件的公差带，则肯定有废品产生，通过正态分布曲线可估算合格品率和不合格品率。如图 4-28 所示，左侧阴影部分的零件尺寸过小，为不合格品；右侧阴影部分零件的尺寸过大，也为不合格品；中间部分的零件尺寸在公差范围内，为合格品。

例 4-1 在车床上车加工一批轴，轴径的图样要求为 $\phi25_{-0.1}^{\ 0}$mm。已知轴径尺寸误差按正态分布，$\bar{x}=24.96$mm，$\sigma=0.02$mm，试问这批加工件的合格率是多少？不合格率是多少？能否修复？

解 作废品率计算图（图 4-29），然后进行标准化变换：$z=\dfrac{x-\bar{x}}{\sigma}=\dfrac{25-24.96}{0.02}=2$

查表 4-2 得，$\varphi(z)=\varphi(2)=0.4772$。

偏大不合格率为：$0.5-\varphi(2)=0.5-0.4772=2.28\%$，这些不合格品可以修复。

偏小不合格率为：$0.5-\varphi(3)=0.5-0.49865=0.135\%$，这些不合格品不可以修复。

合格率为：$1-2.28\%-0.135\%=97.585\%$

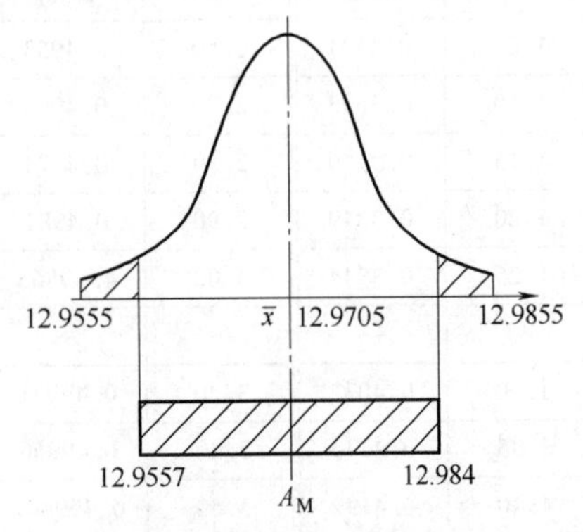

图 4-28 利用正态分布曲线估算合格品率

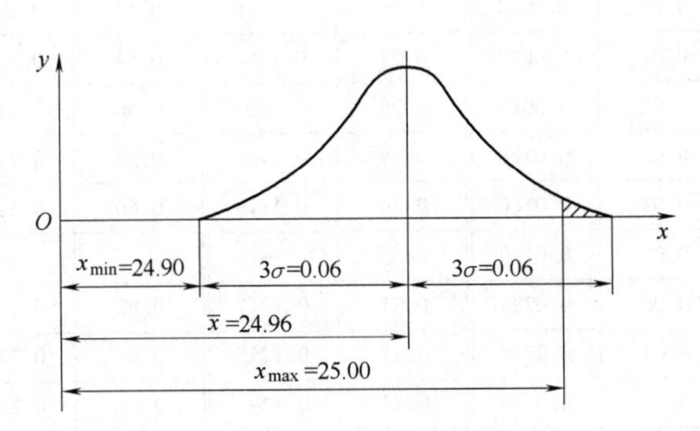

图 4-29 废品率计算图

2. 点图分析法

点图是定期地按加工顺序逐个地测量一批工件的尺寸，以量得的工件尺寸（或加工误差）为纵坐标，以工件序号为横坐标，将检验结果标记在固定格式的图上，绘制成的工件加工误差随时间变化的图形。点图可分为单值点图与 $\bar{x}$-R 点图，现分别进行说明。

如果将顺次加工出的 n 个工件编为一组，以工件分组的序号为横坐标，以工件尺寸或误差为纵坐标，将每一组内 m 个工件的尺寸大小分别标点在同一组号的垂直线上，该点图称为单值点图，如图 4-30a 所示。

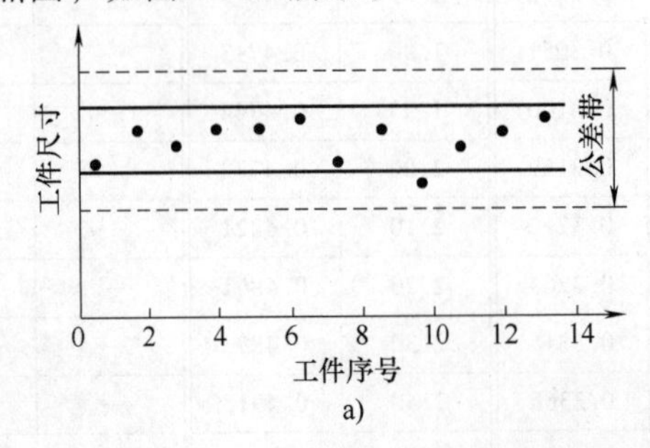

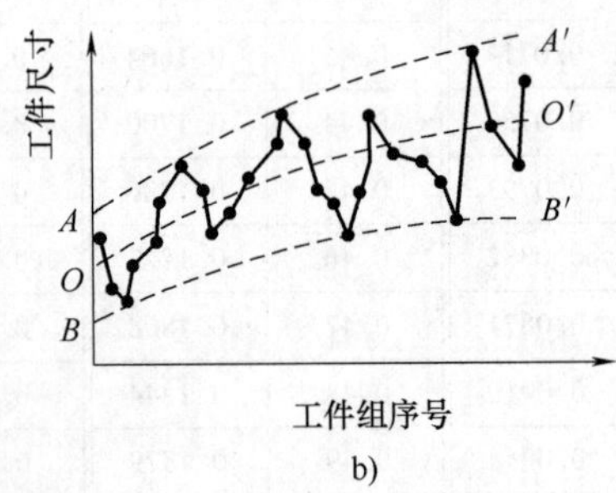

图 4-30 单值点图

为了能清楚地揭示出加工过程中工件误差的性质与变化趋势，在点图的上、下极限作出包络线 AA'、BB'，以及中线 OO'，如图 4-30b 所示。两包络线的宽度表示每一瞬时加工误差的分散范围，反映了每一瞬时的随机性误差的大小。中线 OO' 表示每一瞬时的分散中心，其变化情况反映了变值系统性误差随时间变化的规律，起始点 O 的位置则反映常值系统性误差的影响。

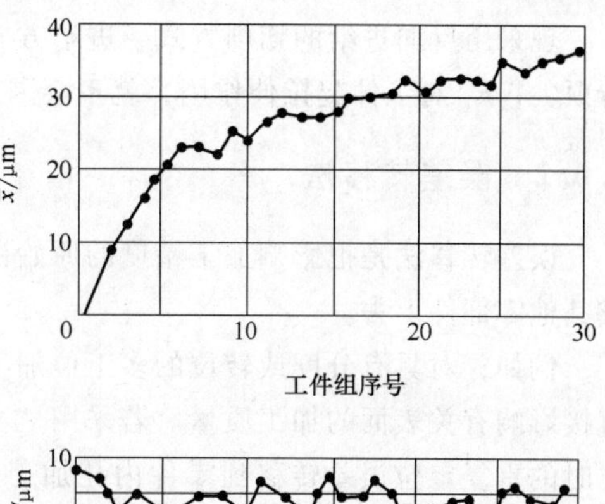

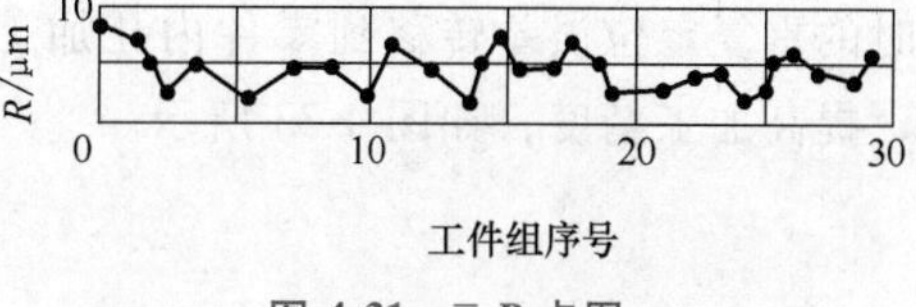

图 4-31 $\bar{x}$-R 点图

在加工质量控制中，常把平均尺寸和分散范围的情况分别用两个图来表示。前者称为 $\bar{x}$ 图，是将组内 n 件工件尺寸的平均值标在纵坐标上；后者称为 R 图，是将组内 n 件工件中的最大尺寸与最小尺寸的差值（称极差）标在纵坐标上。将 $\bar{x}$ 图与 R 图绘制在一起就成为了 $\bar{x}$-R 点图，如图 4-31 所示。

由于 x 在一定程度上代表了瞬时的分散中心，故 $\bar{x}$ 点图主要反映加工过程中瞬时分散中心位置的变化趋势，即反映了系统性误差及其变化趋势。R 在一定程度上表示了尺寸分散范围，故 R 点图可反映出随机误差及其变化趋势。因此，$\bar{x}$ 点图和 R 点图联合起来使用，可以预测不合格品出现的可能性，它是控制连续生产工艺稳定性的有力工具。

4.6 保证和提高加工精度的途径

提高零件加工精度的最终目的是保证产品的精度和质量，实际生产中，经常通过以下途径来保证和提高加工精度。

4.6.1 直接减少误差法

直接减少误差法是在查明产生加工误差的主要因素后，设法对其直接进行消除或减弱。例如加工细长轴时，因工件刚度极差，容易产生弯曲变形和振动，严重影响加工精度，如图 4-32a 所示。采用跟刀架和 90°车刀，虽提高了工件的刚度，减少了径向切削分力 F_y，但只解决了 F_y 把工件“顶弯”的问题。由于在轴向切削分力 F_x 作用下，工件受偏心压缩而失稳弯曲，工件弯曲后，高速旋转产生的离心力以及工件受切削热作用产生的热伸长受后顶尖的限制，都会进一步加剧其弯曲变形，因而加工精度仍难以提高。

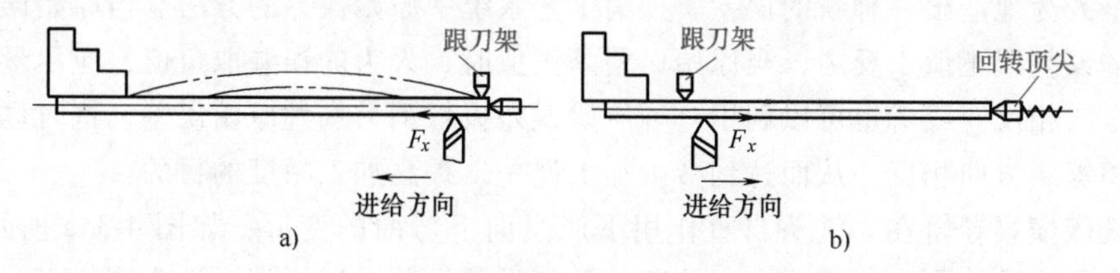

图 4-32 不同进给方向加工细长轴的比较

现采用反向进给的切削方式，进给方向由卡盘一端指向尾架。这时尾架改用可伸缩的回转顶尖，F_x 对工件起拉伸作用，就不会因 F_x 和热应力压弯工件，如图 4-32b 所示。

4.6.2 误差转移法

误差转移法是把影响加工精度的原始误差转移到不影响或减少影响加工精度的方向上，或其他零部件上去。

例如，对具有分度或转位的多工位加工工序或转位刀架加工工序，其分度、转位误差将直接影响有关表面的加工质量。若采用“立刀”安装法（刀具垂直安装），可将转塔刀架转位时的重复定位误差转移到零件内孔加工表面的误差不敏感方向上，以减少加工误差的产生，提高加工精度，如图 4-33 所示。

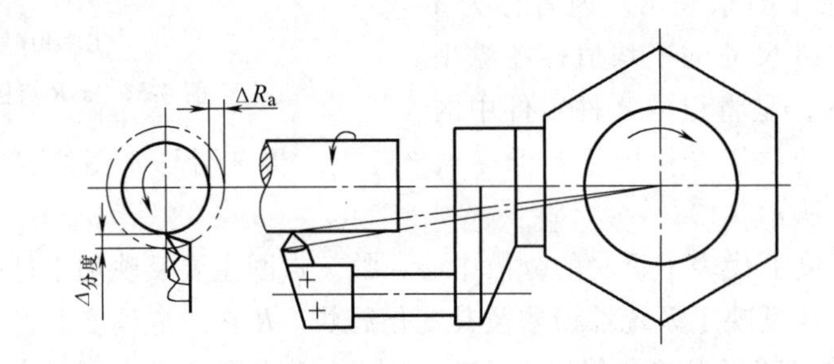

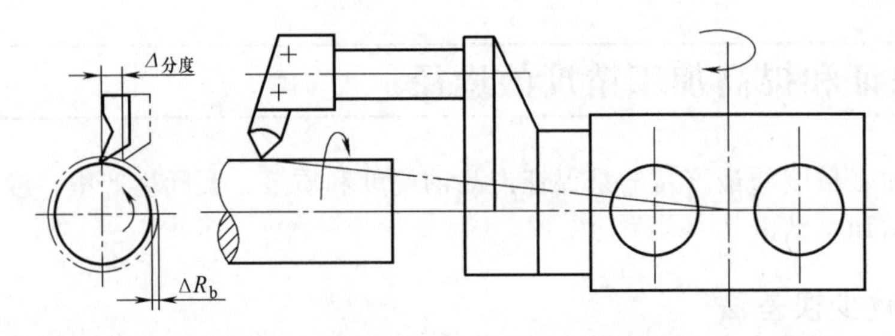

图 4-33　转塔车刀刀架转位误差的转移

再如，用镗模加工箱体零件上的同轴孔系，主轴与镗杆采用浮动卡头连接，将主轴回转运动误差、导轨误差转移到浮动卡头上，使镗杆孔径不受机床误差的影响，孔系的精度则由镗模和镗杆的精度来保证。

4.6.3 误差补偿法

误差补偿法是人为地造出一种新的误差去抵消工艺系统中原始误差的方法。当原始误差是负值时，人为的误差取正值，反之，当原始误差是正值时，人为的误差取负值，应尽量使两者大小相等、方向相反。或者也可以利用一种原始误差去抵消另一种原始误差，这时也应尽量使两者大小相等、方向相反，从而达到减少加工误差、提高加工精度的目的。

例如，龙门铣床横梁导轨在立铣头自重作用下产生向下弯曲的变形，如图 4-34a 所示。一种误差补偿方案是将导轨预先制造成向上凸起的几何形状误差，以抵消因铣头重量而产生的受力变形，如图 4-34b 所示。

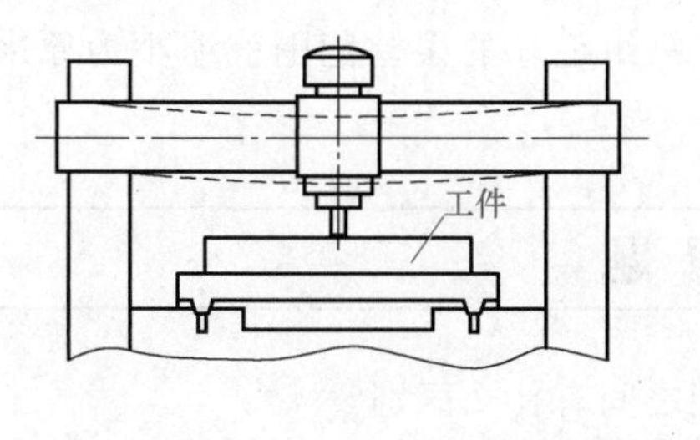

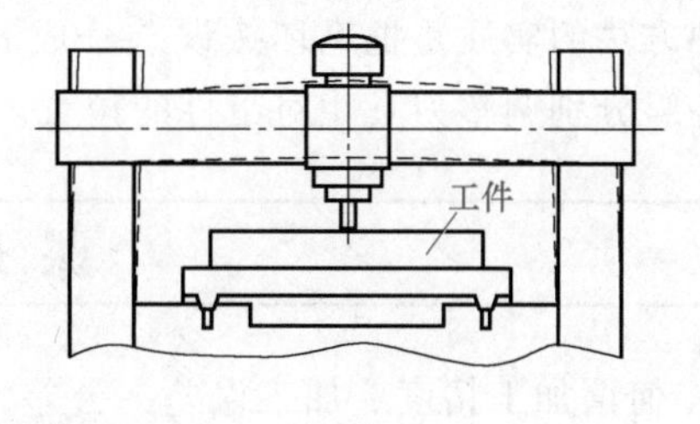

图 4-34 误差补偿法

误差补偿还可以用于补偿精密螺纹、精密齿轮和蜗轮加工机床内传动链的传动误差。如精密丝杠车床用校正装置对传动误差进行校正或补偿，其工作原理图如图 4-35 所示。

4.6.4 误差分组法

在加工中，当前工序要作为定位基准的基面，由于前一工序（或毛坯）的加工误差较大，用它定位可能使当前工序超差，此时可按加工误差大小分组加工。

例如，在 V 形架上铣削一个轴类零件的水平面，如图 4-36 所示。要求保持尺寸 h 的公差 $T_h=0.02\text{mm}$。由于毛坯采用了精化工艺，用作定位的大外圆不再加工，其外圆尺寸公差 $T_D=0.05\text{mm}$，按照夹具设计公式，定位误差为

$$\Delta h=\frac{T_D}{2\sin\dfrac{\alpha}{2}}=\frac{0.05}{1.41}\text{mm}=0.035\text{mm}$$

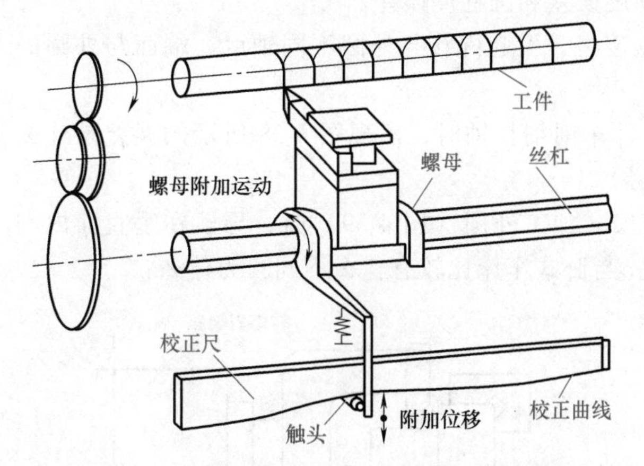

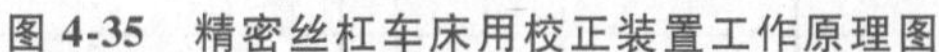

图 4-35 精密丝杠车床用校正装置工作原理图

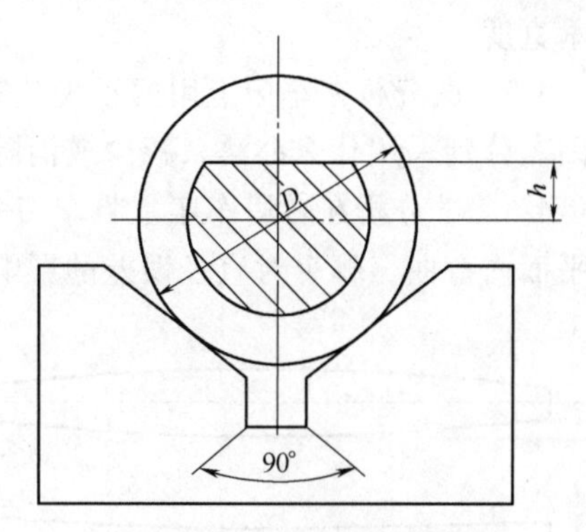

图 4-36 误差分组法示例

显然，由于毛坯误差而产生的定位误差已经超过了公差要求，可将毛坯分组，见表 4-3。

表 4-3 毛坯分组表

分组数	各组误差 T_D/n/mm	定位误差 Δh/mm	定位误差占公差的比例（%）
1	0.025	0.017	85
2	0.017	0.012	60
3	0.0125	0.0088	44

这种方法的实质是把毛坯按误差分成 n 组，每组毛坯的误差范围就缩小为原来的 $1/n$，然后按各组分别调整刀具相对工件的位置。

课后习题

4-1　何谓加工精度、加工误差、公差？它们之间有什么区别？

4-2　车床床身导轨在垂直平面内及水平面内的直线度对车削轴类零件的加工误差有什么影响？影响程度各有何不同？

4-3　试分析由滚动轴承的外圈内滚道（图 4-37a）及内圈外滚道（图 4-37b）的形状误差所引起的主轴回转轴线的运动误差，它对被加工零件精度有什么影响？

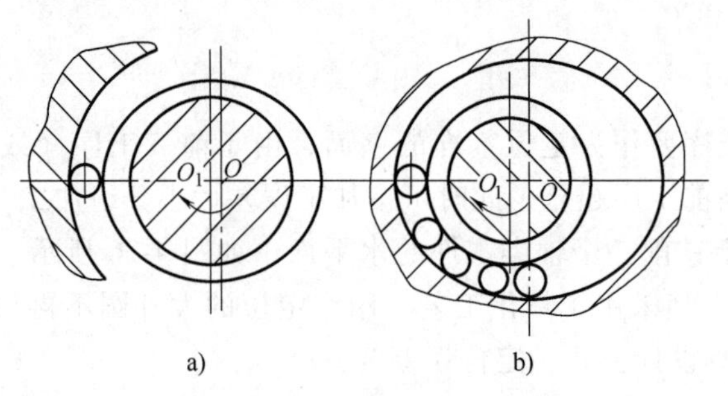

图 4-37　题 4-3 图

4-4　试分析在车床上加工时产生下述误差的原因：

1）在车床上镗孔时，引起被加工孔圆度误差和圆柱度误差。

2）在车床上镗孔时，使用自定心卡盘装夹，引起内孔与外圆不同轴度、端面与外圆的不垂直度。

4-5　试分析在车床上用两顶尖装夹工件车削细长轴时，出现图 4-38 所示的误差是什么原因。分别采用什么办法来减少或消除误差？

4-6　试分析在转塔车床上将车刀垂直安装加工外圆（图 4-39）时，导轨在垂直面内和水平面内弯曲，哪个对直径误差的影响大？与卧式车床比较有什么不同？为什么？

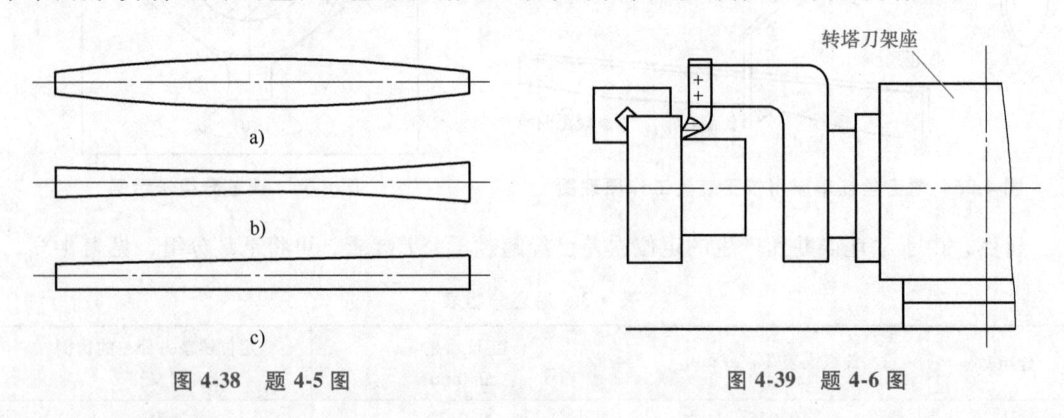

图 4-38　题 4-5 图　　图 4-39　题 4-6 图

4-7　在磨削锥孔时，用检验锥度的塞规着色检验，发现只在塞规中部接触或在塞规的两端接触（图 4-40）。试分析造成误差的各种因素。

4-8 如果被加工齿轮分度圆直径 $D=100\text{mm}$，滚齿机滚切传动链中最后一个交换齿轮的分度圆直径 $d=200\text{mm}$，分度蜗杆副的降速比为 1∶96，若此交换齿轮的齿距累积误差 $\Delta F=0.12\text{mm}$，试求由此引起的工件的齿距极限偏差是多少。

4-9 设已知一工艺系统的误差复映系数为 $\varepsilon=0.25$，工件在本工序前有圆柱度误差为 0.45mm。若本工序形状精度规定公差 0.01mm，问至少进给几次方能使形状精度合格？

4-10 在车床上加工丝杠，工件总长为 2650mm，螺纹部分的长度 $L=2000\text{mm}$，工件材料和母丝杠材料都是 45 钢，加工时室温为 20℃，加工后工件升温到 45℃，母丝杠升温到 30℃。试求工件全长上由于热变形引起的螺距累积误差。

4-11 横磨工件时，设横向磨削力 $F_y=100\text{N}$，主轴箱刚度 $k_{zx}=5000\text{N/mm}$，尾座刚度 $k_{wz}=4000\text{N/mm}$，加工工件尺寸如图 4-41 所示，求加工后工件的锥度。

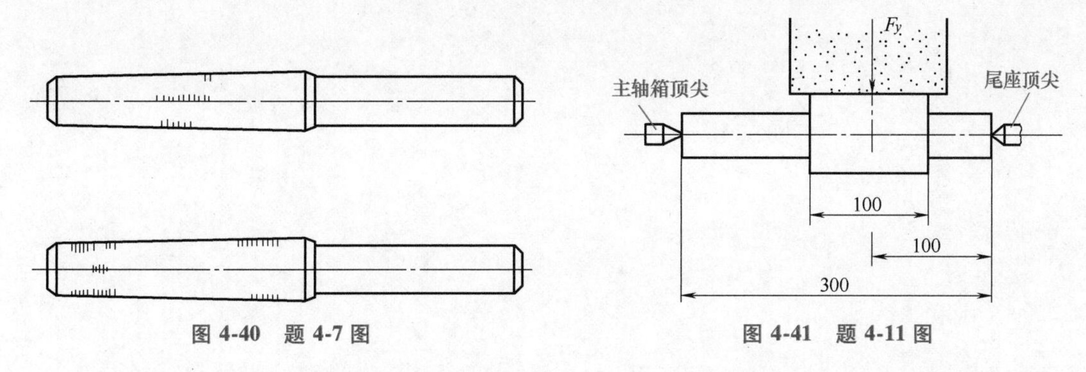

图 4-40 题 4-7 图　　图 4-41 题 4-11 图

4-12 试说明磨削外圆时使用固定顶尖（图 4-42）的目的是什么。哪些因素会引起外圆的圆度和锥度误差？

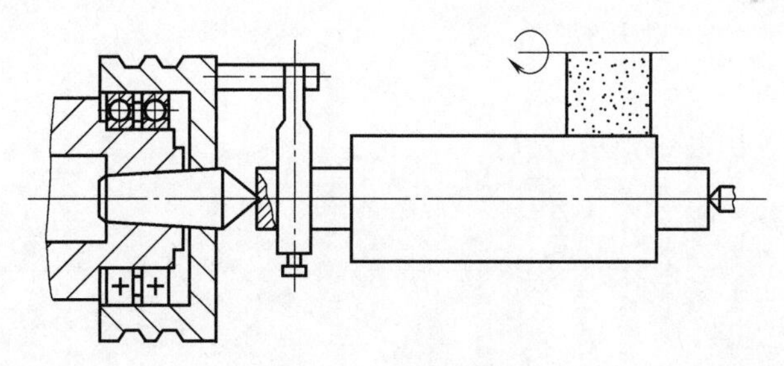

图 4-42 题 4-12 图

4-13 在车床或磨床上加工相同尺寸及相同精度的内、外圆柱表面时，加工内孔表面的进给次数往往多于外圆表面，试分析其原因。

4-14 在车床上加工长度为 800mm、直径为 60mm 的 45 钢光轴外圆时，已知机床各部件的刚度分别为 $k_{zx}=9000\text{N/mm}$，$k_{wz}=5000\text{N/mm}$，$k_{dj}=4000\text{N/mm}$，加工时的切削力 $F_z=600\text{N}$，$F_y=0.4F_z$。试分析计算一次进给后工件的轴向形状误差（工件装夹在两顶尖之间）。

4-15 在卧式铣床上铣削键槽（图 4-43），经测量发现靠工件两端的深度大于中间，且都比调整的深度尺寸小，试分析这一现象的原因。

4-16 如图 4-44 所示的床身零件，当导轨面在龙门刨床上粗刨之后便立即进行精刨。试分析若床身刚度较低，精刨后导轨面将会产生什么样的误差。

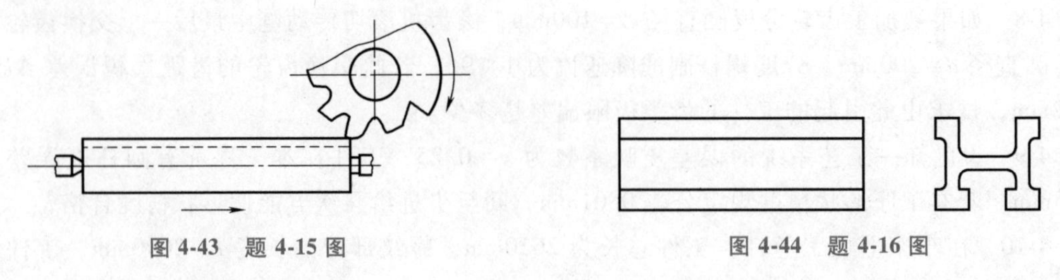

图 4-43　题 4-15 图　　　　图 4-44　题 4-16 图

4-17　在行星磨床上磨削加工一空气压缩机机体零件上的内孔，其尺寸为 ϕ500mm×800mm。已知磨削内孔的砂轮尺寸为 ϕ200mm×50mm，背吃刀量 a_p = 0.03mm，砂轮磨耗量与工件的金属磨除量之比为 1∶20。试计算在只考虑砂轮磨耗量影响的条件下，一次走刀磨削加工后内孔的形状误差，并求加工后工件的锥度。

第5章

机械加工表面质量

机械零件的加工质量除包括加工精度之外，还包括表面质量。机械加工后的零件表面并非绝对光滑的表面，它存在着不同程度的表面粗糙度、冷硬、纹理等表面缺陷，虽然只有极薄的一层，但对机械零件的使用性能却具有很大的影响。因此，零件在机械加工过程中，除必须保证加工精度要求外，还必须保证表面质量，满足零件使用性能的要求。

5.1 表面质量及其对使用性能的影响

5.1.1 表面质量的含义

机械加工表面质量是经过机械加工后，在零件已加工表面上几微米至几百微米表层所产生的组织成分和理化性能的变化，以及表面层微观几何形状误差。机械加工表面质量的主要内容包括以下两个方面。

1. 表面的几何形状特征

加工后的表面几何形状，总是以“峰”“谷”的形式偏离其理想光滑表面，按其偏离程度有宏观和微观之分。表面几何形状按波距（波形起伏间距）λ 来划分，一般包括表面粗糙度（$\lambda<1$mm）、表面波纹度（1mm$<\lambda<$10mm）和形状误差（$\lambda<$10mm）。图5-1所示为零件实际表面轮廓的形状和组成部分。

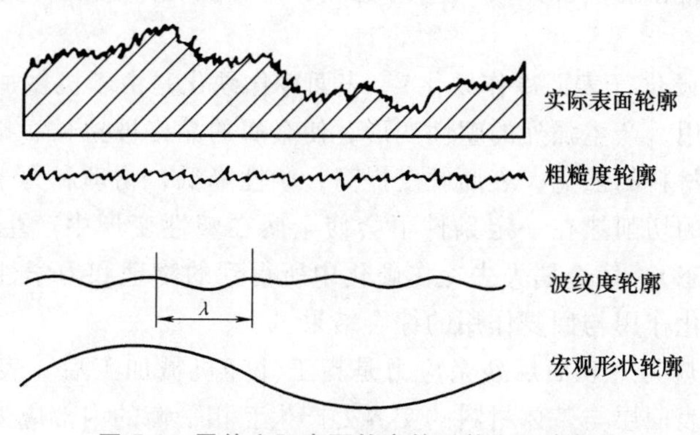

图5-1 零件实际表面轮廓的形状和组成部分

表面几何形状特征主要由以下几部分组成：

（1）表面粗糙度 表面粗糙度是表面的微观几何形状误差。它是切削过程中，切削刃

在被切削表面形成的凹凸不平的痕迹。

（2）波度　波度是介于宏观几何形状误差和表面粗糙度之间的周期性几何形状误差。它主要是由加工过程中工艺系统的振动产生的。

（3）纹理方向　纹理方向是指表面刀纹的方向。它取决于表面成形所采用的加工方法。一般运动副或密封件对纹理方向有要求。图 5-2 所示为各种加工纹理方向及其符号标注。

（4）表面伤痕　表面伤痕是指在加工表面个别位置出现的缺陷，如沙眼、气孔、裂痕等。

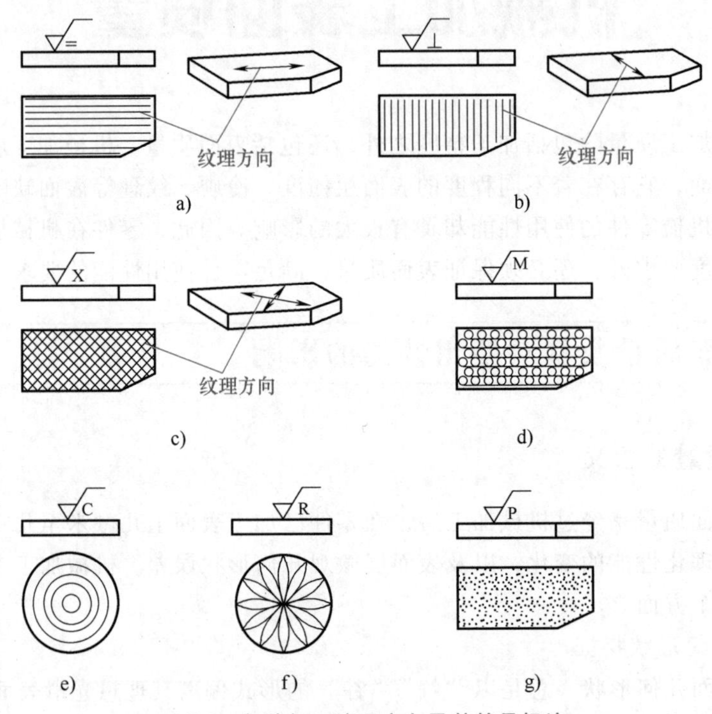

图 5-2　各种加工纹理方向及其符号标注

2. 表面层物理、力学及化学性能的变化

表面层的金属材料在切削加工时产生的物理、力学及化学性能的变化主要有以下几个方面。

（1）表面层加工硬化（表面冷作硬化）　表面冷作硬化是由于机械加工时，工件表面层金属受到切削力的作用，产生强烈的塑性变形，使金属的晶格被拉长、扭曲，甚至破坏而引起的。其结果是引起材料的强化，表面硬度提高，塑性降低，物理和力学性能发生变化。此外，机械加工中产生的切削热在一定条件下会使金属在塑性变形中产生回复现象（已强化的金属回复到正常状态），使金属失去冷作硬化中所得到的物理和力学性能，因此，机械加工表面层的冷硬是强化作用与回复作用的综合结果。

（2）表面层残余应力　表面层残余应力是指工件经机械加工后，表面层组织发生形状或组织变化，导致在表面层与基体材料的交界处产生互相平衡的内部应力。表面残余压应力可提高工件表面的耐磨性和疲劳强度，而表面残余拉应力则会降低工件表面的耐磨性和疲劳强度，且当拉应力值超过工件材料的疲劳强度极限值时，会使工件表面产生裂纹，加速工件损坏。

（3）表面层金相组织的改变　对于一般的切削加工，切削热大部分被切屑带走，加工表面温升不高，故对工件表面层的金相组织的影响不严重。而磨削时，磨粒在高速（一般是 35m/s）下以很大的负前角切削薄层金属，在工件表面产生很大的摩擦力和塑性变形，其单位切削功率消耗远远大于一般切削加工。由于消耗的功率大部分转化为磨削热，其中约80%的热量将传给工件，所以磨削是一种典型的容易产生加工表面金相组织变化（磨削烧伤）的加工方法。

磨削烧伤分为回火烧伤、淬火烧伤和退火烧伤，它们的特征是在工件表面呈现烧伤色，不同的烧伤色表明表面层具有不同的温度与不同的烧伤深度。

表面层烧伤将使零件的物理和力学性能大为降低，使用寿命也可能成倍下降。因此在工艺上必须采取措施，避免烧伤的出现。

5.1.2　表面质量对产品使用性能的影响

表面质量对零件的使用性能，如耐磨性、疲劳强度、耐蚀性和配合质量等，都有一定程度的影响。

1. 表面质量对耐磨性的影响

（1）表面粗糙度对耐磨性的影响　零件的耐磨性主要与摩擦副的材料、热处理情况和润滑条件有关。在这些条件已满足的情况下，零件的表面质量就起决定性作用。

图 5-3 所示为磨损过程的三个阶段。磨损开始时比较明显，称为初期磨损阶段。经过初期磨损之后，两表面的接触面积增大，磨损变缓，此时进入磨损的第二阶段，即正常磨损阶段。正常磨损阶段的磨损率基本保持不变。最后磨损又突然加剧，导致零件不能正常工作，此阶段称为急剧磨损阶段。

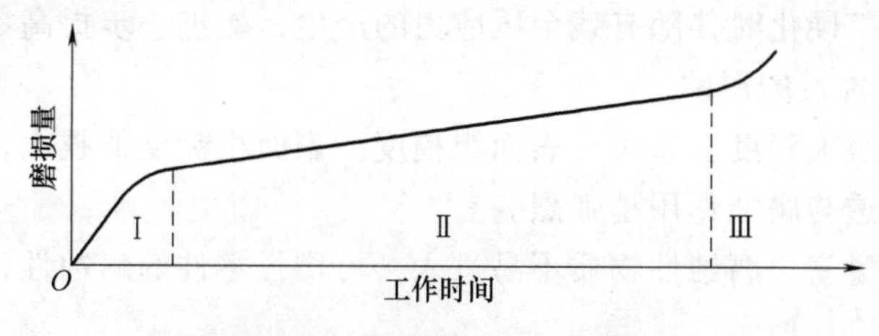

图 5-3　磨损过程的三个阶段

Ⅰ—初期磨损阶段　Ⅱ—正常磨损阶段　Ⅲ—急剧磨损阶段

表面粗糙度与初期磨损量的关系如图 5-4 所示。表面粗糙度的最佳值与机器零件的工作情况有关，载荷加大时，磨损曲线向上、向右移动，最佳表面粗糙度值也随之右移。在一定条件下，摩擦副表面存在一最佳表面粗糙度，曲线中的 Ra_1 和 Ra_2 即为最佳表面粗糙度值。过大或过小的表面粗糙度都会使初期磨损量增大。

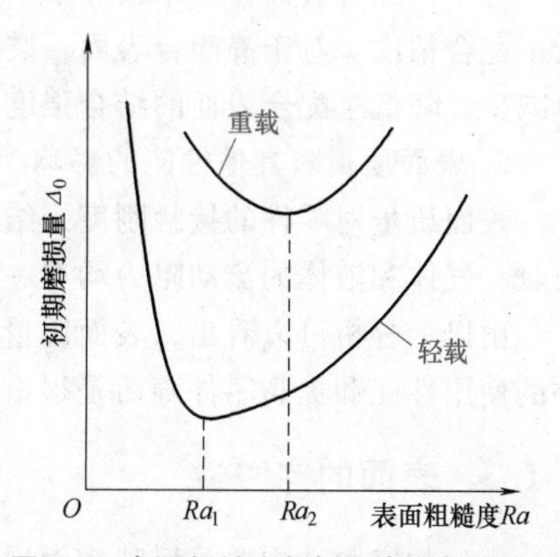

图 5-4　表面粗糙度与初期磨损量的关系

（2）冷作硬化对耐磨性的影响　表面层的冷作硬化一般能提高耐磨性，但过度冷作硬化会使金属组织疏松，加剧磨损，甚至会出现裂纹、剥落等。图 5-5 所示

为表面冷硬程度与耐磨性的关系。由图 5-5 可以看出，存在一个最佳冷硬程度，能使零件耐磨性最好。

（3）表面纹理对耐磨性的影响　表面纹理的形状及刀纹方向会对耐磨性、有效接触面积和切削液的存留产生影响。

（4）表面层产生的金相组织变化对零件耐磨性的影响　表面层金相组织的变化会引起基体材料硬度的变化，进而影响零件的耐磨性。

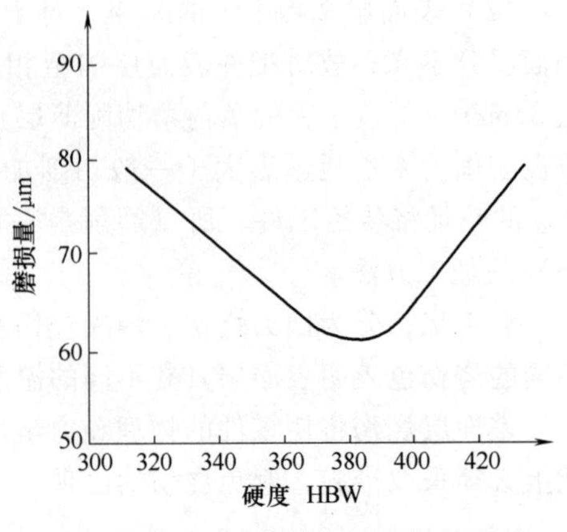

图 5-5　表面冷硬程度与耐磨性的关系

2. 表面质量对疲劳强度的影响

金属受交变应力作用后产生的疲劳破坏往往起源于零件表面和表面冷硬层。因此，零件的表面质量对疲劳强度的影响很大。

（1）表面粗糙度对疲劳强度的影响　在交变载荷作用下，表面粗糙度的凹谷部位容易产生应力集中，进而出现疲劳裂纹。表面粗糙度值越大，表面的纹痕越深，纹底半径越小，抗疲劳破坏的能力就越差。实验表明，减小表面粗糙度值可以使零件的疲劳强度有所提高。

（2）残余应力、加工硬化对疲劳强度的影响　残余应力对零件疲劳强度的影响很大。表面层存在的残余拉应力将使疲劳裂纹扩大，加速疲劳破坏；而表面层存在的残余压应力能够阻止疲劳裂纹的扩展，延缓疲劳破坏的产生。

加工硬化可以在零件表面形成硬化层，使其硬度和强度提高，可以防止裂纹产生并阻止已有裂纹的扩展，从而使零件的疲劳强度提高。但表面层硬化程度过高，会导致表面层的塑性过低，反而易于产生裂纹，使零件的疲劳强度降低。因此，零件的硬化程度应控制在一定的范围之内。如果加工硬化时伴随有残余压应力的产生，能进一步提高零件的疲劳强度。

3. 表面质量对耐蚀性的影响

零件的耐蚀性在很大程度上取决于表面粗糙度。表面粗糙度值越大，越容易积聚腐蚀性介质，凹谷越深，渗透与腐蚀作用越强烈。

残余应力使表面紧密，腐蚀性物质不易进入，可增强零件的耐蚀性，而拉应力将降低耐蚀性。

4. 表面质量对配合质量的影响

对于动配合表面，如果粗糙度参数值过大，初期磨损就较严重，从而配合间隙增大，降低了配合精度。对于静配合表面，装配时表面粗糙度部分的凸峰会被挤平，使实际的配合过盈减少，降低了配合表面的结合强度。

5. 表面质量对其他性能的影响

表面质量对零件的接触刚度，结合面的导热性、导电性、导磁性、密封性，光的反射与吸收，气体和液体的流动阻力均有一定程度的影响。

由以上分析可以看出，表面质量对零件的使用性能有重大影响。提高表面质量对保证零件的使用性能和提高零件寿命是很重要的。

5.1.3　表面的完整性

表面的完整性主要是反映表面层的性能，包括：

（1）表面形貌　它主要包括表面粗糙度、表面波度和纹理。

（2）表面缺陷　它主要是指加工表面上出现的宏观裂纹、伤痕和腐蚀。

（3）微观组织和表面层的冶金化学性能　它主要包括微观裂纹、微观组织变化及晶间腐蚀等。

（4）表面层物理和力学性能　它主要包括表面层硬化深度和程度、表面层残余应力的大小、分布。

（5）表面层的其他工程技术特征　它主要包括摩擦特性、光的反射率、导电性和导磁性等。

5.2 影响表面粗糙度的工艺因素

5.2.1 影响切削加工后表面粗糙度的工艺因素

影响切削加工后表面粗糙度的主要因素有几何因素和物理因素两个方面。

1. 几何因素

几何因素主要是指刀具的几何形状和角度，特别是刀尖圆弧半径 r_ε 和主偏角 κ_r 的影响，其次是进给量 f。图 5-6a 所示为主偏角 κ_r、副偏角 κ_r'和进给量 f 对表面粗糙度 Rz 的影响；图 5-6b 所示为刀尖圆弧半径 r_ε 和进给量 f 对加工表面粗糙度 Rz 的影响。

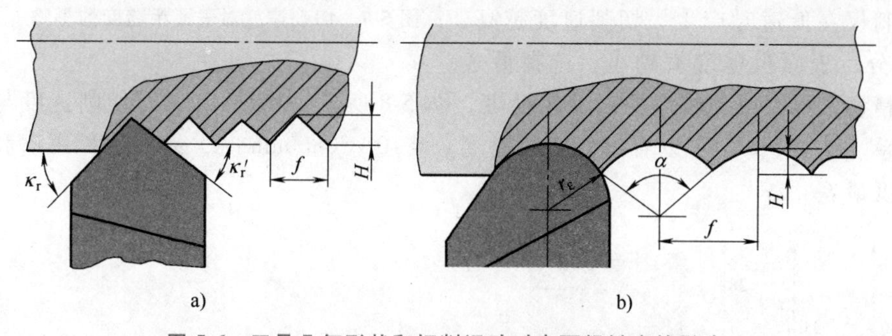

图 5-6　刀具几何形状和切削运动对表面粗糙度的影响

当刀尖圆弧半径 $r_\varepsilon=0$ 时，残留面积高度 H 为

$$H=\frac{f}{\cot\kappa_r+\cot\kappa_r'}$$

式中　H——残留面积高度；

f——进给量；

κ_r——主偏角；

κ_r'——副偏角。

当刀尖圆弧半径 $r_\varepsilon>0$ 时，

$$H=\frac{f^2}{8r_\varepsilon}$$

式中　r_ε——刀尖圆弧半径。

减小进给量f、主偏角κ_r和副偏角κ_r'，以及增大刀尖圆弧半径r_ε，都能减小理论残留面积高度H，也就减小了零件的表面粗糙度。

2. 物理因素

切削加工后，表面粗糙度的实际轮廓形状一般都与纯几何因素所形成的理想轮廓有较大的差别，这是由于存在着与被加工材料的性质及切削机理有关的物理因素的缘故。在切削过程中，刀具刃口圆角及刀具后刀面的挤压与摩擦，使金属材料产生塑性变形，使理想残留面积挤压或沟纹加深，因而增加了表面粗糙度。

（1）工件材料的影响

1）韧性材料。工件材料的韧性越好，金属塑性变形越大，加工表面就越粗糙。故对于中碳钢和低碳钢材料的工件，为改善切削性能，减小表面粗糙度，常在粗加工或精加工前安排正火或调质处理。

2）脆性材料。加工脆性材料时，其切削呈碎粒状，由于切屑的崩碎而在加工表面留下许多麻点，表面会变得粗糙。

（2）切削速度的影响　加工塑性材料时，切削速度对表面粗糙度的影响如图5-7所示，图中实线为只考虑塑性变形的影响，虚线为考虑了积屑瘤和鳞刺的影响。

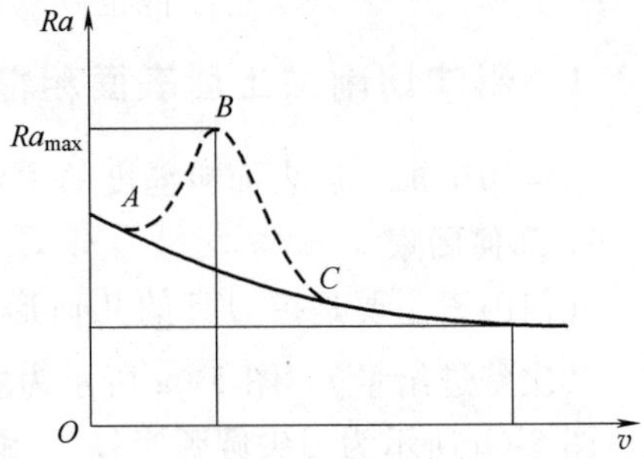

图5-7　切削速度对表面粗糙度的影响

积屑瘤和鳞刺仅在低速时产生。切削速度越高，塑性变形越不充分，表面粗糙度值越小；选择低速宽刀精切和高速精切，可以得到较小的表面粗糙度。图5-8所示为切削45钢时切削速度与表面粗糙度的关系。从图5-8中可以看出，切削速度v_c = 10～50m/min时，易产生积屑瘤和鳞刺，表面粗糙度最差。

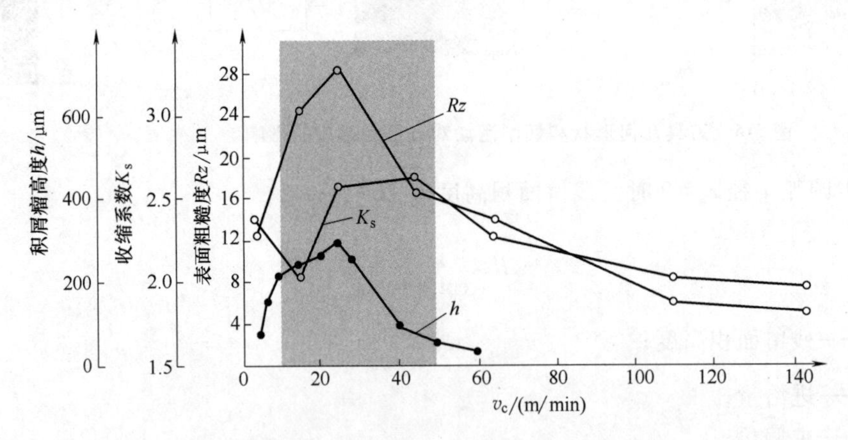

图5-8　切削45钢时切削速度与表面粗糙度的关系

（3）进给量的影响　减小进给量f固然可以减小表面粗糙度，但进给量过小时，表面粗糙度会有增大的趋势。

（4）其他因素的影响　此外，合理使用切削液，适当增大刀具的前角，提高刀具的刃磨质量等，均能有效地减小表面粗糙度值。

5.2.2 影响磨削加工后表面粗糙度的工艺因素

磨削加工与切削加工有许多不同之处。磨削加工表面是由砂轮上大量的磨粒刻划出的无数极细的沟槽形成的。单位面积上的刻痕越多，即通过单位面积上的磨粒越多，刻痕的等高性越好，则表面粗糙度值也就越小。

在磨削过程中，由于磨粒大多具有很大的负前角，所以产生了比切削加工大得多的塑性变形。磨粒磨削时，金属材料沿着磨粒侧面流动，形成沟槽隆起现象，因而增大了表面粗糙度值。此外，磨削热使金属表面软化，也进一步增大了表面粗糙度值。

综上所述，影响磨削表面粗糙度的主要因素有以下几个。

（1）砂轮粒度　砂轮粒度越大，则砂轮单位面积上的磨粒数越多，在工件上的刻痕也越细密，所以，表面粗糙度值也越小。

（2）砂轮的修整　用金刚石修正砂轮相当于在砂轮上车出一道螺纹，修整导程和切深越小，修整出的砂轮越光滑，磨削刃的等高性越好，因而磨出的工件表面粗糙度也就越小。

（3）砂轮速度　提高砂轮速度可以增加在工件单位面积上的刻痕，同时塑性变形造成的隆起也随着砂轮速度的增大而下降，从而使表面粗糙度值减小。

（4）磨削深度与工件速度　增大磨削深度与工件速度，将增大塑性变形的程度，从而增大表面粗糙度。通常，在磨削过程中，初期采用较大的磨削深度，以提高生产率，在后期采用较小的磨削深度或“无火花”磨削，以减小表面粗糙度。

5.2.3 改善表面粗糙度的方法

1. 光整加工

光整加工是不切除或从工件上切除极薄材料层，以减小工件表面粗糙度为目的的加工方法，如超级光磨和抛光等。

2. 研磨

研磨是在精加工基础上利用研具和磨料从工件表面磨去一层极薄金属的一种磨料精密加工方法。研磨后标准公差等级可达 IT5~IT3，*Ra* 值可达 0.1~0.008μm。研磨是精密和超精密零件精加工的主要方法之一，可使零件获得极高的尺寸精度、几何形状和位置精度，以及最高的表面粗糙度。

3. 抛光

抛光是利用柔性抛光工具和游离磨料颗粒或其他抛光介质，对工件表面进行修饰的加工方法。抛光一般不能提高工件的尺寸精度或几何形状精度，而是以得到光滑表面或镜面光泽为目的。

抛光常作为镀层表面或零件表面装饰加工的最后一道工序，其目的是消除磨光工序后残留在表面上的细微磨痕，以获得光亮的外观。

4. 珩磨

珩磨是利用珩磨头上的油石条进行孔加工的一种高效率的光整加工方法，需要在磨削或精镗的基础上进行。珩磨的加工精度高，珩磨后标准公差等级可达 IT6~IT4，*Ra* 值可达 0.2~0.025μm。

5.3 影响加工表面物理性能和力学性能的工艺因素

加工过程中，工件由于受到切削力、切削热的作用，其表面层的物理性能和力学性能会产生很大的变化，导致表面层与基体材料性能有很大不同，最主要的变化是表面层金相组织的变化、显微硬度变化和在表面层的残余应力。它们是加工时的塑性变形引起的冷作硬化和切削热产生的金相组织变化引起的硬度变化综合作用的结果。长期的实验研究结果表明，磨削过程中产生的大量磨削热，会使得表面层的金相组织、显微硬度都产生很大的变化，并产生有害的残余应力。下面分别对表面层冷作硬化、表面残余应力和表面层金相组织的变化进行阐述。

5.3.1 表面层冷作硬化

1. 冷作硬化及其评价参数

机械加工过程中，加工表面层由于受力的作用而产生塑性变形，晶格间产生滑移，晶格严重扭曲、拉长、纤维化及破碎，从而引起表面层的强化和硬度的增加，这种现象称作冷作硬化。可以用三项指标来衡量冷作硬化的程度，即表面层的显微硬度、硬化层深度 h 及硬化程度 N。切削加工时表面层不同深度处的显微硬度如图 5-9 所示。

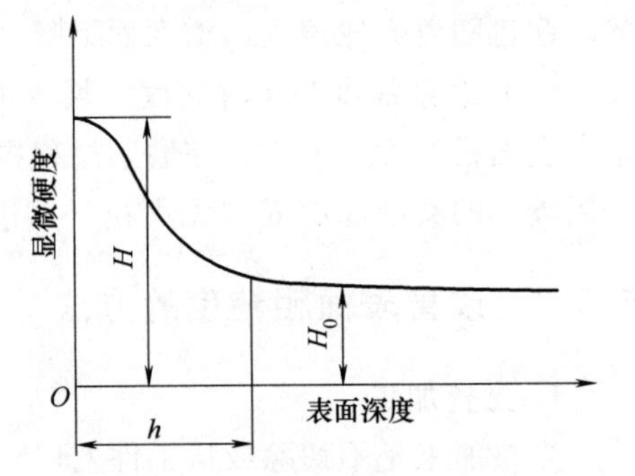

图 5-9 切削加工时表面层不同深度处的显微硬度

其中，显微硬度与硬化程度 N 的关系如下：

$$N=\frac{H-H_0}{H_0}\times 100\%$$

式中 H——加工后表面层的显微硬度（MPa）；

H_0——工件原表面层的显微硬度（MPa）。

2. 影响加工表面层冷作硬化程度的因素

（1）切削力　切削力越大，塑性变形越大，冷作硬化程度越大，硬化层深度越大。因此，大的进给量、切削深度和小的刀具前角，会使得切削力增大，冷作硬化程度严重。

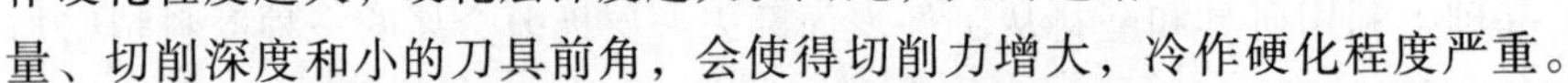

（2）切削温度　切削温度越高，冷作硬化程度越小。

（3）切削速度　当切削速度很高时，变形速度很快，塑性变形将不充分，因此，硬化层深度和冷作硬化程度都将减小。

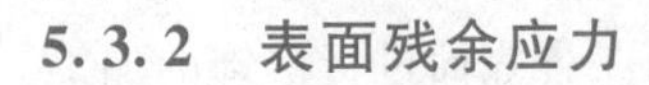

5.3.2 表面残余应力

在切削过程中，表面层发生形状变化和组织变化时，在表面层及其与基体材料的交界处，就会产生互相平衡的弹性内应力，称为表面残余应力。

1. 表面残余应力产生的原因

（1）冷态塑性变形的影响　在切削力的作用下，已加工表面产生强烈的塑性变形，表面层金属体积发生变化。此时，基体金属受到影响而处于弹性变形状态。切削力去除后，基体金属趋向恢复，但受到表面层的限制，恢复不到原状，因而在表面层产生残余应力。一般而言，表面层在切削时，受刀具后刀面的挤压和摩擦影响较大，其作用是使表面层产生伸长塑性变形，受到基体材料的限制而产生残余压应力。

（2）热态塑性变形的影响　在切削热的作用下，工件的被加工表面产生热膨胀，此时，由于基体金属温度较低，表面层会产生热压应力。当切削过程结束时，表面温度会降低。由于表层产生的热塑性受到基体材料的限制，故而产生残余拉应力。切削或磨削温度越高，热塑性变形越大，残余拉应力也越大，有时甚至产生裂纹。

（3）金相组织变化的影响　切削时的高温会引起表面层的相变，由于不同的金相组织有不同的比重，表面层金相组织的变化造成了体积的变化。表面层体积膨胀，因受到基体的限制，产生了压应力。反之，表面层体积缩小，则产生拉应力。各种金相组织中，马氏体比重最小，奥氏体比重最大。磨削淬火钢时，若表面层产生回火现象，则马氏体转化成索氏体或屈氏体；因为体积缩小，表面层产生残余拉应力，里层产生残余压应力。若表面层产生二次淬火现象，则表面层产生二次淬火马氏体，其体积比里层的回火组织大，因而表层产生压应力，里层产生拉应力。

2. 表面残余应力与疲劳裂纹

当表面残余应力超过材料的强度极限时，零件表面就会产生裂纹，有的磨削裂纹也可能不在零件的外表面，而是在表面层下，成为肉眼难以发现的缺陷。裂纹的方向常与磨削方向垂直或成网状，裂纹的产生常与烧伤同时出现。

磨削裂纹的产生与材料及热处理有很大关系。磨削硬质合金时，由于其脆性大，抗拉强度及传导性差，所以特别容易产生裂纹。磨削碳含量高的淬火钢时，由于其晶界脆弱，故也容易产生磨削裂纹。工件在淬火后如果存在残余应力，即使在正常的磨削条件下也可能会出现磨削裂纹。渗碳、渗氮时如果工序不当，就会在表面层的晶界面上析出碳化物、氮化物，当磨削时，在热应力的作用下，就容易沿着这些组织发生脆性破坏而出现网状裂纹。

因此，避免产生裂纹的途径在于降低磨削热和改善散热条件。例如，提高冷却效果，合理选择磨削用量等。在磨削前进行去除应力工序能有效地防治裂纹的产生。至于热处理引起的磨削裂纹，就必须从热处理工艺着手，采取相应措施解决。

3. 影响金属表面残余应力的工艺因素

影响金属表面残余应力的主要因素有刀具几何参数、工件材料、刀具磨损及切削用量等。

（1）刀具几何参数　刀具几何参数中，对残余应力影响最大的是刀具前角。刀具前角由正变为负时，表面残余拉应力逐渐减小。当前角为较大负值且切削用量合适时，甚至可得到残余压应力。

（2）工件材料　切削加工奥氏体不锈钢等塑性材料时，加工表面易产生残余拉应力；切削灰铸铁等脆性材料时，加工表面易产生残余压应力。

（3）刀具磨损　刀具后刀面磨损值增大，使后刀面与加工表面摩擦增大，由热应力引起的残余应力增大，使加工表面呈残余拉应力，并使残余拉应力层的深度变大。

（4）切削用量　切削速度 v_c 和进给量 f 对残余应力的影响较大。v_c 增加，切削温度升高，由切削温度引起的热应力逐渐起主导作用，残余应力将增大，但残余应力层的深度将减小。进给量 f 增加，残余拉应力增大，但压应力将向里层移动。背吃刀量对残余应力的影响不显著。

5.3.3　表面层金相组织的变化

表面层金相组织的变化主要受温度的影响。磨削时，由于磨削温度较高，极易引起表面层金相组织的变化和表面的氧化，严重时会造成工件报废。

1. 磨削烧伤

切削加工中，由于切削热的作用，在工件的加工区及其邻近区域产生了一定的温升。磨削加工时，表面层有很高的温度，当温度达到相变临界点时，表层金属就会发生金相组织变化，强度和硬度降低，产生残余应力，甚至出现微观裂纹，使工件表面呈现氧化膜颜色，这种现象称为磨削烧伤。

淬火钢在磨削时，由于磨削条件不同，产生的磨削烧伤有以下三种形式。

（1）退火烧伤　如果工件表面层温度超过了相变温度，则马氏体转变为奥氏体，而这时又无切削液，则表面硬度急剧下降，工件表层被退火，这种现象称为退火烧伤。

（2）淬火烧伤　磨削时，如果工件表面温度超过相变临界温度，则马氏体转变为奥氏体。在切削液的作用下，工件最外层金属会出现二次淬火马氏体组织，其硬度比原来的回火马氏体高，但很薄，其下为硬度较低的回火索氏体和屈氏体。由于二次淬火层极薄，表面层总的硬度是降低的，这种现象称为淬火烧伤。

（3）回火烧伤　如果工件表面层温度未超过相变温度，但超过了马氏体的转变温度，则马氏体将转变为硬度较低的回火屈氏体或索氏体，这种现象称为回火烧伤。

严重的磨削烧伤会使零件的使用寿命成倍下降，甚至根本无法使用。工件磨削出现的烧伤色是工件表面在瞬时高温下产生的氧化膜颜色，多为黄褐、紫青等颜色。

2. 防止磨削烧伤的途径

磨削热是造成磨削烧伤的根源，故防止和抑制磨削烧伤有两个途径：一是尽可能地减少磨削热的产生；二是改善冷却条件，尽量使产生的热量少传入工件。具体工艺措施主要有以下几个方面。

（1）正确选择砂轮　选择砂轮时，应考虑砂轮的自锐能力（即磨粒磨钝后自动破碎产生新的锋利磨粒或自动从砂轮上脱落的能力）。磨削时，砂轮应不产生粘屑堵塞现象。硬度太高的砂轮由于自锐性能不好，磨粒磨钝后磨削力增大，摩擦加剧，产生的磨削热较大，容易产生烧伤。故当工件材料的硬度较高时，选用软砂轮较好。立方氮化硼砂轮磨粒的硬度和强度虽然低于金刚石，但其热稳定性好，与铁元素的化学惰性高，磨削钢件时不产生粘屑，磨削力小，磨削热也较低，能磨出较高的表面质量，是一种很好的磨料，适用范围很广。

砂轮的结合剂也会影响磨削表面质量。选用具有一定弹性的橡胶结合剂或树脂结合剂砂轮磨削工件时，当磨削力增大时，结合剂的弹性能够使砂轮做一定的径向退让，从而使磨削深度自动减小，以缓和磨削力突增而引起的烧伤。

另外，为了减少砂轮与工件之间的摩擦热，将砂轮的气孔内浸入某种润滑物质，如石蜡等，对降低磨削区的温度、防止工件烧伤也能起到良好的效果。

（2）合理选择磨削用量　磨削用量的选择应在保证表面质量的前提下，尽量不影响生产率和表面粗糙度。

磨削深度增加时，温度随之升高，易产生烧伤，故磨削深度不能选得太大。一般在生产中，常在精磨时逐渐减少磨削深度，以便逐渐减小热变质层，并能逐步去除前一次磨削形成的热变质层，再进行若干次无进给磨削。这样可有效地避免表面层的磨削烧伤。

工件的纵向进给量增大，砂轮与工件的表面接触时间相对减少，因而热的作用时间较短，使散热条件得到改善，不易产生磨削烧伤。为了弥补纵向进给量增大而导致的表面粗糙的缺陷，可采用宽砂轮磨削。

（3）改善冷却条件　现有的冷却方法由于切削液不易进入到磨削区域内，往往冷却效果很差。由于高速旋转的砂轮表面上产生的强大气流层阻隔了切削液进入磨削区，大量切削液常常是喷在已加工表面上，此时磨削热量已进入工件表面造成了热损伤，因此改进冷却方法和提高冷却效果是非常必要的，具体改进措施如下。

1）采用高压大流量切削液，不但能增强冷却作用，还能对砂轮表面进行冲洗，使其空隙不易被切屑堵塞。

2）为了减轻高速旋转的砂轮表面的高压附着气流的作用，可以加装空气挡板，使切削液能顺利喷到磨削区，这对于高速磨削尤为必要。

3）采用内冷却法。内冷却是一种较为有效的冷却方法，其工作原理是经过严格过滤的切削液通过中空主轴法兰套引入砂轮的中心腔内，由于离心力的作用，这些切削液就会通过砂轮内部的孔隙向砂轮四周的边缘洒出，这样切削液就有可能直接进入磨削区，如图 5-10a 所示。

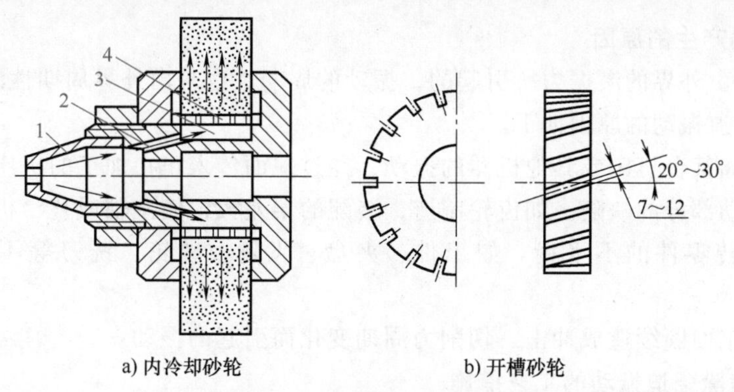

a) 内冷却砂轮　　b) 开槽砂轮

图 5-10　改善冷却条件的方法

1—锥形盖　2—切削液通孔　3—砂轮中心腔　4—开孔薄壁套

4）采用开槽砂轮也是改善冷却条件的一种有效方法。在砂轮的四周上开一些横槽，能使砂轮将切削液带入磨削区，从而提高冷却效果。砂轮开槽的同时形成间断磨削，工件受热时间短，金相组织来不及转变。砂轮开槽还能起到扇风作用，可改善散热条件，如图 5-10b 所示。

5.4　机械加工过程中的振动

机械加工过程中，工艺系统会发生振动，即刀具与工件之间会产生周期性往复运动。这种附加在正常切削运动上的周期性运动，会破坏工件与刀具之间正常的运动轨迹，使加工表面产生振痕，严重影响零件的表面质量和使用性能。动态交变载荷使刀具极易磨损（甚至崩刃），机床连接特性遭到破坏，缩短了刀具和机床的使用寿命。振动严重时，加工过程将无法进行。为了减少振动，有时不得不降低切削用量，而使生产率下降。各种切削和磨削过程都可能发生振动，当速度高、金属切除率大时会产生较强烈的振动。

5.4.1　工艺系统中振动的分类

1. 自由振动

当系统因受初始干扰力而破坏了其平衡状态后，系统仅靠弹性恢复力来维持的振动即为自由振动。由于系统中总存在阻尼，自由振动会逐渐衰减，直至停止。在切削过程中，由于材料硬度不均或工件表面有缺陷，工艺系统就会产生这类振动，但由于阻尼作用，振动将迅速减弱，因而对机械加工的影响不大。

2. 强迫振动

由外界的持续激振力引起和维持的振动，称为强迫振动（或受迫振动）。外界干扰力的含义很广，“外界”既可指工艺系统以外，也可指工艺系统内部的由刀具和工件等组成的切削系统，但总的来说都是指振动系统以外。

3. 自激振动

系统在一定的条件下，由振动系统本身产生的交变力激发和维持的一种稳定的周期性振动，称为自激振动。切削过程中产生的振动称为颤振。

5.4.2 强迫振动

1. 强迫振动产生的原因

强迫振动是由外界的激振力所引起的，振动的周期性也是由外界周期性激振力的性质所决定的。引起强迫振动的原因如下。

1）外力。如某台机床或其他机器的振动，经过地面传入正在加工的机床。

2）机床传动部分的缺陷。如齿轮制造，装配的误差大，使主轴或整台机床产生振动。

3）高速回转零件的不平衡。如工件、夹盘、飞轮、砂轮、铣刀等不平衡所引起的振动。

4）由于加工面断续造成冲击，切削力周期变化而引起的振动。

2. 减少或消除强迫振动的工艺措施

（1）减少激振力　对于转速在600r/min以上的回转零件，应进行动、静平衡，以减少或消除激振力。消除传动过程中的冲击，也可以避免振动。对于带传动，则应采用较完善的皮带接头使其连接后的刚度和厚度变化最小。

（2）调节振源频率　在选择转速时，应尽可能使旋转的频率远离机床有关零件的固有频率，即转速应尽可能远离旋转轴的临界转速 n_c。通常 n_c 的计算公式为

$$n_c=\frac{60}{2\pi}\sqrt{\frac{k}{m}}$$

式中　k——旋转轴做横向振动时的刚度系数；

m——旋转轴上元件的质量。

为使系统部件能在准静态区或惯性区运行，避免发生共振，系统部件的转速 n 应在 $n<0.75n_c$ 或 $n>1.4n_c$ 范围内。

（3）提高工艺系统本身的抗振性　机床的抗振性在整个工艺系统的抗振性中占主导地位。要提高机床的抗振性，主要应提高在振动中起主振作用的主轴、刀架、尾座、横梁等部件的动刚度。增大阻尼是增加机床刚度的有效措施，如适当调整零件间某些配合出的间隙、采用内阻较大的材料等。

（4）隔振　消除强迫振动最有效的措施是找出外界的干扰力并去除。如果不能去除，则用隔断的方法，即在振源与需要防振的机床或部件之间，安放具有弹性性能的隔振装置，使振源产生的大部分激振力或激振位移被隔振装置吸收，以减小振源的危害。

5.4.3 自激振动

机械加工过程中，还常常出现一种与强迫振动完全不同形式的强烈振动，振动过程本身会引起某种切削力的周期性变化，而这个周期性变化的切削力反过来又会加强和维持振动，使振动系统补充了由阻尼消耗的能量，这种振动被称为自激振动。切削过程中产生的自激振动是频率较高的强烈振动，通常又称为颤振，常常是影响加工表面质量的主要因素和限制机床生产率提高的主要障碍。磨削过程中，砂轮磨钝以后产生的振动往往也是自激振动。

1. 自激振动的特征

与其他类型的振动相比，自激振动有以下特征。

1）机械加工中的自激振动是在没有周期性外力（相对于切削过程而言）干扰下所产生的振动，这一点与强迫振动有原则性区别。

2）自激振动的频率接近于系统的某一固有频率，或者说，颤振频率取决于振动系统的固有特性。这一点与强迫振动不同，强迫振动的频率取决于外界干扰力的频率。

3）自激振动是一种不衰减的振动。振动过程本身能引起某种不衰减的周期性变化，而振动系统能通过这种力的变化，从不具备交变特性的能源中周期性地补充能量，从而维持振动。当运动停止时，这种外力的周期性变化和能量的补充过程也都立即停止。工艺系统中维持自激振动的能量来自于机床电动机，电动机除了供给切削的能量外，还通过切削过程把能量输送给振动系统，使工艺系统产生振动。

2. 自激振动系统的控制

既然没有周期性外力的作用，那么激发自激振动的交变力是怎样产生的呢？下面用传递函数的概念来分析。机床加工系统是一个由振动系统和调节系统组成的闭环系统，系统框图如图 5-11 所示。激励机床系统产生振动的交变力是由切削过程产生的，而切削过程同时又受机床系统振动的控制，机床系统的振动一旦停止，动态切削力也就随之消失。自激振动系统维持稳定振动的条件为在一个振动周期内，从能源机构经调节系统输入到振动系统的能量，等于系统阻尼所消耗的能量。

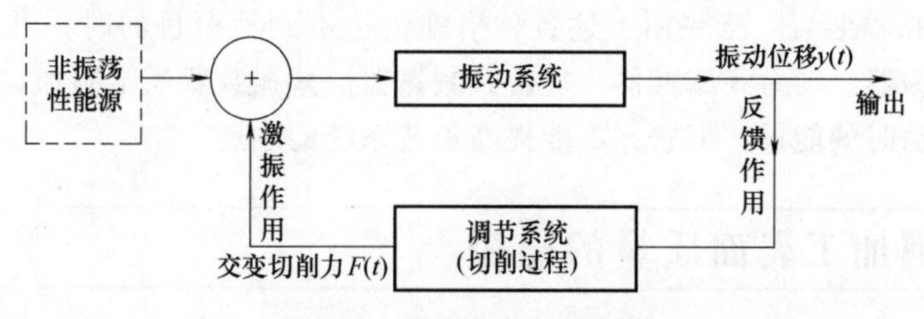

图 5-11 机床加工系统框图

如果切削过程很平稳，即使系统存在产生自激振动的条件，也会因切削过程没有交变的动态切削力，使自激振动不可能产生。但是，在实际加工过程中，偶然的外界干扰（如工件材料硬度不均、加工余量有变化等）总是存在的，这种偶然性外界干扰所产生的切削力的变化作用在机床系统上，会使系统产生振动。系统的振动将引起工件与刀具间的相对位置发生周期性变化，使切削过程产生维持振动的动态切削力。如果工艺系统不存在自激振动的条件，这种偶然性的外界干扰将因工艺系统存在阻尼而使振动逐渐衰减；如果工艺系统存在产生自激振动的条件，就会使机床加工系统产生持续的振动。

3. 减轻或消除自激振动的工艺措施

（1）合理选择与切削过程有关的参数　自激振动的形成与切削过程本身密切相关，所以可以通过合理地选择切削用量、刀具参数和工件材料的可切削性能等途径来抑制自激振动。

1）合理选择切削用量。例如车削中，切削速度 v_c 在 20~60m/min 范围内，自激振动的振幅增加很快，而 v_c 超过此范围以后，自激振动又逐渐减弱了，通常在 v_c=50~60m/min 稳定性最低，最容易产生自激振动。关于进给量 f，通常当 f 较小时振幅较大，随着 f 的增大振幅反而会减小，所以可以在加工表面粗糙度允许的情况下，选取较大的进给量，以避免自激振动。关于背吃刀量 a_p，当主偏角 κ_r 不变时，随 a_p 增大，振幅也增大。

2）合理选择刀具参数。适当地增大前角 γ_o 和主偏角 κ_r，能减小背向力 F_p，从而减少振动。后角 α_o 可尽量取小，但精加工中，由于 α_o 较小，切削刃不容易切入工件，而且 α_o 过小时，刀具后面与加工表面间的摩擦可能过大，这样反而容易引起振动。通常在刀具的主后面下磨出一段 α_o 为负的窄棱面。在实际生产中往往用油石使新刃磨的刃口稍稍钝化，对减少振动也是很有效果的。关于刀尖圆弧半径 r_ε，它本来就和加工表面粗糙度有关，对加工中的振动而言，r_ε 取得太大，如车削中当 $r_\varepsilon \approx a_p$ 时，F_p 就很大，容易产生自激振动。此外，车削时装刀位置过低或镗孔时装刀位置过高，都容易产生自激振动。

（2）提高工艺系统本身的抗振性

1）提高机床的抗振性。机床的抗振性往往是占主导地位的，可以从改善机床刚性、合理安排各部分的固有频率、增大阻尼，以及提高加工和装配的质量等来提高机床的抗振性。

2）提高刀具的抗振性。为使刀具具有较高的抗弯强度、扭转刚度和阻尼系数，要求改善刀杆等的惯性矩、弹性模量和阻尼系数。例如，硬质合金虽然有高弹性模数，但阻尼性能差，所以可以和钢组合使用。

3）提高工件安装时的刚性。提高工件安装时的刚性主要是提高工件安装时的抗弯强度。例如细长轴的车削中，可以使用中心架、跟刀架，当用鸡心夹头传动时，要保持切削中不发生脱离等。

（3）使用减振器装置　当采用上述各种措施仍达不到消振目的时，可考虑使用减振装置，如阻尼式减振器、动力式减振器、冲击式减振器。减振装置通常附加在工艺系统中，用来吸收或消耗振动时的能量，但它并不能提高工艺系统的刚度。

5.5　控制加工表面质量的途径

1. 减小残余拉应力及防止磨削烧伤和磨削裂纹的工艺途径

对零件使用性能危害甚大的残余拉应力、磨削烧伤和磨削裂纹均起因于磨削热，所以如何降低磨削热并减少其影响是生产上需要解决的重要问题。解决的原则：一是减少磨削热的发生，二是加速磨削热的传出。

（1）选择合理的磨削参数　为了直接减少磨削热的发生，降低磨削区的温度，应合理选择磨削参数，即减少砂轮速度和背吃刀量，适当提高进给量。但这会使表面粗糙度值增大。

生产中比较可行的办法是通过试验来确定磨削参数：先按初步选定的磨削参数试磨，检查工件表面热损伤情况，再据此调整磨削参数，直至最后确定下来。

（2）选择有效的冷却方法　选择适宜的切削液和有效的冷却方法。

2. 采用冷压强化工艺

对于承受高应力、交变载荷的零件，可以用喷丸、液压、挤压等表面强化工艺，使表面层产生残余压应力和冷硬层，降低表面粗糙度值，从而提高疲劳强度及耐蚀性。

（1）喷丸　喷丸是一种用压缩空气或离心力将大量直径细小（0.4~2mm）的丸粒（钢丸、玻璃丸）以35~50m/s的速度向零件表面喷射的方法，如图5-12a所示。

（2）滚压　用工具钢淬硬制成的钢滚轮或钢珠在零件上进行滚压，如图5-12b所示，使表层材料产生塑性流动，形成新的光洁表面。表面粗糙度 Ra 值可自1.6μm降至0.1μm，表面硬化深度为0.2~1.5mm，冷作硬化程度为10%~40%。

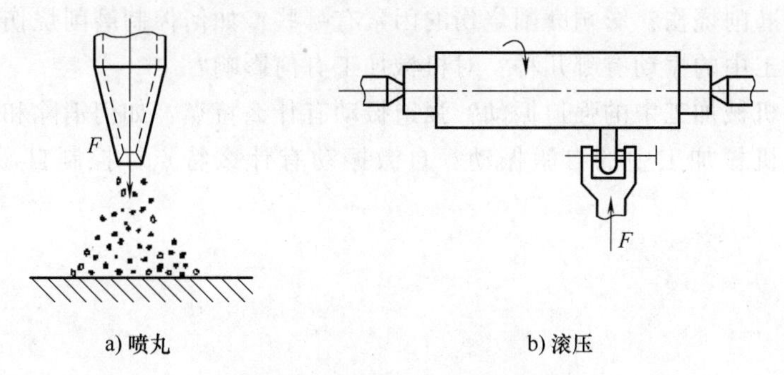

图5-12　常用的冷压强化工艺

3. 采用精密和光整加工工艺

（1）精密加工工艺　精密加工工艺方法有高速精镗、高速精车、宽刃精刨和细密磨削等。

（2）光整加工工艺　光整加工是用粒度很细的磨料对工件表面进行微量切削、挤压和擦光的过程。

光整加工工艺的特点：没有与磨削深度相对应的磨削用量参数，一般只规定很低的单位切削压力，因此加工过程中的切削力和切削热都很小，从而能获得很低的表面粗糙度值，表面层不会产生热损伤，并具有残余压应力；所使用的工具都采用浮动连接，由加工面自身导向，而相对于工件的定位基准没有确定的位置；所使用的机床也不需要具有非常精确的成形运动。以下这些加工方法的主要作用是降低表面粗糙度，一般不能纠正形状和位置误差，加工精度主要由前工序来保证。

1）珩磨。珩磨是利用珩磨头上的细粒度砂条对孔进行加工的方法，在大批量生产中应用很普遍。

2）超精加工。超精加工是用细粒度的砂条以一定的压力压在做低速旋转运动的工件表面上，并在轴向做往复振动，工件或砂条还做轴向进给运动，以进行微量切削的加工方法。

3）研磨。研磨是用研具以一定的相对滑动速度（粗研时取0.67~0.83m/s，精研时取0.1~0.2m/s）在0.12~0.4MPa压力下与被加工面做复杂相对运动的一种光整加工方法。

4）抛光。抛光是在布轮、布盘或砂带等软的研具上涂抹抛光膏来加工工件的一种光整

加工方法。抛光器具高速旋转，由抛光膏的机械刮擦和化学作用将粗糙表面的峰顶去掉，从而使表面获得光泽镜面（表面粗糙度 Ra0.04~0.16μm)。

课后习题

5-1　通常所说的机械加工表面质量包含哪些内容？

5-2　简述加工表面质量对产品使用性能的影响。

5-3　简述机械加工表面粗糙度的概念及影响切削加工表面粗糙度的因素。如何减小加工表面的实际表面粗糙度？

5-4　什么是加工硬化和残余应力？

5-5　什么是磨削烧伤？影响磨削烧伤的因素有哪些？如何控制磨削烧伤？

5-6　机械加工中的振动有哪几种？对机械加工有何影响？

5-7　什么是机械加工中的强迫振动？强迫振动有什么特点？如何消除和控制强迫振动？

5-8　什么是机械加工中的自激振动？自激振动有什么特点？控制自激振动的措施有哪些？

第6章

机械装配工艺基础

6.1 装配工艺概述

装配工艺的基本任务就是在一定的生产条件下，装配出符合图样及设计要求的机器。机器的质量最终是通过装配来保证的，因此装配质量在很大程度上决定了机器的质量。

装配过程是机器生产工艺的最终环节，也是机器生产的最终检验环节，它能够暴露整个机器生产中的设计和工艺等方面的问题。就装配工艺本身来说，它不仅包括装配、调试，而且包括精度检验及性能检验等工作。因此，研究装配工艺，制定合理的装配工艺规程，对保证产品质量、提高产品设计水平有重要意义。

6.1.1 机器的组成和装配系统图

组成机器的最小单元是零件，任何复杂的机器都是由许多零件构成的。为了保证有效地进行装配工作，通常将机器划分成若干套件、组件、部件等能独立进行装配的装配单元。

1. 套件

在一个基准零件上，装上一个或若干个零件就构成了一个套件，如图6-1所示。它是最小的装配单元，每个套件只有一个基准零件，它的作用是连接相关零件和确定各零件的相对位置。为形成套件而进行的装配工作称为套装。例如，双联齿轮就是一个由小齿轮和大齿轮所组成的套件，小齿轮是基准零件，如图6-2所示。这种套件主要是考虑加工工艺问题。套件一经套装后就可作为一个零件，一般不再分开。

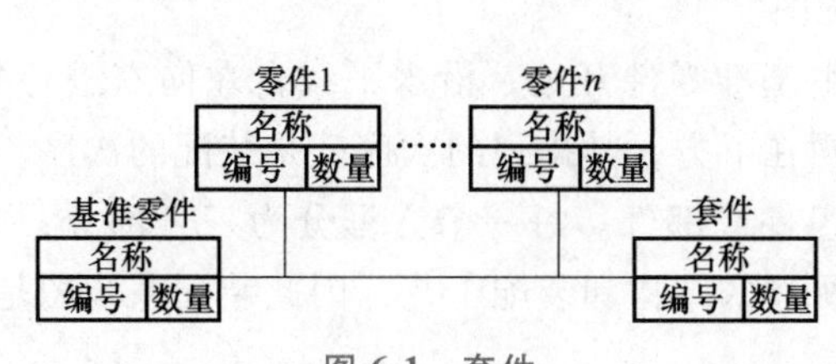

图6-1 套件

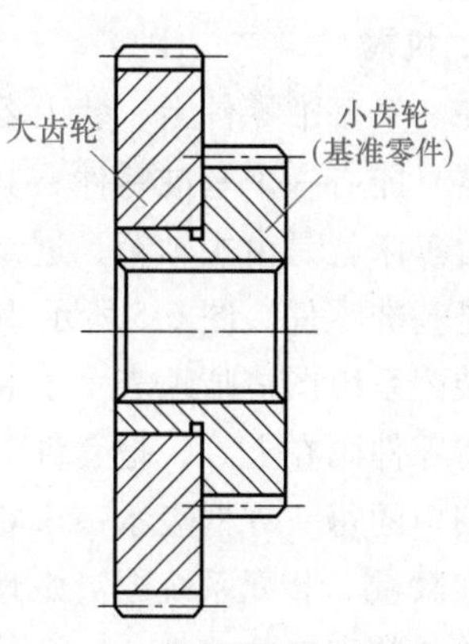

图6-2 套件装配系统图

2. 组件

在一个基准零件上，装上一个或若干个套件和零件就构成了一个组件，每个组件只有一个基准零件，它的作用是连接相关零件和套件，并确定它们的相对位置。为形成组件而进行的装配工作称为组装，有时组件中没有套件，由一个基准零件和若干零件所组成，它与套件的区别在于组件在以后的装配中可以拆开，而套件在以后的装配中一般不再拆开，视为一个零件使用。图 6-3 所示为组件装配系统图。

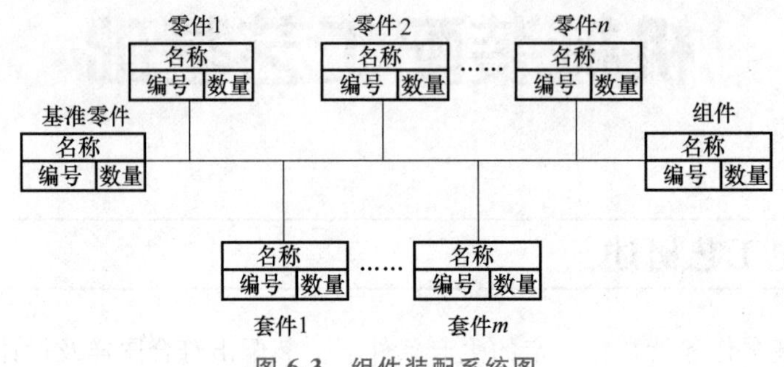

图 6-3 组件装配系统图

3. 部件

在一个基准零件上，装上若干个组件、套件和零件就构成了一个部件，同样，每个部件只能有一个基准零件，它的作用是连接各个组件、套件和零件，并确定它们的相对位置。为形成部件而进行的装配工作称为部装。部件在机器中能完成一定的完整的功能。图 6-4 所示为部件装配系统图。

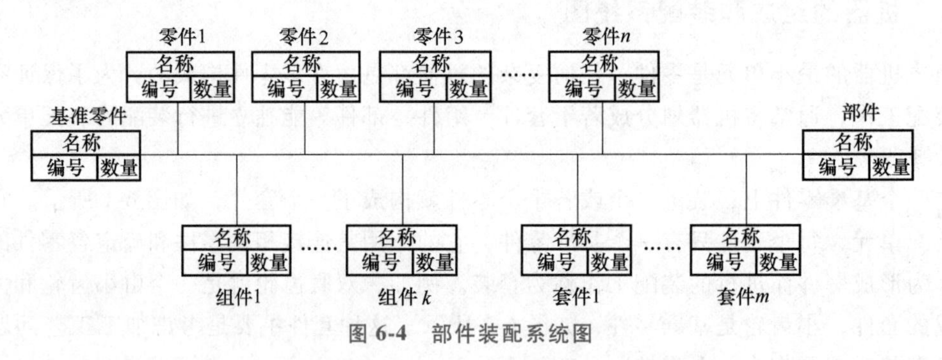

图 6-4 部件装配系统图

4. 机器

在一个基准零件上，装上若干个部件、组件、套件和零件就构成了一台机器。同样，一台机器只能有一个基准零件，其作用与上述相同。为形成机器而进行的装配工作称为总装。如一台车床就是由主轴箱、进给箱、溜板箱等部件和若干组件、套件、零件组成的，其中床身就是基准零件。图 6-5 所示为机器装配系统图。

装配系统图清晰地表示了装配的过程是由基准零件开始，沿水平线自左向右进行装配，一般将零件画在上方，把套件、组件、部件画在下方，其排列的次序就是装配的次序。装配系统图中的每一方框表示一个零件、套件、组件或部件。每一个方框分为三个部分：名称、编号和数量。装配系统图清楚地表达了整个机器的结构和装配工艺，因此装配系统图是一个很重要的装配工艺文件。

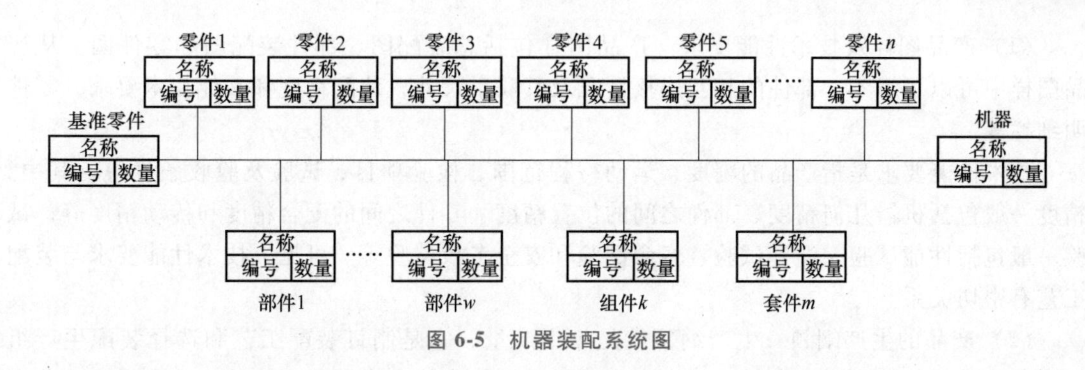

图 6-5 机器装配系统图

6.1.2 装配工艺规程的制订

1. 装配工艺规程的概念及意义

（1）概念 装配工艺规程是指用表格的形式，把装配内容、装配方法及顺序、检验、试验等内容书写成工艺文件，并以此作为指导装配工作和处理装配工作中存在问题的依据。

（2）意义 装配工艺规程对于保证产品质量及装配工作总结具有重要的意义。

2. 制订装配工艺规程的原则

装配工艺规程就是用文件的形式将装配的内容、顺序、检验项目等规定下来，使之成为指导装配工作和处理装配工作中所发生问题的依据。它对保证装配质量、提高生产率和降低装配成本都有关键的作用。一般情况下，大批大量生产的机器有详细的装配工艺规程，而单件小批生产的机器所制订的装配工艺规程则比较简单，甚至没有装配工艺规程。

在制订装配工艺规程时应遵循以下几个原则。

（1）保证产品的质量 产品的质量最终是由装配保证的，即使是全部零件都合格，但由于装配不当也可能装出不合格的产品。因此，装配一方面能反映产品设计和零件加工中的问题，另一方面，装配本身也是一项技术水平很高的工作。例如，滚动轴承装配不当就会影响机器的回转精度。

（2）满足装配周期的要求 装配周期就是完成装配工作所给定的时间，它是根据产品的生产纲领来计算的，即所要求的生产率。在大批大量生产中，多用流水线来进行装配，装配周期的要求由生产节拍来满足。例如：年产 15000 辆汽车的装配流水线，其生产节拍为 9min（按每天一班 8h 工作制计算），它表示每隔 9min 就要装配出一辆汽车，当然这要由许多装配工位的流水作业来完成，装配工位数与生产节拍有密切关系。在单件小批生产和成批生产中，多用年产量和月产量来表示装配周期。

（3）减少手工装配劳动量 手工装配时，工人的劳动强度大，装配精度的一致性差。在机器装配中，应尽量减少手工装配劳动量。在大批大量生产中，机械化和自动化装配能更好地保证机器的质量。近年来，装配机械手、装配机器人得到了越来越广泛的应用，还出现了由若干工业机器人等所组成的柔性装配工作站。

（4）降低装配成本 要降低装配成本，应先减少装配工作时间，并从装配设备投资、生产面积、装配工人等级和数量等多方面来考虑。

3. 制订装配工艺规程的原始资料

在制订装配工艺规程前应收集以下原始资料。

（1）产品图样及技术性能要求　产品图样包括总装配图、部件装配图和零件图。从产品图样中可以了解零、部件的相互连接情况及其联系尺寸，装配精度和其他技术要求，零件明细栏等。

技术性能要求是指产品的精度、运动行程范围、检验项目、试验及验收条件等。其中，精度一般包括机器几何精度、部件之间的位置精度、零件之间的配合精度和传动精度等；试验一般包括性能试验、温升试验、寿命试验和安全考核试验等。可见，技术性能要求与装配工艺有密切关系。

（2）产品的生产纲领　生产纲领就是年生产量，它是制订装配工艺和选择装配生产组织形式的重要依据。对于大批大量生产，可以采用流水线和自动装配线的生产方式，这些专用生产线有严格的生产节拍，被装配的产品或部件在生产线上按生产节拍连续移动或间歇移动，在行进的过程中或停止的装配工位上进行装配，组织十分严密。装配过程中，一般采用专用装配工具及设备。如汽车制造和轴承制造的装配生产就是采用流水线和自动装配线的生产方式。

对于成批单件生产的产品，多采用固定生产地的装配方式。产品固定在一块生产地上完成装配，试验后再转到下一工序。如机床的装配生产。

（3）生产条件　在制订装配工艺规程时，要考虑工厂现有的生产条件和技术，如装配车间的生产面积、装配工具和装配设备、装配工人的技术水平等，以便能切合实际地从机械加工和装配的全局出发，制订合理的装配工艺规程。

4. 装配工艺规程的内容及制订步骤

（1）产品图样分析　从产品的总装图、部装图和零件图了解产品结构和技术要求，审查结构的装配工艺性，研究装配方法，划分装配单元，并进行必要的装配尺寸链计算。

（2）确定装配的组织形式　根据生产纲领和产品结构确定生产组织形式。装配生产组织形式可分为移动式和固定式两类，而移动式又可分为强迫节奏和自由节奏两种，如图 6-6 所示。

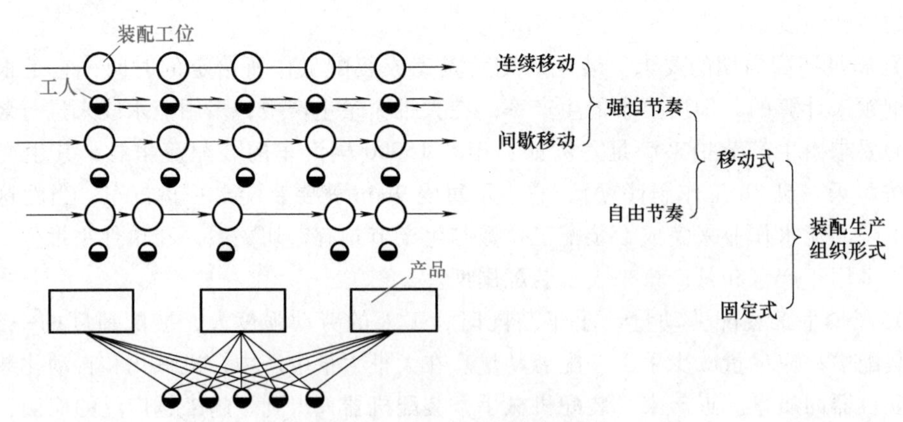

图 6-6　各种装配组织形式

移动式装配流水线工作时，产品在装配线上移动，有强迫节奏和自由节奏两种，前者节奏是固定的，又可分为连续移动和间歇移动两种方式，各工位的装配工作必须在规定的节奏时间内完成，进行节拍性的流水生产，装配中如果出现装配不上或不能在节奏时间内完成装配工作等问题，则应立即将装配对象调至线外处理，以保证流水线的流畅，避免产生堵塞。

连续移动装配时，装配线做连续缓慢的移动，工人在装配时随装配线运动，一个工位的装配工作完毕后，工人立即返回原地。间歇移动装配时，装配线在工人进行装配时不动，到规定时刻，装配线带着被装配的对象移动到下一工位，工人在原地不走动。移动式装配流水线多用于大批大量生产，如汽车和发动机等的装配中多采用强迫节奏的移动式装配线。

固定式装配的全部装配工作在一个固定的地点进行，产品在装配过程中不移动，多用于单件小批生产或重型产品的成批生产。固定装配也可组织工人专业分工，按装配顺序轮流到各产品点进行装配，这种形式称为固定流水装配，多用于成批生产结构比较复杂、工序数量多的产品，如机床、汽轮机的装配。

（3）确定装配顺序　将产品划分为可进行独立装配的单元是制订装配工艺规程中最重要的一个步骤，这对于生产大批大量结构复杂的产品尤为重要。在划分好装配单元的基础上，确定装配顺序是制订装配工艺规程中最重要的工作，确定装配顺序一般遵循以下原则：

① 优先进行基准件和重大件的装配，以保证装配过程的稳定性。

② 优先进行复杂件、精密件和难装配件的装配，以保证装配顺利进行。

③ 优先进行易破坏以后装配质量的工作，如冲击性质的装配、压力装配和加热装配。

④ 集中安排使用相同设备及工艺装备的工作，以及有共同特殊装配环境的装配。

⑤ 处于基准件同一方位的装配应尽可能集中进行。

⑥ 为了清晰表示装配顺序，常用装配系统图表示装配顺序。

（4）选择装配方法　装配方法主要是根据生产纲领、产品结构及其精度要求等来选择。大批大量生产多采用机械化、自动化的装配手段；单件小批生产多采用手工装配。大批大量生产多采用互换法、分组法和调整法等来达到装配精度的要求；而单件小批生产多用修配法来达到装配精度的要求。某些要求很高的装配精度，在目前的生产技术条件下，仍需靠高级技工手工操作及经验来得到。

（5）编制装配工艺文件　装配工艺文件主要有装配工艺过程卡片、装配工序卡片、检验和试车卡片等。装配工艺过程卡片规定装配工序，装配工序卡片规定装配工艺装备和工时定额等。简单的装配工艺过程有时可用装配（工艺）系统图代替装配工艺过程卡片和装配工序卡片。

6.2　装配精度

6.2.1　装配精度的内容

装配精度指机器装配后实际达到的精度。为保证机器能够持续、稳定地正常工作，机器的装配精度往往高于标准所规定的装配精度。

机器的装配精度主要包括零、部件间的几何精度和运动精度。几何精度包括零、部件间的距离精度、配合精度和相互位置精度。各装配精度之间有密切的关系：相互位置精度是运动精度的基础，配合精度对距离精度和相互位置精度及运动精度的实现有一定的影响。

1. 几何精度

几何精度反映了装配中各有关零件的尺寸、配合性质和相互位置关系，也是机器实现运动精度的基础。因此，机器装配的首要任务就是保证几何精度。

图 6-7 所示为卧式车床简图，它要求后顶尖的中心比前顶尖的中心高 0.06mm。这是装配距离精度的一项要求，粗略分析，它同主轴箱前顶尖的高度 A_1、尾架底板的高度 A_2 及尾架后顶尖高度 A_3 有关。

图 6-8 所示为单缸发动机的结构简图，装配相对位置精度要求活塞外圆的中心线与缸体孔中心线平行，这是一项装配相对位置精度要求。圆中心线与其销孔中心线的垂直度 α_1、连杆小头孔中心线与其大头孔中心线的平行度 α_2、曲轴的连杆轴颈中心线与其主轴颈中心线的平行度 α_3 及缸体孔中心线与其主轴孔中心线的垂直度 α_0 有关。

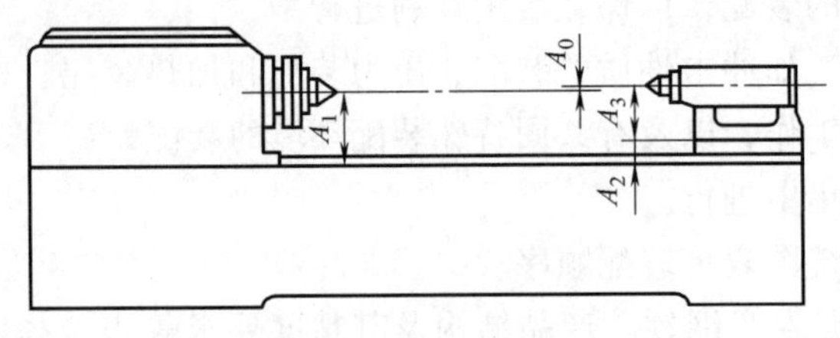

图 6-7　卧式车床简图

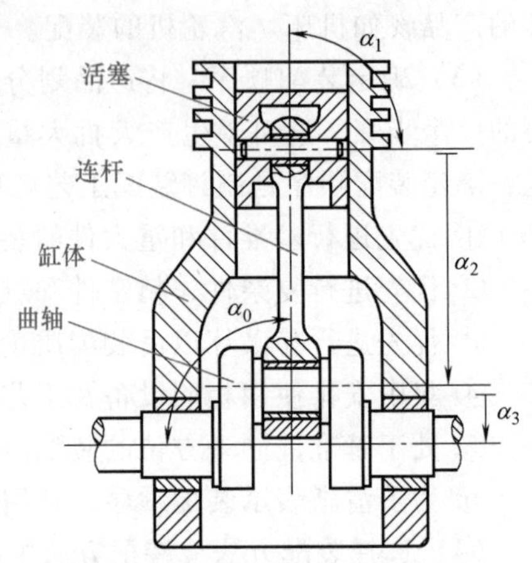

图 6-8　单缸发动机的结构简图

2. 运动精度

运动精度包括零、部件间的回转精度、直线运动精度和传动精度。

1）回转精度是指机器回转部件的径向圆跳动和轴向窜动，例如主轴、回转工作台的回转精度，通常都是重要的装配精度。回转精度主要和轴类零件轴颈处的精度、轴承的精度、箱体轴孔的精度等有关。

2）直线运动精度是指做直线运动部件的直线度、速度精度、位置精度等。直线运动精度主要取决于导轨副的配合精度、接触精度、摩擦系数等。

3）传动精度是指机器传动件之间的运动关系。例如转台的分度精度、滚齿时滚刀与工件间的运动比例、车削螺纹时车刀与工件间的运动关系等都反映了传动精度。影响传动精度的主要因素是传动元件本身的制造精度及它们之间的配合精度。传动元件越多，表示传动链越长，影响也就越大，因此，传动元件应力求最少。典型的传动元件有齿轮、丝杠螺母及蜗轮蜗杆等。对于要求传动精度很高的机器，可采用缩短传动链长度及校正装置来提高传动精度。实际上，机器在工作时由于有力和热的作用，传动链会产生变形，因此传动精度不仅有静态精度，而且有动态精度。

利用精密多面体、经纬仪、光栅、激光干涉仪和精密线纹尺等可进行传动误差的测量。传动误差可以分为周期误差、概周期误差和随机误差。周期误差是每经过一段时间就重复的误差，可根据周期大小来进行判断，如齿轮的周节误差和周节累积误差等。概周期误差是每经过一段时间，误差彼此略有差异，但相差不大，基本上是有规律的。随机误差则根本没有规律性，误差不重复出现。对于周期误差和概周期误差可以进行频谱分析，找出出现误差的频率和幅值的关系，从而确定传动链中产生误差的环节及其误差值在整个传动误差中所占的比例。对于随机误差则只能采用概率统计分析的方法来进行处理。

6.2.2 影响装配精度的因素

1. 零件的加工精度

机器的精度最终是在装配时达到的，保证零件的加工精度，其目的在于保证机器的装配精度，因此零件的精度和机器的装配精度有着密切的关系。一般来说，零件的精度越高，装配精度越容易保证，但并不是零件精度越高越好，这样会增加产品的成本，并且造成一定的浪费，应该根据装配精度来分析、控制有关零件的精度。

零件加工精度的一致性对装配精度有很大影响，零件加工精度的一致性不好，装配精度就不易保证，同时增加了装配工作量。大批大量生产中，由于多用专用工艺装备，零件加工精度受工人技术水平和主观因素的影响较少，因此，零件加工精度的一致性较好；在数控机床上加工，受计算机程序控制，不论产量多少，零件加工精度的一致性很好。对于单件小批生产，若零件加工精度的主要靠工人的技术和经验保证，因此，若零件加工精度的一致性不好，则装配工作的劳动量会大大增加。

有时，合格的零件不一定能装出合格的产品，这主要是装配技术的问题。因为装配工作中包括修配、调整等内容，因此当出现装配出的产品不符合要求时，应分析是由于零件精度所造成，还是由于装配技术所造成。

2. 零件之间的配合要求和接触质量

零件之间的配合要求是指配合面间的间隙量或过盈量，它决定了配合性质。零件之间的接触质量是指配合面或连接表面之间的接触面的大小和接触位置的要求，它主要影响接触刚度，即接触变形，同时也影响配合性质。

零件之间的配合是根据设计图样的要求而提出的，间隙量或过盈量取决于相配零件的尺寸及其精度，但对相配表面的表面粗糙度应有相应要求，表面粗糙度值大时，会因接触变形而影响过盈量或间隙量，从而改变配合性质的要求。例如，基本偏差 H7/h6 组成的配合，其间隙很小，最小间隙为零，多用于轴孔之间要求有相对滑动的场合，但如果接触质量不高，产生接触变形，间隙量就会改变，配合性质也就不能保证。

零件之间的接触状态也是根据设计图样的要求提出的，它包括接触面积大小和接触位置两方面，例如锥度心轴与锥孔相配就有接触面积的要求，对精密导轨的配合面也有接触面积的要求，一般用涂色检验法来检查。对于刮研表面，其接触面的大小可通过涂色检验接触点的数量来判断，一般最低为 8 点/25mm^2，最高为 20 点/25mm^2。齿轮、蜗轮蜗杆等在啮合时对接触区域是有要求的，图 6-9 所示为直齿轮、锥齿轮和蜗轮蜗杆在啮合时对接触区域的要求。对于锥齿轮，要求在无载荷时的接触区域靠近小头，这样在有载荷时，由于小头刚度差些，产生变形，接触区域向中部移动。对于蜗轮蜗杆，要求无载荷时的接触区靠近蜗轮齿面的啮合入口处，这样在有载荷时，接触区域可移至中央部分。

现代机器装配中，提高配合质量和接触质量显然是一个非常重要的问题。特别是提高配合面的接触刚度，对提高整个机器的精度、刚度、抗振性和寿命等都有极其重要的作用。提高接触刚度的主要措施是减少相连零件数，使接触面的数量尽量少，也可以增加接触面积，减少单位面积上所承受的压力，从而减少接触变形。但接触面积的实际大小与接触面的表面粗糙度、表面几何形状精度和相互位置精度有关。

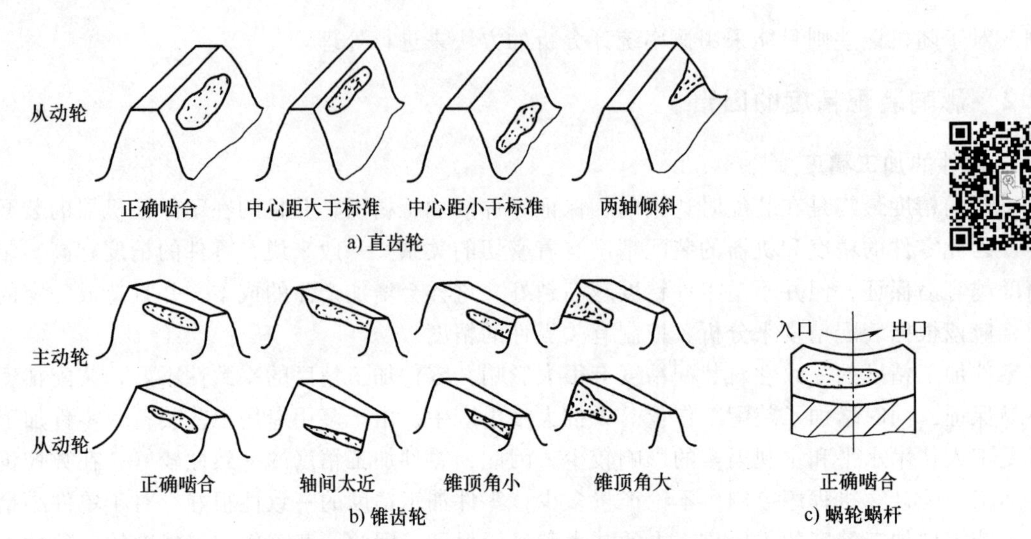

图 6-9　直齿轮、锥齿轮及蜗轮蜗杆在啮合时对接触区域的要求

3. 力、热、内应力等所引起的零件变形

在机械加工和装配中，由于力、热、内应力等所产生的零件变形，对装配精度有很大的影响。

零件产生变形的原因很多。有些零件在机械加工后是合格的，但由于装配不当，如装配过程中的碰撞、压配合所产生的变形都会影响装配精度。有些产品在装配时由于零件本身自重会产生变形，如龙门铣床的横梁、摇臂钻床的摇臂，都会因自重及其上所装的主轴箱重量而变形，从而影响装配精度。有些产品在装配时精度是合格的，但由于零件加工时零件的表层和里层有内应力，这种零件装配后经过一段时间或外界条件有变化时可能产生内应力变形，进而影响装配精度。有些产品在静态下装配精度是合格的，但在运动过程中由于摩擦生热，某些运动件产生热变形，会影响装配精度。某些精密仪器、精密机床等是在恒温条件下装配的，使用也必须在同一恒温条件下，否则零件也会产生热变形而不能保证原来的装配精度。

4. 旋转零件的不平衡

旋转零件的平衡在高速旋转的机械中已经受到重视，并作为必要工序在工艺中进行安排，如发动机的曲轴和离合器、电动机的转子及一些高速旋转轴等都要进行动平衡检验，以便在装配时能保证装配精度，使机器正常工作，同时还能降低噪声。

对于一些中速旋转的机器，人们也开始重视动其平衡问题，这主要是从工作平稳性、不产生振动、提高工作质量和寿命等角度来考虑的。可见，现代机器中，装配精度与零件动平衡有着密切的关系。

6.2.3　零件精度和装配精度的关系

零件的精度和机器的装配精度有着密切的关系。机器中有些装配精度往往只和一个零件有关，要保证该项装配精度只要保证该零件的精度即可，称为“单件自保”，这种情况比较简单。而有些装配精度则和几个零件有关，要保证该项装配精度则必须同时保证这些零件的相关精度，这种情况比较复杂，要用装配尺寸链来解决。

例如，卧式万能铣床的第五项精度要求工作台中央T形槽两侧壁对工作台纵向移动平行。要保证这项精度，只要保证工作台中央T形槽两侧壁对其导轨基准面的平行度就可以了，如图6-10所示。可见，这项精度只涉及一个零件，情况比较简单。

又如，图6-11所示为卧式万能铣床与第十二项精度有关的零件。第十二项精度要求升降台垂直移动时对工作台台面垂直。检验时是在工作台面上放一个直角尺，垂直移动升降台，用千分表测量直角尺垂直边的偏差。这项装配精度最终是要保证工作台台面与升降台立导轨之间的垂直度，这两个零件是通过回转盘和床鞍连接起来的，因此这项装配精度与工作台、回转盘、床鞍和升降台这四个零件有关。

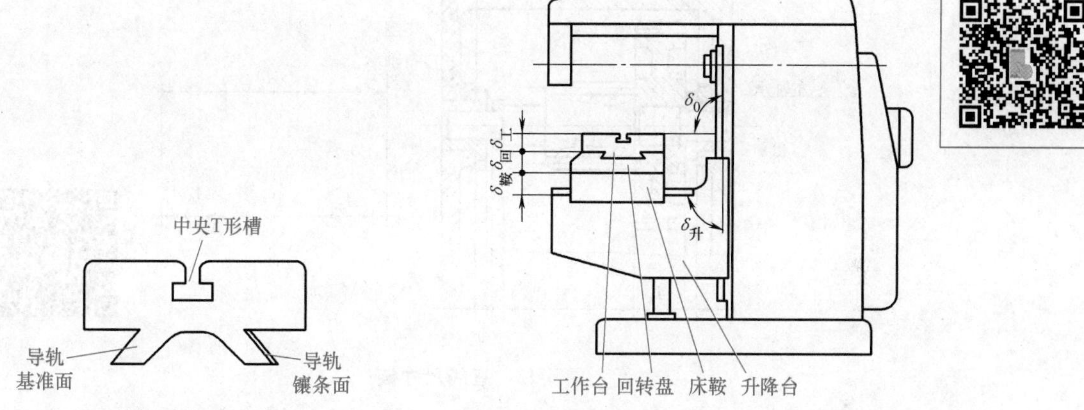

图6-10 卧式万能铣床第五项精度的相关零件　图6-11 卧式万能铣床与第十二项精度有关的零件

工作台台面对其下平导轨的平行度为$\delta_{工}$，回转盘上平导轨对其下回转面的平行度为$\delta_{回}$，床鞍上回转面对其下平导轨的平行度为$\delta_{鞍}$，升降台水平导轨对其立导轨的垂直度为$\delta_{升}$。因此要保证第十二项精度，必须同时保证这四个零件的上述相关精度，这就需要用尺寸链来求解。这项精度的要求就是该尺寸链的封闭环δ_0。

从上述可知，机器装配精度的要求提出了对相关零件精度的要求，而相关零件精度的确定又与生产量和装配方法有关。装配方法不同，对相关零件的精度要求也不同。大量生产时，装配多采用完全互换法，零件的互换性要求较高，从而零件的精度要求较高，这样才能达到装配精度，并满足生产节拍的需要。单件小批生产时，多用修配法进行装配，零件的精度可以低一些，靠装配时的修配来达到装配精度。至于各相关零件的精度等级，不一定是相同的，可根据尺寸大小和加工难易程度来决定。

6.3 装配尺寸链

6.3.1 装配尺寸链的概念及分类

1. 装配尺寸链的概念

装配尺寸链是以某项装配精度指标（或装配要求）作为封闭环，查找所有与该项精度指标（或装配要求）有关零件的尺寸（或位置要求）作为组成环而形成的尺寸链。

装配尺寸链与工艺尺寸链有所不同：工艺尺寸链大多在一个零件上，主要解决零件加工

精度问题；而装配尺寸链是在许多零件上，每个零件是一个组成环，有时两个零件之间的间隙等也构成组成环，装配尺寸链主要解决装配精度问题。

2. 装配尺寸链的分类

装配尺寸链和工艺尺寸链都是尺寸链，有共同的形式、计算方法和解题思路。

1）装配尺寸链按照各环的几何特征和所处空间位置分为直线尺寸链（图 6-12）、平面尺寸链（图 6-13）和空间尺寸链。平面尺寸链可分解为两个直线尺寸链来求解，如图 6-14 所示。

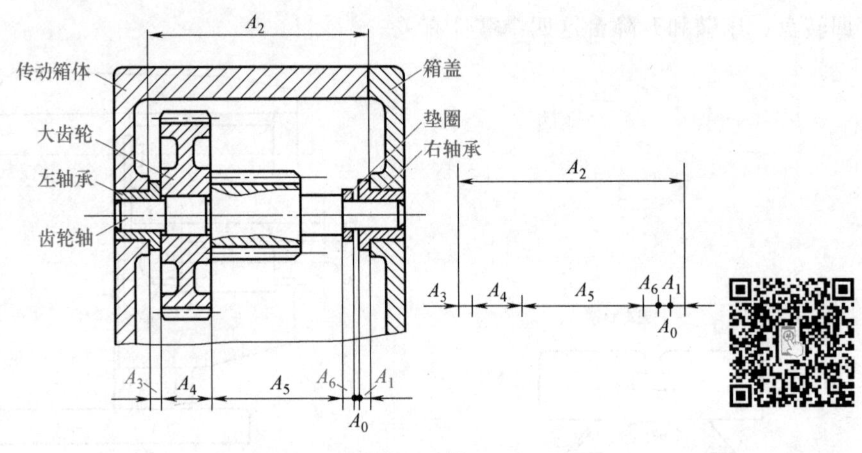

图 6-12　直线尺寸链

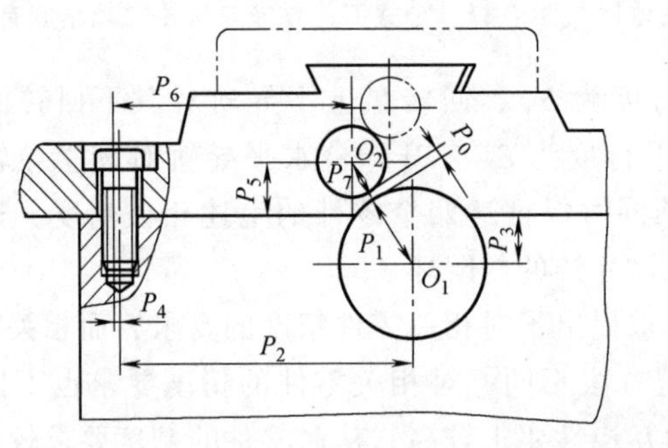

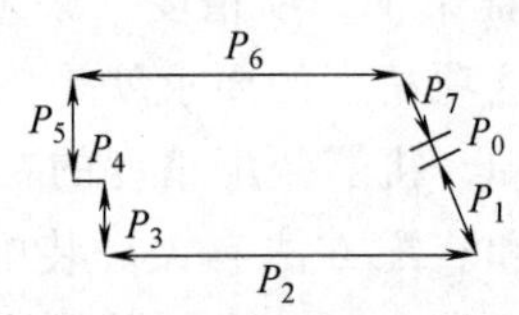

图 6-13　平面尺寸链

2）装配尺寸链又可分为长度尺寸链（图 6-12~图 6-14）和角度尺寸链（图 6-15）。

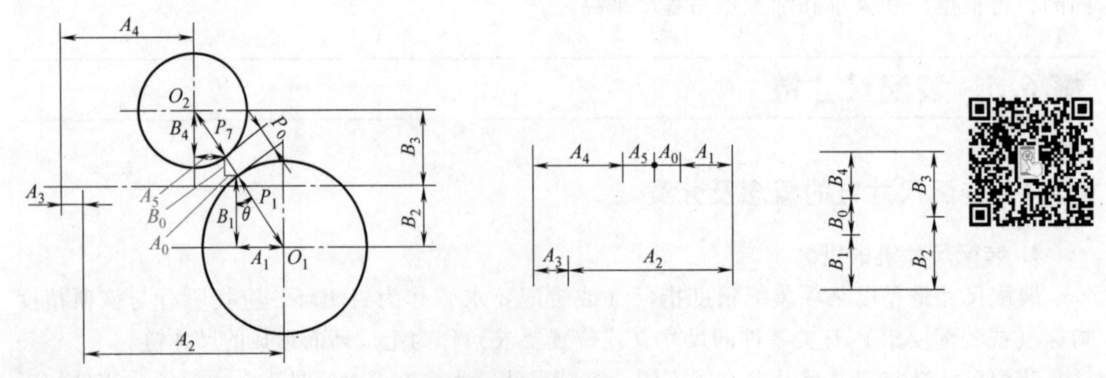

图 6-14　平面尺寸链的解法

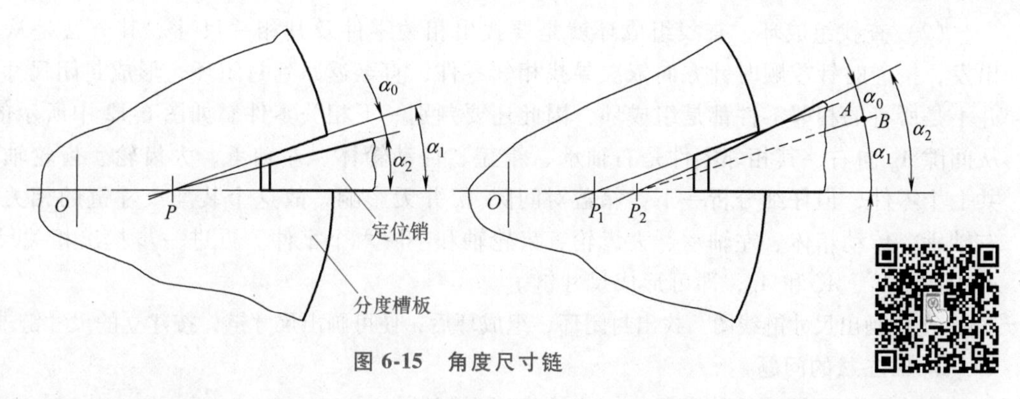

图 6-15　角度尺寸链

装配尺寸链中的并联、串联、混联尺寸链如图 6-16 所示。图中尺寸链 α 和 γ 构成并联尺寸链；尺寸链 α 和 β 构成串联尺寸链；尺寸链 α、β 和 γ 则形成混联尺寸链。

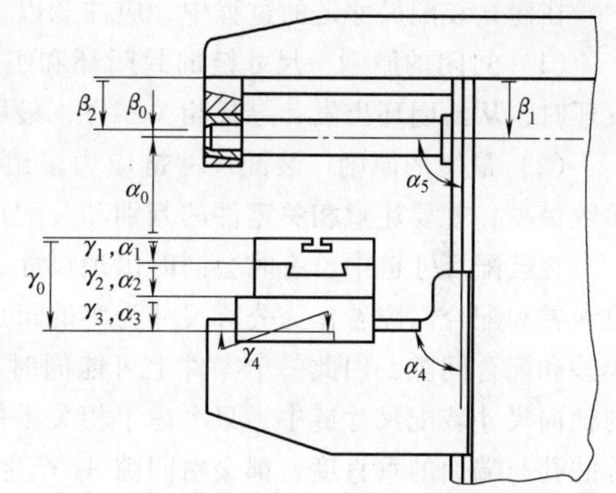

图 6-16　装配尺寸链中的并联、串联、混联尺寸链

6.3.2　装配尺寸链的建立

装配尺寸链的建立就是在装配图上，根据装配精度的要求，找出与该项精度有关的零件及其有关的尺寸，最后画出相应的尺寸链线图。通常称与该项精度有关的零件为相关零件，零件上有关的尺寸称为相关尺寸。装配尺寸链的建立是解决装配精度问题的第一步，只有当所建立起来的尺寸链正确时，求解尺寸链才有意义，因此在装配尺寸链中，如何正确地建立尺寸链，是一个十分重要的问题。

1. 长度尺寸链的建立方法

装配尺寸链的建立可以分为三个步骤：确定封闭环、查找组成环和画出尺寸链线图。图 6-12 中，全部环为长度尺寸的尺寸链就是长度尺寸链。现以图 6-12 中的齿轮轴组件的轴向装配尺寸链为例来进行说明。

（1）确定封闭环　图 6-12 中所示的齿轮轴在两个滑动轴承中转动，为避免轴端和齿轮端面与滑动轴承端面的摩擦，要求有轴向间隙，为此在齿轮轴上套入了一个垫圈。从图 6-12 中可以看出，间隙 A_0 的大小与大齿轮、齿轮轴、垫圈等零件有关，它是由这些相关零件的相关尺寸来决定的，所以间隙 A_0 为封闭环。在装配尺寸链中，由于一般装配精度所要求的项目大多与许多零件有关，不是由一个零件决定的，这些精度项目多为封闭环，所以在装配尺寸链中判断封闭环还是比较容易的。但不能由此得出结论，认为凡是装配精度项目都是封闭环，因为装配精度不一定都有尺寸链的问题。

装配尺寸链的封闭环定义：装配尺寸链中的封闭环是装配过程最后形成的一环，即它的尺寸是由其他环的尺寸来决定的。

由于在装配精度中，有些精度是两个零件之间的尺寸精度或位置精度，所以封闭环也是对两个零件之间的精度要求，这一点有助于判别装配尺寸链中的封闭环。

（2）查找组成环　查找组成环就是要找出相关零件及其相关尺寸。其方法是从封闭环出发，按逆时针或顺时针方向依次寻找相邻零件，直至返回到封闭环，形成封闭尺寸链。但并不是所有的相邻零件都是组成环，因此还要判别一下相关零件。如图 6-12 中所示的结构，从间隙 A_0 向右，其相邻零件是右轴承、箱盖、传动箱体、左轴承、大齿轮、齿轮轴和垫圈共七个零件，但仔细分析一下，箱盖对间隙 A_0 并无影响，故这个装配尺寸链的相关零件为右轴承、传动箱体、左轴承、大齿轮、齿轮轴和垫圈六个零件。再进一步找出相关尺寸 A_1、A_2、A_3、A_4、A_5 和 A_6，即可形成尺寸链。

（3）画出尺寸链线图　找出封闭环、组成环后，便可画出尺寸链，按建立的尺寸链求解。

2. 应注意的问题

在建立装配尺寸链的过程中，应注意以下问题。

（1）封闭的原则　尺寸链的封闭环和组成环一定要构成一个封闭的尺寸链，在查找组成环时，从封闭环出发，寻找相关零件，最后回到封闭环。

（2）最短的原则　装配尺寸链应力求组成环最少，以便于保证装配精度。因要使组成环数最少，就要注意相关零件的判别和装配尺寸链中的工艺尺寸链。

在装配尺寸链中，有时会同时出现尺寸、形位误差和配合间隙等组成环，这时可以把形位误差和配合间隙看作为公称尺寸为零的组成环。由于一个零件上可能同时存在尺寸、形位误差和配合间隙，因此一个零件上可能同时有两个组成环参加装配尺寸链。如图 6-12 所示的轴向尺寸装配尺寸链中，只考虑了相关零件的相关尺寸，实际上大齿轮、左轴承、右轴承等的孔与端面的垂直度，都会对间隙 A_0 产生影响，如果考虑这些，则尺寸链的环数将增多，求解也将复杂得多，因此一般都要进行简化。当这些形位误差和间隙相对于尺寸误差很小时，可以不考虑。

（3）增、减环的判别　尺寸链中，组成环的增、减环判别原则：当其他组成环尺寸不变时，该组成环的尺寸增加会使封闭环的尺寸也增加的环为增环，该组成环的尺寸增加会使封闭环的尺寸减小的环为减环。

3. 装配尺寸链查找举例

现以保证车床主轴锥孔（前顶尖孔）轴线和尾座套筒锥孔（后顶尖孔）轴线与床身刀轨等高的装配关系为例，说明装配尺寸链建立的方法。如图 6-17 所示，普通车床的一项重要精度要求即装配时要求前后顶尖等高，这是一个装配尺寸链，其相关零件及相关尺寸较多，尺寸链线图如图 6-18 所示。可见，有些零件上出现了两个组成环，其化简的尺寸链（图 6-17）是一个四环尺寸链，实际上是将一些形位误差组成环合并到尺寸上，有些形位误差组成环可以忽略，这样一来，可简化尺寸链。从图 6-17 中还可以看出，组成环 A_1、A_3 本身又是一个装配尺寸链，整个尺寸链是一个复杂的并联尺寸链。

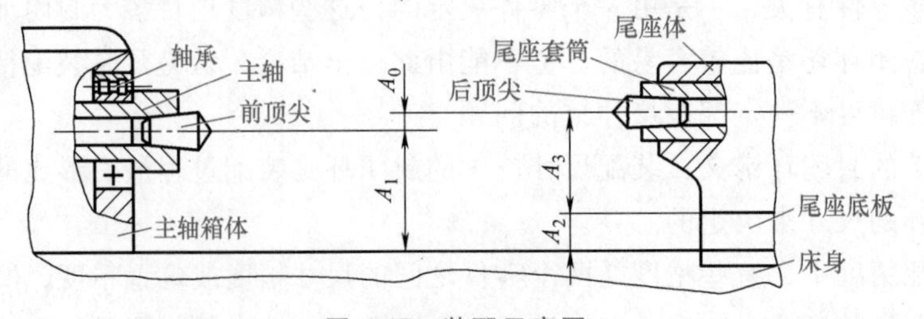

图 6-17　装配示意图

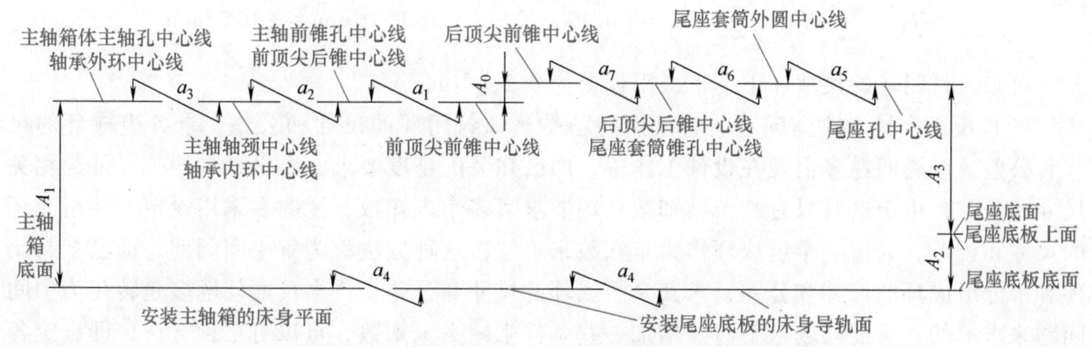

图 6-18　普通车床前后顶尖等高装配尺寸链线图

6.4　保证装配精度的方法

选择装配方法的实质，就是在满足装配精度要求的条件下，选择相应经济合理的解尺寸链的方法。在生产中，常用的保证装配精度的方法有互换法、分组法、修配法和调整法。

6.4.1　互换法

装配中，按互换程度的不同，互换法分为完全互换法和不完全互换法。

1. 完全互换法

合格的零件在进入装配时，不经任何选择、调整和修配，就可达到所要求的装配精度，称为完全互换法（或极值法）。由于合格的零件是有公差的，因此在用完全互换法时，当所有零件的相关尺寸都出现极限尺寸时，仍应能进行装配并保证装配精度。从尺寸链的角度，即当所有增环出现最大值，所有减环出现最小值，或当所有增环出现最小值，所有减环出现最大值时，也应能达到装配精度。由此可知，完全互换法就是用极值法来求解尺寸链。

在完全互换法的尺寸链解算中，使用极值法原理，解算过程有正面问题、反面问题和中间问题三种情况，现分别进行阐述。

（1）正面问题　解正面问题是已知各组成环的尺寸和公差，求封闭环的尺寸和公差，这类问题多出现在装配工作和检验工作中，以校验产品装配时能否合格。

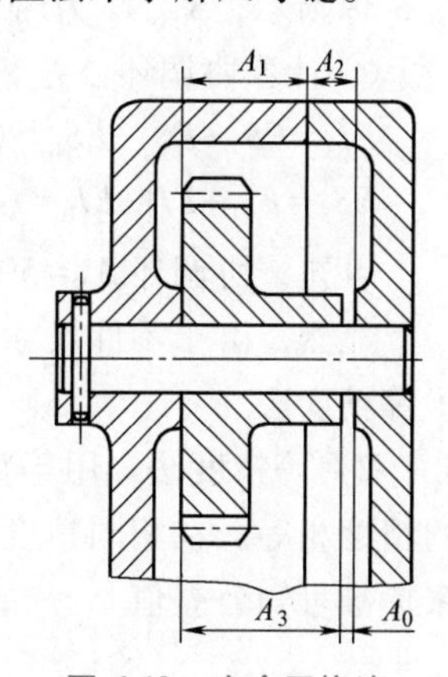

图 6-19　完全互换法装配尺寸链举例

例 6-1　图 6-19 所示结构为一个四环装配尺寸链，封闭环 A_0 为装配所要求的间隙。已知：$A_1=40^{+0.22}_{+0.12}$mm，$A_2=20^{+0.13}_{0}$mm，$A_3=59.5^{-0.15}_{-0.45}$mm。求：封闭环的尺寸和上、下极限偏差。

解　由 $A_0=A_1+A_2-A_3=(40+20-59.5)$ mm $=0.5$mm 可知，封闭环的公称尺寸为 0.5mm。

再由封闭环的上极限偏差和下极限偏差计算公式可求出其上、下极限偏差：

$$ES_0=\sum_{i=1}^{n}ES_i-\sum_{j=n+1}^{m}EI_j=[0.22+0.13-(-0.45)]\text{mm}=+0.8\text{mm}$$

$$EI_0=\sum_{i=1}^{n}EI_i-\sum_{j=n+1}^{m}ES_j=[0.12+0-(-0.15)]\text{mm}=+0.27\text{mm}$$

可知，封闭环的尺寸和上、下极限偏差为 $0.5_{+0.27}^{+0.8}$mm。

（2）反面问题和中间问题　解反面问题是已知封闭环的尺寸和公差，求各组成环的尺寸和公差。这类问题多出现在设计工作中，即已知装配精度要求，要设计各相关零件的相关尺寸和公差，由于这时只有一个已知数，却要求解多个未知数，因此多采用设定一些组成环的尺寸和公差，只留一个组成环作为未知数来求解，这种方法称为解中间问题，即已知封闭环和部分组成环的尺寸和公差，求其余组成环的尺寸和公差。许多反面问题多是转化为中间问题来求解的。反面问题求解时要增加一些条件来减少未知数，可以有三种方法，即设定各组成环公差相等的等公差法、设定各组成环精度相同的等精度法和根据经验来调整的经验法。

1）等公差法。用等公差法求解尺寸链的反面问题最为简单。

例 6-2　如图 6-19 所示，设要求齿轮与箱盖间的间隙 $A_0=0.5_{0}^{+0.12}$mm，即最大间隙为 0.62mm，最小间隙为 0.5mm。已知 $A_1=40$mm，$A_2=20$mm，$A_3=59.5$mm，求各组成环的公差 T_i。

① 确定各组成环的公差。设各组成环的公差相等，则各组成环的平均公差为

$$T_{\text{av}}=\frac{T_0}{m},T_1=T_2=T_3=\frac{0.12}{3}\text{mm}=0.04\text{mm}$$

以平均公差值为基础，根据各组成环尺寸和零件加工的难易程度，确定各组成环公差，尽量取标准公差值。取 $T_1=0.039$mm，$T_2=0.033$mm，$T_3=0.048$mm。

② 选择协调环。选择最易于加工和测量的组成环作为协调环，在图 6-19 所示的尺寸链中，选择 A_3 作为协调环。

③ 确定其余各组成环的极限偏差。按最大实体要求确定其余各组成环的极限偏差。如图 6-19 所示，A_1、A_2 为内尺寸，按基孔制确定其极限偏差：$A_1=40_{0}^{+0.039}$mm，$A_2=20_{0}^{+0.033}$mm。

④ 计算协调环公差和极限偏差。协调环 A_3 的极限偏差为

$EI_3=ES_1+ES_2-ES_0=(0.039+0.033-0.12)\text{mm}=-0.048\text{mm}$

$ES_3=EI_1+EI_2-EI_0=(0+0-0)\text{mm}=0\text{mm}$

可知，协调环 $A_3=59.5_{-0.048}^{0}$mm。

显然，由于零件尺寸大小不同，加工难易程度各异，用等公差法是不合理的，从而出现了等精度法。

2）等精度法。用等精度法求解尺寸链的反面问题比较复杂，这种方法是设定各组成环的精度相等。在相同精度时，尺寸大者公差值大，尺寸小者公差值小，因此比较合理。由国家标准可知公差值

$$T=ai$$

式中　a——公差等级系数，等精度实际就是公差等级系数相等，因此要求出所有组成环的平均公差等级；

i——公差单位，它是公称尺寸 D 的函数，i 值可在表 6-1 中查出。

对于 $D\leqslant500$mm 的公称尺寸，$i=0.45\sqrt[3]{D}+0.001D$；对 $D>500\sim3150$mm 的公称尺寸，$i=$

0.004D+2.1。公称尺寸 D 可按尺寸段划分的几何平均值来计算，例如：对于 80mm<D<120mm 的公称尺寸分段，其几何平均值为 $D=\sqrt{80\times120}\text{mm}\approx97.98\text{mm}$；对于 $D\leqslant500\text{mm}$ 的公称尺寸分段，几何平均值可从表 6-2 查出。

表 6-1 $D\leqslant500\text{mm}$ 的各公差单位

公称尺寸分段/mm	≤3	>3~6	>6~10	>10~18	>18~30	>30~50	>50~80
i/μm	0.54	0.73	0.90	1.08	1.31	1.56	1.86
公称尺寸分段/mm	>80~120	>120~180	>180~250	>250~315	>315~400	>400~500	
i/μm	2.17	2.52	2.90	3.23	3.54	3.89	

表 6-2 $D\leqslant500\text{mm}$ 的各几何平均值

公称尺寸分段/mm	≤3	>3~6	>6~10	>10~18	>18~30	>30~50	>50~80
D/mm	1.732	4.243	7.746	13.416	23.238	38.730	63.246
公称尺寸分段/mm	>80~120	>120~180	>180~250	>250~315	>315~400	>400~500	
D/mm	97.980	146.970	212.132	280.624	354.964	447.214	

$$T_0=\sum_{i=1}^{m}T_i=\sum_{i=1}^{m}\alpha_i i_i=\alpha_{av}\sum_{i=1}^{m}i_i \tag{6-1}$$

$$T_i=\alpha_{av}i_i=T_0\frac{i_i}{\sum_{i=1}^{m}i_i} \tag{6-2}$$

由此可求出各组成环的公差及平均公差等级系数。查表 6-3 可确定标准公差等级。

表 6-3 尺寸≤500mm 的各公差等级系数

标准公差等级	IT5	IT6	IT7	IT8	IT9	IT10
公差等级系数 α	7	10	16	25	40	64
标准公差等级	IT11	IT12	IT13	IT14	IT15	IT16
公差等级系数 α	100	160	250	400	600	1000

如例 6-2 若用等精度法求解，已知 $T_0=0.12$，可先根据各组成环公称尺寸 D 查表 6-1，即可得公差单位 i 值，再代入式（6-2）可得

$$T_1=0.12\times\frac{1.56}{1.56+1.31+1.86}\text{mm}=0.0396\text{mm}$$

$$T_2=0.12\times\frac{1.31}{1.56+1.31+1.86}\text{mm}=0.0332\text{mm}$$

$$T_3=0.12\times\frac{1.86}{1.56+1.31+1.86}\text{mm}=0.0472\text{mm}$$

求出公差值后，还需要求出公差带的位置，同时还应靠标准公差，与等公差法的求解步骤相同，选 A_3 为协调环，可求出 $A_1=40^{+0.039}_{0}\text{mm}$，$A_2=20^{+0.033}_{0}\text{mm}$，$A_3=59.5^{0}_{-0.048}\text{mm}$。

可见两种计算方法所得结果相同，这是由于靠标准公差所造成的巧合。在未靠标准公差前，显然等精度法比等公差法要合理一些，但计算也要复杂一些。

3）经验法。用经验法求解尺寸链的反面问题是靠技术人员的经验来决定各组成环的尺寸公差的。由上述可知，等精度法计算较复杂，也未考虑零件加工的难易程度。如尺寸精度容易保证的，公差可减小些；尺寸精度难于保证的，公差可加大些。所以等精度法也不完全合理，从而出现了经验法。经验法一般是在等公差法计算结果的基础上，根据尺寸大小和加工难易程度，凭经验来进行调整，最后按完全互换要求进行校核。

如例 6-2 若按等公差法，$T_{av}=0.04$mm，考虑到箱体尺寸 A_1 较大，也难于保证，取 $T_1=0.05$mm；箱盖尺寸小些，但也难于保证，取 $T_2=0.04$mm；齿轮长度 A_3 虽然尺寸较大，但加工易于保证，故取 $T_3=0.03$mm。为了保证封闭环的间隙要求，T_1、T_2 取正值，T_3 取负值。同样，靠标准公差，并设定 $A_1=40^{+0.082}_{0}$mm，$A_2=20^{+0.062}_{0}$mm，可求得 $A3=59.5^{0}_{-0.025}$mm。显然，由经验法求出的各组成环公差可以更好地控制加工成本。

完全互换法在现代机械制造业中应用十分广泛，特别是在大量生产中，一方面由于有生产节奏和经济性要求，另一方面，从使用维修方面考虑要求有互换性。因此在汽车、轴承、缝纫机、自行车及轻工家用产品中都广泛采用完全互换装配法。

完全互换法的特点：零件可以互换，装配方便，对工人技术水平的要求不高，装配生产率高，装配时间稳定，易于组织装配流水线，企业之间的协作与备品问题也易于解决。由于完全互换法是用极值法求解，封闭环公差等于各组成环公差之和，因此对于高精度的多环尺寸链，组成环的精度比较高，甚至使加工发生困难，因此完全互换法多用于精度不是太高的短环尺寸链。

2. 不完全互换法

用极值法来求解装配尺寸链时，所有零件同时出现极值的概率是很小的，而所有增环出现最大值，所有减环出现最小值，或所有增环出现最小值，所有减环出现最大值的概率更小。因此可以不考虑出现极值的情况，而将组成环的公差适当加大，这样在装配时就可能出现不能完全互换的情况，产生装不上或装配精度不合格等现象，这就是装配中的部分互换法，或称不完全互换法。

不完全互换法的理论基础是统计法，它根据组成环尺寸分布的状态用数理统计方法来处理。通常，只要组成环的数量较多，不论其尺寸分布曲线是否符合正态分布，封闭环的尺寸分布曲线都是接近正态的，因此可按正态分布曲线来处理，其尺寸分散范围为$\pm3\sigma$。这时装配出的产品合格率为 99.73%，即有 0.27%的产品装配不合格率。

利用不完全互换法来达到装配精度同样有正面问题、反面问题及中间问题。

封闭环的公称尺寸和公差值虽可由下面的式（6-3）、式（6-4）来计算，但不能确定公差带的位置，因此要用对称公差法或平均偏差法来计算。

$$A_0=\sum_{i=1}^{n}\overrightarrow{A}_i-\sum_{i=n+1}^{m}\overrightarrow{A}_i \tag{6-3}$$

$$T_0=\sqrt{\sum_{i=1}^{m}T_i^2} \tag{6-4}$$

对称公差法是将所有组成环的尺寸变为对称公差，这样变换后，组成环的公称尺寸也会改变，在计算过程中，用变换后的公称尺寸及其对称公差进行计算。

平均偏差法是先应用平均偏差公式［式（6-5）］求出各组成环的中间偏差 Δ。

$$\overline{X}=\Delta+e\frac{T}{2} \tag{6-5}$$

式中　$\overline{X}$——平均偏差；

Δ——中间偏差；

e——相对不对称系数；

T——公差。

如图 6-20 所示，对于正态分布曲线，$\overline{X}=\Delta$。

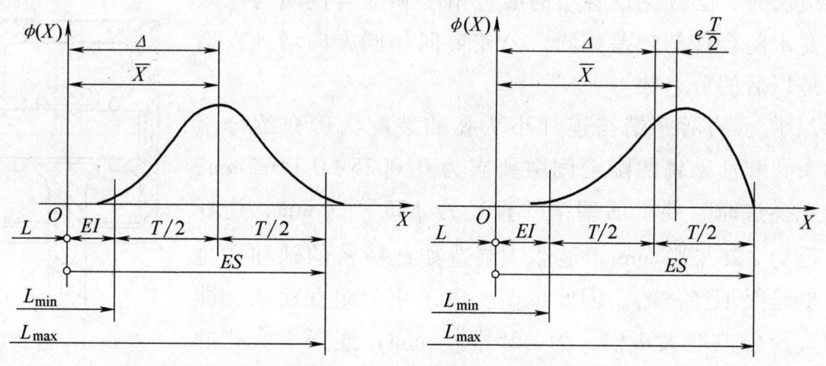

图 6-20　中间偏差计算

然后用式（6-5）~式（6-7）求出封闭环的中间偏差及其上极限偏差和下极限偏差。应注意，中间偏差 Δ 本身有正负值，应考虑用代数和。

最后可求出封闭环的公称尺寸及其公差。

$$\Delta_0=\sum_{i=1}^{n}\Delta_i-\sum_{i=n+1}^{m}\Delta_i \tag{6-6}$$

$$ES_0=\Delta_0+\frac{T_0}{2} \tag{6-7}$$

$$EI_0=\Delta_0-\frac{T_0}{2} \tag{6-8}$$

不完全互换法的特点是可以扩大组成环的公差，从而保证封闭环的精度，以解反面问题的等公差法为例：

完全互换法时，$T_i=\dfrac{T_0}{m}$

不完全互换法时，$T_i=\dfrac{T_0}{\sqrt{m}}=\sqrt{m}\dfrac{T_0}{m}$

可知各组成环公差可扩大到$\sqrt{m}$倍，这对于环数多的尺寸链，效果是十分显著的。但由于有一小部分制品不能互换，要进行返修，因此不完全互换法多用于生产节奏不是很严格的大批大量生产中，如机床、仪器及仪表等制造，并主要用于装配精度不是很高而环数又较多的装配尺寸链。完全互换法与不完全互换法的共同点是互换，它们的具体装配过程没有什么不同。

6.4.2 分组法

分组法又称分组互换法或选择装配法。

当封闭环的精度要求很高，用完全互换法和不完全互换法来解时，组成环的公差非常小，使加工十分困难，甚至不可能加工出来，同时也不经济。这时，可将全部组成环的公差扩大3~6倍，使组成环能够按经济公差加工，然后将各组成环按原公差大小分组，并按相应组进行装配，这就是分组法。

采用分组法时，必须保证各组的配合精度和配合性质与原来相同，因此要求配合件的公差相同，公差要向相同方向增大，增大的倍数就是以后的分组数。

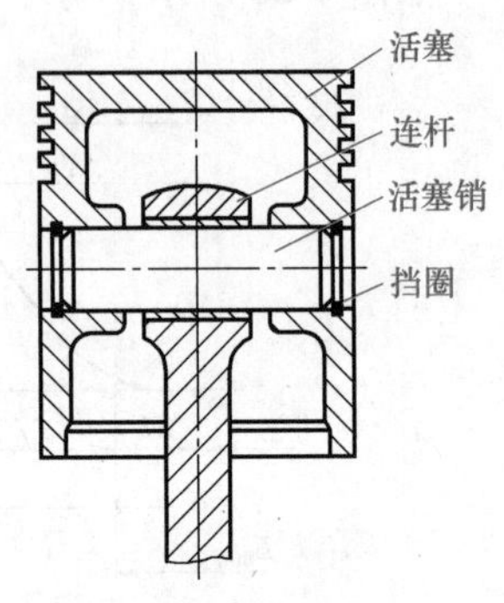

图 6-21　活塞销与连杆小头孔的装配

以图6-21所示的活塞销与连杆小头孔的装配为例介绍分组法。连杆小头孔和活塞销的配合间隙要求为0.0025~0.0075mm，当采用完全互换法时，要求活塞销的直径为$\phi 25^{-0.0100}_{-0.0125}$mm，连杆小头孔的直径为$\phi 25^{-0.0050}_{-0.0075}$mm。显然，制造如此精密的轴和孔是很困难的，也是很不经济的。因此生产上多采用分组互换法，即将活塞销的直径公差增大4倍，为$\phi 25^{-0.0025}_{-0.0125}$mm，连杆小头孔的直径公差也向同方向增大4倍，为$\phi 25^{+0.0025}_{-0.0075}$mm。这样，活塞销的外圆可用无心磨，连杆小头孔可用金刚镗等加工方法来达到加工精度要求，然后用精密量具进行测量，并按尺寸大小分成4组，按组装配，就可保证配合精度和性质，见表6-4。为了避免在装配时出错，可在各组零件上标记不同颜色。

由表6-4中的数据可知各组的配合精度和配合性质均与原来相同。

表 6-4　活塞销和连杆小头孔的分组互换装配

组别	标志颜色	活塞销直径/mm	连杆小头孔直径/mm	配合性质	
				最大间隙/mm	最小间隙/mm
1	白	$\phi 25^{-0.0025}_{-0.0050}$	$\phi 25^{+0.0025}_{0}$		
2	绿	$\phi 25^{-0.0050}_{0.0075}$	$\phi 25^{0}_{-0.0025}$	0.0075	0.0025
3	黄	$\phi 25^{-0.0075}_{-0.0100}$	$\phi 25^{-0.0025}_{-0.0050}$		
4	红	$\phi 25^{-0.0100}_{-0.0125}$	$\phi 25^{-0.0050}_{-0.0075}$		

分组法中选定的分组数不宜太多，否则会使零件的尺寸测量、分类、保管、运输等装配组织工作复杂化。分组数只要使零件能达到经济加工精度就可以了。

采用分组法时，还要保证分组后在装配时能够配套。加工时，如果各组成环的尺寸分布曲线都是正态的，零件分组后可以配套。但若有某些因素影响零件尺寸，则会导致其分布不是正态分布，使各组尺寸分布不对称（图6-22），产生各组零件数不等而且不能配套。这在实际生产中是很难避免的，只能在聚集相当数量的不配套零件后，通过专门加工一批零件来配套，否则将造成零件的积压和浪费。

通常分组法多用于封闭环精度要求很高的短环尺寸链，一般组成环为2~3个，在汽车、轴承等制造中可以见到，其应用范围较窄。

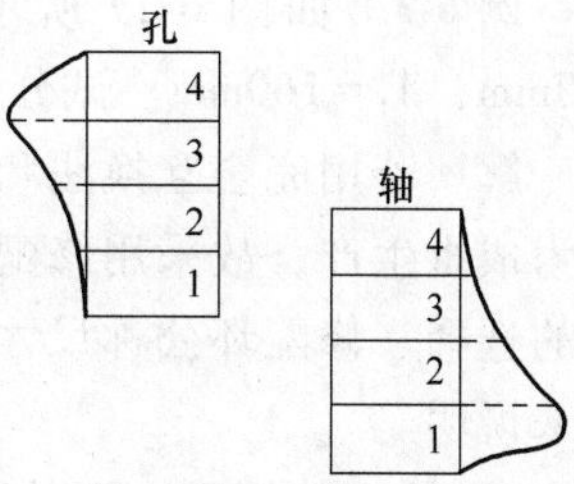

图 6-22　分组互换中各组尺寸分布不对称的情况

6.4.3　修配法

在封闭环精度要求较高的装配尺寸链中，特别是组成环数较多的尺寸链，用互换法来装配时，由于组成环的公差很小，会增加机械加工的难度，提高产品的成本，另外，在单件小批或中批生产中，由于产量不大，也不必要用互换法来装配，这时可采用修配法来装配。

1. 基本方法

先将各组成环的尺寸按可能的经济公差制造，选定一个组成环为修配环，在装配时就地修配该环，以达到装配精度。由于这种方法的生产率较低，因此适用于单件小批生产、装配精度要求较高的场合。

采用修配法装配时，修配环的修配加工是保证装配精度的最终环节。因此，在尺寸链计算中，必须保证修配环在装配时有足够的修配量且修配量最小。即在其余各组成环各极限偏差累计使修配环尺寸最大时，在保证装配精度的前提下，使修配环的修配量为零；在其余组成环各极限偏差累计使修配环尺寸最小时，在保证装配精度的前提下，使修配环的修配量最小。

2. 尺寸链解算步骤

已知封闭环尺寸及各组成环的基本尺寸，求：各组成环的尺寸公差及偏差。

解算步骤：1）选择修配环，修配环应选择易于修配的零件尺寸。

2）按经济加工精度确定各组成环公差。

3）按入体原则确定除修配环以外的各组成环尺寸偏差。

4）计算修配环的尺寸和偏差。

解尺寸链的基本方法是计算得出修配环的下极限尺寸，加上公差可得上极限尺寸。计算时，有两种情况需要考虑。

① 当修配环尺寸减小使封闭环变小时，修配环作为增环参加尺寸链。修配环的下极限尺寸为当尺寸链中其余增环出现最小值，所有减环出现最大值时，在保证封闭环最小的前提下计算出的修配环尺寸。最大修配量出现在尺寸链中其余增环出现最大值，所有减环出现最小值，修配环出现最大值，保证封闭环最大时。如果必须修配，则修配环的下极限尺寸还应加上最小修配量。

② 当修配环尺寸减小使封闭环变大时，修配环作为减环参加尺寸链。修配环的下极限尺寸为当尺寸链中所有增环出现最大值，其余减环出现最小值时，在保证封闭环最大的前提下计算出的修配环尺寸。最大修配量出现在尺寸链中所有增环出现最小值，所有减环（包括修配环）出现最大值，保证封闭环最小时。如果必须修配，则修配环的下极限尺寸还应加上最小修配量。

3. 最大修配量

最大修配量为根据放大公差后的组成环计算出的实际封闭环的公差与要求的封闭环公差之差。如果必须修配，则还应加上最小修配量。最大修配量影响修配的劳动量，应尽量小。

例 6-3 如图 6-17 所示，已知 $A_0=0^{+0.06}_{0}$mm，即只允许后顶尖高，$A_2=30$mm，$A_3=130$mm，$A_1=160$mm。试分析装配方法并计算。

解　若用完全互换法和不完全互换法来求解，零部件的加工精度都难以保证，由于机床多为成批生产，故采用修配法来装配。用修配法来装配时，有组成环尺寸公差的确定、修配环的选择、修配环公称尺寸的确定和修配环的计算等问题，现结合图 6-17 所示的装配尺寸链来说明。

1）选择修配环。要从装配时便于修配来考虑，显然，在这些组成环中，尾架底板最便于在装配时修配加工，故选 A_2 为修配环。

2）确定各组成环公差。根据各组成环尺寸大小和加工难易程度确定：$T_1=T_2=T_3=0.2$mm。

3）确定除修配环外各组成环偏差。由于主轴箱前顶尖至底面的尺寸为距离尺寸，取双向公差，确定为：$A_1=160\pm0.1$mm。同理，确定尾架顶尖至底面的尺寸为 $A_3=130\pm0.1$mm。

4）计算修配环的尺寸及偏差。由于修配 A_2 使封闭环减小，因此，修配环 A_2 的下极限尺寸为当尺寸链中增环 A_3 出现最小值，减环 A_1 出现最大值时，在保证封闭环最小的前提下计算出的修配环尺寸。

$$A_{2\min}=A_{1\max}+A_{0\min}-A_{3\min}=[160+0.1+0-(130-0.1)]\text{mm}=30.2\text{mm}$$

修配环 A_2 的尺寸为 $30^{+0.4}_{+0.2}$mm。

最大修配量 $\Delta_{\max}$ 出现在尺寸链中增环 A_3 出现最大值，减环 A_1 出现最小值，修配环出现最大值时。在保证封闭环最大时计算出的修配量 $\Delta_{\max}$，即

$$\begin{aligned}\Delta_{\max}&=A_{2\max}-(A_{1\min}+A_{0\max}-A_{3\max})\\&=\{30+0.4-[160-0.1+0.06-(130+0.1)]\}\text{mm}=0.54\text{mm}\end{aligned}$$

5）校核修配环的最大修配量。最大修配量为根据放大公差后的组成环计算出的实际封闭环的公差与要求的封闭环公差之差，即实际组成环公差之和减去封闭环公差。

$$\Delta_{\max}=T_1+T_2+T_3-T_0=(0.2+0.2+0.2-0.06)\text{mm}=0.54\text{mm}$$

按此法计算出的修配环最小修配量为 0，最大修配量为 0.54mm。如果必须修配，修配环的下极限尺寸还应加上最小修配量。

值得提出的是在机床制造业中，常常利用机床自身的切削加工能力，在装配中，用自己加工自己的方法进行修配，保证装配精度要求，这就是“就地加工”修配法。例如，在牛头刨床和龙门刨床装配中，为保证工作台台面与牛头滑枕滑动导轨、龙门床身导轨的平行度，多采用自刨工作台台面的方法来保证装配精度，显然工作台就是修配环。

另外，有时将几个零件装配在一起后进行加工，再作为一个零件参加总装，这就是“合并加工”修配法。

由于修配法装配需要现场修配，并且不能互换，因此多用于单件、成批生产中。

6.4.4　调整法

当装配精度较高、组成环数较多、大批量生产时，可采用调整法装配。调整法有固定调整法和可动调整法两种。

1. 固定调整法

固定调整法就是按经济加工精度加工除组成环外的其他组成环零件。由于组成环公差放

大，其实际封闭环公差大于装配精度，因此需制造不同尺寸的调整环零件用作装配时调整。实际装配时，将除调整环外的所有组成环零件全部装好，测量实际需要的调整环尺寸。然后在已经做好的不同尺寸的调整环零件中选择一个合适的装入，从而保证装配精度要求。

2. 可动调整法

可动调整法就是通过调整某一组成环的位置来满足装配精度的装配方法。例如：通过调整套筒的轴向位置来保证齿轮的轴向位置（图 6-23a），采用调整螺钉使楔块上下移动来调整丝杠和螺母的轴向间隙（图 6-23b）。

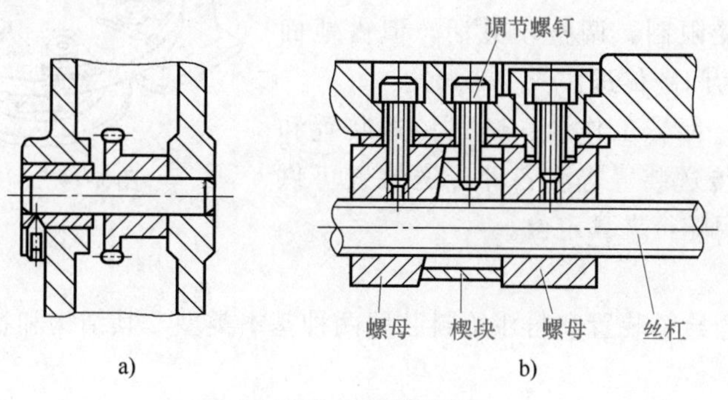

图 6-23　可动调整法

6.5　装配自动化

大批量生产模式下，自动生产线明显提高了零件的加工效率。但零件装配还是以手工为主，繁重的装配劳动（在机器制造业中，装配劳动量约占制造产品总劳动量的 20%；在仪器生产中，总劳动量大于 50%）严重制约了产品制造的整体效率的提高。因此，自动装配线的研究与应用推广具有重要的实用价值。

1. 装配自动化的定义

装配自动化是指在机械装配过程中，基础件和装配件的传送、给料和装配作业可部分或全部地实现半自动化或自动化。装配自动化可以保证产品质量及其稳定性，改善劳动条件，提高劳动生产率，降低生产成本，国内外许多学者对其进行了许多研究，也取得了许多成果，并有效地指导了机械的装配。其中，自动装配机（线）、装配机器人和装配设备等的应用，有效提高了装配精度和生产率。

2. 装配自动化的实现

为了解决中小批量生产中的装配问题，人们发明了可编程的自动化装配机，即装配机器人。它能够通过程序调整完成相似的装配任务，实现柔性自动化装配。自动化装配机能够依据当前的装配任务，找出一种最佳的产品装配顺序。尤其是当产品生产量较大、产品结构的自动装配工艺性好（如装配工作有良好的可拆分性，零件容易定向、定位）时，可以更好地发挥自动化装配优势，提高生产率和装配精度。

6.5.1　装配自动化的基本内容

机械装配自动化主要包括自动传送、自动给料、自动装配和自动控制等。回转式装配机（图 6-24）基本上实现了装配自动化，其主要组成部分如下。

1. 传送部分

按照基础件在装配工位间的传送方式不同，装配机的结构可分为回转式和直进式两大类。回转式结构较简单，定位精度易于保证，装配工位少，适用于装配零件数量少的中小型部件和产品。基础件可连续传送或间歇传送。间歇传送时，在基础件停止传送时进行装配作业。直进式的结构比回转式复杂，装配工位数不受限制，调整较灵活，但占地面积大，基础件一般为间歇传送。

传送装置主要有回转工作台、链式传送装置和非同步的夹具式链传送装置等。各种传送装置可供基础件直接定位或用随行夹具定位。

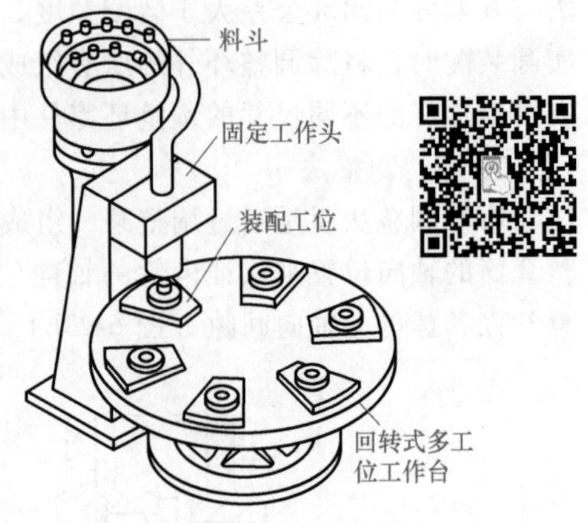

图 6-24 回转式装配机

2. 给料部分

给料部分分料仓给料装置和料斗给料装置两种基本类型，其结构和特点与机床上的下料装置相似。

3. 装配作业部分

它是自动化装配的主体部分，负责完成装配过程。自动装配作业过程比较复杂，主要包括自动清洗、平衡、分选、装入、连接和检测等，有时还包括成品包装和辅助加工工序。

（1）清洗自动化　清洗自动化是将零件自动输送到清洗机内，按规定程序自动完成清洗作业，并将清洗完的零件输送到下一工序以备使用。

（2）自动平衡　当测出不平衡量的大小与相位后，用自动去重或配重的方法求得平衡。常用的去重方法是通过钻削或铣削将不平衡量去除。对于小型的精密零件（如陀螺仪转子等），不平衡量很小，可用激光气化方法去除。

（3）自动分选　自动分选是通过自动测量测出零件的配合尺寸，并按规定的几组公差带将零件自动分组，使各对应组内相互配合的零件实现互换装配。自动分选是采用选配法装配之前的必要工序，在自动分选机上进行。

（4）自动装入　自动装入是自动装配作业中最基本的工序，有重力装入、机械推入和机动夹入三种方式，可按具体情况选择。其中，采用较多的是机械推入和机动夹入。先将零件夹持，保持正确定向，在基础件上对准，再由装入工作头缓慢进给，将其装入基础件内。

（5）自动连接　由于螺纹连接简单实用，所以螺纹连接是自动连接中常用的连接形式，除此之外还有压入连接、卷边等。螺纹连接的自动化操作常采用螺钉或螺母的自动装配工作头，一般包括抓取、对准、拧入和拧紧等动作。

（6）自动检测　自动检测是自动装配的重要组成部分。常见的检测项目有：装配过程中的检测，如检查是否缺件，零件方向和位置是否正确和夹持是否可靠等；装配后的部件或产品的性能检测，如轴的振摆、回转运动精度、传动装置的反向间隙、起动和回转转矩、振动、噪声及温升等。将实测结果与检测的标准相对比，以决定合格与否。

4. 自动控制部分

自动装配中各种传送、给料和装配作业的程序，以及相互协调的控制必须依靠控制系统，它是整个自动装配的中枢，犹如人体的神经系统一样，支配和控制着整个装配过程。常用的控制系统有固定程序的控制系统和数字控制系统。

1）固定程序的控制系统组成不变、程序简单，适用于大批量、单一品种产品的自动装配，但工序不可调整，无法适应装配部件或产品的结构的改变。

2）数字控制系统在装配件改变时容易调整工序，特别是微处理机或电子计算机，具有记忆和逻辑运算功能，可存储各种工作程序，供随时调用，与固定程序的控制系统相反，这种控制系统适用于中小批量的多品种自动装配。

6.5.2 装配自动化的应用

大型飞机的自动化装配是机器装配自动化的典型案例。

大型飞机通常是指起飞总重量超过 100t 的军、民用大型运输机和 150 座及以上的大型客机。大型飞机机体结构最显著的特点是大尺寸、高可靠性和长寿命（如大型客机寿命要求达到 90000 飞行小时）。在制造技术上要求实现轻重量、全寿命周期低成本、快速研制和生产等。

大型飞机制造首先要保证装配的质量，提高机体的疲劳寿命，其次要在大批量生产中提高生产率，这两点都符合采用自动化装配技术的特点。另外，大型飞机机体结构尺寸大、结构装配空间较宽敞，也易于实现自动化装配。表 6-5 所列为人和机器两种装配系统的工作特性。从表 6-5 中可以看出，从提高装配质量和效率等方面，特别是在大批量生产中，采用机器工作（如自动钻铆技术、自动化装配系统）具有很大的优势。

大型飞机装配对自动化的需求体现在如下几个方面：

1）保证大型飞机结构的长寿命。

2）实现装配生产的高质量和高效率。

3）突破人工装配的客观限制，满足大型装配件装配的需求。

4）装配过程实现数字化制造。现代大型飞机的装配要求实现数字量协调，满足数字化设计-制造一体化的需要，减少或消除实物模拟量协调工装，降低成本。

5）适应复合材料及其混合结构装配的需求。大型飞机上采用复合材料及其混合结构的比重越来越大，自动化装配技术是复合材料结构制造和精确装配的保证。

6）实现装配的柔性化。实现柔性装配可减少装配工装数量，降低研制成本，减少占地面积，缩短生产准备周期，实现快速研制，而柔性装配需要自动化的柔性装配工装和装配设备来保证。

表 6-5 人和机器两种装配系统的工作特性

系统的特性	人	机器
灵巧性	高（手/眼/大脑的灵活性）	低（自动化由程序控制）
成本（每小时费用）	低	高
活动范围	水平方向：无穷大 垂直方向：由身高和提升装置决定	由机器结构及运动特性决定
力/力矩	$F_{max}\approx150N$（短时），所能施加的力矩大小和时间有限	$F_{max}\geqslant4500N$，所能施加的力矩大，时间长
速度	$v_{足}\approx80m/min$ $v_{手}\approx180°/s$	$v_{线性}\approx300m/min$ $v_{旋转}\approx360°/s$

（续）

系统的特性		人	机器
加速度		$a=0.2g$	$a\geq 0.2g$
记忆能力	过程数	有限（10~100个操作），需要培训	无限（取决于计算机存储）
	定位精度	有限，需要引导	很高（可达±0.02mm，取决于运动机构）
抗疲劳能力		容易疲劳	不易疲劳

图6-25所示为装配自动化水平与单机成本的关系，它描述了飞机装配成本、产量、装配自动化水平、装配效率、装配质量（装配精度）、系统投资诸因素之间的关系。若仅考虑成本因素，人工装配方法更适于单架或少量生产，而大批量生产的民机装配若要实现低成本，还需尽量提高自动化水平。

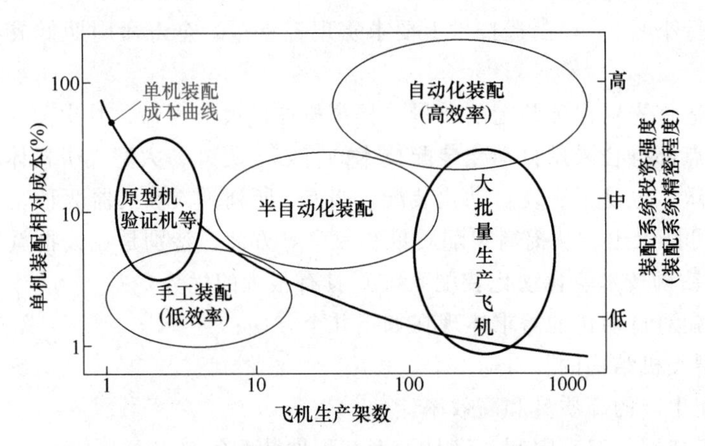

图6-25 装配自动化水平与单机成本的关系

随着现代加工技术和现代制造技术的迅速发展，复杂装配过程也可找到合适的自动化装配方法，但实现全面自动化装配仍有大量技术难题待解决。产品装配过程不能简单片面地追求自动化，而应本着实用可靠且能适应产品发展的原则，采用适当的自动化程度，应用合理的计划方法和控制手段。

6.6 数字化装配

随着市场竞争的全球化，传统制造技术已经不能满足快速发展的市场需求。产品的生产模式也由过去的少品种、大批量逐步转变为现代的多品种、中小批量甚至是单件。产品的设计制造过程由一个企业独自完成发展到具有互补性企业之间的强强联合完成，且跨地区、跨国界的技术合作越来越多。由此，产品的异地设计和制造、敏捷制造技术、虚拟制造技术等先进的制造模式和技术，成为制造工程界研究和应用的热点和重点领域。其中，产品数字化装配技术是实现异地设计与制造、敏捷制造和虚拟制造等先进生产方式的关键技术。

据统计，在工业化国家，产品的生产过程中约1/3的人力在从事与产品装配有关的活动，超过40%以上的生产费用产生于产品的装配过程，产品装配所需工时占产品生产制造总工时的40%~60%，而产品开发时间的不断增长与产品生命周期的不断缩短形成了鲜明的

对比。因此，装配可以说是产品生命周期的重要环节，是产品功能实现的主要过程。

6.6.1　数字化装配技术

1. 数字化装配的定义

数字化装配（Digital Assembly）是指在计算机系统中建立产品零件的数字化模型（三维实体），并在虚拟环境下对这些模型进行模拟装配，以便在产品的研制过程中进行静/动态干涉检验、工艺性检查、可拆卸性检查和可维护性检查等，将潜藏的错误在设计阶段及时发现并做出修改，最终设计出符合要求的装配。数字化装配不仅提高了设计效率，也为之后的制造阶段提供了技术支持。

数字化装配的对象不仅指产品结构的装配，还包括产品的各种系统件，如机械系统、电气系统等。随着计算机系统的蓬勃发展及其相关设备的数据处理能力的增强，产品装配的可视化成为可能。面向装配的设计（Design For Assembly，DFA）作为并行工程中的一个主要设计支持工具，其设计开发在并行环境中为设计者提供基于装配的设计支持，包括可装配性分析、装配工艺分析、装配结构分析，以及装配工艺设计等。

2. 数字化装配的意义

理想的设计从产品装配体开始，根据给定的功能要求和设计约束，确定产品的大致组成，定义各组成零部件之间的装配关系和相互约束关系。即首先完成装配概念模型的建模和装配草图的绘制，然后根据装配关系产品分解成若干个零部件，在装配约束下进行零部件的概念设计和详细设计。

装配序列规划、装配路径规划、装配公差分析、装配仿真与干涉检验等，能从不同侧面对装配结构进行分析，以确定结构设计的可装配性、装配质量和结构设计的可行性，从而避免再设计所造成的巨大浪费，提高产品设计质量，缩短产品设计周期，降低产品设计成本。

数字化装配技术是敏捷制造、虚拟制造等先进制造技术中的一项关键技术，受到了学术界和工业界的广泛关注。通过建立数字化装配模型，可对产品的装配过程进行模拟与分析，对装配方案进行快速评价，优化产品的装配过程，及早发现潜在的装配冲突与缺陷。数字化装配技术还可以模拟和预估产品装配性能及可装配性，并将装配信息反馈给设计人员，及时做出修改，使装配方案得到优化，在确定装配方案的过程中，提高了设计质量，加快了研制进度，所以对于大型复杂产品而言，在产品实际装配之前通过分阶段、多层次实施数字化预装配，有提高产品质量、缩短研制周期、降低研制成本等诸多好处。

3. 数字化装配的特点

由于数字化装配是实际装配过程在计算机上的映射，与传统的装配技术相比，数字化装配具有以下特点。

（1）与现实装配环境的结构相似性　数字化装配的目的就是在计算机的数字化装配环境中进行产品的装配生产，以便发现设计中的缺陷与错误，因此数字化装配环境必须与实际装配环境在结构上、本质上具有相似性，这样才能将实际生产中可能存在的问题在数字化装配过程中反映出来。

（2）资源与实践的低消耗性　由于数字化装配系统基本上没有生产性的资源与能源消耗，也不依赖于实际零件的加工生产，因此只要设计人员完成了相应的零件设计，就可以进

行装配的虚拟操作，检验设计结果，方便快捷、节约资源。

（3）面向集成的开放性　数字化装配系统的开发必然要考虑将数字化装配融入已有的设计制造系统中，因此数字化装配系统必然是一个面向系统集成的开放式体系结构。

（4）支持分布合作性　数字化装配系统能够满足分布在不同部门、不同地点的不同专业人员在统一的装配模型下同时工作、相互交流、信息共享、加快产品装配数据传播的速度等需要，使产品开发可以快速地响应市场变化。

6.6.2　数字化装配技术的应用

1. 基于 SV 软件的减速器数字化装配

鉴于数字化装配的诸多优势，近年来数字化装配的应用越来越多，特别是对一些装配零件繁多、装配过程复杂的产品生产，应用数字化装配可以很好地发挥其优势。以减速器的装配为例，在减速器的研发和生产过程中，减速器的装配采用“变装为拆”的思想。首先在国产三维建模软件 SINOVATION（简称 SV）上建立装配模型；然后将生成的装配模型通过数据转化到数字化环境中，即 SV 软件中的装配环境；再对数字化环境中的装配模型进行人工拆卸操作，基于“可拆即可装”的假定，获取产品的拆卸路径；最后在“变装为拆”的装配过程模式中，利用 SV 系统装配建模提供的装配约束关系进行运动导航，即在数字化拆卸过程中，根据零件所受到的装配约束获得拆卸零件的可自由移动方向，并将零件的初始拆卸方向强制为其自由自由移动的方向，直到零件与其约束零件完全脱离。

利用 SV 对减速器零件的三维模型在计算机上的装配过程和拆卸过程进行记录，可得到零件装配过程。该记录可以对零件装配性进行评价，优化装配路径，从而缩短装配时间，为实际的装配提供一定意义上的指导作用。

2. 卫星总装的数字化装配

卫星数字化预装配是在数字化产品定义的基础上，利用计算机模拟装配的过程。它主要用于产品研制时的静/动态界面设计、干涉检查、工艺性检查、可拆卸性检查和可维护性检查。采用数字化装配技术可以有效评价产品的可装配性，减少因设计原因造成的更改甚至错误，缩短了研制周期，降低了产品成本。

卫星总装中，数字化装配需要对装配顺序进行生成和优化，对装配路径进行规划和优化，以及对装配过程进行仿真模拟等。首先利用装配过程模拟软件对产品的部件进行装配过程定义，确定部件所属各零件的装配顺序；然后模拟工厂现有装配条件和任务安排，进行装配路径的调整和优化；最后在数字化装配仿真系统中进行装配过程仿真，即利用仿真软件的人机工程等虚拟技术，确定装配过程的可操作性和合理性，解决数字化产品模型装配过程中所遇到的干涉问题。

目前，我国已开展了虚拟装配研究技术研究，利用计算机完成了卫星装配过程的模拟。卫星装配数字化技术的应用将使卫星装配周期缩短 50%；通过数字化预装配过程仿真与优化技术替代零部件装配实验，预计可降低 30%以上的研制成本；还可以有效减少装配缺陷和产品的故障率，减少人为差错和因为装配干涉等问题而进行的重新设计和工程更改，为新型号卫星的研制开发奠定了坚实的技术基础，提高了我国卫星在国际市场上的竞争能力。

课 后 习 题

6-1　什么是装配？在机械生产过程中，装配过程起到哪些重要作用？

6-2　装配精度一般包括哪些内容？产品的装配精度与零件的加工精度之间有何关系？

6-3　试述制定装配工艺规程的意义、内容、方法和步骤。

6-4　保证机器或部件装配精度的方法有哪几种？各适用于什么装配场合？

6-5　如图 6-26 所示，齿轮部件装配时，轴固定不动，齿轮在轴上回转，要求齿轮与挡圈的轴向间隙为 0.1～0.35mm。已知 $A_1=30\text{mm}$、$A_2=5\text{mm}$、$A_3=43\text{mm}$、$A_4=4_{-0.05}^{\ 0}\text{mm}$（标准件）、$A_5=5\text{mm}$，现采用完全互换法装配，试确定各组成环的公差和极限偏差。

6-6　如图 6-27 所示，用修配法解车床前后顶尖特性装配尺寸链。已知 $A_0=0_{+0.01}^{+0.05}\text{mm}$、$A_1=198\text{mm}$、$A_2=38\text{mm}$、$A_3=160\text{mm}$，求各组成环的公差及极限偏差。

6-7　简述装配自动化的内容及应用场合。

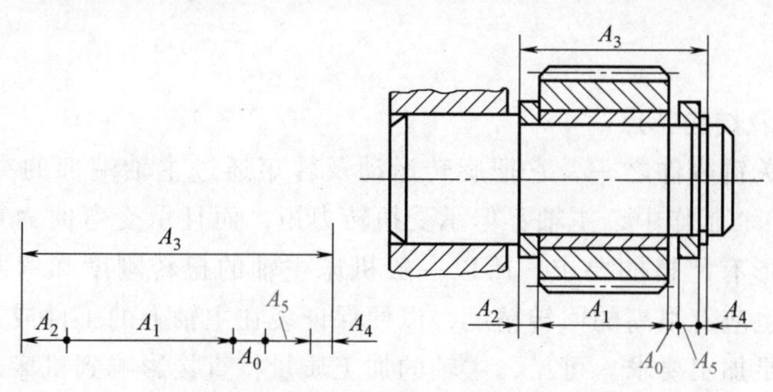

图 6-26　题 6-5 图

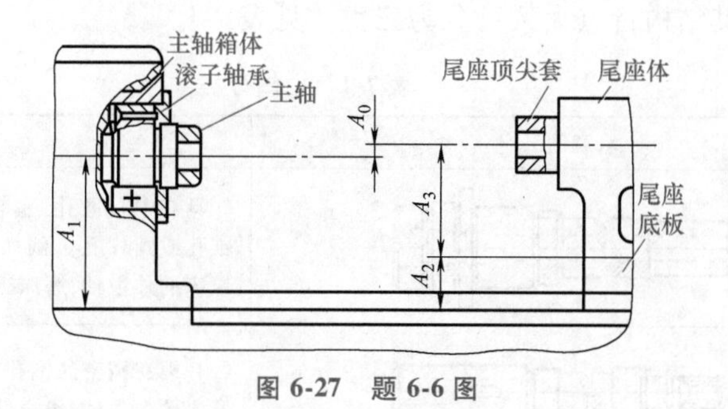

图 6-27　题 6-6 图

第7章

典型零件的机械加工工艺

7.1 主轴加工

7.1.1 主轴概述

1. 主轴的功用及结构特点

主轴是机床的关键零件之一，它把旋转运动及转矩通过主轴端部的夹具（或辅具）传递给工件（或刀具）。工作中，主轴不但承受扭转力矩，而且承受弯曲力矩。由于对主轴的扭转变形和弯曲变形有严格的要求，所以一般机床主轴的扭转刚度和弯曲刚度都很高，同时，主轴也应有很高的回转精度，以便保证装在主轴上的工件或刀具有良好的回转精度，满足加工要求。可见，主轴的加工质量将直接影响到机床的工作精度和使用寿命。

主轴按其结构特点大致可分为三类，见表7-1。

表7-1 主轴分类

种类	示意图	说明
一		具有中心通孔，主轴的两端或一端有精密的锥孔或圆柱孔。例如：车床、铣床的主轴，卧式镗床的外主轴，磨床工件头架的主轴
二		一端有精密的锥孔。例如：钻床的主轴、卧式镗床的内主轴、组合钻床的主轴等
三		无中心通孔。例如：磨床的砂轮轴等

三类主轴的共同点是都有三种主要工作表面，即支承轴颈、安装工具（如卡盘、顶尖、刀具、砂轮等）的表面、安装传动件（如齿轮、带轮等）的表面。

它们也有各自的特点：第一类主轴有中心通孔，以备工件或刀具从中通过，主轴的一端或两端有精密的锥孔或圆柱孔；第二类主轴只有一端有精密的锥孔；第三类主轴则无中心通孔。

第一类主轴应用最广泛，其机械加工工艺过程也最为典型。下面以C6132车床主轴为例，进行介绍。

2. 主轴的技术条件

主轴的技术条件是根据主轴的功用和工作条件制订的。主轴在主轴箱中是以它的几个支承轴颈与相应的轴承孔进行配合的，从而确定了主轴在主轴箱中的径向位置，并由主轴的支承轴肩来确定它的轴向位置。显然，主轴的支承轴颈是主轴的装配基准，它的制造精度直接影响到主轴组件的旋转精度，从而影响零件的加工质量。因此，技术条件中的各项精度都是以两个支承轴颈为基准来确定的。

主轴的前端锥孔是用来安装顶尖或工具锥柄的，其定心表面相对支承轴颈表面有严格的同轴度要求，它对机床工作精度的影响主要是造成夹具（或刀具）的安装误差，并因此影响到工件的加工精度。

主轴上的螺纹一般用来固定零件或调整轴承间隙，它的精度对主轴的回转精度影响很大，特别是轴向圆主轴上锁紧螺母的轴向圆跳动量，导致轴承内圈中心线倾斜，从而使主轴的径向圆跳动和轴向圆跳动大大增加，对工件加工精度和轴承的使用寿命造成不良影响。造成锁紧螺母轴向圆跳动量过大的一个主要原因是主轴螺纹表面中心线与支承轴颈中心线倾斜。因此，在加工主轴螺纹时，必须控制螺纹表面与主轴支承轴颈中心线的同轴度。

主轴轴向定位表面与主轴支承轴颈中心线的垂直度误差是使主轴产生轴向圆跳动的主要原因之一，必须严格控制。

由以上分析可知，支承轴颈、锥孔、前端短锥面及端面、轴向定位表面、螺纹表面等是主轴的主要工作表面，也是加工中的主要矛盾。在制订主轴机械加工工艺时，应当围绕如何解决这个主要矛盾来考虑。

根据主轴的功用和上述分析，主轴的技术要求可以归纳为以下几方面。

1）要求主轴有高的回转精度，这样才能保证工件的加工精度。为此，应保证以下精度：

① 两支承轴颈的尺寸精度、几何精度、相互位置精度；

② 主轴前端锥孔对支承轴颈的径向圆跳动量；

③ 螺纹表面对支承轴颈的径向圆跳动量；

④ 轴向定位支承面对支承轴颈的垂直度。

2）要求主轴有足够的刚度和强度，以保证能传递一定转矩。

3）要求主轴有高的抗振性，以保证工件的加工表面质量和刀具寿命，提高生产率。

4）要求主轴滑动表面具有良好的耐磨性，以保证机床的原始精度。

表7-2所列为C6132车床主轴的技术要求。

表7-2　C6132车床主轴的技术要求

项目		精度要求
支承轴颈尺寸的标准公差等级		IT5
支承轴颈的圆柱度公差		0.005mm
支承轴颈的圆度公差		0.003mm
支承轴颈的同轴度公差		0.003mm
主轴锥孔对支承轴颈的径向圆跳动	近轴端处	0.003mm
	离轴端300mm处	0.007mm

（续）

项目		精度要求
轴向定位支承面对支承轴颈的垂直度		0.005mm
装卡盘端面对支承轴颈的垂直度		0.005mm
螺纹表面对支承轴颈的径向圆跳动		0.0025mm
主轴前端锥孔的接触面积比		>75%
表面粗糙度 *Ra*	支承轴颈	0.8μm
	主轴前端锥孔	0.8μm
	与齿轮配合表面	1.6μm
	一般表面	3.2μm

3. 主轴的材料、毛坯及热处理

（1）主轴的材料及热处理　主轴的材料是在设计时根据主轴的使用性能要求进行选择的。

C6132 车床主轴采用 45 钢，这是一般机床主轴常用的材料。经过正火（某些表面还要经过淬火）处理后，可保证主轴具有一定的强度和耐磨性。

对于精度要求较高和转速较高的机床，其主轴一般选用 40Cr 等合金结构钢。经调质和表面淬火处理后，可以保证主轴具有较高的综合力学性能。

高精度磨床的主轴，有时还用轴承钢 GCr15 和弹簧钢 65Mn 等材料，通过调质和表面淬火后，可具有更高的耐磨性和抗疲劳性能。

当要求主轴在高转速、重负荷等条件下工作时，可选用 18CrMnTi、20Mn2B 等低碳钢，精密主轴可选用 38CrMoAlA 高级氮化钢材料。低碳合金钢经渗碳淬火后，具有很高的表面硬度、良好的冲击韧性和心部强度，但热处理变形较大。而渗氮钢经调质和表面渗氮后，同渗碳淬火钢相比，具有更高的表面硬度和抗疲劳性能，渗氮层还具有耐蚀性，热处理变形也很小。常用主轴材料及热处理方法见表 7-3。

表 7-3　常用主轴材料及热处理方法

主轴种类	材料	预备热处理方法	最终热处理方法	表面硬度　HRC
车床、铣床主轴	45 钢	正火或调质	局部加热淬火后回火（铅浴炉加热淬火、火焰淬火，高频加热淬火等）	45~52
外圆磨床砂轮轴	65Mn	调质	高频加热淬火后回火	50~56
专用车床主轴	40Cr	调质	局部加热淬火后回火	52~56
齿轮磨床主轴	18CrMnTi	正火	渗碳淬火后回火	58~63
卧式镗床主轴、精密外圆磨床砂轮轴	38CrMoAlA	调质、消除内应力处理	渗氮	65 以上

（2）主轴毛坯的制造　主轴的毛坯多采用锻件。锻造使钢材的金属纤维组织均匀致密，提高了抗拉、抗弯及抗扭强度。

模锻可锻造形状复杂的毛坯，且材料经模锻后，纤维组织的分布更有利于提高零件的强度。但模锻需要昂贵的设备，还要制造锻模，成本较高，多用于大批量生产。C6132 车床主轴是采用模锻方法批量生产，得到的毛坯精度较高、余量小、生产率高。

自由锻设备简单，但毛坯精度低，余量大（10mm 以上），特别是有贯穿孔的主轴，既浪费材料，生产率又低，多用于单件小批生产。

7.1.2　主轴加工工艺过程简介

1. 主轴加工的特点

通过前面对 C6132 车床主轴结构及技术条件的分析，可以看出，主轴加工的特点主要有两方面：

1）加工要求高。两支承轴颈的精度、表面粗糙度和同轴度、内锥孔等表面对支承轴颈的同轴度等要求都较高，且是主轴加工的关键。

2）C6132 车床主轴是一个空心阶梯轴，而其毛坯是实心锻件，因此需切除较多的金属。

根据以上特点，在拟订工艺过程时，应注意以下几个基本问题。

1）划分加工阶段，严格将粗精加工分开进行。

2）正确选择定位基准。

3）合理安排加工工序，要有足够的热处理工序。

总之，拟订主轴加工工艺过程时，要根据主轴的结构特点、技术条件、毛坯性质、生产类型及具体的生产条件等综合、细致地进行考虑。

2. C6132 车床主轴加工工艺过程

C6132 车床主轴零件图如图 7-1 所示。生产类型为成批生产，材料选用 45 钢，毛坯为模锻件。C6132 车床主轴加工工艺过程见表 7-4。

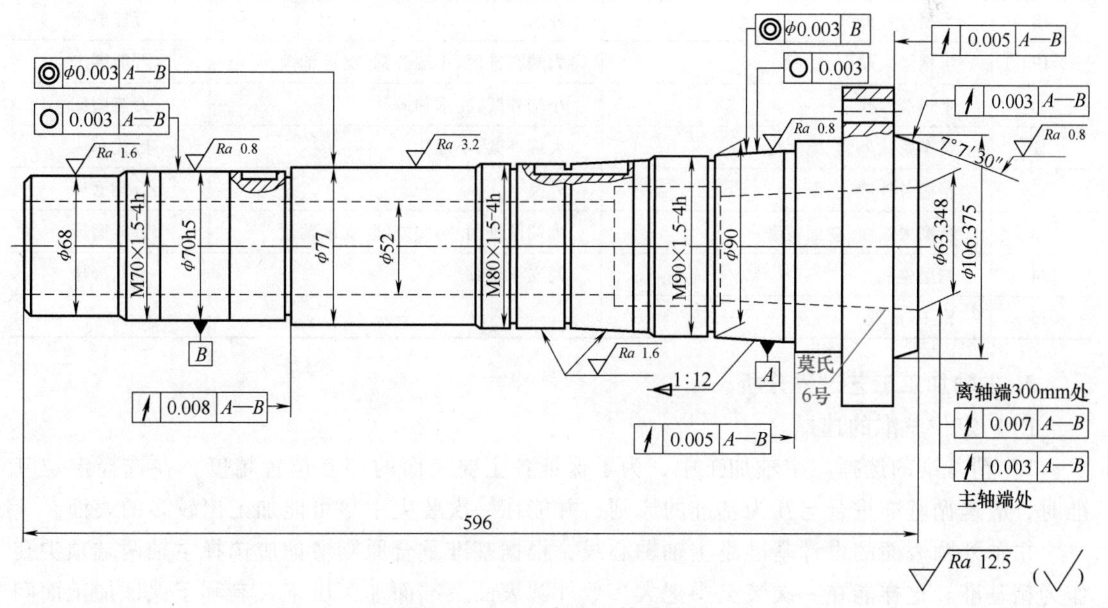

图 7-1　C6132 车床主轴零件图

表 7-4　C6132 车床主轴加工工艺过程

工序号	工序内容	定位基准	设备
1	锻造	—	—
2	正火	—	正火炉
3	粗车小端面，钻中心孔	小端外圆	卧式车床
	粗车各外圆	中心孔	
	钻导引孔	外圆	
4	钻 ϕ52mm 通孔	外圆	深孔钻床
5	半精车各外圆，倒角	大端外圆，小端孔口	卧式车床
	半精车大端外圆，孔口倒角	小端外圆，支承外圆	
6	精车小端各外圆，倒角，车各空刀槽	大端外圆，小端孔口	数控车床
	精车大端各外圆，倒角	小端外圆，支承外圆	
7	车莫氏锥孔，车空刀槽	小端外圆，支承外圆	卧式车床
8	钻大端面各孔、倒角、攻螺纹	钻模	摇臂钻床
9	粗铣各键槽	划线找正	万能铣床
10	高频淬火（按图样要求进行）	—	—
11	钳工，重攻大端面各螺纹孔，清理	—	—
12	车小端内孔，修孔口倒角	外圆	卧式车床
13	粗磨各外圆、立面	外圆	万能磨床
14	粗磨大端面、立面	大端圆锥面、小端外圆，支承轴颈	万能磨床
15	粗磨锥孔	小端外圆，支承轴颈	锥孔磨床
16	精铣各键槽	找正	万能铣床
17	低温时效	—	—
18	半精磨各外圆、立面	外圆	万能磨床
19	半精磨大端面、立面	大端圆锥面、小端外圆，支承轴颈	万能磨床
20	半精磨锥孔	小端外圆，支承轴颈	万能磨床
21	精车螺纹外圆、配螺母	大端外圆，小端孔口	卧式车床
22	精磨各外圆、立面	外圆	万能磨床
23	精磨大端面、立面精磨	大端圆锥面、小端外圆，支承轴颈	万能磨床
24	精磨锥孔	两支承轴颈	锥孔磨床
25	钳工，清理	—	—

3. 主轴加工工艺过程分析

（1）定位基准的选择

1）精基准的选择。主轴加工中，为了保证各主要表面的相互位置精度，在选择定位基准时，应遵循基准重合与互为基准的原则，并能在一次装夹中尽可能加工出较多的表面。

主轴外圆表面的设计基准是主轴轴心线，根据基准重合原则考虑应选择主轴两端顶尖孔作为精基准。这样能在一次装夹中把大多数外圆表面及端面加工出来，有利于保证加工面间的相互位置精度。但 C6132 车床主轴有中心通孔，从选择定位基准的角度来考虑，可采用

顶尖孔来定位，而把深孔加工工序安排在最后；但深孔加工是粗加工工序，要切除大量金属，会引起主轴变形，从而影响加工质量，所以只好在粗车外圆之后就把深孔加工出来。为了体现基准统一原则，在磨削加工时，以锥孔和一端孔口倒角为定位基准，安装在两端有顶尖孔的锥堵心轴上，如图7-2所示。然后以顶尖孔定位，同时加工外圆表面，以达到同轴度要求。

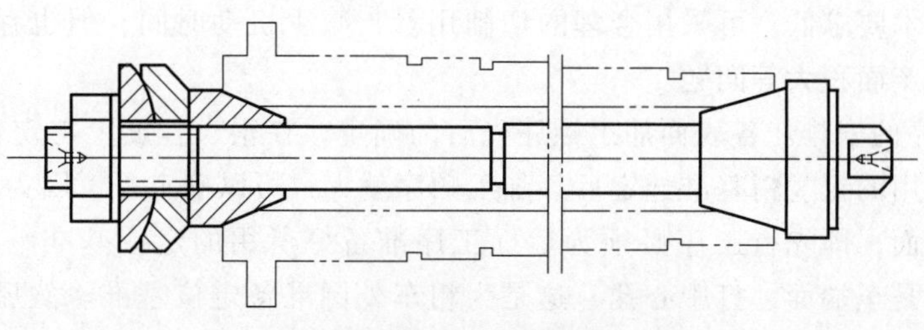

图7-2　带有锥堵的拉杆心轴

为简化工艺装备，C6132车床主轴在车削加工外圆时，用小端孔口倒角和大端外圆作为定位基准，并采取找正的措施来保证定位精度。为保证支承轴颈与主轴锥孔的同轴度要求，在选择精基准时，要遵循互为基准的原则。

2）粗基准的选择。轴类零件粗基准一般选择外圆表面，以它作粗基准定位加工顶尖孔，为后续工序加工出精基准。这样可以使外圆加工时的余量均匀，避免后续工序加工精度受到“误差复映”的影响。

（2）加工方法的选择　主轴主要是外圆、内孔及端面加工，根据加工表面本身的精度要求，选用相应的加工方法。这里要解决的主要问题是，所选加工方法必须保证达到图样要求，并在生产率和加工成本方面是最经济合理的。

（3）工序的安排

1）加工阶段的划分。由于主轴的精度要求高，并且在加工过程中要切除大量的金属，因此，必须将主轴的加工过程划分为几个阶段，将粗加工和精加工分别安排在不同阶段中。C6132车床主轴的加工大致可分为三个阶段。

① 粗加工阶段（表7-4中的工序1~4）。这一阶段的主要目的是用大的切削用量切除大部分金属，把毛坯加工至接近工件的最终形状和尺寸，只留下适当的加工余量。此外，还可发现锻件裂缝等缺陷，及时修补或报废。

② 半精加工阶段（表7-4中的工序5~12。这一阶段的主要目的是为精加工做好准备，对一些要求不高的表面完成全部加工，以达到图样规定的要求。

③ 精加工阶段（表7-4中的工序13~24）。这一阶段的主要目的是使各表面都达到图样规定的要求。

在主轴的加工过程中，必须将粗精加工分开。不应在前面一道或几道工序中就完成主要表面的精加工，而应先完成各表面的粗加工，然后再完成各表面的精加工，主要表面的精加工应在最后进行。这样，精加工后的主要表面，不会受粗精加工其他表面所引起的内应力重新分布等因素的影响，保证已达到的精度，粗精加工分开还可以合理地使用机床和装备，提高生产率，降低成本。

2）工序的集中与分散。工序集中和工序分散是拟订工艺路线时，确定工序数目的两个不同的原则。一般来说，单件小批生产时，只能是工序集中；而大批大量生产时，工序则可以集中，也可以分散。在制订工艺路线时，要根据生产类型、车间设备负荷、工人技术水平、零件结构形状及精度要求高低等来决定。

由于 C6132 车床主轴精度要求较高，为确保其质量要求，根据工厂具体情况，基本上采取工序分散的原则，这样便于组织流水生产，每道工序设备与工艺装备比较简单，调整容易，对工人的技术要求低。可采用合理的切削用量，减少机动时间，但也存在设备数量多、工人数量多、生产面积大等问题。

3）加工顺序的安排。各表面加工顺序先后的确定，在很大程度上与定位基准的转换有关。当零件加工用的粗、精基准选定后，加工顺序就大致可以确定了，因为各阶段开始总是先加工定位基准面，即先行工序必须为后面工序准备好所用的定位基准。由表 7-4 可以看出，工艺过程先是车端面、打中心孔，这是为粗车外圆准备定位基准。然后粗车外圆工序，为深孔加工准备好定位基准。再在加工好的锥孔装上锥堵心轴，又为外圆精加工准备了定位基准。最后磨锥孔的定位基准为前工序磨好的支承轴颈表面。

在安排主轴加工顺序时，还应注意下面几点。

① 深孔加工。深孔加工安排在外圆粗车之后，这是为了保证孔与外圆的同轴度，使主轴壁厚均匀。如果仅从定位角度来考虑，为在更多的工序中使用两顶尖孔，体现基准统一原则，深孔加工安排到最后为好。但是深孔加工是粗加工，切削力大、产生热量大，会破坏已加工外圆表面的精度，且钻孔精度低，易造成主轴壁厚不均匀，无法修正。因此，深孔加工应放在粗加工阶段进行。

② 外圆表面的加工。一般先加工大直径外圆，再加工小直径外圆，以免一开始就使主轴刚度降低。但 C6132 车床主轴刚度较大，采取先车小端外圆，从小直径向大直径加工，这样加工比较方便，生产率略高。

③ 次要表面加工。主轴上的键槽、孔等次要表面的加工，一般都放在外圆精车后、淬火之前，这是因为若在精车前铣出键槽，精车外圆时就会因断续切削而产生振动，既影响加工质量，又降低了刀具寿命。若安排在淬火后加工，则加工困难。因为主轴上螺纹表面对支承轴颈有一定的同轴度要求，所以螺纹加工应安排在热处理之后的精加工阶段，这样它就不会受半精加工后由于内应力重新分布所引起的变形及热处理变形的影响。C6132 车床主轴加工中，这个工序安排在低温时效处理后（表 7-4 中的工序 21）。

4）检验工序的安排。检验工序是保证质量、防止产生废品的重要措施，一般安排在各加工阶段的前后、重要工序的前后和花费工时较多的工序前后。

7.1.3 主轴加工主要工序分析

1. 深孔加工

C6132 车床主轴具有直径为 52mm，长度为 696mm 的中心通孔，其长度与直径尺寸之比为 $L/D=696/52\approx13:1$，属于深孔（$L/D>5$ 的孔）。深孔加工的特点是刀杆细长、刚性差，钻头容易引偏，使被加工孔的轴心线歪斜；排屑困难；钻头散热条件差，容易丧失切削能力。

因此，在加工深孔过程中，防止钻头的偏斜，保证孔中心线的直线度、切屑的顺利排出，以及钻头的冷却、润滑等，便成为深孔加工中的主要问题。为避免这些问题，一般采取下列措施。

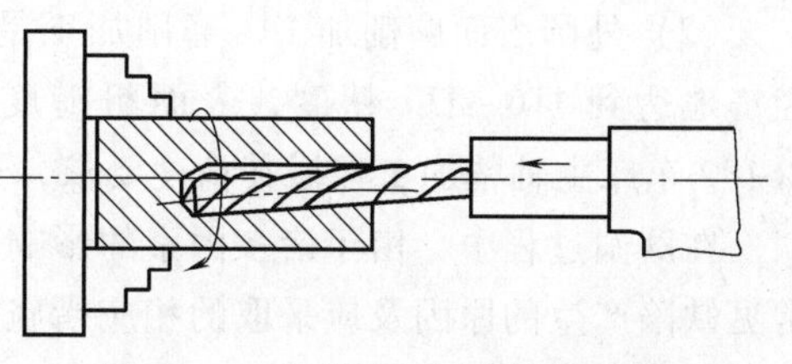
图 7-3　工件转动刀具做轴向进给

1）采用工件旋转、刀具进给的运动方式，使钻头有自定中心的能力，如图 7-3 所示。

2）采用特殊结构的刀具（深孔钻），以增加其导向的稳定性和适应深孔加工的条件。

3）在工件上预先加工出一段精确的导向孔，引导钻头，防止钻偏。

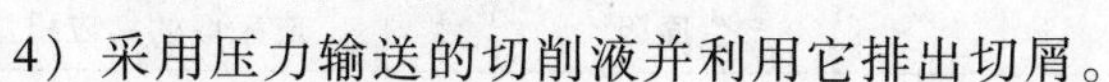

4）采用压力输送的切削液并利用它排出切屑。

加工 C6132 车床主轴通孔时，在利用车床改装的专用深孔钻床上进行。采取工件旋转、刀具进给的运动方式，使用内排屑深孔钻。如图 7-4 所示，高压切削液从钻头外部输入，经钻杆与孔壁之间的间隙进入被加工的孔内，切削液在通过钻头切削部分时，起到冷却、润滑作用，最后经钻头和刀杆的内孔带着大量切屑排出。该方法加出的孔与外圆同轴度可达 0.1mm，表面粗糙度 Ra 值可达 20μm，加工效率比用麻花钻提高一倍以上，大大地减轻了工人的劳动强度，取得了满意的效果。

此外，深孔加工还可采用喷吸钻、DF 系统深孔钻，可具有更高的加工效率，获得更好的表面质量，但设备费用也会大大增加。

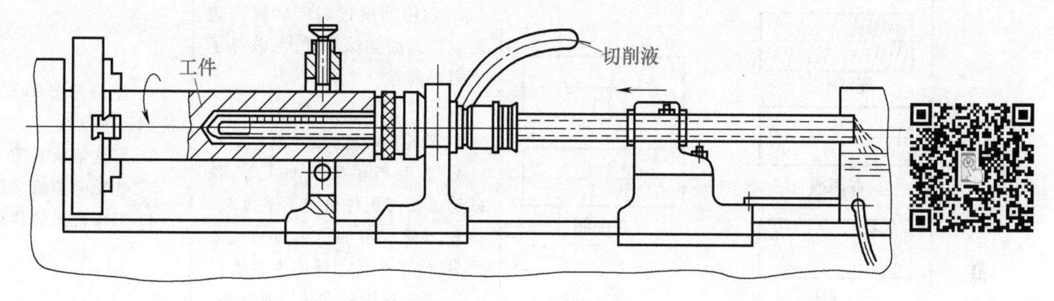

图 7-4　内排屑深孔加工示意图

2. 外圆加工

（1）外圆表面车削加工　轴类零件外圆表面加工、半精加工的主要方法是车削，例如 C6132 车床主轴采用粗车、半精车、精车作为磨削的预加工工序。轴类零件外圆表面的加工余量主要由车削切除，因此提高外圆车削生产率，特别是对于 C6132 车床主轴这样的阶梯轴，有着重要的意义。

提高外圆表面车削的生产率，可采取多种措施。例如：选用新型刀具材料（如钨钛钽钴类硬质合金、立方氮化硼刀片等）进行高速切削；设计先进的强力切削车刀，加大切削深度和进给量，进行强力切削，使用机械夹固车刀和可转位刀片等，缩短换刀和刃磨时间等。此外，还应选择合适的机床设备。在大批大量生产中，多采用多刀半自动车床和液压仿形车床进行多阶梯轴的加工。

液压仿形车床可实现切削加工半自动化，它更换靠模和调整刀具都较简单，减轻了劳动强度，提高了加工效率，应用在主轴的成批生产中是很经济的。仿形刀架的装卸和操作也很方便，可由卧式车床进行改装，能充分发挥卧式车床的使用效能。但它也存在着加工精度不够稳定，刚性较差，不适宜进行强力切削等缺陷。

（2）外圆表面磨削加工　磨削加工是轴类零件外圆表面精加工最常用的方法，它能较经济地达到 IT6~IT7 精度，表面粗糙度 Ra 值可达 1.25~0.32μm，因此应用十分广泛。C6132 车床主轴精加工根据其精度要求，选择精加工方法为粗磨、半精磨和精磨。

在磨削过程中，由于诸多因素的影响，加工后工件表面易产生各种缺陷，外圆磨削表面常见缺陷产生的原因及应采取的相应措施见表 7-5。

表 7-5　外圆磨削表面常见缺陷产生的原因及应采取的相应措施

缺陷	缺陷示例	产生原因	应采取的相应措施
多角形		1. 砂轮与工件沿径向产生振动;轴承刚性差或间隙大;砂轮不平衡 2. 顶尖莫氏锥度与头架、尾架接触不好 3. 工件顶尖孔与顶尖接触不好 4. 砂轮磨损不均或本身硬度不均 5. 砂轮切削刃变钝	1. 仔细平衡砂轮 2. 电动机进行动平衡并采取隔振措施 3. 使顶尖莫氏锥度与机床接触不小于 80% 4. 使用合适砂轮并及时修整 5. 修研顶尖孔
螺旋形	连续不断 在两端 不到头 在中间	1. 砂轮硬度过高或砂轮两边硬度高而磨削深度过大,破坏了微刃等高性 2. 纵向进给量过大 3. 砂轮磨损,母线不直 4. 头架与尾架刚性不等,使砂轮母线与工件母线不平行 5. 导轨润滑油压力过高或油太多,使工作台漂浮产生振动 6. 砂轮主轴轴向圆跳动超差	1. 注意修整砂轮,保持微刃等高性 2. 调整轴承间隙 3. 砂轮两边修成圆角 4. 工作台供油要适当
拉毛（划痕）		1. 砂轮自锐性过强 2. 切削液不清洁 3. 砂轮罩上磨屑落入砂轮与工件之间	1. 砂轮磨料选择韧性高的材料,砂轮硬度要适当 2. 修整砂轮后,用切削液、毛刷清洗砂轮 3. 清理砂轮罩 4. 用过滤器过滤切削液
表面烧伤		1. 砂轮硬度偏高或粒度太细 2. 砂轮不锋利 3. 横向或纵向进给量过大,工件转速过低 4. 散热不良	1. 严格控制进给量,及时修整砂轮 2. 降低砂轮硬度,增大磨料粒度 3. 切削液要充分

前面讲过，像 C6132 车床主轴这类带有中心通孔的主轴，在通孔加工完后，必须重新建立外圆表面的定位基准，一般有以下三种方法。

1）在 C6132 车床主轴加工工艺中，采用图 7-2 所示的锥堵心轴。在通常情况下，心轴装好后不应拆卸或更换，以免锥面与中心孔的同轴度误差影响定位精度，从而影响各加工表面的位置精度。但是对于 C6132 车床主轴（精密主轴），外圆和锥孔要反复多次互为基准加工，在这种情况下，在重新装配心轴时，需按外圆进行找正和修磨中心孔，以提高定位精度，保证工件加工精度。

2）在中心通孔的直径较小时（如磨床工件头架心轴），可直接在孔口倒出宽度不大于 2mm 的 60°倒角，用倒角锥面代替中心孔。

3）在不宜采用倒角锥面作定位基准时，可采用有中心孔的堵塞，如图 7-5 所示。在主轴大端，一般都有一个用于结合工具的锥孔。在主轴的小端，可加工出一个圆柱孔或圆锥孔（专为定位的需要而设置，是一种辅助基准）。

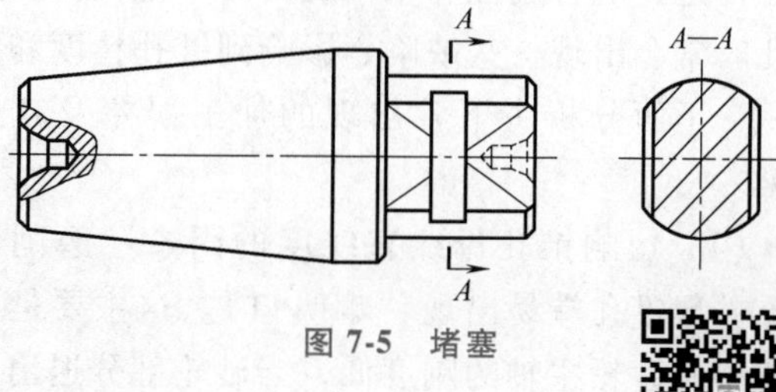

图 7-5　堵塞

对于锥孔，配制外圆具有相应锥度的堵塞；对于圆柱孔，堵塞的锥度取 1∶500，同锥套心轴一样，堵塞装好后，在通常情况下不应拆卸或更换。C6132 车床主轴磨削工序在外圆磨床上进行。前后两个顶尖都用精度较高的固定顶尖，而且对中心孔的精度要求也很高。

（3）中心孔的修研　作为主轴加工的主要定位基准，其质量对加工精度有直接影响，若轴两端中心孔不在同一轴线上，工件在自重或切削力作用下，会使顶尖与工件中心孔接触不良，因而会产生各轴颈间的同轴度误差和轴颈的圆度误差。

在主轴加工工艺过程中，适当地安排修研中心孔是非常重要的。常用的修研方法有以下几种。

1）用油石或橡胶轮修研。这种方法常在车床或钻床上进行。如图 7-6 所示，在车床上用油石顶尖 1 加少量润滑剂（柴油或轻机油）研磨中心孔。这种方法精度较高，但效率较低，且油石或橡胶砂轮易磨损，消耗量大。

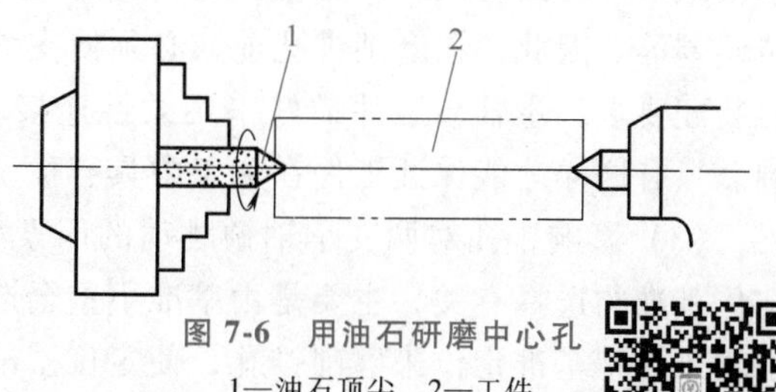

图 7-6　用油石研磨中心孔
1—油石顶尖　2—工件

2）用铸铁顶尖修研。以铸铁顶尖代替油石顶尖，顶尖转速不高，研磨时需加注研磨剂（用 W20 或 W14 的刚玉磨粉和机油调和而成）。

3）用硬质合金顶尖修研。硬质合金顶尖上面 $f=0.2\sim0.5$mm 的等宽刃带具有切削和挤光作用。此法效率较高，但加工精度较低。

4）用中心孔磨床修研中心孔。图 7-7 所示为中心孔磨头传动原理图。该磨床为立式，下面的工件由机床的顶尖、拨盘带动做回转运动。磨头具有三种运动：①主切削运动——带轮 2 带动砂轮轴 1 回转；②行星运动——带轮 3 带动砂轮轴 1 做偏心行星运动；③往复运动——带轮 3 与内壳体 4 及内斜导轨副 5 连成一体，由径向及止推轴承带动做回转运动。同时带轮 2 带动内凸轮 7 转动，并推动杠杆 6 带动内斜导轨副 5 做往复运动，这样就克服了由于砂轮各点线速度不同而产生的误差。加工出的中心孔表面粗糙度 Ra 值可达 0.32μm，圆度误差达到 0.8μm。

3. 主轴锥孔的加工

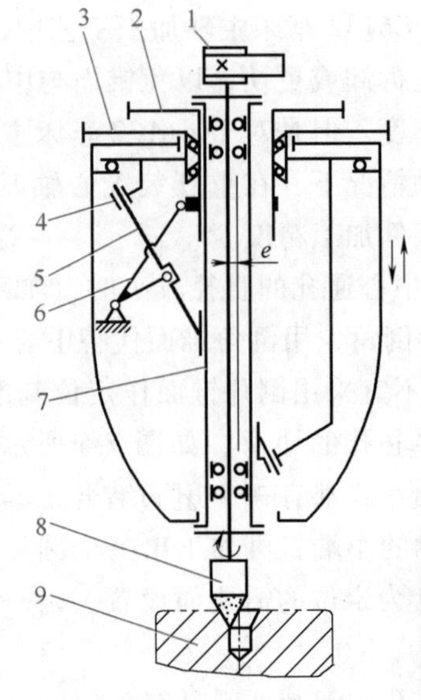

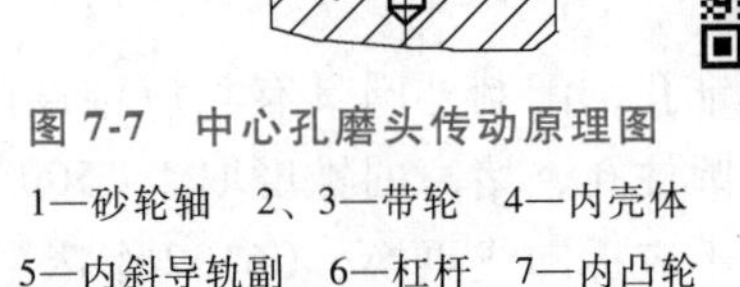
图 7-7　中心孔磨头传动原理图
1—砂轮轴　2、3—带轮　4—内壳体
5—内斜导轨副　6—杠杆　7—内凸轮
8—砂轮　9—工件

主轴锥孔是用来安装顶尖或工具锥柄的，它同主轴支承轴颈及前端短锥的同轴度要求较高，否则会影响机床的精度。因此，锥孔磨削是主轴加工的关键工序之一。

影响锥孔磨削精度的主要因素是定位基准、定位元件选择的合理性和工件旋转的平稳性。在磨削锥孔时常会出现一些缺陷，影响到锥孔精度和接触面积，下面分析一下常出现的加工误差及其影响因素。

（1）影响锥孔母线直线度的因素　磨削锥孔时，一般锥孔端易出现“喇叭口”。这主要是由于内圆磨具砂轮主轴的刚度低，当砂轮部分退出工件孔口时，砂轮所承受的径向力减小，弹性变形随之减小，这样就将孔口多磨去一些金属，从而出现“喇叭口”。为减小“喇叭口”误差，在磨削前要正确调整工作台往复行程的长度和位置，使砂轮不致越过工件孔口过多，一般不应超过砂轮宽度的1/3。有时锥孔母线呈双曲线，其原因主要是砂轮回转轴线与工件回转轴线不等高。所以在装夹工件时，要保证其中心与砂轮中心等高，误差一般不得大于0.01mm。

（2）影响锥孔圆度误差的因素　锥孔圆度误差的产生，主要是由于作为定位基准的支承轴颈本身的圆度误差，磨锥孔夹具的前后支承面的制造误差、调整误差，以及机床主轴回转误差等。因此，在磨削锥孔前，必须使支承轴颈达到一定的精度，夹具支承必须满足一定的装配要求，主轴与工件最好采用柔性连接，以保证工件回转精度不受主轴回转精度的影响。只有这样才能保证工件在加工中具有稳定的回转中心线，满足锥孔磨削要求。

（3）影响锥孔对两支承轴颈跳动的因素　主轴锥孔对两支承轴颈跳动误差的产生，与定位基准的选择有关，主要是由基准不重合造成的。C6132车床主轴加工工艺中，选择两支承轴颈为精基准定位来磨削锥孔，使定位基准与设计基准重合，大大地减少了主轴锥孔对两支承轴颈的跳动误差。

为减少主轴锥孔对两支承轴颈的跳动误差，在单件小批生产或修配时，精磨主轴锥孔还可采用“自磨自”的方法。即在主轴锥孔未经精磨条件下，让主轴提前进入装配，然后在这台机床的刀架上装上一个内圆磨头对主轴锥孔进行精磨加工，这种方法虽比较简单，但效率不高。

7.1.4　主轴检验

检验是测量和监控主轴加工质量的一个重要环节。除工序间检验以外，在全部工序完成之后，应对主轴的尺寸精度、形状精度、位置精度和表面粗糙度等进行全面的检验，以便确定主轴是否达到图样规定的各项技术要求。主轴精度的检验按图样要求依照一定顺序进行，先检验表面粗糙度、表面形状精度、表面硬度，然后检验尺寸精度，最后检验各表面间的相

互位置精度。

1）表面粗糙度的检验。在车间中一般用表面粗糙度样块并采用比较法来检验表面粗糙度。

2）表面形状精度的检验。在车间中常用两点法和V形铁法来检验圆度误差。两点法是用千分尺在垂直于工件轴线横截面的直径方向上进行测量，测量截面一周中直径最大差之半即为截面的圆度误差。V形铁法是将工件放在V形铁上回转一周，使其轴线垂直于测量截面，同时固定轴向位置。在被测工件回转一周过程中，指示器读数的最大差值之半作为单个截面的圆度误差。按上述方法测量若干个截面，取其最大的误差值作为该工件的圆度误差。

两点法和V形铁法的测量精度都不高。高精度的轴颈可用圆度仪或三坐标测量机来测量圆度误差。

在成批生产中，若工艺过程比较稳定，且机床精度较高，有些项目常常采用抽检的办法，而不是逐项检验。

3）表面硬度的检验。主要配合表面的硬度一般在热处理车间进行检验。

4）各表面间的相互位置精度的检验。检验各表面间相互位置精度时，一般是用两支承轴颈作为测量基准，这样可使测量基准、装配基准及设计基准都重合，避免因基准不重合而引起的测量误差。主轴的相互位置精度常用图7-8所示的专用检验夹具检验。

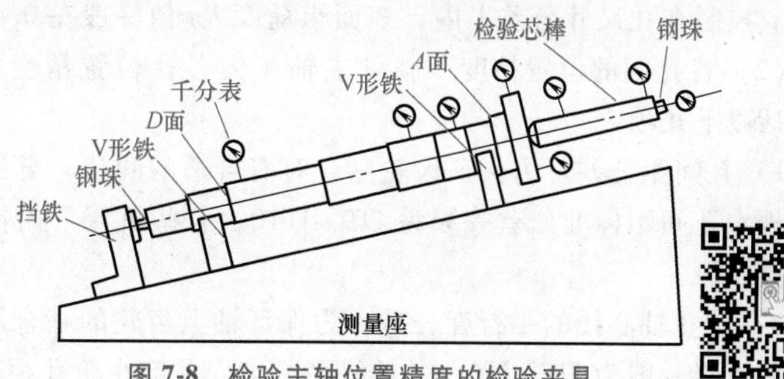

图7-8　检验主轴位置精度的检验夹具

在倾斜的夹具底座上固定着两个V形铁及一个挡铁，主轴以支承轴颈在V形铁上定位。在主轴小端装入一个锥形堵塞（堵塞上有中心孔），主轴因自重通过堵塞、钢珠顶在夹具的挡铁上，达到轴向定位的目的。在主轴前端锥孔中插入一根检验芯棒，它的测量部分长300mm。按照检验要求在各有关位置上放置千分表。用手轻轻转动主轴，从千分表读数的变化即可测出各项误差，包括主轴锥孔及各有关表面相对支承轴颈的径向圆跳动和轴向圆跳动。

为了消除检验芯棒测量部分和圆锥体之间的同轴度误差，在测量主轴前端及300mm处的跳动时，应将芯棒转过180°，插入主轴锥孔后再测量一次，然后取两次读数的平均值，即可使芯棒的同轴度误差互相抵消，不影响测量结果。前端锥孔的形状和尺寸精度，应以专用锥度量规检验，并用涂色法检查锥孔表面的接触情况。这项检验应在相互位置精度的检验之前进行。

7.2　主轴箱加工

7.2.1　主轴箱概述

1. 主轴箱的功用和结构特点

主轴箱是机床的基础件之一。机床上的轴、套、齿轮和拨叉等零件都安装在主轴箱箱体上，主轴箱通过自己的装配基准，把整个部件装在床身上。主轴箱不仅按照一定的传动要求

传递运动和动力，而且在保证主轴回转精度、主轴回转中心线与床身导轨间的位置精度，以及传动轴间相互位置精度方面都起着重要作用。因此，主轴箱的加工质量对机床的工作精度和使用寿命有着重要影响。

各种机床主轴箱体的尺寸大小和结构型式虽有所不同，但却有许多共同的特点，如主轴箱体上有许多平面和孔，内部呈腔状，结构复杂、壁厚不均、刚度较低、加工精度要求较高，特别是主轴孔与装配基准的精度要求。

本节以 C6132 车床主轴箱为例，分析主轴箱体加工的工艺过程。

2. 主轴箱的技术要求

为满足主轴箱的上述功用，它的技术要求应包括以下几个方面。

（1）各孔的尺寸精度、形状精度和表面粗糙度　主轴箱体各孔的尺寸精度和几何形状精度及表面粗糙度直接影响轴承与孔的配合质量，尤其是主轴孔。为此，主轴支承孔的尺寸标准公差等级一般规定为 IT6，其余轴孔为 IT6~IT7。轴孔的几何精度除作特殊规定外，一般都应控制在孔尺寸公差以内，表面粗糙度 Ra 值一般在 0.4~1.6μm 内。

（2）各孔间的位置精度　制订主轴箱体各孔位置精度的目的是保证齿轮的正确啮合，它包括以下几项。

1）孔间距公差。为保证齿轮啮合时有合适的间隙，避免在工作过程中发生“咬死”现象，规定孔间距标准公差等级为 IT9~IT10。有些机床厂内控标准高于国家标准，将孔距公差提高一级。

2）各孔轴心线的平行度公差。为保证轴上齿轮的啮合质量，规定各孔轴心线平行度标准公差等级一般为 IT5~IT6。各轴线平行度误差应小于孔距公差。

3）同一轴线上各孔的同轴度公差。同一轴线上各孔的同轴度误差会使轴和轴承装到主轴箱体上后产生倾斜，致使主轴产生径向圆跳动和轴向窜动，使轴承负荷加重，磨损加剧，寿命缩短。一般规定其同轴度标准公差等级：主轴孔 IT4~IT5，其他孔为 IT6~IT7（或不超过孔公差的 1/2）。

4）孔和装配基准的位置精度。一般车床装配中采用修配法达到最后精度，因此主轴孔至装配基准面（底面）的尺寸精度和平行度公差可以适当放宽，但主轴孔至装配基准面的尺寸精度影响主轴与尾座的等高性，主轴孔轴线与底面的平行度影响主轴轴线与导轨面的平行度。为了减少总装时的刮研量，规定主轴轴线对装配基准面的平行度公差为 600：0.1，且在垂直和水平两个方向上只允许主轴前端偏向上和偏向前。

5）主轴孔端面与孔轴心线的垂直度公差。主轴孔端面和孔轴心线的垂直度误差会使主轴轴向窜动误差增加，其标准公差等级一般规定为 IT5。

（3）平面的形状和位置精度及表面粗糙度　作为装配基准面的底面，其平面度误差和表面粗糙度均会影响主轴箱与床身的接触刚度，它也是机加工过程的主要定位基准面，其精度会影响各孔和平面的加工精度，因此规定其和用作定位的侧面的平面度及其间的垂直度标准公差等级为 IT5，表面粗糙度 Ra 值为 0.8~1.6μm。

3. 主轴箱的材料及毛坯

普通车床主轴箱的材料一般为 HT100~400 各种牌号的灰铸铁，多半选用 HT200，这是因为铸铁容易成形，可加工性、吸振性和耐磨性均较好，且价格低廉。某些负荷较大的主轴箱体采用铸钢件，在单件小批生产或生产某些简易机床的主轴箱体时，为缩短生产周期，可采用钢板焊接。C6132 车床主轴箱的材料为 HT200。

铸件毛坯的加工余量视生产批量而定。单件小批生产时，一般采用木模手工造型，毛坯精度低、加工余量较大。平面上的加工余量为 7~12mm，孔（半径方向）为 8~12mm。大批生产时，通过采用金属模机器造型，毛坯精度较高，余量较小。平面余量为 6~10mm，孔（半径方向）为 7~10mm。单件小批生产时，直径大于 50mm 的孔，成批生产时，直径大于 30mm 的孔，一般在毛坯上铸出毛坯孔，以减少加工余量。济南第一机床厂引进的金属模树脂砂造型生产线，使 C6132 车床主轴箱的毛坯余量更小，精度更高，减少了主轴箱体的总加工量。为了消除铸件内应力，减少机加工后和使用时的变形，在铸造后、机加工前，通常要经过人工时效处理。时效处理的规范：铸件在加热炉内经过 4~5h 升温到 500~550℃，保温 5h，然后经 4~5h 降至 150℃。

7.2.2 主轴箱加工工艺过程的拟订

1. 基准的选择

（1）精基准的选择　主轴箱体精基准的选择根据生产类型不同有以下两个方案。

1）以既是装配基准又是设计基准的底平面为精基准，体现了基准统一和基准重合原则。C6132 车床主轴箱现场工艺就采用此方案。

该方案的优点是没有基准不重合误差，而且由于箱口朝上，观察、测量及安装、调整刀具较方便。但是在镗削箱体中间壁上的孔时，为了增加镗杆刚度，需要在中间增加导向支承，以工件底面作为定位基准的镗模，导向支承只能采用悬挂的方式，如图 7-9 所示。很明显，导向支承的这种安装方法使用的夹具结构复杂，刚性也不好，影响加工质量，同时每加工一件要拆装一次，对生产率也有很大影响，因而不适合大批量生产，常用于单件、成批生产。C6132 车床主轴箱属成批生产，采用这种方案是较合理的。

2）在大批量生产中常采用顶面为精基准的方案，即采用一面两孔这种典型的统一基准。如图 7-10 所示。

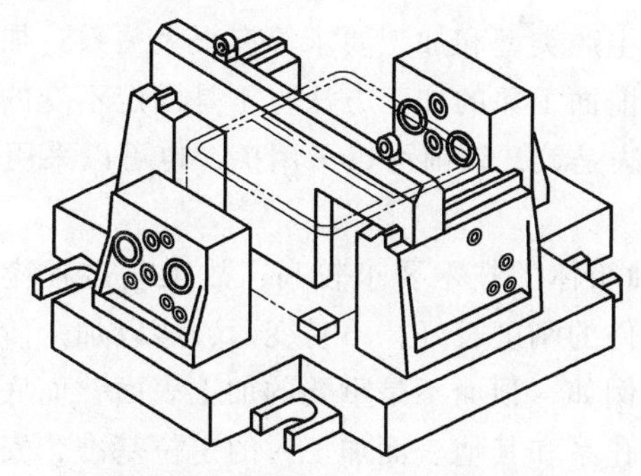
图 7-9　悬挂的中间导向支承图

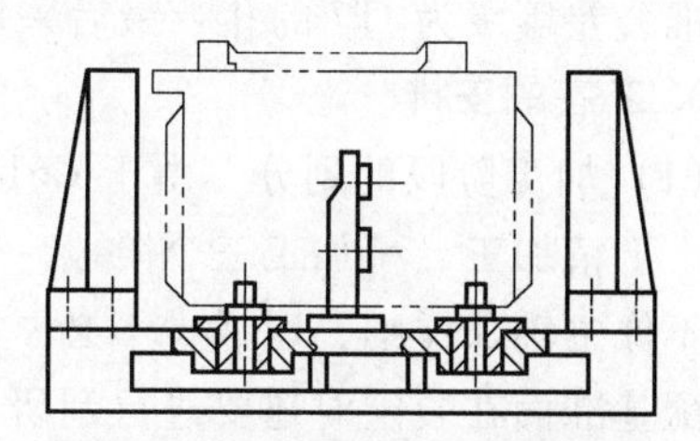
图 7-10　以一面两孔定位示意图

该方案的优点是加工时主轴箱体箱口朝下，导向支承和定位销都直接装在夹具体上，刚性好，不用经常拆装，夹具结构也较简单，生产率高。但这一方案由于定位基准和设计基准不重合，存在基准不重合误差。为保证箱体加工精度，必须提高作为定位基准的箱体顶面和两定位销孔的加工精度。因此，在大批量生产的主轴箱体加工工艺过程中，要安排磨顶面的工序，严格控制顶面的平面度和顶面至底面的尺寸精度与平行度，并将两定位销通过钻、扩、绞等工序使其精度提高到 H7。

（2）粗基准的选择　主轴箱体的主要加工表面有主轴孔、底面及其他轴孔。孔加工应尽量保证其加工余量均匀，以便提高孔加工的精度和生产率。另外，箱体内壁是不加工表面，如果粗基准选择不合理，有可能使非加工的箱体内壁与加工表面孔的相互位置误差过大。由此可见，要满足孔的加工余量均匀，应选孔为粗基准；而为保证非加工面与加工面相互位置精度，则应选内壁为粗基准。这是相互矛盾的，但在主轴箱体的毛坯制造时，内壁与主轴孔是一个整体砂芯，即相互位置精度是能保证的，因在主轴箱体加工时往往选择主轴孔为粗基准。由此可见，在选择粗基准时，必须充分了解毛坯制造的情况。

生产类型不同，实现以主轴孔为粗基准的工件装夹方式也不相同。成批生产时，毛坯精度较低，一般采用划线找正装夹。划线时，以主轴孔为基准，加工主轴箱平面时，按划好的线找正装夹工件，这样就体现了以主轴孔为粗基准。C6132 车床主轴箱体即采用了这种装夹方式，用辅助支承支承顶面，按划线找正，调整辅助支承元件，找正后锁紧，再夹紧工件的方法，将精基准加工出来。

2. 加工方法的选择

现场工艺采用的保证主要加工表面精度的方法如下。

1）底平面：粗刨—精刨—磨削。

2）孔系。

① 各孔表面本身的精度。

主轴孔：粗镗—半精镗—精镗。

毛坯上已有孔：粗镗—半精镗—精镗。

没有铸出的孔：钻—粗镗—精镗。

② 孔系相互位置精度。采用一次装夹同时加工的方法用镗模保证各孔之间的相互位置精度。主轴孔中心线与装配基准的平行度，采用以底面（装配基准）为定位基准，用专用夹具装夹的方法保证。

3）主要平面与端面：粗铣—精铣。

应当指出，上述加工方法不是唯一的，它与生产类型和加工要求等有很大关系。加工表面本身的精度是由最终工序的加工方法保证的，前面工序的加工方法也不是固定不变的。例如标准公差等级为 IT7 的孔，最后采用的加工方法是铰，铰前可以采用扩，也可以采用镗。

3. 工序的安排

（1）加工阶段的划分　由于 C6132 车床主轴箱体的技术要求较高，故工艺过程应分粗加工、半精加工、精加工三个阶段。但因为该零件的刚度较好，不易变形，所以加工阶段的划分不像主轴那样细，以减少不必要的劳动量。例如，顶面不是重要的加工表面，而底面作为装配基准面在装配时还要进行刮研。它们作为孔系和其他表面加工时的定位基准，安排在前几道工序中加工出来，并达到一定精度，粗、精加工阶段的划分不很明显。但主要的孔系加工划分为粗镗、半精镗、精镗三个阶段，中间穿插其他工序，以消除粗加工对精加工的影响。

（2）工序的集中与分散　C6132 车床主轴箱体是成批加工的，在组织工序时，除对于一系列有相互位置要求的孔系的半精加工和精加工采用了工序集中（如用加工中心为高级集中）外，其余大多工序均采用了工序分散的组织方式。这样既有利于保证各项技术要求，又能保证生产率。

4. 主轴箱体加工工艺过程

C6132 车床主轴箱体加工工艺过程见表 7-6。

表 7-6　C6132 车床主轴箱体加工工艺过程

工序号	工序内容	设备
1	铸造、涂底漆	—
2	时效	—
3	涂底漆	—
4	划线	—
5	刨:粗、精刨底面	龙门刨床
6	铣:粗铣上平面(留余量 1~1.5mm),粗铣前面(留余量 1~1.5mm),粗铣两端面(两面留余量 1~1.5mm)	组合铣床
7	镗:粗镗Ⅰ、Ⅱ孔(留余量 3~3.5mm),粗镗 ϕ75H7、ϕ90H7 孔(留余量 3~3.5mm),粗刮内端面(留余量 0.5~0.7mm)	镗床
8	喷漆	—
9	铣:精铣上平面(平面度<0.03mm),精铣前面,精铣两端面	组合铣床
10	磨:磨底平面(平面度 0.01mm)	平面磨床
11	镗:精刮右端面,半精镗、精镗各纵向孔,钻、镗各横向孔	加工中心
12	镗:用浮动镗刀块精镗主孔轴	卧式镗床
13	划线	—
14	加工各螺纹底孔、倒角、钻油孔,攻各螺纹	摇臂钻床
15	钳工:去各部位毛刺、清理,打顺序号	—
16	清洗	—
17	检验	—
18	入库	—

7.2.3　主轴箱加工主要工序分析

1. 平面加工

C6132 车床主轴箱体最主要的平面是底平面，其加工采用了在龙门刨床上粗、精刨，然后在磨床上磨削的加工方法，来达到要求。C6132 车床主轴箱体的其他表面加工采用了先粗铣再精铣的加工方法，铣削的生产率高于刨削，常用于大批量生产，现场加工采用了专用组合铣床，也可采用如图 7-11 所示的专用多轴龙门铣床，它尤其适合大尺寸工件的加工。用几把铣刀同时加工几个平面，既可保证各平面间的位置精度，又可大大提高生产率。端铣刀在结构、制造精度、刀具材料等方面有了较大的改进与提高，端铣钢、铸铁等材质的工件进给速度可高达 1500~10000mm/min，表面粗糙度 Ra 值<0.8μm。

主轴箱体平面精加工方法的选择随生产类型不同而不同，大批量生产中，常采用如图 7-12 所示的组合磨削的方法，不但生产率高，还能保证各表面间的相互位置精度。

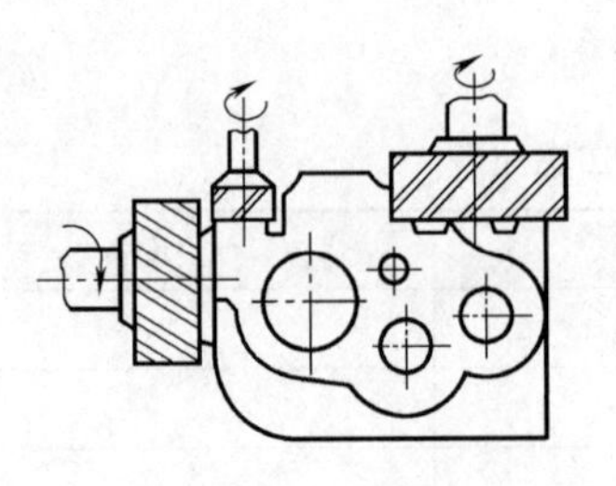

图 7-11　多轴龙门铣床加工平面图

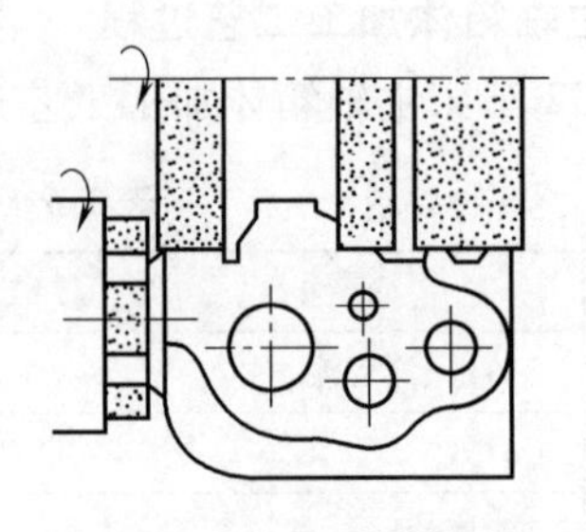

图 7-12　平面的组合磨削

2. 孔系加工

(1) 保证孔距精度的方法　在 C6132 车床主轴箱箱体孔系加工中，采用了镗模法来保证其孔距精度，如图 7-13 所示。

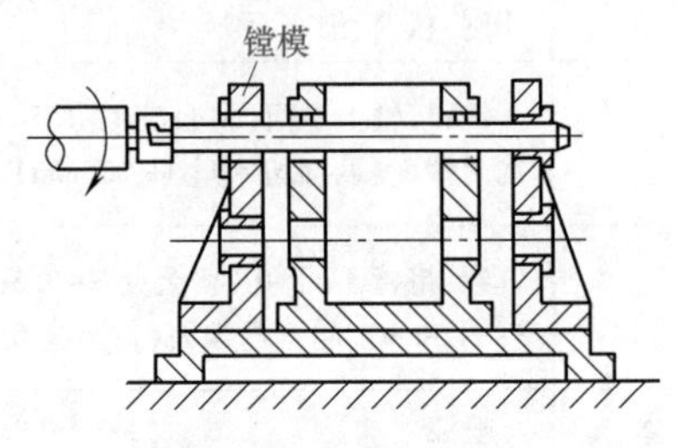

图 7-13　用镗模加工孔系

用镗模加工孔系时，工件装夹在镗模上，镗杆被支承在镗模的导套里，由导套引导镗杆对工件进行镗孔。

用镗模镗孔时，镗杆与机床主轴多采用浮动连接，孔系加工精度主要取决于镗模和镗杆的精度。孔距精度主要取决于镗模上镗套的孔距精度，因此可降低对加工机床的精度要求。由于镗杆有镗套支承着，支承刚度大大提高，可采用多刀加工的方法镗孔；同时，用镗模镗孔时工件由镗模定位夹紧，不需找正，生产率高。用镗模加工孔系，孔径尺寸标准公差等级可达 IT7，加工表面粗糙度 *Ra* 值可达 1.6~0.8μm。孔与孔的同轴度和平行度，当从一侧进刀时可达 0.02~0.03mm，从两侧进刀时可达 0.04~0.05mm。

镗模既可在通用机床上使用，也可在专用机床或组合机床上使用。图 7-14 所示为在组合机床上用镗模加工孔系。这种方法广泛地用在成批生产及大批生产中。

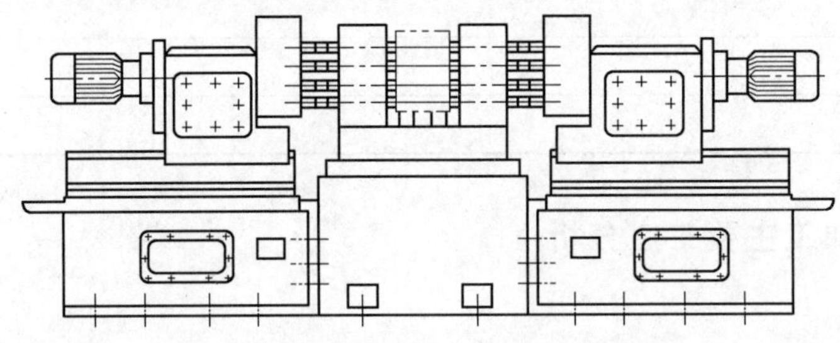

图 7-14　在组合机床上用镗模加工孔系

(2) 影响孔系加工精度的因素

1) 镗杆受力变形。镗杆受力变形是影响孔系加工精度的主要因素之一。当镗杆与机床主轴刚性连接悬伸镗孔时，镗杆的受力变形最严重。这时镗杆受到切削力矩、切削力及镗杆自重的作用。切削力矩使镗杆产生弹性扭曲，影响工件的表面质量和刀具的使用寿命。切削力和自重使镗杆产生挠曲变形，使镗杆的实际回转轴心相对理想回转轴心产生偏移。

在镗孔加工中，由于工件的材质、加工余量、切削用量、镗杆伸出长度等都在变化，因此镗杆的实际回转中心也在随机变化，这就使孔系加工产生圆柱度误差、同轴度误差、孔距误差和平行度误差。粗加工时切削力大，这种影响更为严重。因此，镗孔时必须尽可能加大镗杆直径、减少悬伸长度并采用导向装置，以提高镗杆刚度。

2）镗杆与导套精度及配合间隙。采用导向装置或镗模镗孔时，镗杆由导套支承，镗杆的刚度较悬臂镗时大大提高，但镗杆与导套的形状精度及其配合间隙对孔系加工精度有重要影响。当切削力大于镗杆自重时，导套内孔的圆度误差将使被加工孔产生圆度误差，而镗杆的圆度误差对加工孔影响较小。相反，精镗时切削力小于镗杆自重，镗杆轴颈的圆度误差将使被加工孔产生圆度误差，而导套的圆度误差对加工孔影响较小。精镗时，镗杆的圆度误差及镗杆与导套的配合间隙应有严格的要求。

3）切削热与夹紧力。由于箱体的壁厚不均，刚度较低，加工中切削热和夹紧力的影响是不可忽视的。

粗加工时产生大量的切削热会传递到箱体的不同部位，由于壁厚不均，因此温升不等。薄壁处的金属少，温升高；厚壁处的金属多，温升低。粗加工后如果不等到工件冷却后就立即进行精加工，由于薄壁与厚壁处热膨胀量不同，因而孔内薄壁处实际切去的金属要比厚壁处少；加工时得到的正圆内孔，冷却后就要变成非正圆的内孔，使被加工孔产生圆度误差。为消除工件热变形的影响，床头箱的孔系加工须分为粗、精两个阶段进行。

箱体零件刚度较低，镗孔中若夹紧力过大或着力点不当，极易产生夹紧变形。在夹紧力作用下加工出的正圆孔，待松夹后会因孔径弹性恢复而变成非正圆形孔，同时孔的位置精度也会受到影响。为消除夹紧变形对孔系加工精度的影响，精镗时夹紧力要适当、不宜过大，着力点应选择在刚度较大的部位。

（3）孔系结构的工艺性　箱体各加工表面的结构工艺性，特别是孔系结构的工艺性，对箱体零件的加工质量、生产率、经济性都有很大影响。

箱体上的孔常有通孔、阶梯孔、盲孔、相交孔等多种结构型式。通孔工艺性较好，特别是孔长与孔径的比值小于1~1.5的孔，其工艺性最好。阶梯孔的孔径相差越小，则工艺性越好。若孔径相差很大，而刀杆又只能按小孔设计，则刀杆刚度会大为降低。

当孔壁不是完整的圆形时，切削力的波动将使孔的加工精度降低。精度要求较高的孔，如果有缺口，应先补平，再进行加工。当采用镗杆从一端伸入镗孔时，同一轴线上各孔的直径应从镗杆伸入端起逐渐减小，以便能依次加工或同时加工所有的孔。当同时加工所有各孔时，应满足后一个孔的加工尺寸小于前一个孔的毛坯尺寸，只有这样才可能使镗刀从前一个孔中通过而达到后一个孔的加工位置。

3. 主轴孔的精加工

主轴孔的精度要求比其他孔高，C6132车床主轴箱主轴孔的精加工采用浮动镗刀进行精镗的方法来达到其精度要求。浮动镗刀镗孔时，镗刀块放在镗杆的精密方孔中，通常可自由滑动，加工时镗杆低速回转并进给，镗刀块在切削中可按加工孔径自动对中。图7-15所示为镗刀块结构图，两斜刃为切削刃。为使刀片引进容易，切削刃的最小直径应小于加工前工件的孔径。两对称导向修光刃间的尺寸 D 按被加工孔径尺寸要求刃磨与调整，并要求在刃口磨出圆弧形刃带0.1~0.2mm，加工时刃带起挤光作用。刀片与方孔的配合选H7/g7或H7/f7。切削刃要经过仔细研磨，要求表面粗糙度 Ra 值$<0.1\mu m$。

浮动镗孔所采用的切削速度极低（$v_c=5\sim8m/min$），而进给量却取得比较大（$f=0.5\sim1mm/r$），加工余量为0.05~0.1mm。浮动镗孔可以获得较高的加工质量。加工表面粗糙度 Ra 值可达0.8~0.4μm，尺寸标准公差等级可达IT6~IT7。

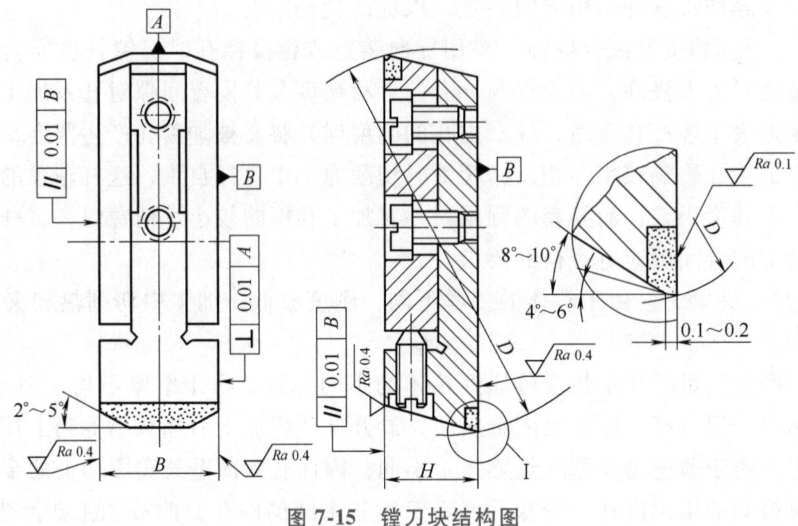

图 7-15　镗刀块结构图

从镗刀块的切削刃几何形状和所采用的加工用量可知，浮动镗属于铰削加工。但是普通铰刀刀齿数多，切削刃不易磨对称，铰后常使孔径扩大。而浮动镗刀结构简单、刃磨方便、磨损后可重磨及重新调整，刀具寿命长。由于镗刀块能自由浮动，孔径扩大的可能性小。但加工时刀具要小心引进刀，防止碰损，并且不能多孔同时加工。加工铸铁时要用煤油作切削液。

主轴孔常用的精加工方法还有以下两种。

1）精镗孔。精镗与普通镗孔基本相同，这种方法适用于有色金属合金及铸铁件的孔径加工（或珩磨）和滚压前的预加工。

精镗所用刀具最初为金刚石，因天然金刚石刀具成本高，所以普遍采用硬质合金（YT30、YT15 或 YG3X）、人造金刚石及立方氮化硼刀具，这些材料在加工钢料时比金刚石有更多的优势。

为了获得较高的加工精度和较小的表面粗糙度，减小切削变形对工件表面质量的影响，故采用较高的切削速度（加工铸铁零件 $v_c=100\text{m/min}$）和较小的进给量（$f=0.04\sim0.08\text{mm/r}$）。高精度、高刚度的精镗床是保证加工质量的重要条件。

精镗在良好的条件下，加工尺寸标准公差等级可达 IT6～IT7。孔径在 $\phi15\sim100\text{mm}$ 时，尺寸偏差为 0.005～0.008mm，圆度误差可小于 0.003～0.005mm，表面粗糙度 Ra 值可达 1.25～0.16μm。

为减少对刀调整时间、保证尺寸精度，常采用对刀表座和微调镗刀头。对刀表座（图 7-16）是一个带有千分表 1 的 V 形块 2。调整刀具尺寸前，先将对刀表座的 V 形块 2 骑在对刀样块 3 上。对刀样块 3 由两段圆柱组成，大圆柱直径等于被加工孔径，小圆柱直径等于镗杆直径。在对刀样块 3 上调好表的零位并记下表针摆动位置后，将对刀表座骑在镗杆 5 上，微调刀头 4，使刀尖向外伸直至表针的摆动量等于前述表针的摆动量且表针对零为止，然后把镗刀夹固在镗杆上。

图 7-17 所示为一种带游标刻度盘的微调镗刀，刻度盘的分度值为 0.0025mm。刀杆 4 上装有可转位刀片 5，刀杆 4 上带有精密小螺距螺纹。微调时，半松开紧固螺钉 7，用扳手旋转套筒 3，刀杆 4 就可微量移动。键 9 的作用在于防止刀杆 4 转动。调整完后，拧紧固螺钉。

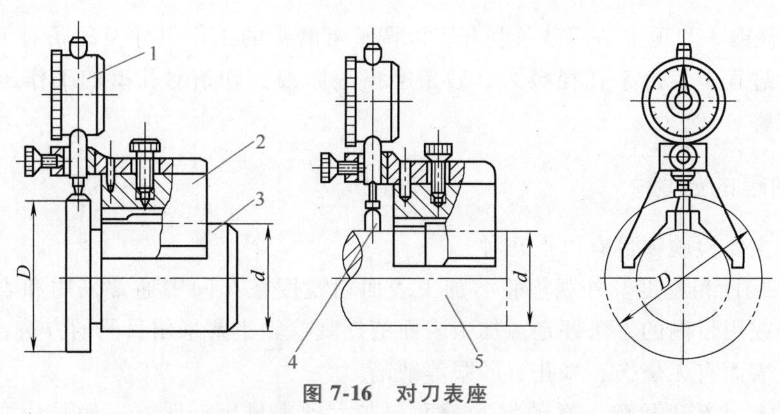

图 7-16　对刀表座

1—千分表　2—V 形块　3—对刀样块　4—刀头　5—镗杆

2）珩孔。珩磨可使孔的尺寸标准公差等级达到 IT6~IT7，圆柱度误差可控制在 3~5μm 之内，但珩磨不能提高孔的位置精度。珩磨后孔的表面粗糙度 Ra 值可达 0.32~0.02μm，表层金属的变质层很薄（2.5~25μm）。珩磨头的圆周速度虽低，但由于砂条与工件的接触面积大，使珩磨头的直线往复速度高，加工铸铁时一般取 v_a = 15~20m/min。预珩时，由于要切去较多的余量，需采用较大的工作压力（0.5~0.9MPa），这时珩磨头圆周速度 v 不能太高，一般取 $v=(2\sim3)v_a$。终珩时，由于工作压力较小（0.2~0.6MPa），v 可适当提高至（2.5~8）v_a。

珩磨时采用煤油加 20%~30%锭子油作为切削液。珩磨条的越程量一般取为砂条长度的 30%~50%，越程量过小，会使孔产生腰鼓形误差；越程量偏大，会使孔产生“喇叭形”误差。

为了减小珩磨机床主轴与工件孔中心的同轴度误差及珩磨机床主轴回转精度对加工精度的影响，珩磨头与珩磨机床主轴之间大多采用浮动连接。

图 7-18 所示为珩磨头结构图。本体 5 通过浮动联轴节与机床主轴相连接。砂条 4 用结合剂与砂条座 6 固结在一起，并装在本体 5 的槽中，砂条座的两端用卡簧 8 箍住。旋转螺母

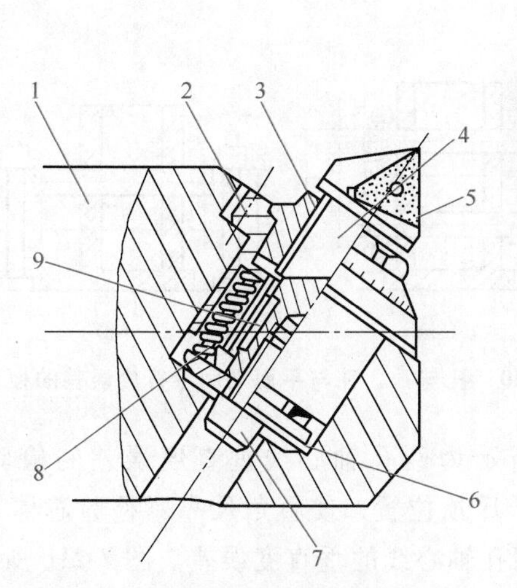

图 7-17　带游标刻度盘的微调镗刀

1—镗杆　2—刻度盘　3—套筒　4—刀杆　5—可转位刀片　6—垫片　7—紧固螺钉　8—弹簧　9—键

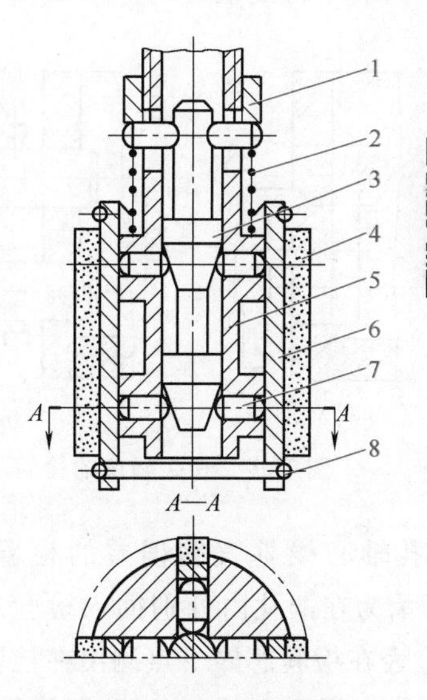

图 7-18　珩磨头结构图

1—旋转螺母　2—弹簧　3—调整锥　4—砂条　5—本体　6—砂条座　7—顶销　8—卡簧

1 向下时，调整锥 3 和顶销 7 使砂条胀开，以调整珩磨头的工作尺寸及砂条对工件孔壁的工作压力。珩磨过程中，由于孔径扩大、砂条磨损等原因，砂条对孔壁的工作压力经常在变动，需随时调整。

7.2.4 主轴箱的检验

主轴箱的主要检验项目有以下几种。

（1）加工表面粗糙度及外观检验　加工表面粗糙度在车间中通常采用和表面粗糙度标准样块相比较或用目测的方法评定。加工表面的外观检验主要采用目测的方法，观察加工表面完工情况及表面有无烧伤、气孔、砂眼等缺陷。

（2）孔的尺寸精度检验　孔的尺寸精度，在大批大量生产时，一般采用塞尺检验；在单件小批生产时，常采用内径千分尺、内径千分表等量具检验。孔的几何形状误差通常采用内径千分表或内径千分尺检验。当精度要求很高时，也可以在圆度仪上检验。

（3）平面的几何形状误差检验　平面的几何形状误差（平面度、直线度误差）通常用涂色法或用平板或厚薄规检验平面的平面度，用平尺和厚薄规检验平面的直线度。

（4）孔距精度的检验　孔距精度的检验如图 7-19 所示。图 7-19a 所示为用游标卡尺直接测量，孔心距 $A=l+\frac{d_1}{2}+\frac{d_2}{2}$。图 7-19b 所示为用检验芯棒与千分尺测量，孔距 $A=l-\left(\frac{d_1}{2}+\frac{d_2}{2}\right)$。

（5）各加工面间相互位置精度的检验

1）平行度误差的检验。图 7-20a 所示为孔与孔之间平行度误差的检验。分别在两孔内插入检验芯棒，用千分尺测出两端尺寸 l_1 和 l_2，其差值即可认为是两孔中心线在检验长度 L 内的平行度误差。图 7-20b 所示为孔与平面之间平行度误差的检验。将基准平面放在平台上，在孔内插入检验芯棒，用高度尺分别测出两端尺寸 l_1 与 l_2，两者之差即为孔与基面在测量长度 L 内的平行度误差。

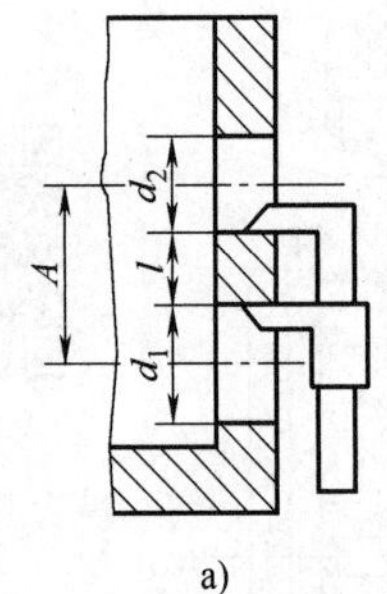

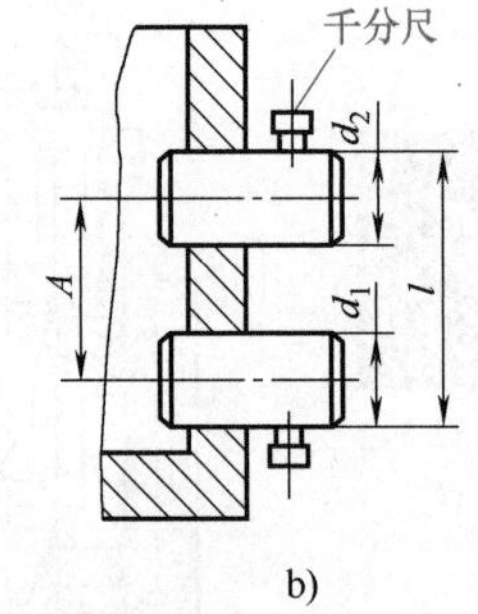

图 7-19　孔距精度的检验

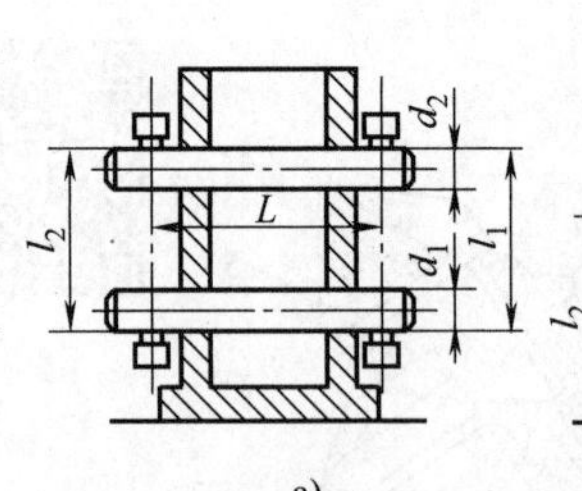

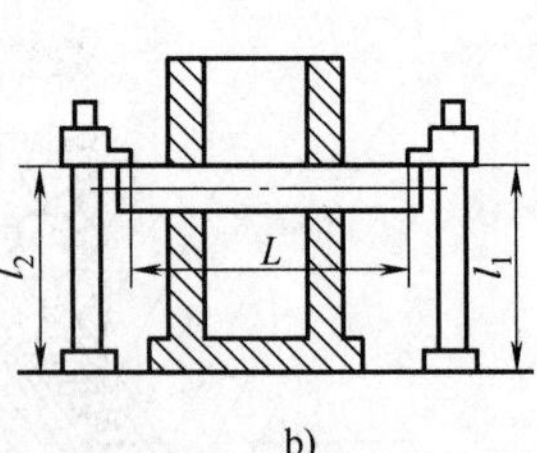

图 7-20　孔与孔、孔与平面之间平行度误差的检验

2）两孔轴心线垂直度误差的检验。图 7-21 所示为两孔轴心线垂直度误差的检验。图 7-21a 所示为在两孔内分别插入检验芯棒，调整千斤顶位置，使直角尺靠紧检验芯棒 2，然后用百分表在检验芯棒 1 点测出在检验长度 L 内两孔轴心线的垂直度误差。图 7-21b 所示为在检验芯棒上装百分表，然后将检验芯棒回转 180°，即可以百分表的变动量确定两孔中心线在测量长度 l 上的垂直度误差。

3）孔与端面垂直度误差的检验。图 7-22a 所示为在孔内插入检验芯棒，在检验芯棒上

装百分表，将检验芯棒回转一周（检验芯棒回转时应无轴向位移），即可读出在检验直径上孔与端面的垂直度误差。图 7-22b 所示为通过用塞尺测得的间隙 Δ，测出垂直度误差。

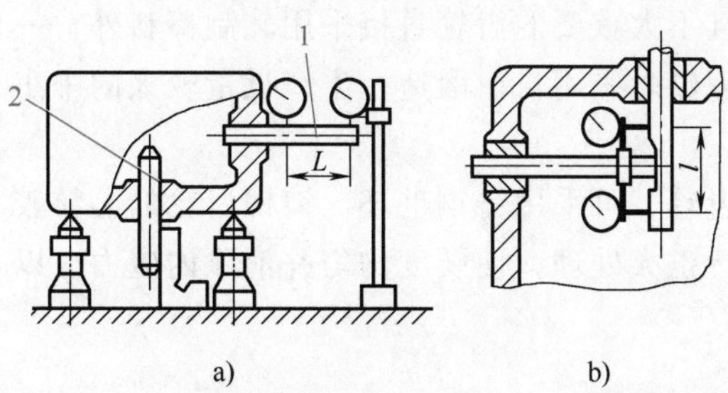

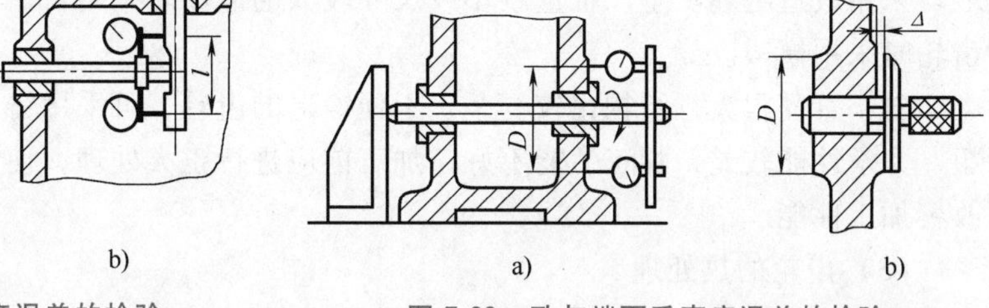

图 7-21　两孔轴心线垂直度误差的检验

1、2—检验芯棒

图 7-22　孔与端面垂直度误差的检验

4）同轴度误差的检验。一般用综合量规检验同轴度误差，如图 7-23a 所示。量规 2 的直径为孔的实效尺寸，当它能通过被测零件 1 的同轴线孔时，即表明被测孔系的同轴度合格。若要测定同轴度的偏差值，可用图 7-23b 所示的方法，将工件用固定支承 3 和可调支承 4 支承在平板上，基准孔轴线和被测孔轴线均由心轴模拟，心轴与孔为无间隙配合。调整可调支承使工件的基准轴线与平板平行，

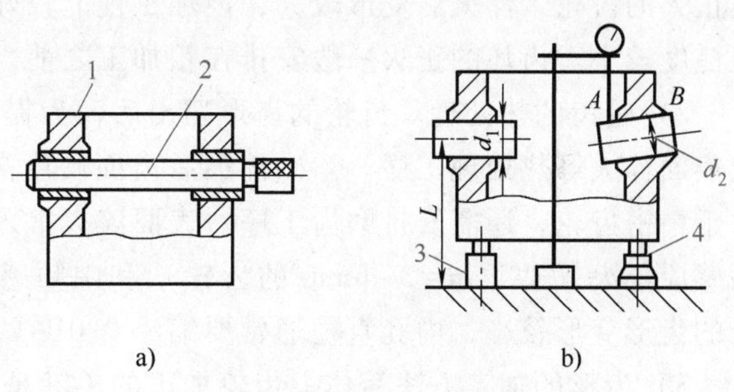

图 7-23　同轴度误差的检验

1—被测零件　2—量规　3—固定支承　4—可调支承

分别测量被测孔端 A、B 两点，并求出各自与高度 $L+\dfrac{d_2}{2}$ 的差值 ΔA_X 和 ΔB_X；然后将工件翻转 90°，按上述方法测取 ΔA_Y 和 ΔB_Y，则 A 点处的同轴度误差为 $\Delta A=2\sqrt{\Delta A_X^2+\Delta A_X^2}$，$B$ 点处的同轴度误差为 $\Delta B=2\sqrt{\Delta B_Y^2+\Delta B_Y^2}$。$\Delta A$ 与 ΔB 中的较大值即为被测孔的同轴度误差。若测点不能取在孔端处，则同轴度误差可按比例折算。

7.3　齿轮加工

7.3.1　齿轮概述

1. 齿轮的结构特点

齿轮是机械传动中最常用的零件之一，其功用是按规定的速比传递运动和转矩，如车床主轴箱中的齿轮。齿轮的形状因使用要求不同而有不同的结构型式，根据其结构特点，可将齿轮看成是由齿圈和轮体两部分构成的。按照齿圈上轮齿的种类，齿轮可分为直齿轮、斜齿轮、人字齿轮等；按照轮齿的外形特点，齿轮可分为盘形齿轮、套筒齿轮、轴齿轮和齿条等。

2. 齿轮的材料、毛坯与热处理

（1）齿轮的材料　根据齿轮的工作条件（如速度与载荷）和失效形式（如点蚀、剥落

或折断等），齿轮常用中碳结构钢、中碳合金结构钢、渗碳钢与渗氮钢等材料制造。

（2）齿轮的毛坯　根据齿轮的材料、结构形状、尺寸大小、使用条件及生产批量等因素确定毛坯的种类。对于钢质齿轮，除尺寸较小且不太重要的齿轮直接采用轧制棒料外，一般均采用锻造毛坯。生产批量较小或尺寸较大的齿轮时采用自由锻造；生产批量较大的中小齿轮时采用模锻。

对于直径很大且结构比较复杂、不便锻造的齿轮，可采用铸钢毛坯。铸钢齿轮的晶粒较粗，力学性能较差，加工性能不好，加工前应进行正火处理，使硬度均匀并消除内应力，以改善加工性能。

（3）齿轮的热处理

1）齿坯的热处理。齿坯粗加工前后常安排预先处理，其目的是改善材料的加工性能，减小锻造引起的内应力，防止淬火时出现较大变形。齿坯的热处理通常采用正火或调质。经过正火的齿轮，淬火后变形较大，但加工性能较好，拉孔和切齿时刀具磨损较轻，加工表面粗糙度较小。齿坯的正火一般安排在粗加工之前，调质则多安排在齿坯粗加工之后。

2）轮齿的热处理。齿轮的齿形切出后，为提高齿面的硬度及耐磨性，常安排渗碳淬火或表面淬火等热处理工序。渗碳淬火后齿面硬度高、耐磨性好，使用寿命长，但变形较大，对于精密齿轮，还需安排磨齿工序。表面淬火常采用高频淬火（适于模数小的齿轮）、超音频感应淬火（适于 $m=3\sim6$mm 的齿轮）和中频感应淬火（适于大模数齿轮）。表面淬火齿轮的齿形变形较小，内孔直径通常要缩小 0.01～0.05mm，淬火后应予以修正。

3）齿形的加工方法简述。齿轮加工的关键是齿圈上齿形的加工，齿轮加工中的几道工序主要是围绕切齿工序服务的，其目的在于最终获得符合精度要求的齿轮。按加工过程中有无切屑划分，齿形加工可分为无切屑加工和有切屑加工。按加工原理，齿形加工又可分为仿形法（或成形法）和展成法。

7.3.2　齿轮加工工艺过程简介

1. 工艺过程

由于齿轮的结构形状、精度等级、生产批量及各厂生产条件不同，齿轮加工的工艺过程不尽相同。图 7-24 所示为车床齿轮零件图。

齿轮加工工艺过程见表 7-7，齿轮加工大致经过以下阶段：

① 齿坯加工阶段（粗加工及半精加工）；

② 齿形加工阶段（半精加工）；

③ 热处理阶段；

④ 精加工阶段（修复基准及齿形精加工）。

2. 工艺过程分析

（1）齿坯加工分析　齿轮加工中所用定位基准和测量基准都是齿坯的部分表面，因而齿坯加工对切齿质量及生产率的影响很大，关键是保证孔、外圆和端面本身的精度及相互位置精度。

1）成批生产时，为提高加工精度和生产率，内孔都用拉削。产量少时，用镗、钻、铰等方法，但花键孔必须拉削，拉孔的质量取决于切削刃修磨、切削液、工件材料及热处理。采用不等距拉刀并修磨好过渡刃，可减小表面粗糙度。

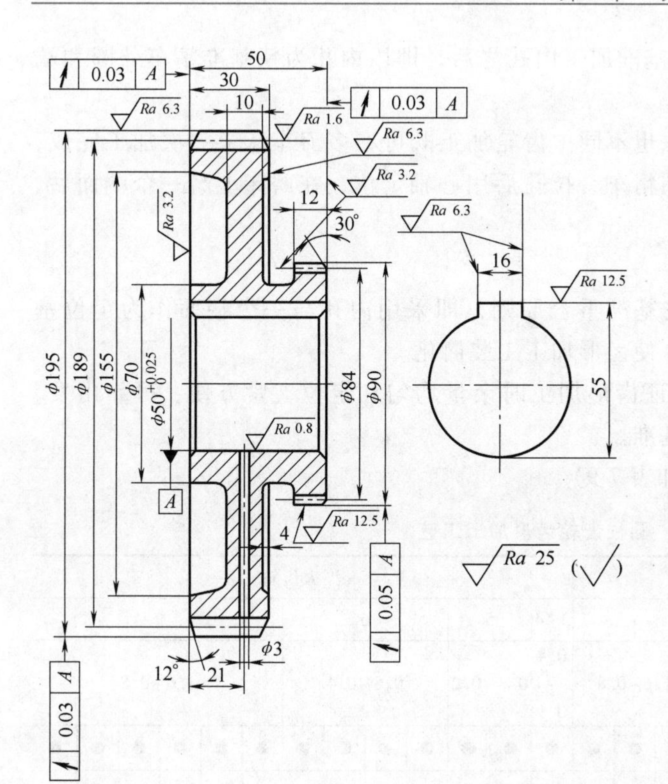

齿号		Ⅰ	Ⅱ
齿数		63	42
模数		3	2
压力角		20°	20°
精度等级 (JB17—83)		8—7—7HK	8—7—7HK
公法线长度变动量		0.05	
接触	高度方向	45%	
	长度方向	55%	

材料 38CrMoAlA

齿面渗氮后硬度 65～70HRC

图 7-24　车床齿轮零件图

表 7-7　齿轮加工工艺过程

工序号	工序名称	工序内容	定位基准	设备
1	粗车	粗车外圆端面，留精车余量 1～1.5mm，钻、扩内孔、留拉削余量	外圆和端面	车床
2	拉孔	拉内孔	内孔和端面	拉床
3	精车	精车外圆、端面	内孔和端面	车床
4	磨	磨端面	内孔和端面	磨床
5	检验	检验	内孔和端面	—
6	滚齿	滚齿（63 齿）留剃齿余量 0.06～0.08mm	内孔和端面	滚齿机
7	插齿	插齿（42 齿）留剃齿余量 0.06～0.08mm	内孔和端面	插齿机
8	打孔	电火花打 φ3mm 孔	内孔和端面	—
9	去毛刺	电解去毛刺	内孔和端面	—
10	倒角	倒齿角	内孔和端面	—
11	剃齿	剃齿（63 齿）公法线长度至尺寸上限	内孔和端面	—
12	剃齿	剃齿（42 齿）公法线长度至尺寸上限	内孔和端面	—
13	热处理	渗氮，硬度为 65～70 HRC	内孔和端面	—
14	磨孔	磨内孔	齿面和端面	—
15	珩齿	珩齿	内孔和端面	—
16	检验	检验	—	—
17	入库	入库	—	—

2）外圆和端面加工，此外圆为粗基准加工内孔之后，即以内孔为精基准精车外圆和端面可保证三者的相互位置精度。

因工厂条件不同，加工外圆的方法也不同。齿轮加工既可在多刀车床上一次加工完成，也可精车外圆后进行拉孔，还可把外圆精车、拉孔后用心轴定位，在磨床上磨一个端面后，再在平面磨床上磨另一个端面。

（2）基准的选择

1）精基准。精基准的选择一般按基准重合原则，即采用内孔与一个端面作为定位基准。这一方案也满足基准统一的要求，使齿形加工工装简化。

2）粗基准。粗基准的选择应从保证齿形加工时余量均匀和定位夹紧方便、可靠出发，一般选择其外圆与一个端面作为定位基准。

（3）齿形加工方案选择（表7-8和表7-9）

表7-8　圆柱齿轮齿形加工工艺

类型	不淬火齿轮										淬火齿轮												
精度等级	3	4	5		6			7			3~4	5		6				7					
表面粗糙度 *Ra* 值/μm	0.2~0.1	0.4~0.2			0.8~0.4			1.6~0.8			0.4~0.1	0.4~0.2		0.8~0.4				1.6~0.8					
滚齿或插齿	●	●	●	●	●	●	●	●	●	●	●	●	●	●	●	●	●	●	●	●	●	●	●
剃齿				●		●				●			●		●			●					
挤齿																			●				
热处理：淬火/渗碳											●	●	●	●	●	●	●③	●	●	●	●	●	●③
精整基面											●	●	●	●	●	●		●	●	●	●	●	
珩齿或研齿									●				●		●			●	●		●		
粗磨齿	●	●	●								●	●											
定性处理	●	●	●	●①							●	●											
精整基面	●	●	●								●	●											
精磨齿	●	●	●				●				●	●		●		●②						●②	

① 定性处理在剃前进行。
② 淬火后用硬质合金滚刀精滚代替磨齿。
③ 热处理采用渗氮处理。

表7-9　齿形加工方法使用情况比较

齿形精度	加工方法	工艺过程	注意事项
8	滚或插	滚（插）齿—热处理—校内孔	热处理前提高一级精度或事后珩齿
7	滚—剃（冷挤）	—	不需淬火
7	滚（插）—磨	滚（插）齿—热处理—磨齿	适合产量较小的淬火齿轮
7	滚—剃—珩	滚齿—剃齿—热处理—珩齿	适合产量较大的淬火齿轮
5~6	滚—磨	粗滚—精滚（插）—热处理—磨齿	—

（4）齿端加工　齿廓加工之后的齿端加工有倒圆、倒尖、倒棱和去毛刺等，如图7-25和图7-26所示。齿端加工必须安排在齿轮淬火之前，常在滚（插）齿之后接着进行。倒圆、倒尖的齿轮沿轴向滑动容易进入啮合，倒棱可除去齿端的锐边，锐边经渗碳和淬火后很脆，在齿轮传动时易崩裂，对工作不利。

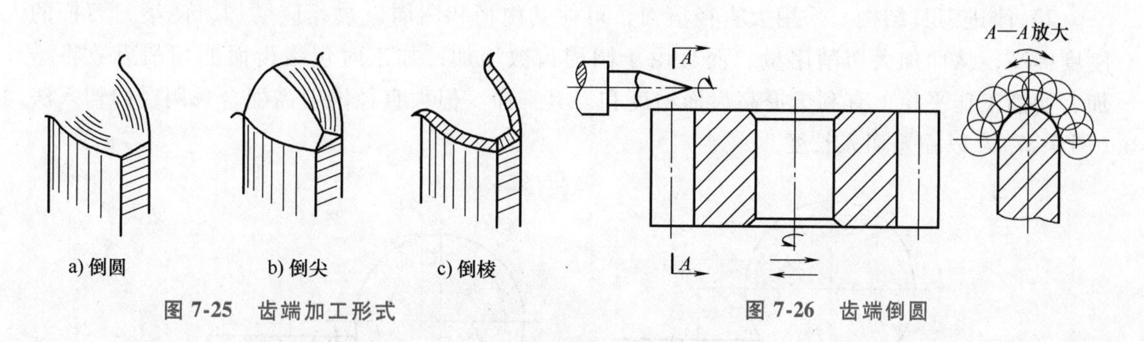

图7-25　齿端加工形式　　图7-26　齿端倒圆

（5）精基准的修整　热处理会引起基准孔变形，为保证精加工质量，对基准孔必须加以修整，修整方法一般用推孔或磨孔，其选择原则如下。

1）在推孔能满足要求时，为提高效率，尽量用推孔。

2）整体淬火齿轮变形大、硬度高，可采用磨孔。

3）以外径定心的花键孔只能用推孔。

4）孔径较大和齿厚较薄时一般用磨孔。

为解决推孔偏斜现象，有的工厂采用加长推刀前导部的方法；也有的采用无切削的挤压推刀，这种刀自位性好、不易偏斜，加工表面质量也高。

7.3.3　齿轮加工主要工序分析

1. 滚齿

（1）滚齿的工艺特点　滚齿加工是按渐开线啮合原理进行展成加工的齿形加工工艺。这种方法使用的机床比较简单，刀具制造较容易、精度也易保证，夹具结构简单并且可达到较高刚度，零件加工精度及生产率均较高，因而得到广泛应用，尤其是应用于加工直齿、斜齿的外啮合圆柱齿轮及蜗轮中。

滚齿一般是作为剃齿或磨齿等精加工前的粗加工或半精加工工序，通常滚齿后即可得到8~9级精度的齿轮。当采用高精度滚齿机和AA级以上的齿轮滚刀时，也可加工出7级以上甚至4级精度的齿轮。滚齿齿面的表面质量较低，常将粗、精加工分为两个工序进行，以提高加工精度和齿面质量。精滚时采用较高的切削速度和较小进给量。粗滚后齿面上宜留0.3~0.8mm的余量，此时夹具及机床调整应按精滚要求进行。

高速钢滚刀多用于软齿面（未淬火）齿轮的加工，切削用量较低；硬质合金滚刀的出现，为淬火后硬齿面齿轮的精加工或半精加工开辟了一条新途径。

（2）提高滚齿生产率的途径

1）高速滚齿。提高切削用量是提高生产率的有效措施，而进给量由于受齿面质量的影响，不能提高太多。因此，提高切削速度就有着重要意义。为实现高速切削，除采用新型滚刀外，提高机床刚性、广泛采用高速滚齿机，以及对现有滚齿机进行必要的改装等，也是可行的。

高速钢滚刀的切削速度已可达 100～150m/min，而使用硬质合金刀具，其速度可高达 200～400m/min。随着滚齿机和刀具材料的不断改进，高速滚齿的潜力很大，而且加工后的齿轮精度和齿面质量都有很大提高，可以减少剃齿余量，提高剃齿刀寿命，甚至有可能取消剃齿工序。

2）改进刀具结构。采用大直径滚刀，可使其内径和圆周齿数相应增加，使滚刀刀杆的刚度提高，从而加大切削用量。而且由于圆周齿数增加，加工时包络齿面的切削刃数将增加，切削工作平稳，有利于提高齿面精度和刀具寿命。但大直径滚刀需配合采用径向切入法（图 7-27），以缩短切入长度。

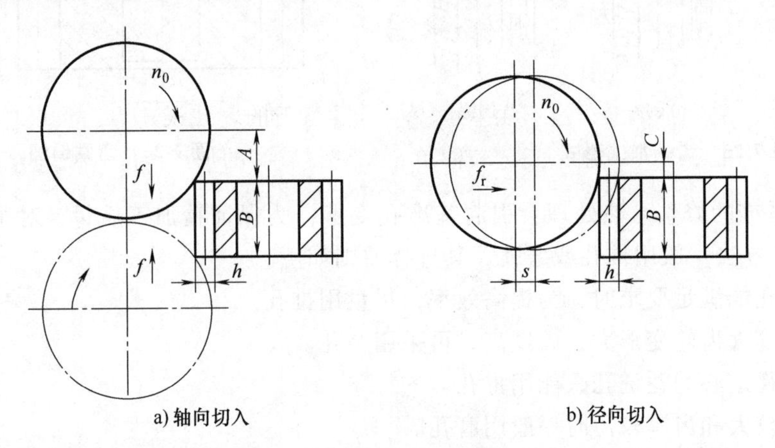

图 7-27　滚刀切入方法

采用多头滚刀可使齿坯转速提高，从而提高滚齿生产率。但多头滚刀导程大，螺旋升角大，使被加工的齿形误差增加。又因多头滚刀不可避免地存在分度误差，被加工齿轮的齿距误差和齿厚误差加大。此外，多头滚刀加工包络面的刀齿数较少，被切齿面表面粗糙度较大，因而多头滚刀多用于粗滚和半精滚。采用多头滚刀必须注意使多头滚刀的头数与被切齿轮的齿数之间互为质数，以消减滚刀分头误差对调节误差的影响。

3）改进加工方法。对于大模数齿轮采用粗开槽后精滚的方法，以顺铣代替逆铣等。滚齿时，若用顺铣方式，刀具磨损、切削刃挤刮现象均相对减小，齿面表面粗糙度变小，但加工时不如逆铣方便，且要求机床垂直进给系统应采取消隙措施。

如图 7-28 所示，对角滚齿法就是让滚刀 1 在切削过程中，除工件 2 轴向进给 f 外，还增加一个沿滚刀本身中心线方向的切向进给 f_t。这样滚刀的进给轨迹就成了对角线形。

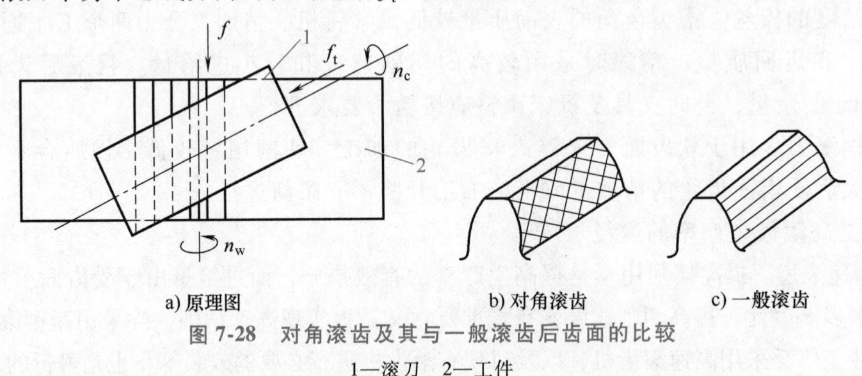

图 7-28　对角滚齿及其与一般滚齿后齿面的比较

1—滚刀　2—工件

对角滚齿的优点是滚刀全长内的刀齿都参加切削，使各刀齿的负荷均匀，而且磨损均匀，刀具寿命长，齿面刀痕成交叉网纹，比一般滚齿齿面条状刀痕的表面粗糙度小。但它的缺点是滚刀要长一些，要求滚齿机具有切向进给机构，齿向精度较差。

2. 插齿

（1）插齿的工艺特点　插齿除能加工内、外啮合直齿轮外，还特别适宜加工齿圈轴向距离较小的多联齿轮、齿条和扇形齿轮等。用靠模也可加工外啮合的斜齿轮，但不如滚齿加工方便。

插齿机的传动链较复杂，增加了部分传动误差。刀具垂直的往复运动和工作台的让刀运动部分也容易产生磨损。插齿刀的周节累积误差反映到齿轮上，使插齿的运动精度比滚齿低。由于插齿时形成齿形包络线的切线数量由圆周进给量的大小决定，可以选择，故插齿所得表面粗糙度比滚齿小得多，齿形误差也较小。插齿刀的安装误差对齿形误差的影响较小，且几何形状是一个正齿轮，制造工艺较简单，易获得较高的加工精度。插齿时，公法线长度变动较大是由于插齿时引起齿轮切向误差的因素比滚齿多。对插齿刀及带动刀具旋转的蜗轮副的制造与安装精度进行调整，可减少此项误差。

（2）提高插齿生产率的途径

1）提高插齿的圆周进给量。加快齿轮的展成运动速度可以提高生产率，但会使齿面表面粗糙度增大，因而宜将粗、精插齿分开或在机床上装备加工余量预选分配装置，以及粗插低速大进给和精插高速小进给的自动转换机构。

2）增加插齿刀每分钟往复行程次数（高速插齿），目前冲程数已达 2500 次/min 以上，使切削速度大大增加，减少了机动时间。

3）采用加大前、后角的插齿刀，充分发挥现有插齿刀的切削性能，提高插齿刀的寿命。

3. 剃齿

（1）剃齿的工艺特点　剃齿加工既是一对螺旋齿轮双面紧密啮合的自由对滚加工过程，又是切削层极薄同时伴有挤压和金属滑移的综合过程。剃齿的工作原理如图 7-29 所示。它的优点是使用的机床简单、调整方便，其精度取决于刀具，刀具寿命及生产率均较高，剃齿比一般的滚、插齿加工精度高且表面粗糙度小，但剃齿刀制造困难，成本较高。剃齿应具有

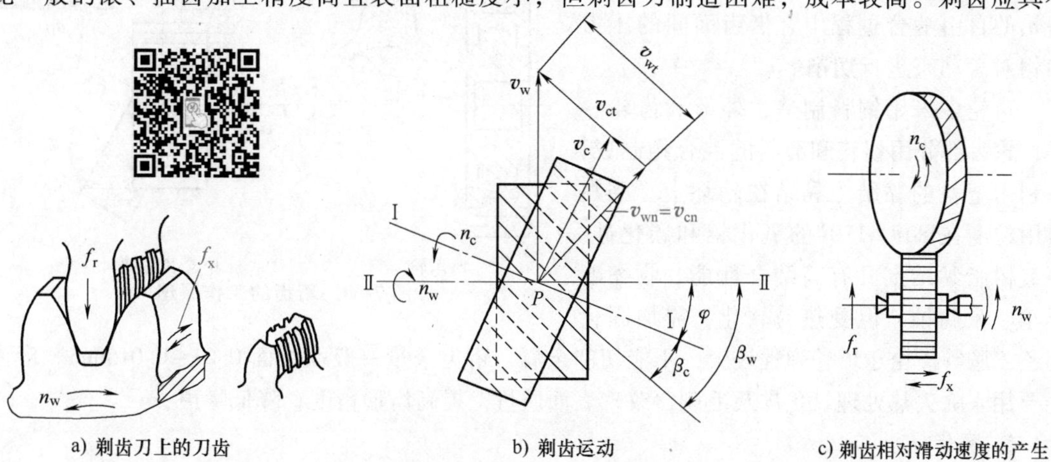

a) 剃齿刀上的刀齿　　b) 剃齿运动　　c) 剃齿相对滑动速度的产生

图 7-29　剃齿的工作原理

以下三个基本运动。

1）剃齿刀的高速旋转 n_c。

2）工件沿轴向的往复运动 f_x（用以剃出全齿宽）。

3）为逐步切除全部余量，并保持剃齿刀和工件间的一定压力，剃齿刀还必须向工件做径向进给运动 f_r。

剃齿刀的齿数和被加工齿轮的齿数一般应互为质数，以减少刀具误差对齿轮加工精度的影响。

（2）提高剃齿生产率的途径及剃齿新工艺　剃齿工艺的不断改进发展，使得生产率有很大的提高。较为成熟的剃齿新工艺有以下几种。

1）对角线剃齿法。即工作台往复运动方向和被加工的齿轮轴线方向有一夹角 γ，因而剃齿刀上和齿轮啮合节点的位置随工作台的移动而变化。因此，使剃齿刀在整个齿宽上的磨损较为均匀，刀具寿命延长，径向进给量增加。同时，行程可随 γ 的增大而减小，且可将中心距调好后一次走刀完成加工，使生产率比普通剃齿法提高 3~4 倍。

由于刀具与齿轮干涉的可能性减小，故可以剃削两个齿圈相距很近的齿轮，但要求剃齿机工作台角度可调，且要求有较高的刚性和较大的功率。在操作上，则要求在调整啮合节点的变化范围时，使该点正好在剃齿刀有效工作长度内，调整的工艺水平要求较高。

2）切向剃齿法。当对角线剃齿的 γ 角为 90°时，就成了切向剃齿。它的行程更短，生产率更高，但要求剃齿刀更宽。

3）径向剃齿法。它只有径向进给，没有轴向和切向进给，使生产率大大提高。径向剃齿刀必须比工件宽，而且必须使相邻刀齿的齿沟错开，以取得连续切削，同时侧面要求制成凹入的双曲线体，以便使工件呈鼓形。

4）单行程剃齿。该剃齿刀有导入、切削及修正三组齿（故呈锥形），切削中仅有切向进刀，刀具寿命长，生产率高。

4. 珩齿

珩齿是对热处理后的齿轮进行精加工的方法之一，其本质是低速磨削、研磨和抛光的综合过程。珩齿的工作原理如图 7-30 所示。珩齿的运动关系与剃齿相同，不同之处只是珩齿在含有磨料的塑料齿轮珩轮与被珩齿轮的自由啮合过程中，借齿面间的压力和相对滑动来进行切削。

珩轮多采用钢料制造，外形和齿轮一样，轮齿部分用塑料和磨料的混合物制成，并利用塑料的黏结力黏结在轮坯上。磨料常用粒度在 80#~150#的氧化铝和碳化硅。环氧树脂黏结剂具有高结合性能、收缩变形小、耐腐蚀，但受热易软化，需加固化剂乙二胺等。由于珩轮弹性较大，不能切削金属，珩齿余量一般取单面 0.01~0.015mm。珩齿主要用来除去热处理氧化皮及毛刺，改善表面质量，提高齿形精度，降低噪声。

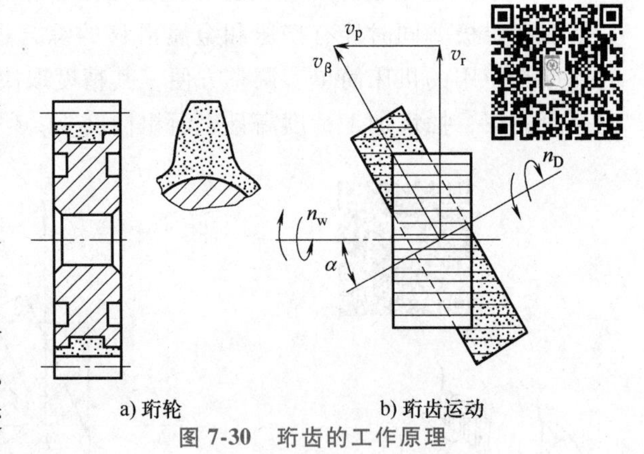

图 7-30　珩齿的工作原理

5. 磨齿

磨齿是加工淬硬齿轮最稳定而可靠的方法，磨齿一般能达到 4~6 级精度，但生产率较

低。按加工原理，磨齿分为成形法和展成法两类。成形法磨齿由于加工精度低因而用得很少，生产中常采用展成法磨齿。

1）用单锥形砂轮磨齿。如图 7-31 所示，截面呈齿形的砂轮，一面以速度 n_s 旋转，一面以速度 v_f 沿齿宽方向做往复运动，构成假想齿条的一个齿，工件一面以速度 n_w 旋转，实现滚动展成运动。磨完一个齿后，工件还需做分度运动。应用这种原理的机床有 Y7131。用单锥形砂轮磨齿，传动链复杂，传动误差大，精度较低，一般只达 5~6 级；用单边磨削，空行程时间长，影响效率，但通用性好，适于中、小批生产。

2）用双碟形砂轮磨齿。如图 7-32 所示，两片砂轮倾斜一定角度，构成假想齿条的一个齿的两外侧面，同时磨削一个（或两个）齿槽的两内侧面。应用这种原理的机床有 Y7011、Y7032 及瑞士马格型磨齿机。这种磨齿方法的传动环节少，制造精确，传动误差小，展成运动精度高，精度可达 4 级。

3）用蜗杆砂轮磨齿。如图 7-33 所示，它是将砂轮做成蜗杆 1 的形状，其螺牙在法向剖面上的齿形和被磨齿轮 2 的基准齿形相同。应用这种原理的机床有 Y7232、Y7215。这种加工方法与滚齿相似，也是效率很高的一种加工方法。这是因为砂轮转速很高，而砂轮转一转，齿轮至少转过一个齿。因此，工件的转速也很高，同时分度运动是连续进行的。这种磨齿方法精度可达 4~5 级，但缺点是砂轮修整困难，须使修整器按砂轮修形动作循环进行修整，如图 7-34 所示。

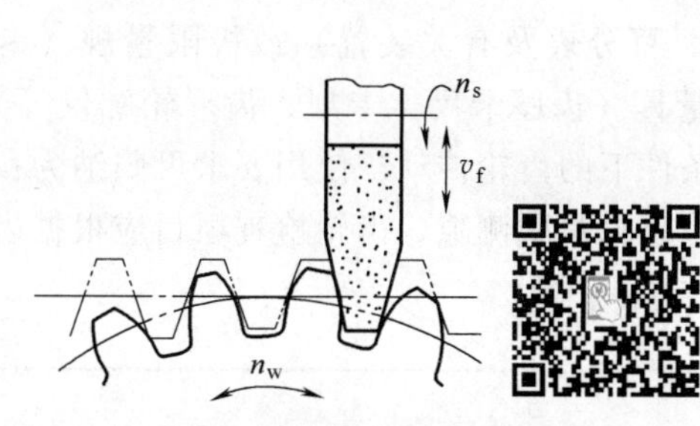

图 7-31　单锥形砂轮磨齿原理图

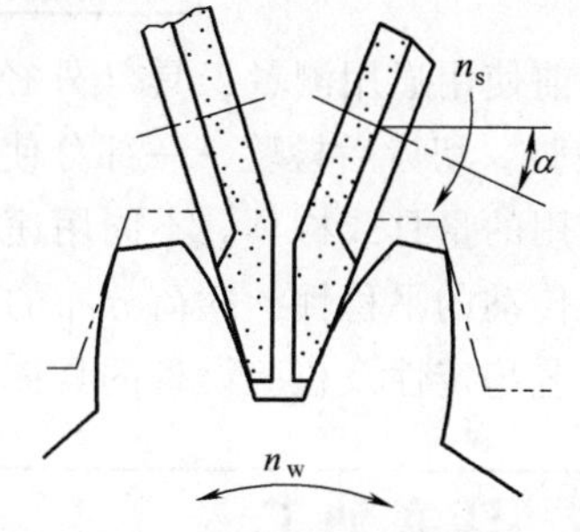

图 7-32　双碟形砂轮磨齿原理图

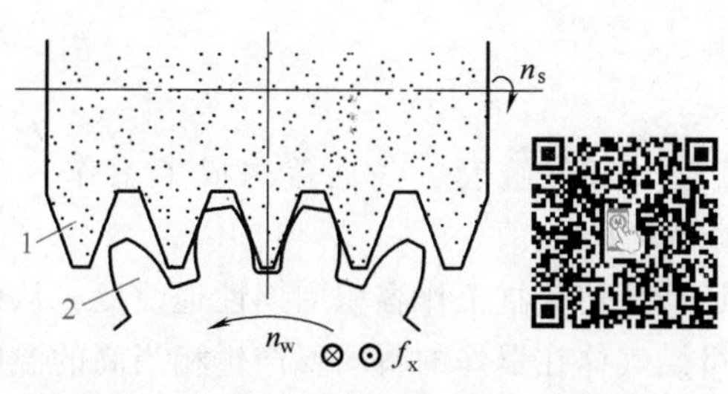

图 7-33　蜗杆砂轮磨齿原理图

1—蜗杆　2—被磨齿轮

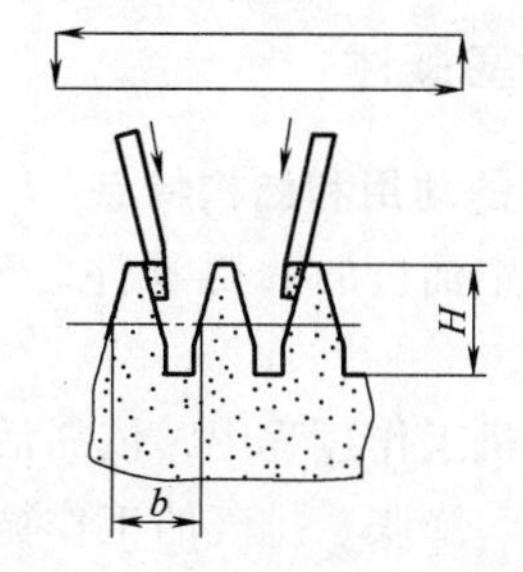

图 7-34　砂轮修形循环简图

7.3.4　齿轮的检验

齿轮加工后应按照图样提出的技术要求进行验收，有条件时应优先采用综合检验。齿轮

检验包括中间检验和最终检验两类，中间检验项目见表 7-10。

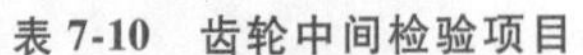
表 7-10　齿轮中间检验项目

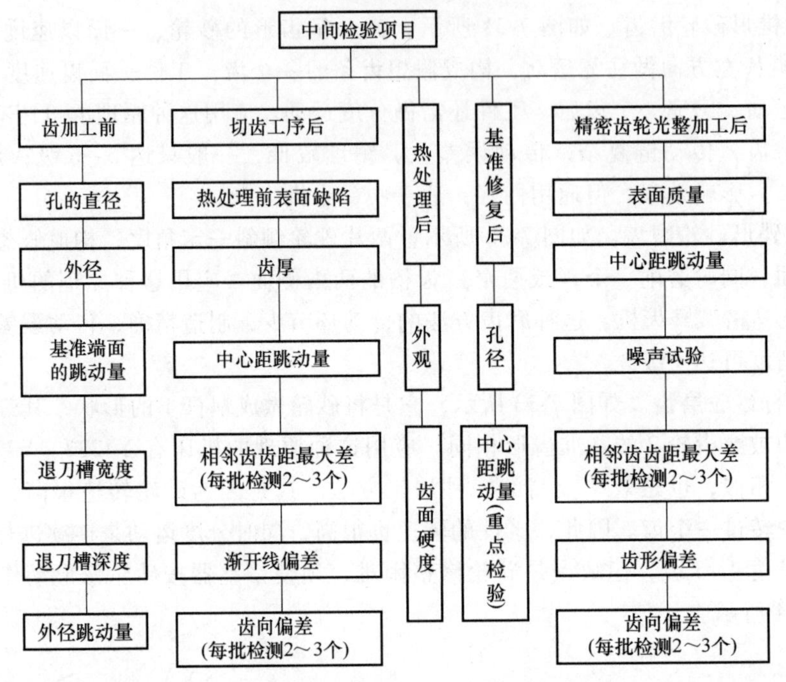

切齿前使用通用测量工具（外径千分尺、百分表及有关装置）或极限量规（卡规、塞规等）检验。切齿后检验，一部分使用通用量具（齿厚卡尺、卡规、齿形轮廓仪等），大多数需要专用的量具或检具。不同用途和工作条件下的齿轮传动，使用要求可归纳为：传递的准确性、传动的平稳性、载荷分布的均匀性、齿轮腹副侧隙，齿轮检查项目应根据齿轮的重要性、工艺稳定性及检验设备的具体条件而定。

7.4　活塞加工

7.4.1　活塞概述

1. 活塞的功用和结构特点

活塞是柴油机的重要零件之一，它与活塞环、气缸套、气缸盖构成了工作容积和燃烧室。

在柴油机工作过程中，依靠活塞的往复运动，使气缸工作容积周期性地改变，从而实现进气、压缩、膨胀、排气的工作循环。由于可燃气体在爆炸的瞬间要产生相当高的温度，同时又产生强大的推力作用于活塞顶部，迫使活塞向下移动，所以活塞是在高温、高压下做长时间、连续交变负荷的往复运动。图 7-35 所示为 Z12V190 柴油机活塞结构示意图。图中，1 为活塞顶面，承受着高温、高压气体的直接作用。在气环槽 3 中装有气环，用以密封活塞顶面的燃烧室。4 为油环槽，通过油环把飞溅到气缸套内壁上的多余润滑油刮掉，并通过油环槽内的回油孔 2 流回油底壳，活塞销孔 6 内装有活塞销，通过活塞销将活塞、连杆连接起来，两端挡圈槽 5 内装有弹性挡圈，可防止活塞销的窜动。上开裆 7 和下开裆 8 用于连杆定

位。底部的止口 9 是机械加工的工艺基准，它在发动机工作过程中没有作用。发动机工作过程中，高压柴油通过喷油头喷入燃烧室 13，与空气混合形成涡流，气阀坑 14 的作用是防止活塞上升到上止点时与气阀相碰。裙部外圆 10 在活塞工作过程中起导向作用。图 7-36 所示为活塞与相关零件的装配关系图。

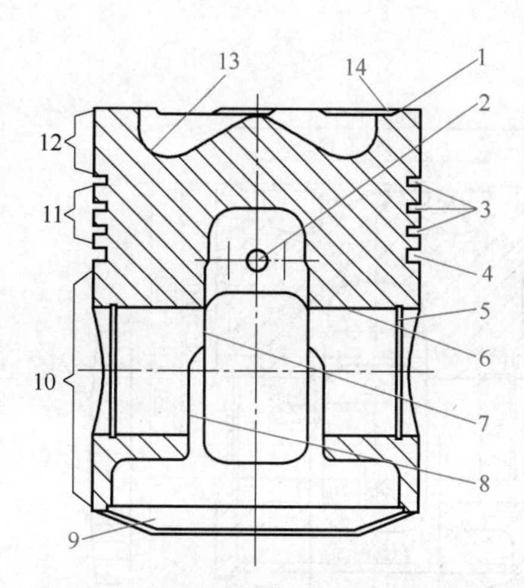

图 7-35　Z12V190 柴油机活塞结构示意图

1—活塞顶面　2—回油孔　3—气环槽　4—油环槽　5—挡圈槽　6—活塞销孔　7—上开裆　8—下开裆　9—止口　10—裙部外圆　11—环岸外圆　12—头部外圆　13—燃烧室　14—气阀坑

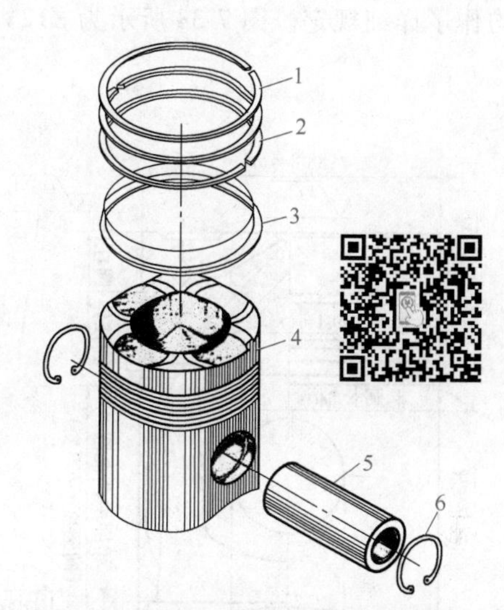

图 7-36　活塞与相关零件的装配关系图

1、2—气环　3—油环　4—活塞　5—活塞销　6—挡圈

由于活塞在工作过程中受到高温和高压的作用，所以必然产生热变形和受力变形。活塞的顶面受到气缸内气体压力的作用，产生弹性变形。由于活塞裙部在圆周方向刚性不同，在活塞销轴线方向的弹性变形量比垂直于该方向的弹性变形量大，使活塞裙部在受力后变成椭圆。此外，活塞顶部与高温气体接触，导致销座部位的裙部向外扩张。

如图 7-37a 所示，热量通过活塞顶部传到活塞裙部，温度升高产生热变形。又因为活塞裙部圆周上壁厚不均匀，销孔轴线方向厚，热膨胀量大，而垂直于销孔方向热膨胀量小，从而使活塞裙部由于热变形变成椭圆，如图 7-37b 所示。所以，无论是受力变形还是热变形，都会使原来的圆柱形裙部变成椭圆形，使椭圆的长轴在活塞销孔的轴线方向上。这样必然使活塞与气缸壁间的间隙不均匀甚至消失，以至于发生剧烈磨损甚至咬死。为了补偿上述变形，把活塞裙部设计制造成椭圆形，椭圆的长轴在垂直于活塞销孔轴心线的方向上，椭圆度的大小随活塞的型号不同而改变。Z12V190 柴油机的活塞裙部椭圆度为 0.4mm。

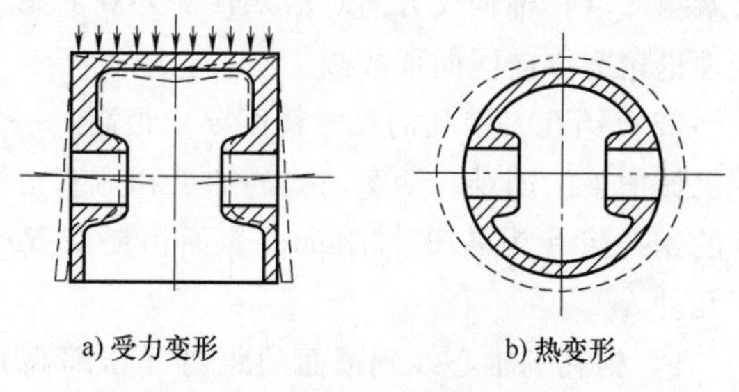

a) 受力变形　　b) 热变形

图 7-37　活塞工作过程中的变形

此外，活塞工作时，顶面与高温气体直接接触，热量由头部传到裙部，头部温度高，热膨胀量大；裙部温度低，热膨胀量小。为了补偿这种不均匀的热变形，把活塞头部的外径设

计得比裙部外径小，同时活塞裙部也设计成中间大、上下两端小的腰鼓形，以保证其具有良好的导向性。因此，Z12V190 柴油机的活塞称为中凸椭圆形活塞。

2. 活塞的技术要求

铝合金活塞的技术条件已有国家标准，对于各部分的尺寸公差、几何公差及表面粗糙度均作了详细规定。图 7-38 所示为 Z12V190 柴油机活塞零件图及部分技术要求。

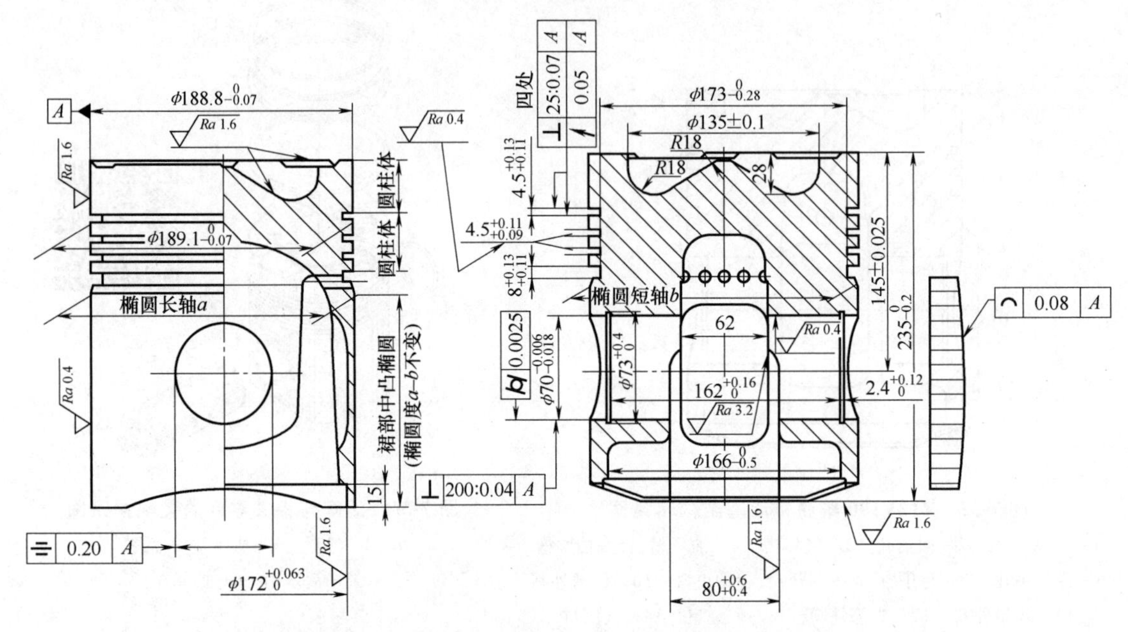

图 7-38　Z12V190 柴油机活塞零件图及部分技术要求

（1）裙部外圆　裙部外圆起导向作用，要求与气缸精密配合，其尺寸标准公差等级一般为 IT6，对于高速内燃机的活塞甚至要求为 IT5。在大批量生产中，为了减少机械加工的难度，经常将活塞裙部和气缸套孔径的制造公差均放大，装配时采用分组装配法，以保证达到要求的间隙。Z12V190 柴油机活塞裙部的制造精度为 IT6，表面粗糙度 *Ra* 值为 0.4μm。活塞裙部沿长轴轴线方向对活塞顶部外圆的线轮廓度为 0.08mm，且只允许裙部各点位置对于理论轮廓方向同向加或减。

（2）销孔　销孔的尺寸精度要求很高，一般要求尺寸标准公差等级在 IT6 以上，为了减少机械加工的困难，活塞销孔的加工和活塞销的装配也采用分组装配法。Z12V190 柴油机活塞的销孔尺寸为 $\phi70^{-0.006}_{-0.018}$mm，表面粗糙度 *Ra* 值为 0.4μm。活塞销孔的位置度公差包括以下几种。

1）销孔的轴心线到顶面的距离（压缩高）影响气缸的压缩比，即影响发动机的效率，因此必须控制在一定的范围内。Z12V190 柴油机此距离为（145±0.025）mm。

2）销孔轴心线对顶部外圆轴心线的垂直度影响活塞销、活塞销孔和连杆的受力情况。垂直度误差过大将使活塞销、销孔和连杆单侧受力，导致活塞在气缸中倾斜，加剧磨损。Z12V190 柴油机活塞的该垂直度要求不大于 0.04：200。

3）销孔轴心线对头部外圆轴心线的对称度误差也会引起不均匀磨损，Z12V190 柴油机活塞的对称度为 0.20mm。

（3）环槽　为了使活塞环能随气缸套孔径大小的变化而自由的胀缩，Z12V190 柴油机对活塞环槽作下列规定。

1）环槽两侧面对头部外圆轴心线的垂直度不大于 0.07：25。

2）环槽两侧面对头部外圆轴心线的圆跳动不大于 0.05mm。

3）环槽宽度尺寸公差为 0.02mm。

4）环槽两侧面的表面粗糙度 *Ra* 值为 0.4μm。

（4）活塞质量　为了保证发动机的运转平稳，同一台发动机的各个活塞的质量不应相差很大。Z12V190 柴油机活塞的质量差要求不大于 15g。

3. 活塞的材料及毛坯

（1）活塞的材料　活塞工作的主要特点是在高温、高压下做长期、连续变负荷的往复运动。为提高活塞的工作性能和可靠性，其材料必须满足如下要求。

1）在高温、高压下具有足够的强度和刚度。

2）较小的结构质量。

3）良好的耐热性和耐蚀性。

4）良好的导热性，热膨胀系数小。

为满足上述要求，在汽油发动机和高速柴油机中，活塞的材料一般都选用硅铝共晶合金；而在低速、高负荷、低级燃料的发动机中，有时活塞材料一般采用铸铁。

1）相比铸铁，铝合金具有下列优点。

① 导热性好，使活塞顶面的温度降低较快，可以提高发动机的压缩比，又不至于引起混合气体自燃，因而可以提高发动机的功率。

② 质量小，惯性力小。

③ 可切削性好。

④ 铸造性能好。

2）铝合金的缺点。

① 材料价格较贵。

② 热膨胀系数大，约为铸铁的 2 倍。

③ 机械强度及耐磨性较差。

综合比较，高速发动机中都用铝合金作为活塞的材料。Z12V190 柴油机活塞使用的材料为硅铝共晶合金，其代号为 190 铝合金。

（2）活塞的毛坯　铝合金活塞毛坯一般都采用金属模铸造。金属模铸造的毛坯有较高的精度，但因铝合金收缩率大，凝固时间长，容易吸收气体，因而容易产生热裂、气孔、针孔及缩松等缺陷。为了克服铸造缺陷，可以采用压铸法铸造。Z12V190 柴油机的活塞毛坯采用低压铸造工艺铸造。

铝合金活塞在机械加工前要切去浇冒口，并淬火、时效处理，以提高物理、力学性能并改善切削条件。

7.4.2　活塞加工工艺的拟订

1. 基准的选择

（1）精基准的选择　活塞是一个薄壁零件，在外力作用下很容易产生变形。其主要表

面的尺寸精度和位置精度的要求都很高，因此应以一个统一的基准来加工这些要求高的表面。生产活塞的工厂大多采用止口和底面作为统一基准。Z12V190 柴油机活塞各主要加工面均采用止口及底面定位。

采用止口和底面作为精基准有以下优点。

1）可以做到基准统一。用这种方法定位可以做到加工裙部、环岸、环槽、头部外圆、顶面、燃烧室、销孔等主要表面所用的基准统一，有利于保证各表面之间的相互位置精度。

2）可以减少变形。活塞裙部在径向上的刚性差，而利用止口和底面定位可以沿活塞轴向夹紧，不至于引起严重变形，还可以进行多刀车削。

3）夹具定位、夹紧元件基本一致，结构简单，制修容易。工件装卸方便，生产率高。

（2）粗基准的选择　Z12V190 柴油机活塞的外圆与非加工表面内腔的壁厚差要求为 0.8mm，毛坯铸造过程中很难保证内腔与外圆的同轴度，如果以毛坯外圆作粗基准加工定位，止口和端面则很难保证壁厚公差的要求。再者，活塞内腔底面至止口端面的尺寸大小对活塞质量大小影响很敏感，这是因为自内腔底面至活塞顶面为一圆柱形实体，而内腔底面至止口端面则是一薄壁圆柱体。为了保证同一台柴油机一组活塞质量差的分组要求，控制单件活塞的质量差是至关重要的。

2. 加工方法的选择

由于活塞是大批量生产，毛坯采用金属模低压铸造，余量较小且均匀，因此，其主要工序可采用一些高效专用且利于保证其相互位置要求的设备、工装。同时，由于工件材料为铝合金，各表面的精加工不宜采用磨削，因此，销孔、外圆等的精加工应采用高速精镗、精车等。

3. 工序的安排

（1）加工阶段的划分　由于活塞是一个薄壁零件，且主要表面的精度要求很高，因此合理的安排粗、精加工的顺序对于保证产品质量是至关重要的。在粗加工阶段就要将定位止口和端面加工好，工序安排不当就会影响定位止口精度。如 Z12V190 柴油机活塞的铣内腔工序，由于切除金属余量大，又需用成形铣刀加工，切削时刀具与工件接触面积大，切削热量高。若将铣内腔工序放在前面，在连续生产中，工件得不到及时冷却即进入定位止口加工工序，则很难保证止口精度。

在精加工阶段，为了保证精加工的表面不被后工序破坏，对裙部外圆和销孔的精加工工序应尽量安排在最后，这同时也是为了使粗加工产生的内应力有充足的时间重新分布，从而保证精加工尺寸的精度。

（2）工序的集中与分散　Z12V190 柴油机活塞属于大批生产，按工序集中的原则，在生产线上采用了较多的高效率专用机床和专用夹具。例如，在一台六轴自动车床上，一次安装同时完成车外圆（共三段）、粗切环槽、精切环槽、车顶面、钻中心孔并锪去中心孔的多工位加工。而粗镗、半精镗销孔，镗卡圈槽，内挡倒角则用四工位组合机床加工。油孔加工工序采用立、卧组合式十四轴油孔钻一次加工完毕。其他大多数工序都由复合工步组成。由于工序集中，因此减少了机床数量，节省了生产面积，减少了操作工人数量，提高了生产率。又因充分发挥了工序集中的特点，在一次装夹下尽可能将有相互位置要求的表面同时加工出来，所以有利于保证各表面间的相互位置精度。

4. 活塞的加工工艺过程

Z12V190 柴油机活塞的加工工艺过程见表 7-11。

表 7-11　Z12V190 柴油机活塞的加工工艺过程

工序号	工序名称	工序简图及加工说明	设备
10	粗车外圆、顶面、底面	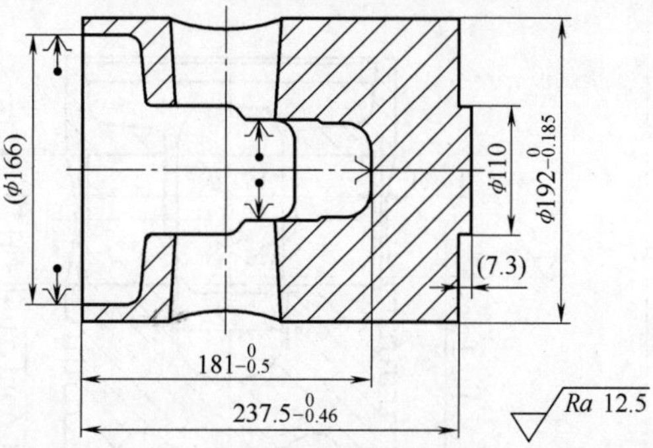 (φ166)　φ110　$\phi192_{-0.185}^{0}$　(7.3)　$181_{-0.5}^{0}$　$237.5_{-0.46}^{0}$　Ra 12.5	C730-1 多刀半自动车床
20	铣内腔	以顶面、头部外圆和销孔定位，用成形铣刀铣削	专用内腔铣床
30	精车底面、止口、粗锪燃烧室	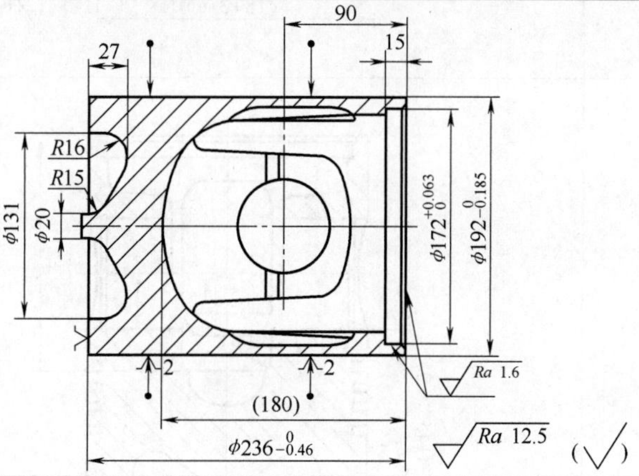 90　27　15　R16　R15　φ131　φ20　$\phi172_{0}^{+0.063}$　$\phi192_{-0.185}^{0}$　2　2　Ra 1.6　(180)　$\phi236_{-0.46}^{0}$　Ra 12.5 (√)	双面组合机床
40	钻销座油孔、环槽油孔	以止口、底面和下开裆定位，14 个油孔同时加工	油孔多头钻床
50	车外圆、顶面、环槽 1. 装夹 2. 钻中心孔、粗车外圆 3. 粗切环槽、粗车顶面 4. 环槽倒角 5. 精切环槽、精车顶面、倒角 6. 精车外圆、锪去中心孔	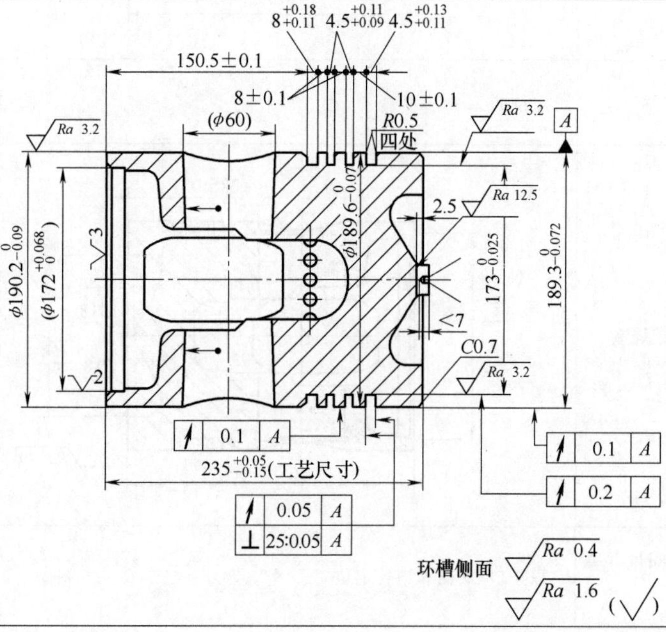 $8_{+0.11}^{+0.18}$　$4.5_{+0.09}^{+0.11}$　$4.5_{+0.11}^{+0.13}$　150.5±0.1　8±0.1　10±0.1　(φ60)　R0.5　四处　Ra 3.2　A　Ra 3.2　$\phi189.6_{-0.07}^{0}$　2.5　Ra 12.5　3　$\phi190.2_{-0.09}^{0}$　$(\phi172_{0}^{+0.068})$　$173_{-0.025}^{0}$　$189.3_{-0.072}^{0}$　7　2　C0.7　Ra 3.2　0.1 A　$235_{-0.15}^{+0.05}$(工艺尺寸)　0.1 A　0.2 A　0.05 A　⊥ 25:0.05 A　环槽侧面 Ra 0.4　Ra 1.6 (√)	ASH-225 六轴自动车床

（续）

工序号	工序名称	工序简图及加工说明	设备
60	粗镗销孔、镗挡圈槽、倒 R1.5mm 圆角	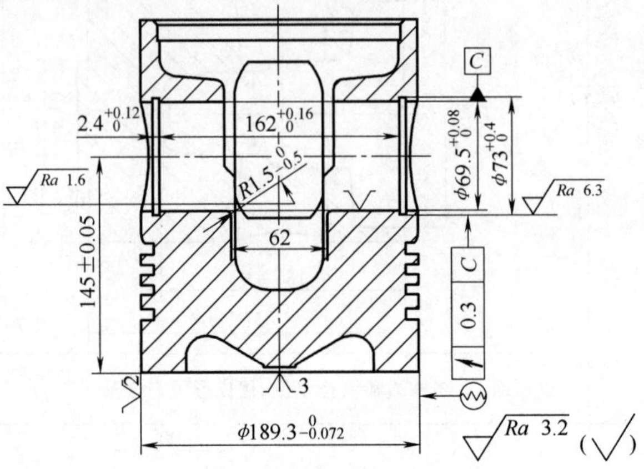	四工位组合机床
70	铣上开档	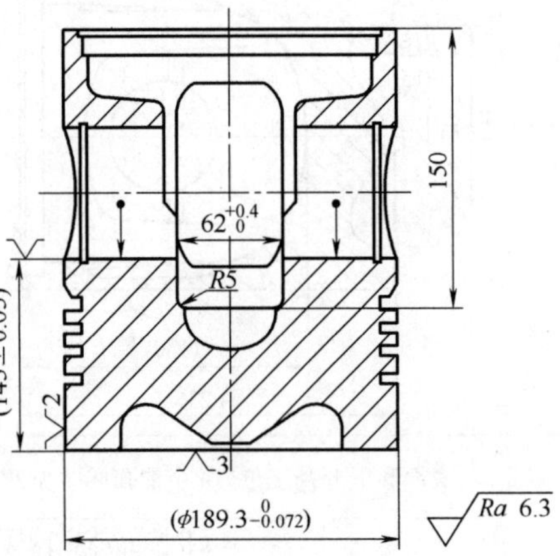	销座开档铣床
80	铣下开档	定位同工序 70	销座开档铣床
90	精车燃烧室	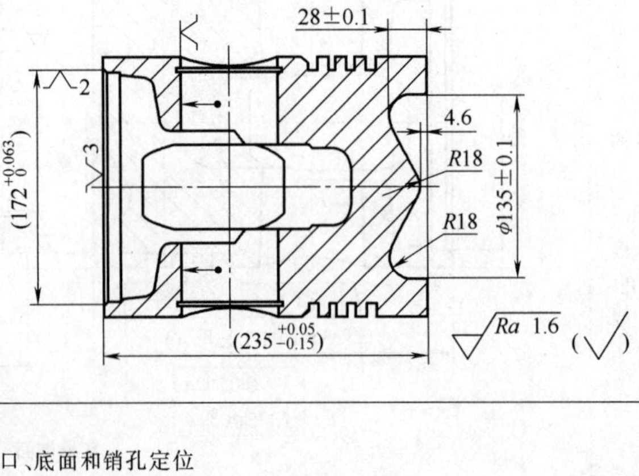	车床
100	铣气阀坑并修毛刺	以止口、底面和销孔定位	气阀坑铣床

（续）

工序号	工序名称	工序简图及加工说明	设备
110	车顶部外圆、中凸椭圆	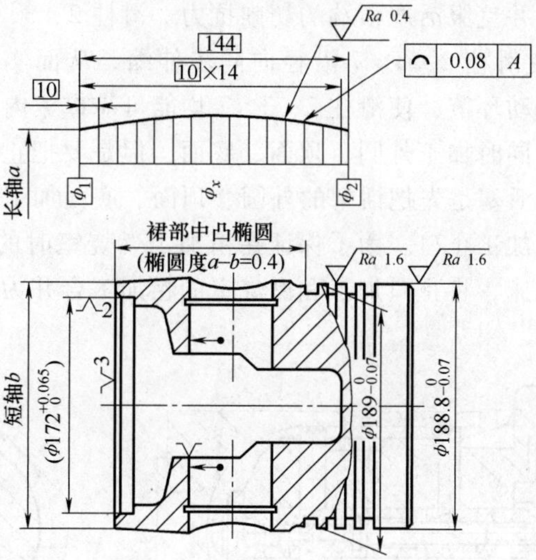 Ra 0.4 144 10×14 0.08 A 10 长轴a ϕ_1　ϕ_x　ϕ_2 裙部中凸椭圆 （椭圆度a-b=0.4） Ra 1.6　Ra 1.6 2 3 短轴b ($\phi172^{+0.065}_{0}$) $\phi189^{0}_{-0.07}$ $\phi188.8^{0}_{-0.07}$	TDW-2 金刚石中凸椭圆车床
120	铣避碰弧	以顶面、头部外圆和销孔定位	卧式铣床
130	精镗销孔	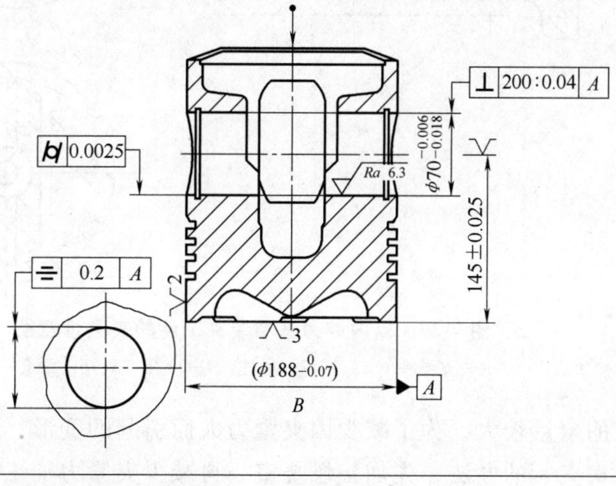 200∶0.04 A 0.0025 Ra 6.3 $\phi70^{-0.006}_{-0.018}$ 145±0.025 0.2 A 2 3 ($\phi188^{0}_{-0.07}$) A B	T760 精镗床
140	修各部毛刺	修去各部毛刺、锐角倒钝	—
150	称重、配台套	单件活塞质量为 8800g±120g，同一台套质量允差 10g	电子秤
160	成品检验	按检验卡片逐项检验并填写检验记录	—
170	入半成品库	按台套入半成品库	—

7.4.3　活塞加工主要工序分析

1. 止口及其底面的加工

在大批量生产中，止口及其底面的加工多采用毛坯外圆及顶面为基准，用加长爪自定心卡盘装夹。其特点是夹具比较简单，操作方便，但必须以较高精度的毛坯为前提。一般情况下，采用此种定位方式的毛坯外圆与内腔各部位置要求难以保证，因此比较理想的方法是以活塞不加工的内腔为基准，加工止口及其端面。这样可以保证止口与内腔同心，然后以止口定位加工各部外圆及环槽等，从而保证壁厚均匀及各有关相互位置要求。

图 7-39 所示为以内腔为基准装夹工件的夹具示意图。该夹具的前端设有支承头 1，用以确定活塞的轴向位置并克服活塞顶端的切削抗力。滑柱 2、3、7 在顶杆 4 的作用下，带动有斜面的滑套 5、6，使滑柱 2、3、7 沿径向同步伸缩，从而实现以内腔定位、撑紧的作用。两组蝶形弹簧作为浮动环节，使滑柱 2、3、7 均能可靠撑紧内腔，保证定位稳定、可靠。采用这种定位方式可以同时加工外圆、顶面、底面，但是要把止口同时加工出来比较困难。为此，Z12V190 柴油机活塞是先把活塞的外圆、顶面、底面加工出来，然后以加工过的外圆和顶面为定位基准，再加工止口。为了保证在精加工燃烧室时的余量均匀，在加工止口工序，选用一台双面组合机床，将止口加工和燃烧室的粗加工合并为一个工序。

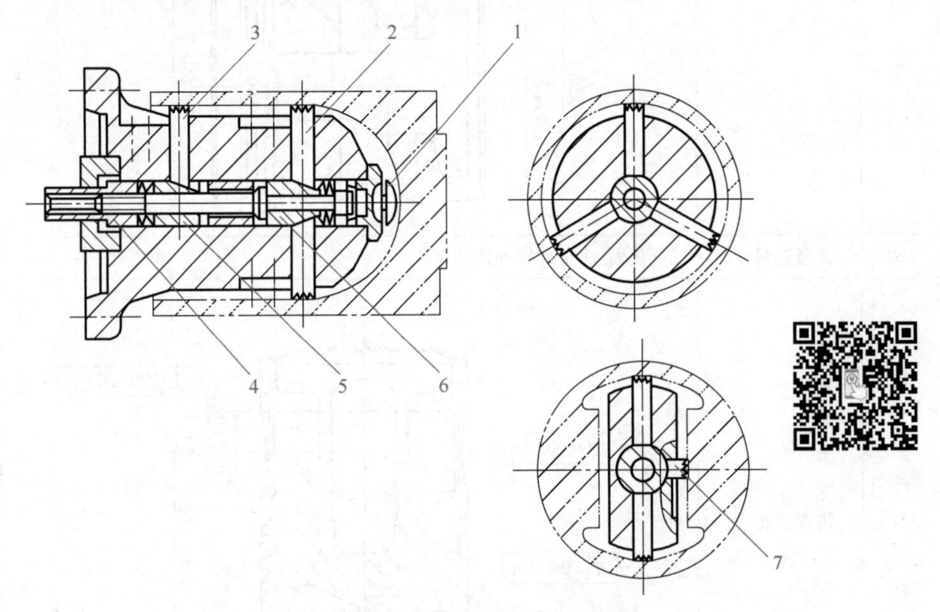

图 7-39　以内腔为基准装夹工件的夹具示意图

1—支承头　2、3、7—滑柱　4—顶杆　5、6—滑套

由于燃烧室的余量较大，为了减少因夹紧力大而引起的变形，影响止口的加工精度，装夹工件时采用二次夹紧的办法，先加工燃烧室，再减少夹紧力加工止口，止口与底面的精加工用镗车端面头同时完成。

2. 环槽的加工

环槽加工是活塞加工的重要工序之一，环槽两侧面对轴心线的跳动、垂直度、表面粗糙度和尺寸精度都有较高的要求。Z12V190 柴油机活塞环槽的加工是在一台进口的 ASH-225 六轴自动车床上，与头部顶面、各部外圆在一次装夹中，分粗切、精切、倒角三个工步加工出来的。其定位基准是止口及其底面，夹紧方式采用销孔拉紧。

本工序的特点如下。

（1）工序集中　在一次装夹中完成了粗车外圆、钻中心孔，粗切环槽、粗车顶面，环槽倒角，精切环槽、精车顶面、倒角，精车外圆、锪去中心孔，如图 7-40 所示。

（2）环槽粗切与精切在一次装夹中完成　减少了装夹和对刀误差，环槽精度得到了保证。因为环槽切刀呈薄片状，刚性较差，如果在第一次粗切后卸下工件，再次装夹就存在装

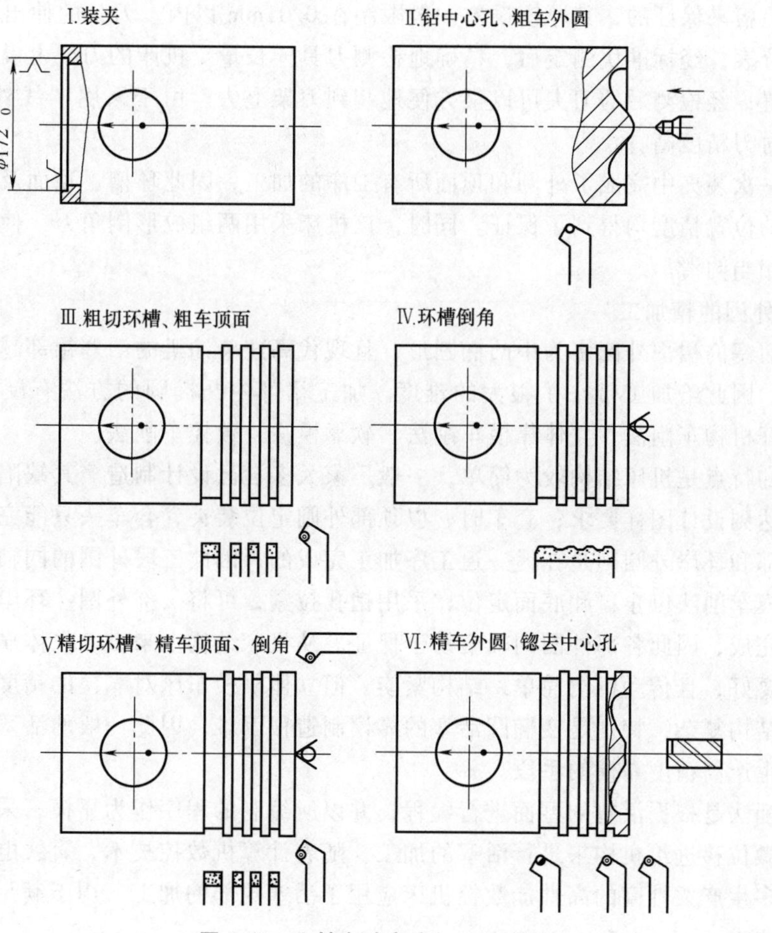

图 7-40　六轴自动车床加工示意图

夹误差和对刀误差，这样两侧面的加工余量很难均匀分配，容易造成刀具在切削过程中产生弯曲，影响环槽的尺寸精度和位置精度。

（3）ASH-225 六轴自动车床设有专用对刀器　在环槽加工过程中，刀具间的距离和刀具伸出长度直接影响到环槽的距离和槽底直径误差。ASH-255 六轴自动车床采用整体式底部带有三角齿形定位槽的对刀器，其结构形式如图 7-41 所示。环槽间的距离是由一组精加工

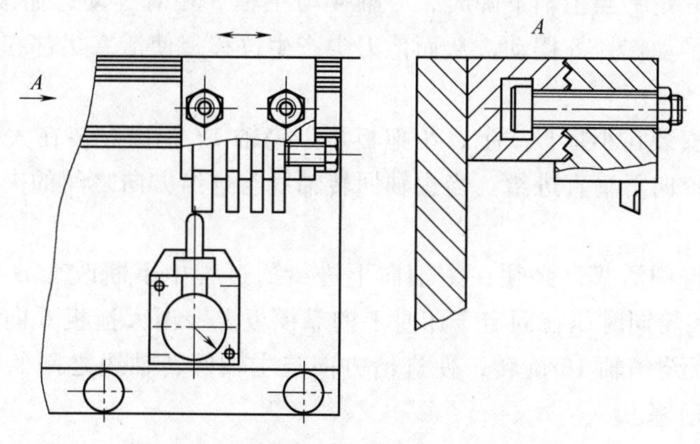

图 7-41　六轴自动车床线外对刀示意图

的两平面的垫板来保证的，其厚度误差一般限制在0.01mm以内。刀具的伸出长度由设在对刀器上的千分表，经标准块测定后，精确地检测刀具伸长量。机床的刀架上设有同样的三角齿形定位装置，经检测后的刀夹可以很方便地装到刀架上去。由于采用“线外对刀”，因此操作方便，对刀精度高。

由于在一次装夹中完成了外圆和顶面所有工序的加工，因此环槽、顶面及各外圆对头部外圆轴心线的位置精度均得到了保证。同时，该机床采用两组成形倒角刀，使加工出的零件各部夹角均相当圆滑。

3. 裙部外圆的精加工

柴油机活塞的裙部外圆多为中凸椭圆形，且现代高速柴油机的活塞裙部越来越多地采用变椭圆结构，因此给加工带来了很大的难度。加工裙部中凸椭圆的方法有硬靠模法、套车法、凸轮杠杆机构车削法、立体靠模车削法、软靠模法、数控车削法。

套车法的特点是机床结构较为简单，一般厂家大多自己设计制造。其缺陷是由于受结构限制，很难达到设计图样要求；套车时，以顶部外圆定位装夹，套车头只能完成裙部外圆的加工，而顶部和环岸外圆则是在另一道工序加工完成的，因此三段外圆的同轴度很难保证。

立体靠模车削法以止口和底面定位，采用销孔拉紧，可将头部外圆、环岸外圆、裙部外圆一次车削完成，因此各部外圆同轴度易于保证。从机床结构上来讲，立体靠模车床的刚性比套车机床要好，且传动机构简单，结构紧凑。但立体靠模车床对靠模的精度要求很高，由于活塞裙部结构复杂，特别是变椭圆活塞的靠模制造很困难，因此一般的活塞生产厂家或机床厂不具备生产高精度靠模的手段。

数控车削法是根据活塞的型面进行编程，并以所编制的程序作为靠模，采用计算机控制刀具的高频微位移进给机构来进行活塞的加工。随着计算机数控技术、直线电动机技术的发展，越来越多生产柔性高的高性能数控机床应用于活塞裙部的加工，用于满足活塞品种越来越多的生产要求。

现将用套车法和立体靠模车削法加工裙部外圆的方法简介如下。

(1) 套车法　所谓套车法是指车刀绕活塞裙部回转，车刀回转轴线与活塞裙部轴线之间的夹角为α。此时车刀的轨迹圆在活塞裙部横截面上的投影即为一标准椭圆。

套车活塞车床的结构示意图如图7-42所示。主轴3中装有心轴4。车刀9装在可以绕销轴摆动的杠杆8上，杠杆8的另一端装有滚轮，在弹簧7的作用下，滚轮与心轴4保持接触。心轴4的上端固定，当主轴下降时，心轴4与主轴3相对运动，而滚轮则随主轴下降，心轴直径的变化将推动杠杆8摆动，从而使刀尖产生位移，使活塞裙部在高度方向上获得预定的尺寸。

整个主轴系统安装在小拖板5上，小拖板再以销轴13铰接安装在大拖板6上，并由大拖板6带动主轴系统向下垂直进给。当主轴回转轴线与进给方向之间的夹角为α时，即可车出活塞裙部椭圆。

为了能车出变椭圆活塞，必须在主轴向下进给的过程中不断改变α角。小拖板两侧装有滚轮支座2，两滚轮同时压在固定于床身上的靠模板上，当大拖板6向下进给时，小拖板5在靠模板的推动下绕销轴13旋转，使进给方向与主轴回转轴线之间的夹角发生变化，这样就能车出变椭圆活塞。

工件用鼓膜自定心卡盘10以头部外圆及其顶面装夹在机床工作台上，顶面的定位元件

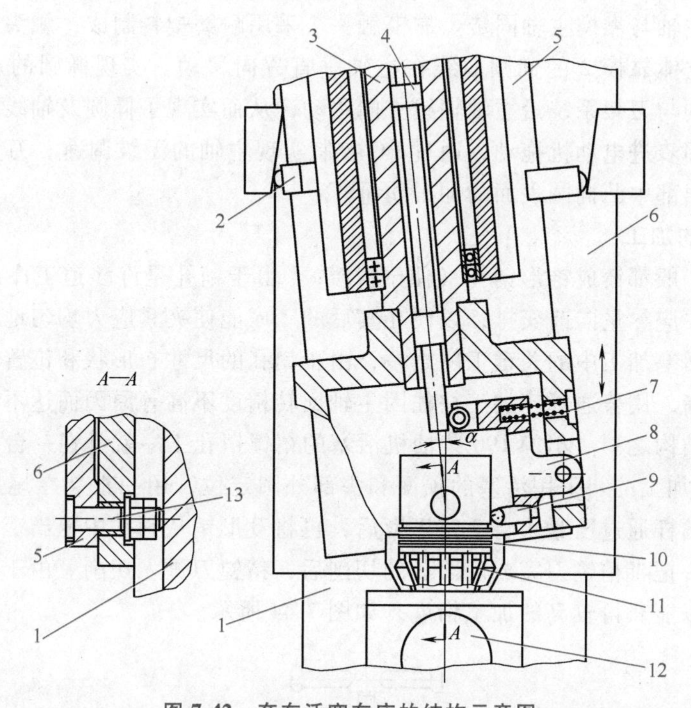

图 7-42　套车活塞车床的结构示意图

1—机床立柱导轨　2—滚轮支座　3—主轴　4—心轴　5—小拖板　6—大拖板　7—弹簧　8—杠杆　9—车刀　10—鼓膜自定心卡盘　11、12—夹紧气缸或油缸　13—销轴

是三个支承钉。11、12 是夹紧气缸或油缸。

（2）立体靠模车削法　图 7-43 所示为卧轴立体靠模车床示意图。图中，活塞 3 以止口及底面和内腔的裆部定位，通过销孔拉紧，由尾座顶住顶面（或中心孔）。机床主轴 5 与靠模主轴平行。主轴与靠模的传动靠齿形皮带带动。车削过程中靠模主轴在电动机 6 带动下，

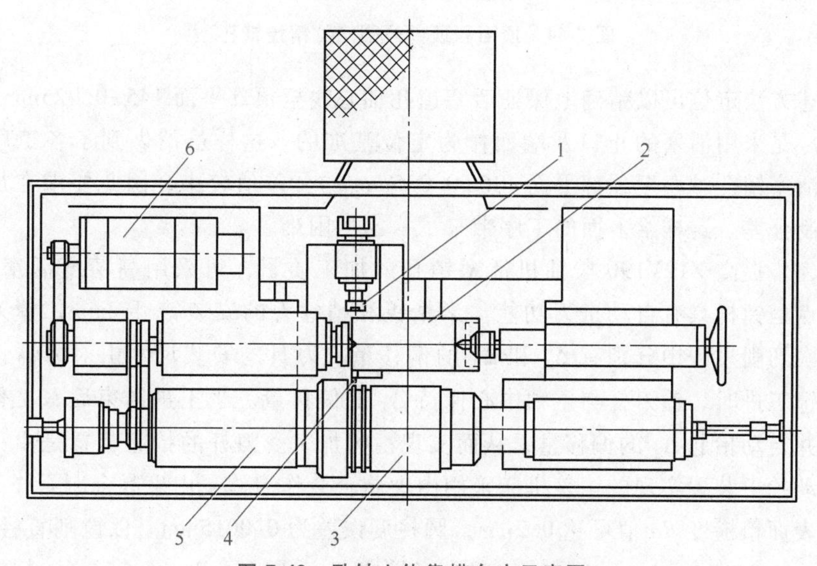

图 7-43　卧轴立体靠模车床示意图

1—靠模触头　2—立体靠模　3—活塞　4—刀具　5—机床主轴　6—电动机

通过齿形皮带使主轴与靠模主轴同步。靠模触头 1 采用耐磨塑料制成，触头通过摆杆带动刀架，使刀具 4 沿立体靠模 2 的椭圆曲线在主轴垂直方向移动，实现椭圆的加工。切削过程中，靠模触头机构与刀架系统沿主轴轴线方向移动，从而实现了椭圆及轴线方向的中凸形线的加工。机床采用步进电动机拖动，通过 PC 控制实现主轴的无级调速。刀具采用金刚石车刀，以确保活塞裙部中凸椭圆表面的加工质量。

4. 活塞销孔的加工

活塞的毛坯一般都铸成锥形销孔（便于拔模）。由于销孔是许多道工序施加夹紧力的部位，因此粗镗工序应尽量向前安排，以便在其后的工序能使夹紧应力均匀地分布。

精镗销孔是活塞加工中的关键工序之一，由于销孔的尺寸、形状和位置精度以及表面粗糙度的要求都很高，用普通镗床加工往往因主轴回转精度不高等原因而达不到要求。静压镗头是应用较多的结构之一。Z12V190 柴油机活塞的精镗销孔工序就是在一台配制了静压镗头的 T760 精镗床上加工的。采用活塞的顶面和头部外圆定位，用一根装在尾座套筒中的菱销插入销孔，当用螺杆通过压紧块将活塞压紧后，再将菱形销从销孔中退出。镗刀杆上顺次装两把镗刀，当第一把半精镗刀完成前段孔的切削后，精镗刀进入切削。由于精镗刀切削时余量分布均匀，所以能获得较高的加工精度，如图 7-44 所示。

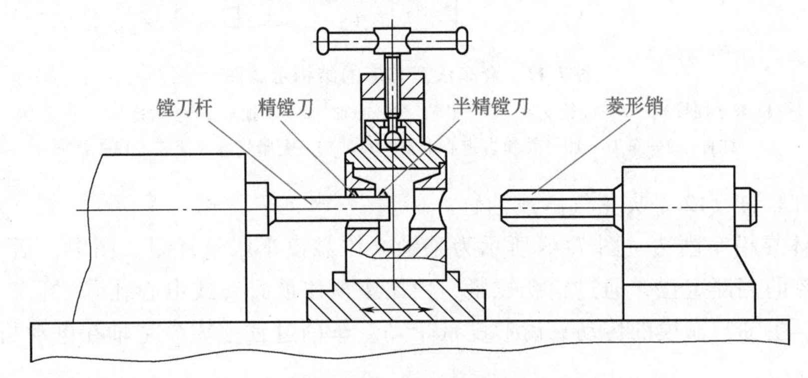

图 7-44 顶面和顶部外圆定位精镗销孔

采用上述方法定位可以精确地保证活塞镗孔轴心线至顶部平面 145±0.025mm 的公差。

有的工厂是采用活塞的止口及端面作为定位基准的。这样虽然做到了各工序的基准统一，但由于活塞销孔轴心至顶部平面 145±0.025mm 的公差值较小，因此要求在加工活塞总长时严格控制公差。这样给上面的工序带来了一定的困难。

为了进一步提高 Z12V190 柴油机活塞销孔的加工质量，可采用高精度活塞销孔镗床。该机床的特点是镗杆具有自动进刀功能。半精镗和精镗刀的安装错开 2mm，镗刀杆与主轴中心线在两次切削过程中分别有 Δ_1 和 Δ_2 的偏移量，刀具的安装尺寸由对刀器按预定值设置。当半精镗工进时，镗刀杆与主轴中心保持 Δ_1 的偏移量。当工进结束后，工作台按工进速度退回，并自动抬起 Δ_2 的偏移量，从而实现精镗加工。刀杆的抬起装置是由一个专门设计的液压自动抬刀装置实现的。该机床采用由硬质合金作刀体，由聚晶金刚石作刀尖的专用镗刀，镗削表面粗糙度 Ra 值可达 0.2μm，圆柱度误差为 0.0015mm。以镗削直径 ϕ70mm 的孔为例，当 $\Delta_1=0.10$mm、$\Delta_2=0.15$mm 时，半精镗刀安装半径 $R=35.05$mm，精镗刀安装半径 $R=34.85$mm，可得：半精镗直径 $D_1=(35.05-0.10)\text{mm}\times2=34.95\text{mm}\times2=69.9\text{mm}$，精镗

直径 $D_2=(34.85+0.15)\text{mm}\times2=35\text{mm}\times2=70\text{mm}$。

由于精镗切削速度很高，镗刀杆的中心与主轴中心线又有一个 Δ 的偏移量，因此主轴应有相应的减振装置，镗刀杆也必须用轻金属制造。

7.4.4 活塞的检验

在活塞加工过程中和加工完毕后分别设有工序检验和成品检验。工序检验主要设置于重要工序的生产过程，其主要作用是防止废品继续流入下道工序，造成工时的浪费和影响生产计划的正常完成，同时也是对机床和刀具的随机监控。工序检验一般采取抽检法，而成品检验则要对活塞的全部技术要求进行全面检验。一般情况下，对有配合要求的尺寸公差要全部检查；而对一些靠机床精度来保证的形状精度和位置精度则应规定出定期抽检的周期；对一些精度要求不高的部位，各工厂检验部门均有各自的检验标准及检查频率。Z12V190 柴油机活塞的主要检验项目有：

1）外观及表面粗糙度检验。

2）销孔尺寸及形状误差的检验。

3）裙部中凸椭圆尺寸的检验。

4）环槽宽度、底径、环槽侧面的垂直度和跳动的检验。

现将成品检验中几项主要技术要求的检验方法简述如下。

（1）裙部直径和椭圆度的检测　裙部直径尺寸一般用千分表进行检验，测量装置如图 7-45 所示。将标准检验样件置于工作台上，调整千分表读数值，使表针指向零位，校准后即可对工件进行测量。

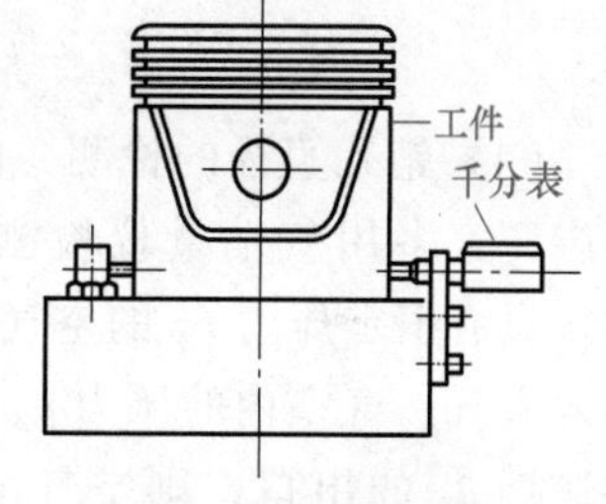

图 7-45　裙部直径尺寸的测量装置

在与销孔垂直的方向上是裙部的最大直径，即椭圆的长轴方向。该尺寸也就是图样上标注的裙部直径。在销孔中心线方向上测得的直径是椭圆的短轴方向。长短轴之差即为椭圆度。Z12V190 柴油机活塞的裙部是中凸椭圆形，其裙部长轴尺寸在活塞轴线方向上不是一个定值，因此仅测某一个截面上的尺寸是不够的。可沿轴线方向在裙部的上端、下端和中间部位分别设置三块千分表，这样通过对三个不同截面的检测来判断中凸椭圆形状是否满足产品图样的要求。此时，沿轴线方向设的测点越多，检验精度越高。为确保裙部中凸椭圆形状的加工精度，还需定期在计量中心的圆度仪或三坐标测量机上按照产品图样要求的精度对每一段长轴尺寸进行检测。

对于变椭圆活塞，上述检验方法已难以满足检测要求，可使用高精度活塞综合检测仪。在检测裙部中凸椭圆时，活塞以定位止口为基准，活塞沿高精度传感器旋转。活塞每旋转一周，轴向移动一定距离，通过计算机对数据进行处理，并将每个截面的图形绘出，以准确判断各截面上椭圆的变化情况。

（2）销孔轴心线与头部外圆轴心线对称度的检测　检测时用图 7-46 所示的检具。在销孔内插入适当尺寸的心轴 1，先将活塞的止口底面放在夹具平板上，心轴与两个定位销 2 接触，将活塞连同心轴一起移动，记下千分表的最大读数。然后将活塞及心轴旋转 180°，用同样的方法测出最大读数。两次差值即为销孔中心线与头部外圆的对称度。这种方法实际测量的是心轴侧母线至头部外圆的距离 l_1 和 l_2，$|l_1-l_2|$ 即为活塞销孔对头部外圆的对称度。

（3）销孔轴心线与头部外圆轴心线垂直度的检测　Z12V190 柴油机活塞采用图 7-47 所示的检具，将活塞用销孔安装在心轴 1 上，并以顶部外圆靠在刀口形的 V 形块 2 上，将千分表对零，然后取下活塞，从销孔另一端插入心轴，用同样方法读出第二个数据。若 V 形块与千分表测杆间的距离为 L，则千分表读数除以 2 即为在长度 L 上销孔中心线与顶部外圆轴心线的垂直度。

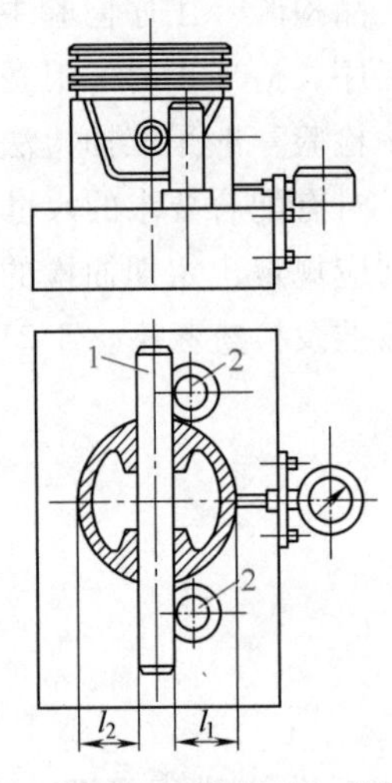

图 7-46　销孔轴心线与头部外圆轴心线对称度检具

1—心轴　2—定位销

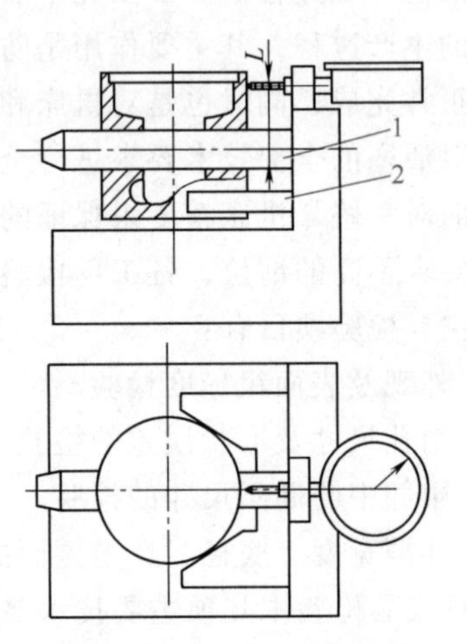

图 7-47　销孔轴心线与头部外圆轴心线垂直度检具

1—心轴　2—V 形块

（4）销孔直径的检测　由于销孔的精度很高，一般常用器具不能满足精度要求，活塞生产厂家多用气动量仪检测，其检测原理如图 7-48 所示。具有恒定压力 p_1 的空气通过 d_1 进入气室并经 d_2 孔排入大气。气室内的压力 p_2 取决于两孔截面积之比。如果遮挡 d_2 的出口，则空气由出口处的环形空间排入大气。当环形间隙值改变时，p_2 也发生相应的变化，根据 p_2 的大小来判断环形间隙大小，即工件尺寸变化。

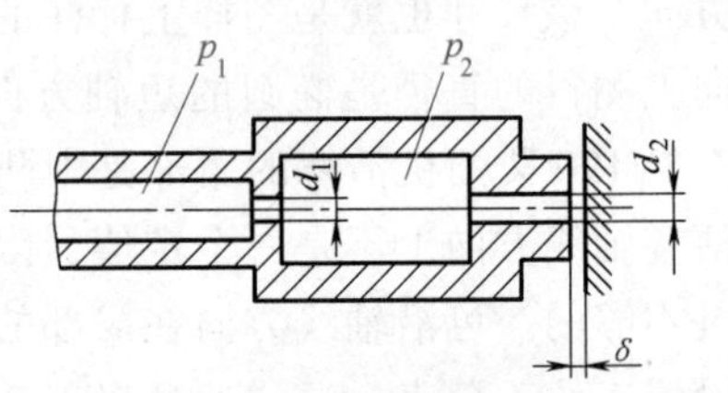

图 7-48　气动量仪的检测原理

当空气压力为 4000～10000Pa 时，空气中的压力 p_2 可以用水柱高度来测量的设备，称为水柱式气动量仪。水柱式气动量仪的灵敏度为 0.1μm。

7.5　连杆加工

7.5.1　连杆概述

1. 连杆的作用及其工作条件

连杆是柴油机的主要传力构件之一，其作用是把活塞和曲轴连接起来，将作用在燃烧室中的燃气爆发压力传给曲轴，使活塞的往复直线运动变为曲轴的旋转运动。连杆组件由连杆体、连杆盖、连杆螺栓、定位销、大端和小端轴瓦等组成。在柴油机工作过程中，连杆小头与活塞一起做往复运动，连杆大头与曲轴一起做旋转运动。此时，连杆杆身随之做复杂的平面摆动。同时，连杆还承受了大小和方向周期变化着的压力和惯性力的作用。这些力使连杆产生压缩、拉伸及弯曲应力，并且其载荷是交变的，具有冲击的特性。因此，连杆要有足够的强度和刚度。

2. 连杆的结构特点

连杆按其结构功能可分为连杆小头、连杆杆身、连杆大头和连杆螺栓四部分。

（1）连杆小头　连杆小头是指连杆与活塞销相连接的部分，它不仅传递由活塞传来的力，还相对于活塞销往复摆动。

连杆小头一般为薄壁圆形结构，下端用半径较大的圆弧与杆身圆滑衔接。连杆小头孔内装有耐磨的薄壁衬套。为了润滑衬套与活塞销间的配合表面，一般在小头和衬套上钻孔，用以收集飞溅下来的油雾，或在杆身内钻一个油道孔，使从曲轴的曲柄销油孔流出来的机油通过油道送入小头衬套。

（2）连杆杆身　连杆杆身是指连杆大头与小头之间的连接部分。杆身的断面形状多为工字形，也有的低速柴油机采用圆柱形截面。当连杆小头采用压力润滑方式时，一般在杆身工字形截面内钻有油道孔，如图7-49所示。

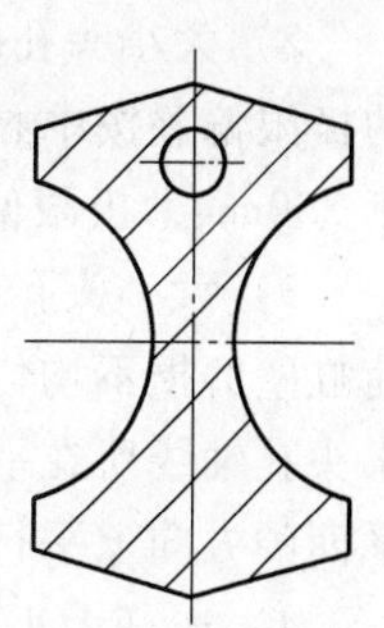

图7-49　连杆杆身截面形状

（3）连杆大头　连杆大头是指连杆与曲柄销相连接的部分，是曲柄销的轴承。连杆大头一般做成分开式，被分开的部分称为连杆盖，通过连杆螺栓（或螺钉）把它紧固在连杆体的大头上，中间孔内装连杆轴瓦。

对于一般汽油机和部分柴油机，连杆体与连杆盖的结合面是与大、小头孔轴心线垂直的，称为直剖式连杆，如图7-50a所示。对于强化程度较高的柴油机，大头结构更为粗大，为了使连杆在拆装时能够从气缸孔内通过，需要减少连杆垂直于大、小孔轴心线方向的宽度。因此采用斜剖式结构，即结合面与大、小头孔轴心线形成一定的角度，如图7-50b所示。

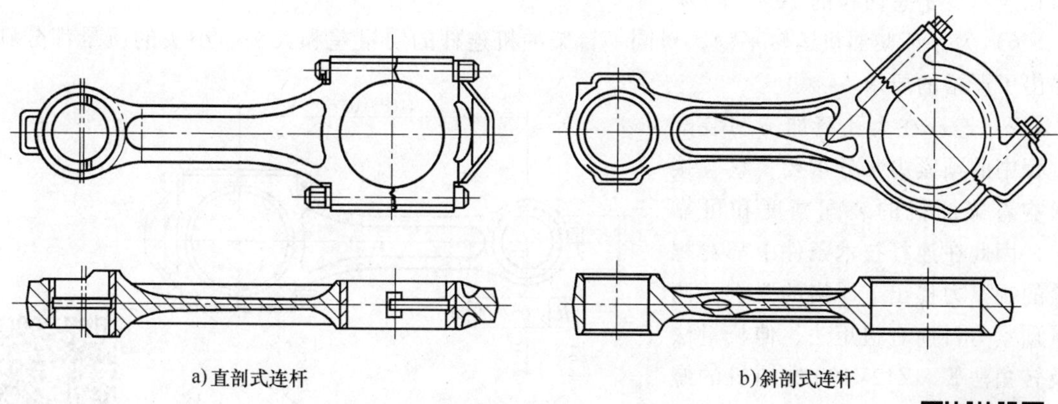

a）直剖式连杆　　b）斜剖式连杆

图7-50　连杆结构示意图

为了保证连杆体与连杆盖的装配精度，通常采用的定位方式有精制螺栓定位或定位套定位。

但对于强化程度要求高的柴油机连杆多采用齿形定位，即在连杆体和连杆盖的结合面上加工出齿形角为60°~90°的齿形，装配时使两齿形面紧密咬合在一起，该方式定位可靠，结

构紧凑，但齿形面精度要求高，工艺难度较大。

（4）连杆螺栓　连杆螺栓的功用是紧固连杆大头和连杆盖，使其构成曲柄销可靠的轴承孔。直剖式连杆的连杆螺栓的螺纹端是用螺母固定的，斜剖式连杆则是用螺钉直接旋紧在连杆大头上的。连杆螺栓是承受负荷最大的零件之一，工作中承受着的交变负荷作用很容易引起疲劳断裂而造成严重后果。因此，对连杆螺栓的材质、力学性能及表面粗糙度都有严格的要求。

3. 连杆的技术要求

连杆上需要进行机械加工的主要表面为大小头孔、上下平面、连杆体和连杆盖的齿形结合面、螺栓孔及输油孔等，其主要技术要求如下。

1）为了使连杆大小头运动副之间配合良好，大小头孔的尺寸标准公差等级为IT6，表面粗糙度 Ra 值为0.8μm，大孔圆柱度不低于6级，小孔圆柱度不低于7级。

2）大小头孔的中心距直接影响到气缸的压缩比，进而影响柴油机的效率，两孔中心距的极限偏差按中心距尺寸划分为：中心距大于350mm，极限偏为±0.05mm；中心距小于等于350mm，极限偏差为±0.03mm。

3）大小头孔中心线在两个互相垂直的方向上的平行度误差会使活塞在气缸中倾斜，致使缸壁磨损不均匀，缩短柴油机的使用寿命，同时也使曲轴的连杆轴颈磨损加剧，因此在大小头孔轴线所在平面的平行方向上，其平行度公差值应不大于0.03mm/100mm，垂直于上述平面的方向上平行度公差值应不大于0.06mm/100mm。

4）连杆大小头孔两端面对大头孔中心的垂直度误差过大，将加剧连杆大头孔两端面与曲轴连杆轴颈两端面之间的磨损，甚至引起烧伤，一般规定其垂直度公差等级不低于8级。

5）齿形结合面的精度直接影响着连杆轴瓦的装配精度，目前在大功率柴油机中广泛采用的锯齿形定位结构是由制造厂根据柴油机结构特点和本厂的工艺状况来确定的，其技术要求一般按接触面积来衡量，通常用着色法检查，在连杆体与连杆盖啮合情况下，其均匀接触面积应不少于总面积的70%~80%。

6）为保证柴油机运转平稳，对同一台柴油机连杆的质量差和大头、小头的质量都分别提出了严格的要求。

7）连杆在大孔精加工和装配过程中的预紧力十分重要，它直接影响着柴油机的装配精度和可靠性，因此在连杆技术条件中都对螺栓的预紧力提出了严格的要求。测量预紧力目前有扭矩法、伸长量法及转角法等。Z12V190柴油机的螺栓扭紧力矩为（255±10）N·m。

图7-51所示为Z12V190柴油机连杆的主要技术要求。

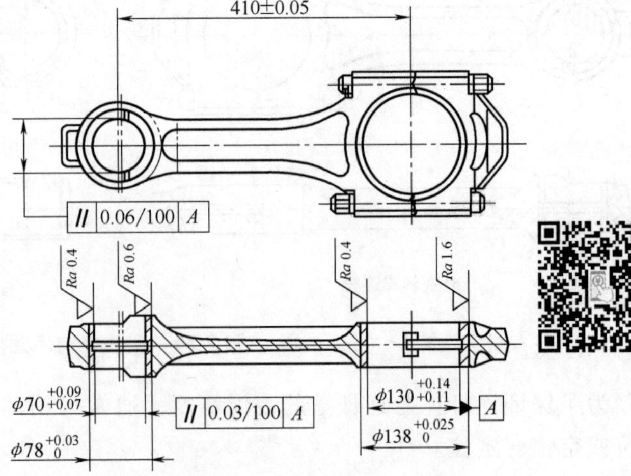

图7-51　Z12V190柴油机连杆的主要技术要求

4. 连杆的材料及毛坯

由于连杆在工作过程中受交变负荷的作用，尤其是高速大功率柴油机的连杆，其工作条件更为恶劣，因此必须保证连杆具有足够的强度及刚度，且尽量减小质量，这就对连杆材料的选择提出了较高的要求。

一般中小功率柴油机连杆的材料多为优质中碳钢，而高速大功率柴油机则多采用高强度合金钢。Z12V190 柴油机连杆选用 42CrMo 中碳合金钢。

连杆的毛坯一般都是锻造出来的。成批大量生产中多用模锻。只有某些大型发动机的连杆和单件生产的连杆采用自由锻造的方法，此时连杆的杆身要经过机械加工。对于某些小批生产的连杆，有时也采用胎模锻造，即用简单的成型模进行中间或最后的锻造。连杆的毛坯还可通过滚模锻和精压两端面来获得比较精确的锻件和较高的生产率。模锻连杆的毛坯，分模面是在工字肋腰部的母线平面上。连杆在锻造时，连杆大头孔直接冲出。尺寸较大的连杆小头孔也是冲出来的，尺寸较小的连杆小头孔则不冲出或只冲出一个凹坑。

连杆模锻可采用整体锻造或分开锻造，整体锻造是把连杆体和连杆盖作为一个整体来模锻。整体式毛坯可提高材料利用率，但是锻造设备所需动力较大，锻模也比较复杂，并且机械加工中需要增加连杆和连杆盖的切开工序。在这种毛坯中，大头孔应锻成椭圆形，在切开后再把连杆和连杆盖装配在一起。Z12V190 柴油机连杆的大孔粗加工是在仿形铣床上沿毛坯椭圆方向铣出椭圆，再用双工位组合机床分两个工步镗出椭圆孔，铣开后使大孔成近似圆形。分开锻造是把连杆体和连杆盖分开来模锻，这种方法比整体锻造简单，但材料消耗较多，且需要两套锻模。在机械加工中，结合面的加工余量较大，两平面在分别加工后合并，然后校正，因此也有一定的工作量。

大批量生产的中小功率发动机连杆在模锻后可增加精压工序，以提高尺寸精度，大、小头端面可以直接进行磨削和拉削。

7.5.2　连杆工艺过程的拟订

1. 定位基准的选择

（1）精基准的选择　连杆的外形较为复杂，刚性差，且大小头孔精度、中心距、齿形结合面等技术要求很高，因此，恰当地选择定位基准是能否经济可靠地保证连杆加工表面间相互位置精度的重要问题之一。连杆精基准的选择应遵循以下原则。

1）基准统一的原则。由于连杆大头孔、齿形结合面等主要加工表面要经过多道工序加工，而这些表面间又有较高的位置精度要求，因此采用统一基准是至关重要的。Z12V190 柴油机连杆工艺选择大小端面、小头孔和大端外圆一侧的工艺侧面为精基准，如图 7-52 所示。

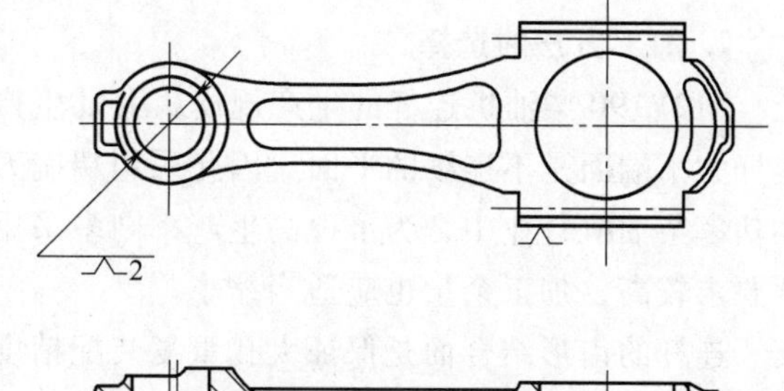

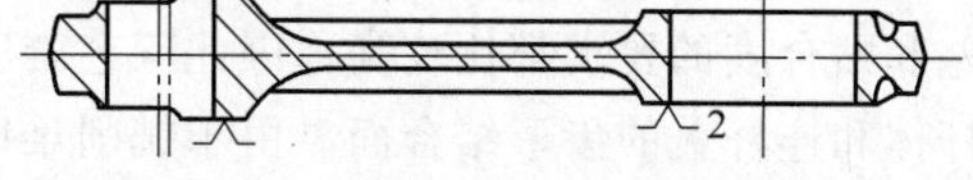

图 7-52　精基准定位示意图

2）基准重合的原则。遵循基准重合的原则可在加工中减少或排除定位误差对加工精度的影响，同时也便于加工中或加工后的检测。

连杆是一细长杆件，刚性较差，基准选择不当，容易引起杆身变形，从而影响各加工表面之间的相互位置精度，因此要选择支承面积大、精度高、定位准确，又能防止夹紧变形的表面作为精基准。

Z120V190 柴油机连杆精基准的选择在满足了上述原则的情况下，还对各道工序工艺侧边定位的尺寸做出了统一规定，从而保证了每道工序夹具设计定位基准的统一，以利于提高定位精度。在精镗大小头孔工序中，为了保证两孔的平行度和孔对端面的垂直度要求，若仍用大小头平面定位，两端面的制造误差会引起杆身轻微的变形。因此，在该工序中采用大端面为主基准，小端面则采用浮动夹紧方式。

（2）粗基准的选择　粗基准的选择应满足以下要求。

1）连杆大、小头孔及两端面应有足够而且均匀的加工余量。

2）连杆大、小头孔圆柱面及两端面应与杆身纵向中心线对称。

3）连杆大、小头外形应分别与两孔中心线对称。

Z12V190 柴油机连杆是以大小端面为粗基准铣削另一端平面的。为了保证两端面余量均匀分布和两端面杆身纵向对称中心面（分型面处）的对称，采取粗铣平面前预选毛坯分组加工的方法。一般情况下，按连杆毛坯的厚度差分为三组加工，这就解决了毛坯两端面与杆身纵向对称中心面的对称问题。

小端孔是后续加工的主要基准之一。它的预加工是以粗铣过的大、小端面和大端外形为基准。为补偿由连杆毛坯中心距的偏差造成的大、小头孔加工余量不均匀，镗孔夹具小头外形定位块设计成可调式，夹具结构如图 7-53 所示。

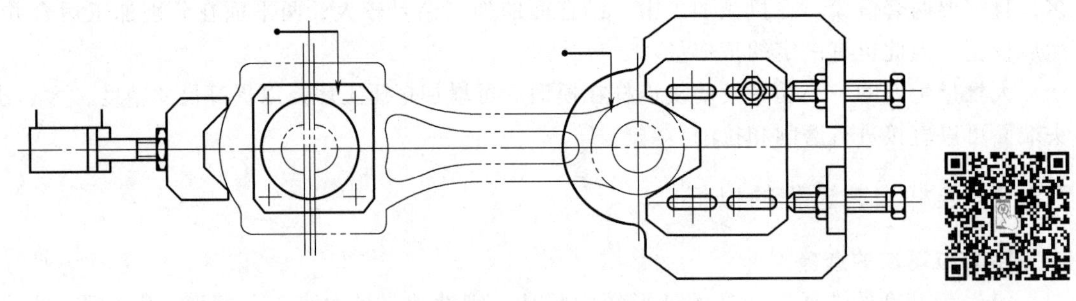

图 7-53　定位块可调式粗镗大小头孔夹具

2. 加工方法的选择

Z12V190 柴油机连杆的生产规模属大批生产。从零件结构特点和技术要求等方面考虑，连杆大小端面是不连续的平面，因此采用端铣刀作阶梯铣削较为适宜。但在大批量生产的中小功率柴油机行业中，为了提高生产率则多采用磨削两端面的加工方法，这对连杆毛坯的精度要求较高，加工余量也应适当缩小。

连杆的齿形结合面是保证大孔重复装配精度的重要结构要素，由于齿距误差，齿形角度误差和贴合度的要求都比较高，因此工艺难度较大，早期的齿形加工多用一组铣刀成对加工连杆体和连杆盖的齿形结合面。由于铣削难以满足上述要求，因此在大功率柴油机连杆加工中多采用缓进强力磨削工艺。

连杆大小头孔的中心距和孔的尺寸精度、表面粗糙度及位置精度要求都很高，为了保证上述要求应尽量采用双轴专用镗床加工。

3. 工序的安排

（1）加工阶段的划分　对于整体锻造的连杆，机械加工工艺过程可分为以下三个阶段。

1）连杆盖切开以前的加工。这个阶段主要是为以后的机械加工准备好基准，以及把一些加工表面切去大部分的余量，使工件内应力重新分布，以减少由于内应力引起的变形所产生的误差，为精加工做好准备。这个阶段包括粗铣大、小端平面、粗镗大、小头孔、铣工艺侧边等工序。

2）铣开连杆盖以后的加工。这个阶段主要是加工连杆体和连杆盖的结合面、螺栓面、螺栓孔、定位销孔、输油孔和结合面齿形，为连杆体和连杆盖的合并加工创造条件。

3）连杆体和连杆盖合并以后的加工。这个阶段包括重新修整基准面、主要表面的半精加工和精加工，以及装入大小头衬套的最后精加工。如精磨平面、半精镗、精镗大小头孔，珩磨大头孔及装入大小头衬套、精镗衬套孔等工序。

在上述三个阶段中，可根据需要穿插其他一些工序，如倒角、去毛刺、检验、装上螺栓和螺母等零件、称重、分组及清洗等工序。

（2）加工顺序的安排

1）各主要加工表面的加工方法和顺序如下。

① 两端面：粗铣—精铣—精磨。

② 小头孔：钻孔—粗镗—半精镗—精镗。

③ 大头孔：粗铣（仿形）—粗镗—半精镗—精镗—珩磨。

④ 螺栓孔：钻孔—扩孔。

⑤ 定位销孔：钻孔—扩孔—铰孔。

⑥ 齿形：缓进给强力磨削（一次切入磨成）。

2）在安排连杆加工顺序时，要注意影响其加工精度的两个主要因素。

① 连杆杆身的刚性差，在外力作用下容易变形。

② 孔的余量大，切削时会产生较大的残余应力，要考虑内应力重新分布引起的变形。

综上，在考虑各主要加工表面的加工方法和工序内容后，安排加工顺序时应将加工表面相应加工阶段的内容合理穿插，并将一些次要表面的加工视需要，安排在工艺过程的中间。

4. Z12V190 柴油机连杆的加工工艺过程

Z12V190 柴油机连杆的加工工艺过程共分两个部分：第一部分为连杆体铣开前的加工和铣开后各连接部位所有表面的精加工，第二部分为连杆体与连杆盖组装以后的半精加工和精加工。表 7-12 所列为连杆体、连杆盖加工工艺过程，表 7-13 所列为连杆组件加工工艺过程。

表 7-12　连杆体、连杆盖加工工艺过程

工序号	工序名称	工序简图及加工说明	设备
05	供毛坯	毛坯需经调质处理并涂红浆	—
10	粗钻小头孔	用 ϕ65mm 钻头钻通小头孔	Z575 立钻
20	粗铣一平面	10±0.05　(30.4±1)　(63.9)　(83.9)	X52 立式铣床

（续）

工序号	工序名称	工序简图及加工说明	设备
30	粗铣另一平面	以铣过的平面为基准,用强力电磁吸盘装夹粗铣另一平面	X52 立式铣床
40	精铣一平面	用强力电磁吸盘装夹精铣一平面	X52 立式铣床
50	精铣另一平面	用强力电磁吸盘装夹精铣另一平面	X52 立式铣床
60	粗铣大头孔	按靠模轨迹铣去大孔切边余量	液压仿形铣床
70	退磁	去掉残磁,为后续工序提供条件	退磁机
80	粗镗大小头孔	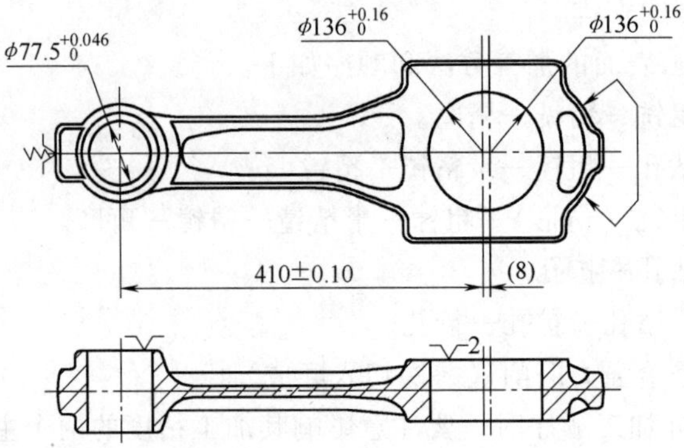	双轴两工位组合机床
90	修毛刺	修去各部加工工序产生的尖角、毛刺	—
100	套车大头外圆	以粗镗过的大小头孔及大端平面定位,套车大头外圆	组合机床
110	铣工艺侧边	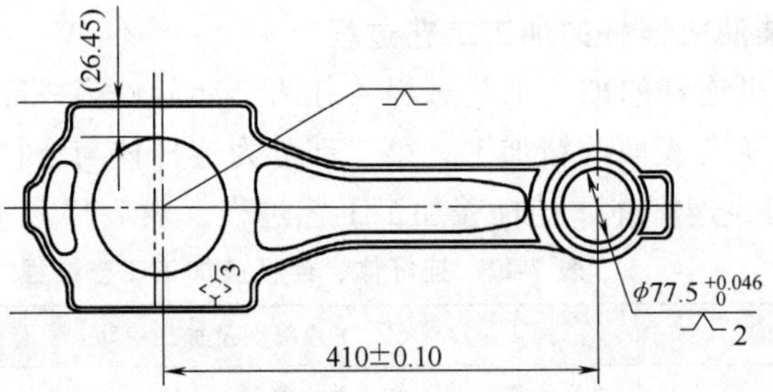	X52 立式铣床
120	打编号	在大外圆侧面、杆体和盖子分界面分别打印年、月及顺序号	—
130	粗铣螺栓面并铣开	以大小端面、工艺侧边定位,铣两侧螺栓面,然后铣开	三工位组合机床
140	精铣结合面	以大端平面、小头孔及工艺侧边定位,精铣结合面	X62 卧式铣床
150	精铣螺栓面	以大端平面、小头孔及工艺侧边定位,精铣杆体、盖子螺栓面	X62 卧式铣床
155	精磨螺栓面肩部 $R3$ 圆角	以结合面、工艺侧边及大端面定位,用成形砂轮磨肩部 $R3$ 圆角	M6025C 工具磨床

（续）

工序号	工序名称	工序简图及加工说明	设备
160	钻、扩、螺栓孔、钻扩、铰定位销孔	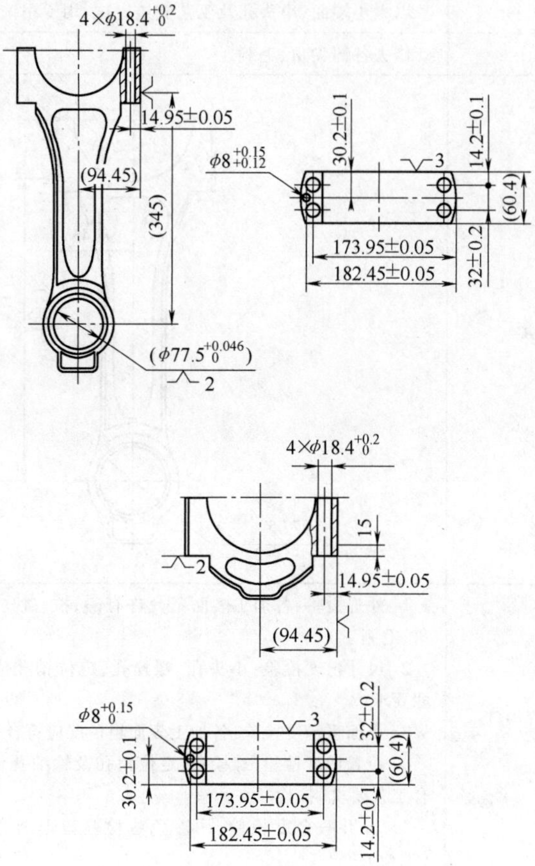 $4\times\phi18.4^{+0.2}_{0}$ 14.95±0.05 (94.45) (345) $(\phi77.5^{+0.046}_{0})$ 2 $\phi8^{+0.15}_{+0.12}$ 30.2±0.1 3 14.2±0.1 (60.4) 173.95±0.05 182.45±0.05 32±0.2 $4\times\phi18.4^{+0.2}_{0}$ 15 2 14.95±0.05 (94.45) $\phi8^{+0.15}_{0}$ 3 32±0.2 (60.4) 30.2±0.1 173.95±0.05 182.45±0.05 14.2±0.1	八工位组合机床
170	螺栓孔口倒角	以结合面为基准，用接杆锪钻锪杆体及盖子，各螺栓孔口倒角	摇臂钻床
180	小头孔口倒角	以大小头端面为基准，用专用倒角锪刀锪孔口倒角	摇臂钻床
190	钻输油孔	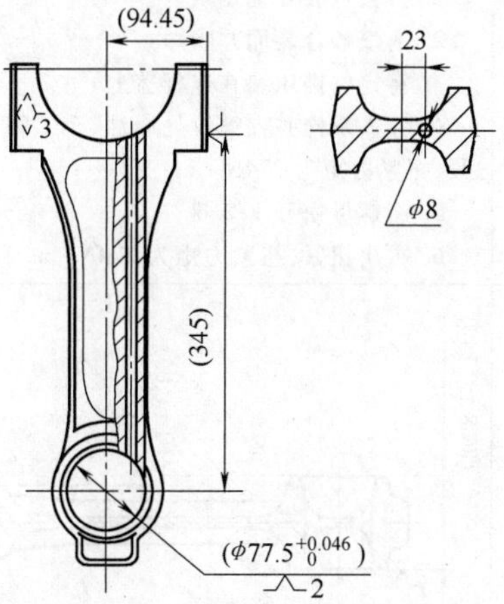 (94.45) 3 (345) $(\phi77.5^{+0.046}_{0})$ 2 23 $\phi8$	油孔钻床

（续）

工序号	工序名称	工序简图及加工说明	设备
200	铣油槽	以大小端面、小头孔及工艺侧边定位，用专用铣刀铣油槽	X52 立式铣床
210	修毛刺	修去各部尖角、毛刺	—
220	磨结合面齿形	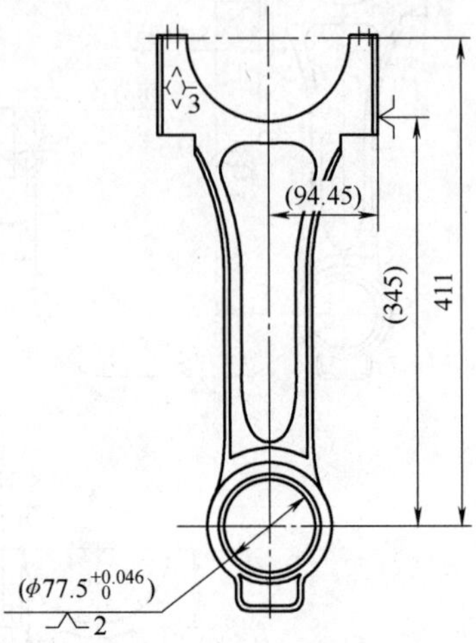 3　(94.45)　(345)　411　($\phi 77.5^{+0.046}_{0}$)　2	缓进给强力磨床
220J	工序检验	1. 外观检验：各加工表面不允许有磕、拉、碰伤，不允许有尖角、毛刺 2. 尺寸精度检验：小头孔、螺栓孔、定位销孔应符合工序尺寸要求 3. 表面粗糙度检验：各加工表面粗糙度应符合工艺要求 4. 位置精度检验：螺栓孔、定位销孔及输油孔位置精度应符合工艺要求（抽检） 5. 齿形贴合度检验：用着色法检验齿形结合面的贴合度（抽检）	—

表 7-13　连杆组件加工工艺过程

工序号	工序名称	工序简图及加工说明	设备
10	清洗	用金属净洗剂溶液将连杆、螺栓、螺母、垫圈洗净	清洗箱
20	合装	1. 修去合装处毛刺 2. 清洗各合装面并吹净 3. 将定位销压装在连杆盖上 4. 穿入螺栓并在螺纹处涂油，手工扭入螺母，用扭力扳手扭紧，扭紧力矩为 274N · m 5. 将螺母松开 1/2 圈 6. 再次扭紧，扭紧力矩为 274N · m	274～754N · m 扭力扳手
30	精磨一平面	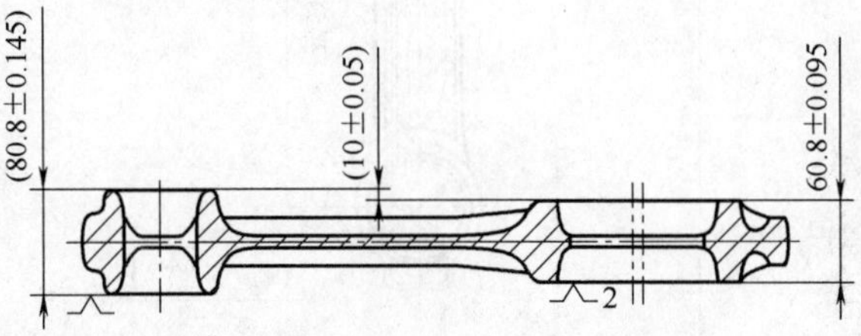 (80.8±0.145)　(10±0.05)　60.8±0.095　2	平面磨床

（续）

工序号	工序名称	工序简图及加工说明	设备
40	精磨另一平面	以磨过的平面为基准，用强力电磁吸盘装夹，精磨另一平面	平面磨床
50	退磁	退去残磁	退磁机
60	半精镗大头孔	以大小端面、小头孔及工艺侧边为基准，半精镗大头孔	精镗床
70	精镗大小头孔 1. 一工位半精镗大孔至 ϕ137.8mm，小孔至 ϕ77.8mm 2. 二工位精镗大孔至 $\phi138_{-0.02}^{0}$mm，小孔至 $\phi78_{0}^{+0.03}$mm	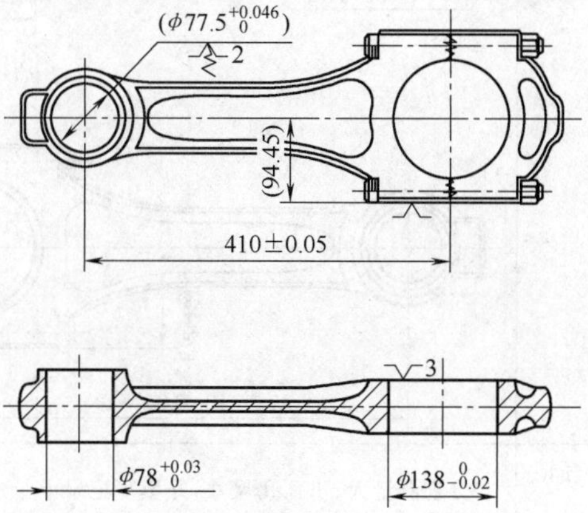 ($\phi77.5_{0}^{+0.046}$)　2　(94.45)　410±0.05　3　$\phi78_{0}^{+0.03}$　$\phi138_{-0.02}^{0}$	双轴两工位组合机床
80	大头孔口倒角	以大小端面，小头孔及工艺侧边定位，用专用镗刀倒角	组合机床
90	热装小头衬套	1. 擦净小头孔 2. 电加热 7~9min，温度保持在 160~180℃，装入小头衬套 3. 衬套端面不得高于小头端面	电热装小头衬套机
100	铣小头台阶	以大小端面、小头孔及大孔为基准，铣两端台阶	X53T 立式铣床
110	修毛刺	修去小头两端台阶处毛刺	—
120	珩磨大头孔	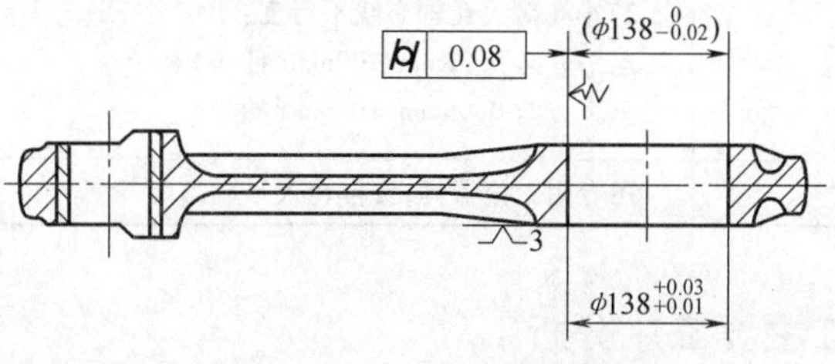 0.08　($\phi138_{-0.02}^{0}$)　3　$\phi138_{+0.01}^{+0.03}$	M4215 珩磨机
130	铣瓦槽	以大端面大头孔及工艺侧边为基准，用专用铣刀铣瓦槽	X5030 立式铣床
140	拆开	将组件拆开	—
150	钻通小头衬套孔	用接杆钻头，沿杆身输油孔钻通小头衬套油孔	摇臂钻床
160	修毛刺	修油孔处毛刺	—
170	退磁	退去残磁	退磁机
180	称重、分组	每组 12 件，质量差不大于 75g，并分组编号	电子秤
190	去重、修毛刺、复称	对不能配套成组的连杆，在小头去重处去重，再复称分组	X62 卧式铣床、电子秤
200	清洗	将连杆、螺栓、螺母、垫圈重新清洗	—
210	合装连杆瓦	将连杆上、下瓦分别装入连杆、扭紧螺栓、扭紧力矩 274N·m 扭力扳手	274~754N·m 扭力扳手
220	打缸号标记	用钢字头在连杆外圆和连杆瓦侧面分别打印顺序号	—

（续）

工序号	工序名称	工序简图及加工说明	设备
230	精镗大小瓦孔	$\phi70^{+0.09}_{+0.07}$　$\phi130^{+0.14}_{+0.11}$　(94.45)　410±0.05	T740K 精镗床
240	测量瓦孔、填写记录卡	分别测量大、小瓦孔尺寸，并填写记录卡	—
250	松开螺母	将连杆螺母松开，每只螺栓松 1~2 圈	274~754N·m 扭力扳手
260	工序检验	1. 外观检验：各加工表面不得有磕、拉、碰伤 2. 检验大孔、小孔尺寸，中心距尺寸（抽检） 3. 表面粗糙度检验：大、小瓦孔的表面粗糙度 Ra 值为 0.4μm 4. 几何公差检验 1）大小瓦孔圆柱度为 0.008mm（抽检） 2）小孔对大孔轴心线平行度： 水平方向 0.03mm/100mm（抽检） 垂直方向 0.06mm/100mm（抽检）	综合量仪、内径百分表
270	入半成品库	用专用工位器具，按台转入半成品库	—

7.5.3 连杆加工主要工序分析

1. 大小头端面的加工

大小头端面的加工通常是连杆加工过程的最初工序，因为这是整个加工过程中主要的工艺基准面，其加工质量对整个连杆加工精度都有影响。

在加工时，压紧力都不能在大小头端面中间的杆身上，否则会引起连杆变形，影响加工精度。大小头端面的加工，在连杆体和连杆盖切开前一般采用铣削、拉削或磨削，在精加工前要进行精磨。一般情况下，拉削或磨削用于大量生产中小功率柴油机的生产场合。

Z12V190 柴油机连杆的大小头端面采取粗铣、精铣、精磨的加工方案。它们被分别安排在各表面的粗、半精和精加工工序之前进行。图 7-54 所示为连杆大小端一端面的粗铣定位示意图，而另一端面的粗铣则采用强力电磁吸盘以第一端面为基准进行加工。精铣两端面仍采用强力电磁吸盘。由于连杆是在模锻后就进行了调质处理，因此硬度较高。精铣工序要求连杆落差的公差较小、表面粗糙度较高，因此采用陶瓷刀片加工。由于在粗铣第一端面之后就采用磁盘进行粗铣和精铣端面的加工，所以两端面的平行度得到了可靠的保证，从而为后续工序提供了良好的定位基准。

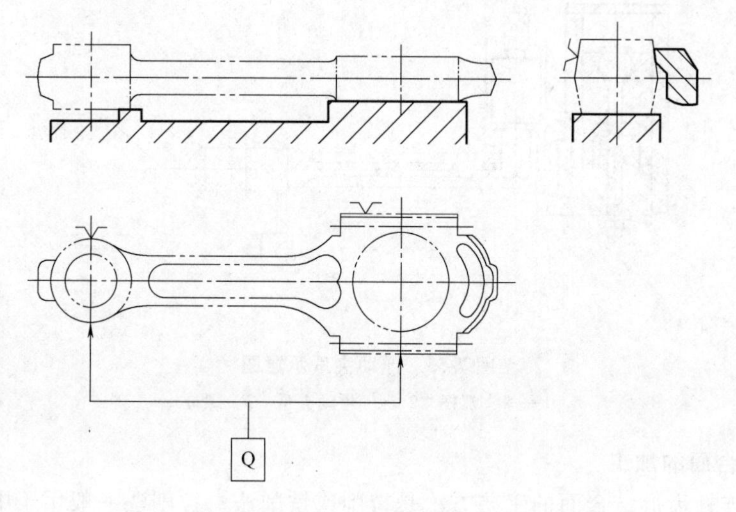

图 7-54　连杆大小端一端面的粗铣定位示意图

2. 大小头孔的加工

大小头孔的加工精度要求很高，一般要经过钻（小孔）、粗镗、半精镗、精镗、珩磨等工序。在大批量生产的中小功率柴油机连杆加工中多采用拉孔后，再进入半精、精加工工序。由于拉孔的生产率很高，所以特别适合大批量生产。Z12V190 柴油机连杆的大小头孔的粗、精加工是在两台双轴双工位组合机床上进行的。由于连杆的毛坯是整体式模锻件，在粗镗大孔时，必须留出铣开时的铣刀宽度和两结合面的精加工余量。因此，粗镗大孔两个工位的主轴中心线错开了 8mm，这样造成了两个半圆孔的加工余量不均匀。实际上，在连杆水平轴心线的左、右两端，粗镗刀要一次去除粗镗的全部余量，由于两端的出模角造成了沿大孔轴线方向加工余量不均匀，因此粗镗刀负荷相当大，从而影响了刀具寿命，制约了生产率的提高。为此，在粗镗大孔前设置了铣大孔工序，该工序是在一台液压仿形铣床上进行的。而小孔的粗镗由于要为后续工序提供定位基准，因此在第二工位要保证 $\phi77.5^{+0.045}_{0}$mm 的尺寸。

精镗大小头孔的组合机床与粗镗床的结构基本一致，不同的是精镗工序中大孔的两个工位的轴心线是重合的。第一工位吃刀量约 0.45mm，第二工位吃刀量约 0.05mm。由于连杆硬度较高，为了保持刀具的寿命，提高尺寸的稳定性和表面粗糙度质量，大孔的两个工位全部使用陶瓷刀具。实践证明，陶瓷刀具的寿命比硬质合金刀具的寿命高 5 倍以上。

为了克服小端面台阶落差的加工误差对定位精度带来的影响，保证大小头孔对端面的垂直度，在大小头孔精镗工序中采用大端面、工艺侧边和小头孔（用假销）定位。此时小端面悬空，本工序采用了可与夹具体锁紧的浮动夹爪夹紧，如图 7-55 所示。装夹时，先将大端面靠在支承块上，插入假销，液压夹紧油缸夹紧大端面，然后扭紧螺母 3，浮动夹爪 2、4 同时夹紧小端面，夹紧过程中，在球头螺杆 1 球体的作用下，迫使浮动夹爪 2 的导向套后端胀开，与夹具体锁紧，保证工件的支承刚性。这种夹紧方法只以大端面作为主基准，夹紧力作用在大端面，较好地保证了大小头孔轴心线对端面的垂直度。

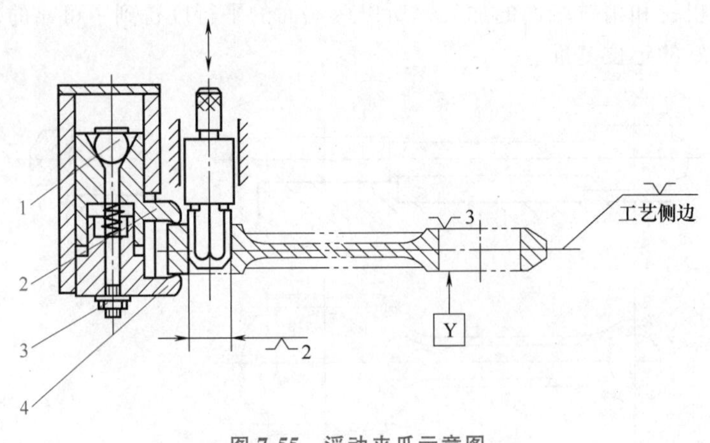

图 7-55 浮动夹爪示意图

1—球头螺杆 2、4—浮动夹爪 3—螺母

3. 齿形结合面的加工

通常加工连杆齿形结合面的工艺方法是拉削或铣削法，拉削法一般用于中小功率柴油机大批量生产，铣削法则用于单件小批量生产。拉削法是采用成形拉刀，将齿形一次拉削成形，而铣削法则是采用一组成形铣刀，在普通铣床上将杆体和连杆盖的齿形同时铣出。采用铣削法加工连杆齿形不需专用设备，但生产率低，刀具寿命短，加工精度及表面质量较差。

Z12V190 柴油机连杆的齿形结合面是采用缓进给强力磨削法加工的。缓进给强力磨削的特点是进给缓慢，采用大背吃刀量和强制冷却。其工件进给速度一般为 10~300mm/min，砂轮最大切削深度可达 10mm，而冷却系统的压力和流量分别不低于 300kPa 和 80L/min。

图 7-56 所示为缓进给强力磨削连杆齿形示意图。图中，连杆体 1 与连杆盖 5 成对装夹在专用夹具上。磨削采用顺磨方式，磨削前金刚滚轮 2 在修整器电动机 3 的带动下，通过工作台的移动修整砂轮 4。第一次修整好的砂轮吃刀量约 1.4mm，然后进行第二次砂轮修整，此时进行齿形结合面的精磨，精磨的吃刀量为 0.10mm，滑台移动速度为 120~150mm/min。

再次装夹工件时砂轮不再修整，直接进入粗磨，然后依次循环。

采用强力磨削加工的连杆齿形表面质量好，齿形表面贴合度好，是大功率柴油机连杆齿形加工的一种理想手段。一般说来，实现缓进给强力磨削要具备以下基本条件。

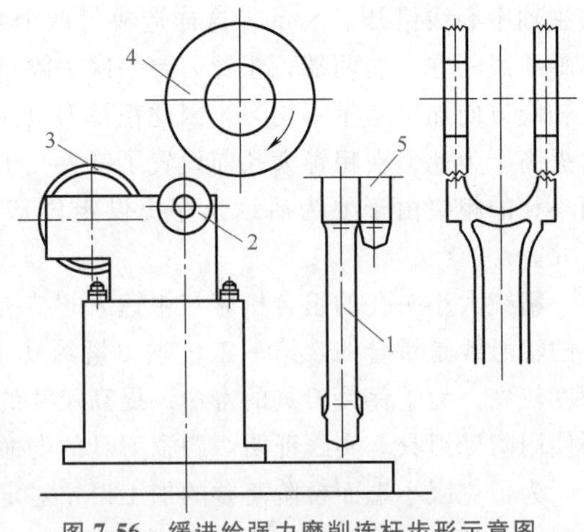

图 7-56 缓进给强力磨削连杆齿形示意图

1—连杆体 2—金刚滚轮 3—电动机 4—砂轮 5—连杆盖

1）要有砂轮成形修整装置。砂轮成形修整装置是置于机床滑台上的一个独立装置，它通过电动机带动修整器高速旋转，实现对砂轮的修整。修整器一般有钢挤轮和金刚石滚轮两种形式。钢挤轮的特点是工艺简单，挤出的砂轮锋利，但精度丧失太快，一般只能用几次至十几次，通常只用于新产品试制或单件小批生

产的场合。金刚石滚轮是采用人造聚晶金刚石通过电镀工艺涂镀在滚轮母体上，用于砂轮的成形修整。金刚石滚轮的特点是寿命长（修整次数可达1万次以上），精度保持性好，修整速度快，特别是对于形面复杂、生产批量大的场合尤为适宜。图7-57所示为金刚石滚轮结构示意图。

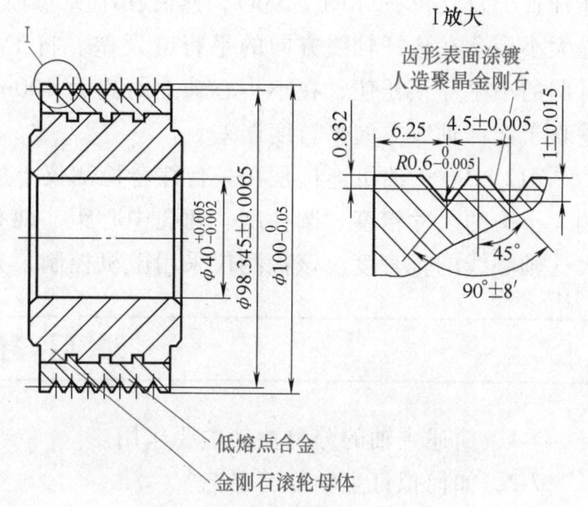

图7-57　金刚石滚轮结构示意图

2）要求机床系统刚度好，磨头功率大、工件进给平稳。由于缓进给强力磨削过程中，砂轮与工件大面积接触，且砂轮背吃刀量大，因此切削抗力随着磨削面积的增大和切入深度的增加而升高。这对于高强度材料的加工尤为明显。一般说来，缓进给强力磨削产生的法向磨削力比普通平面磨削要高出2~4倍，因此提高机床的系统刚度是十分必要的。同时，机床磨头要有足够的功率。通常情况下，缓进给强力磨床的磨头功率要比普通平面磨床高出3~5倍。

3）采用大气孔软质砂轮和良好的冷却冲洗系统。缓进给强力磨削时，砂轮与工件的接触弧长要比普通磨削方式大几倍到几十倍，单位时间参加磨削的磨粒数量也随着切削深度的加大而增加，磨削热也随之增大。此时对砂轮提出了要有足够容屑空间的要求，这样可以减小磨削热量的增加，也使瞬间脱落的磨粒和磨屑容入气孔，以保持砂轮的自锐性。因此，应选用大气孔、软质砂轮。另外，为了迅速将磨削热带走，冲掉磨屑和脱落的砂粒，机床应配有高压冲洗和强制冷却系统。

7.5.4　连杆的检验

Z12V190柴油机连杆的检验工序分为工序检验和成品检验两部分。在进入组合加工之前，齿形结合面、各螺栓孔、定位销孔等工序的加工已经结束，而这些加工部位在组合加工后的成品检验中不能拆开单独检验，因此这些部位的工序检验实际上是成品检验的一部分。

图7-58所示为大小头孔在两个互相垂直方向的平行度检测方法。在大小头孔中塞入心

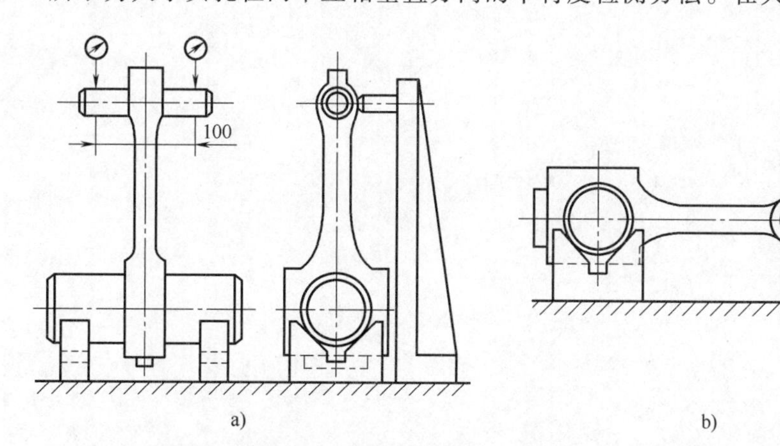

图7-58　大小头孔在两个互相垂直方向的平行度检测方法

轴，大头的心轴搁在等高垫铁上，使大头心轴与平板平行（用千分表在左右两端测量）。将连杆置于直立位置（图 7-58a），然后在小头心轴上距离为 100mm 处测量高度的读数差，就是大小头孔在连杆轴线方向的平行度误差。将工件置于水平位置（图 7-58b），在小头下用可调的小千斤顶托住，在小头心轴上距离为 100mm 处测量高度的读数差，就是大小头孔在垂直于连杆轴线方向平行度误差。

Z12V190 柴油机连杆是在一台综合检测仪上进行精度检验的。该仪器可在一次装夹下检测大小头的尺寸精度、圆柱度、两孔中心距、两孔在两个互相垂直方向的平行度及大端面对大孔轴心线的垂直度。该检测仪采用微机控制，并设有自动打印装置。

课后习题

7-1 简述主轴的分类及其主要作用。

7-2 如何拟订主轴加工工艺？

7-3 如何拟订主轴箱加工工艺？主轴箱中平面、孔的加工各有何特点？

7-4 简述主轴箱的主要检验项目。

7-5 简述齿轮的结构特点和技术要求。

7-6 分析齿轮加工主要工序及其工装。

7-7 简述活塞的功用和结构特点。

7-8 如何提高活塞加工精度？如何对其进行检验？

7-9 简述连杆的作用。

7-10 如何拟订连杆加工工艺过程？

第8章

智能制造技术

8.1 智能制造技术简介

8.1.1 智能制造技术概述

随着蒸汽机的出现，手工劳动开始被机器生产逐步替代，世界工业经历了第一次革命，进入到“蒸汽机时代”；19世纪70年代至20世纪初期，伴随电磁学理论的发展，电力技术得到广泛应用，机器的功能开始变得多样化，世界工业经历了第二次革命，人类发展进入到“电气化时代”；自20世纪50年代开始，随着信息技术的不断发展，社会生产不再局限于单台机器，互联网的出现使得机器间可以互联互通，计算机、机器人、航天、生物工程等高新技术得到了快速发展，世界工业经历了第三次革命，进入到“信息化时代”。制造技术不断发展的今天，世界工业正面临着一场新的产业升级与变革，智能制造技术也将成为第四次工业革命的核心推动力量。

与传统的制造装备相比，智能制造装备的主要特征包括以下几个方面。

1）具备自我感知能力。自我感知能力是指智能制造装备通过传感器获取所需信息，并对自身状态与环境变化进行感知。自动识别与数据通信是实现自我感知的重要基础。

2）具备自适应和优化能力。自适应和优化能力是指智能制造装备根据感知的信息对自身运行模式进行调节，使系统处于最优或较优的状态，实现对复杂任务不同工况的智能适应。

3）具备自我诊断和维护能力。自我诊断和维护能力是指智能制造装备在运行过程中，对自身故障和失效问题能够做出自我诊断，并通过优化调整保证系统可以正常运行。

4）具备自主规划和决策能力。自主规划和决策能力是指智能制造装备在无人干预的条件下，基于所感知的信息，进行自主的规划计算，给出合理的决策指令，并控制执行机构完成相应的动作，实现复杂的智能行为。

8.1.2 国内外智能制造技术的特点

智能制造集自动化、柔性化、集成化和智能化于一身，具有实时感知、优化决策、动态执行三个方面的优点。智能制造在实际应用中具有以下特征。

1）自组织能力和自律能力。智能制造中的各组成单元能够根据工作任务需要，集结成

一种超柔性最佳结构，并按照最优方式运行。其柔性不仅表现在运行方式上，也表现在结构组成上。智能制造具有搜集与理解环境信息及自身信息并进行分析判断和规划自身行为的能力。

2）自学习和自维护能力。智能制造以原有的专家知识为基础，在实践中不断进行学习，完善系统知识库，并剔除其中不适用的知识，使知识库趋于合理化。与此同时，它还能对系统故障进行自我诊断、排除和修复，能够自我优化并适应各种复杂环境。

3）整个制造环境的智能集成。智能制造在强调各子系统智能化的同时，更注重整个制造环境的智能集成，这是它与面向制造过程中特定应用的“智能化孤岛”的根本区别。智能制造将各个子系统集成为一个整体，实现系统整体的智能化。

4）人机一体化。智能制造不单强调人工智能，而且是一种人机一体化的智能模式，是一种混合智能。人机一体化突出了人在制造环境中的核心地位，同时在智能机器的配合下，更好地发挥了人的潜能，使人机之间表现出一种平等共事、相互“理解”、相互协作关系，两者在不同的层次上各显其能、相辅相成。

8.1.3 智能制造的基础理论与关键技术

智能制造装备是先进制造技术、信息技术和人工智能技术的高度集成，也是智能制造产业的核心载体。智能制造装备的组成如图 8-1 所示，其中典型的智能使能技术包括物联网、大数据、云计算、机器学习、智能传感、互联互通与远程运维。

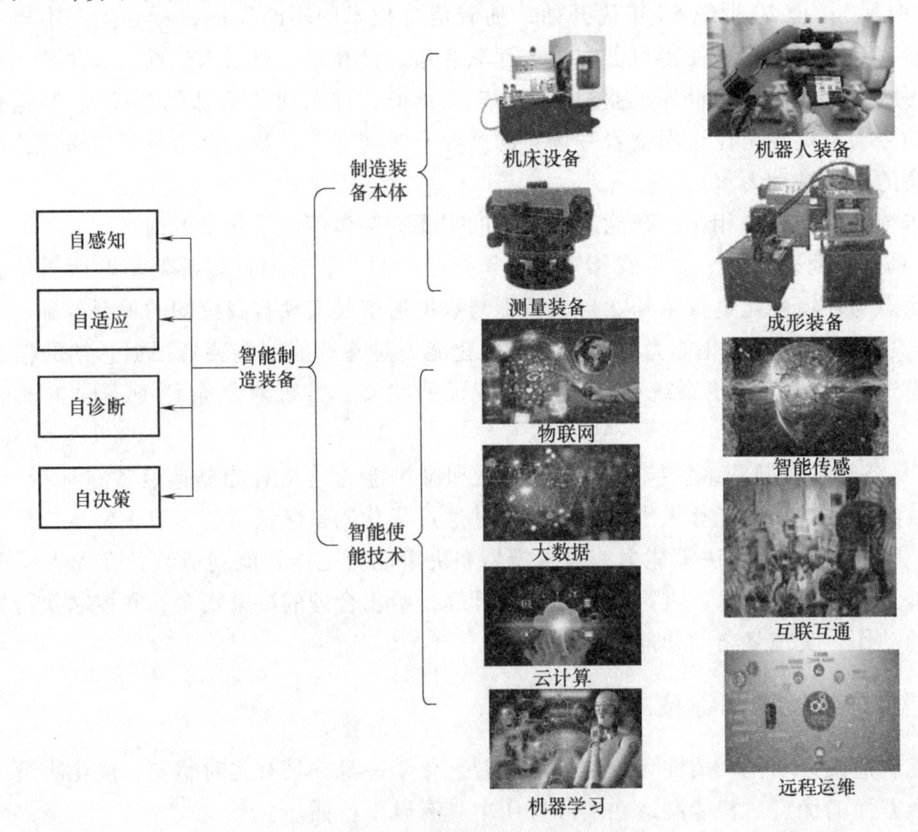

图 8-1 智能制造装备的组成

智能制造装备单体虽然具备智能特征，但其功能和效率始终是有限的，无法满足现代制造业规模化发展的需求，因此，需要基于智能制造装备，进一步发展和建立智能制造系统。图 8-2 所示为智能制造系统的组成示意图，最下层为不同功能的智能制造装备，如智能机床、智能机器人及智能测量仪；多台智能制造装备组成了数字化生产线，实现了各智能制造装备的连接；多条数字化生产线又组成了数字化车间，实现了各数字化生产线的连接；最后多个数字化车间组成了智能工厂，实现了各数字化车间的连接；最上一层为应用层，由物联网、云计算、大数据、机器学习、远程运维等使能技术组成，为各级智能制造系统提供技术支撑与服务。而互联互通广泛存在于各级智能制造系统，智能传感主要存在于智能制造装备与传感器间。

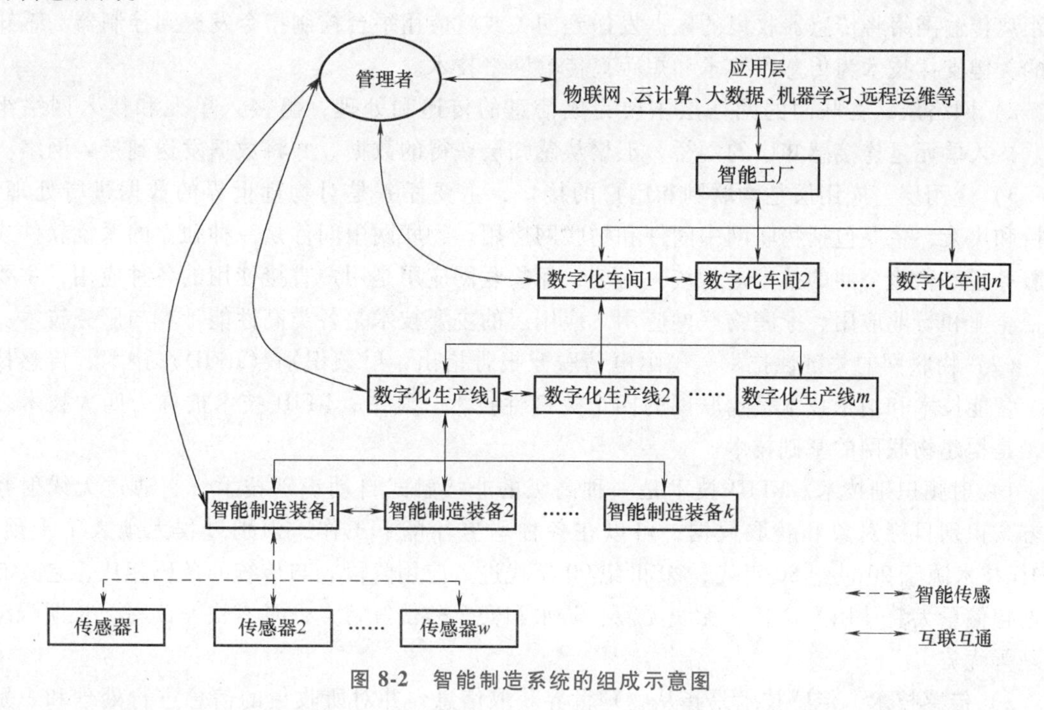

图 8-2 智能制造系统的组成示意图

1. 物联网

麻省理工学院的 Ashton 教授最先提出物联网的概念，其理念是基于射频识别（RFID）、电子产品代码（EPC）等技术，在互联网的基础上，通过信息传感技术把所有的物品连接起来，构造一个实现物品信息实时共享的智能化网络，即物联网。

目前存在很多与物联网并存的术语，如传感器网络、泛在网络等。根据物联网、传感器网络和泛在网络各自的概念和特征，三者间的关系如图 8-3 所示。

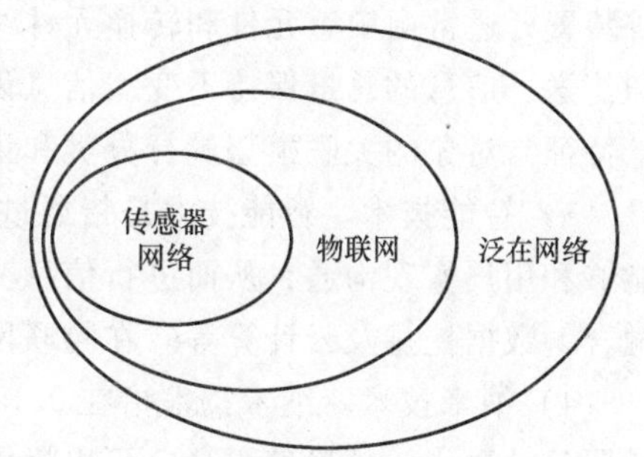

图 8-3 物联网与传感器网络、泛在网络间的关系

（1）物联网的体系架构　对于物联网的体系构架，国际电信联盟给出了公认的三个层次，从下到上依次是感知层、网络层和应用层，如图 8-4 所示。

1）感知层。物联网的感知层主要完成物理世界中信息的采集和数据的转换与收集，主要由各种传感器（或控制器）和短距离传输网络组

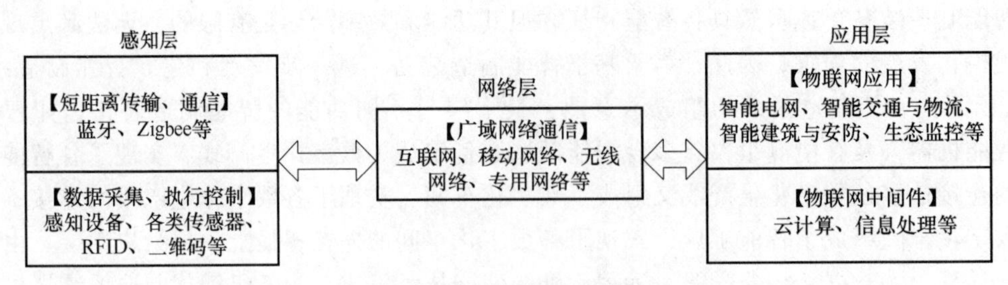

图 8-4　物联网的体系架构

成。传感器（或控制器）用于对物体的各种信息进行全面感知、采集、识别并实现控制，短距离传输网络将传感器收集的数据发送到网关或将应用平台控制指令发送到控制器。感知层的关键支撑技术为传感器技术和短距离传输网络技术。

2）网络层。物联网的网络层主要完成信息的传递和处理，由接入单元和接入网络组成。接入单元是连接感知层的网桥，汇聚从感知层获得的数据，并将数据发送到接入网络。

3）应用层。应用层是物联网和用户的接口，主要任务是对物理世界的数据进行处理、分析和决策，主要包括物联网中间件和物联网应用。物联网中间件是一种独立的系统软件或者服务程序，将公共的技术进行统一封装；而物联网应用是用户直接使用的各种应用，主要包括企业和行业应用、家庭物联网应用。应用层的主要技术是各类高性能计算与服务技术。

（2）物联网的关键性技术　国际电信联盟报告指出，射频识别（RFID）技术、传感技术、智能技术和纳米技术是物联网的四个关键性技术。其中，RFID 技术被称为四大技术之首，是构建物联网的基础技术。

1）射频识别技术。RFID 技术是一种高级的非接触式自动识别技术，它通过无线射频的方式识别目标对象和获取数据，可以在各种恶劣环境下工作，识别过程无须人工干预。RFID 技术源于 20 世纪 80 年代，20 世纪 90 年代进入应用阶段。与传统的条码相比，它具有数据存储量大、使用寿命长、无线无源、防水和安全防伪等特点，具有快速读写、长期跟踪管理等优势。

2）传感技术。传感技术是指从物理世界获取信息，并对所收集的信息进行处理和识别的技术，其在物联网中的主要功能是对物理世界进行信息的采集和处理，涉及传感器、信息的处理和识别。传感器是感受被测物理量并按照一定的规律将被测量转化成可用信号的器件或装置，通常由敏感元件和转换元件组成。信息处理主要是指对收集的信息进行存储、转化和传送，信息的总量保持不变。信息识别是对处理过的信息进行分辨和归类，根据提取的信息特征与对象的关联模型进行分类和识别。

3）智能技术。智能技术是指通过在物体中嵌入智能系统，使物体具备一定的智能化，能够和用户实现沟通，从而进行信息交换。主要的智能技术包括机器学习、模式识别、信息融合、数据挖掘及云计算等。在物联网中，智能技术主要完成物品的“说话”功能。

4）纳米技术。纳米技术指在 0.1~100nm 微尺度上的一类高新技术。纳米技术可以使传感器尺寸更小、精确度更高，可以极大地改善传感器的性能。结合纳米技术与传感技术，将物联网中体积越来越小的物体进行连接，扩展物联网的边界范围。

2. 大数据

大数据是指存储在各种介质中的、大规模的、各种形态的数据，对各种存储介质中的海

量信息进行获取、存储、管理、分析、控制，从而得到的数据便是大数据。IBM 提出了大数据的“5V”特点，即 Volume（大量）、Velocity（高速）、Variety（多样）、Value（低价值密度）、Veracity（真实性）。

大数据的架构在逻辑上主要分为四层，即数据采集层、数据存储和管理层、数据分析层及数据应用层，如图 8-5 所示。

数据采集结束后，需要进行数据存储和管理。通常对采集到的数据先进行一定程度的处理。例如，视频流信息需要解码，语音信息需要识别，各类工业协议需要解析。识别处理后对数据进行规范、清洗，之后便可以对数据进行存储和管理。存储过程中首先需要对数据进行分类，典型的存储技术包括时序数据存储技术、非结构化数据存储技术、结构化数据存储技术等。

数据分析层包含基础大数据计算技术和大数据分析服务功能。并行计算技术、流计算技术和数据科学计算技术属于基础大数据计算技术。在基础大数据计算技术的基础上，构建大数据分析服务功能，其中包括分析模型管理、分析作业管理、分析服务发布等。通过对数据的建模、计算和分析将数据转变为信息，从信息中获取知识。

数据应用层包括数据可视化和数据应用开发。通过数据可视化将分析处理后的多来源、多层次、多维度的数据以直观简洁的方式展示给用户，使用户更容易理解，从而可以更好地做出决策。

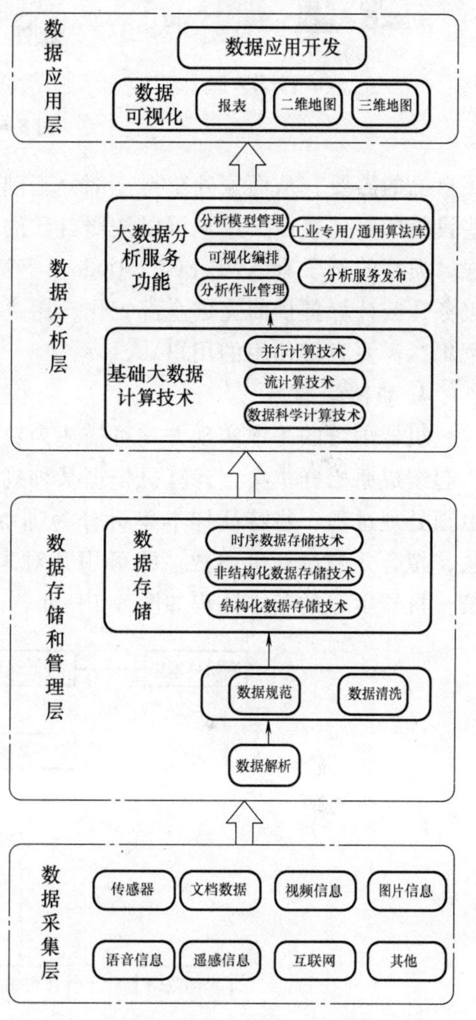

图 8-5 大数据架构图

3. 云计算

云计算的概念被提出以来，尚未出现一个统一的定义。综合不同文献资料对云计算的定义，可以认为云计算是一种分布式的计算系统，有两个主要特点：第一，其计算资源是虚拟的资源池，将大量的计算资源池化，与之前的单个计算资源（图 8-6a）或多个计算资源（图 8-6b）不同，形成了大型资源池（图 8-6c），并将其中的一部分以虚拟的基础设施、平台、应用等方式提供给用户；第二，计算能力可以有弹性并快速地根据用户的需求增加或减少，当用户对计算能力的需求有变化时，可以快速地获得或退还计算资源，为用户节约了成本，同时也使资源池的利用效率大大提高。此外，在一部分资料中，基于上述云计算平台的云计算应用，也被囊括进云计算的概念中。

与传统的自建数据中心或是租用硬件设备不同，在云计算中，用户是向商家租用虚拟化的计算资源。基础设施即服务是云计算中最底层的服务，商家将自己的基础设施虚拟化，并且优化对基础设施的管理，达到较高的自动化程度，称为“云化”或“池化”，用户可以按

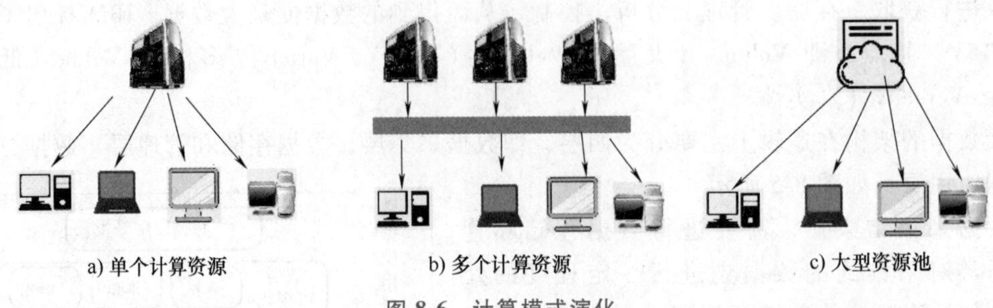

图 8-6　计算模式演化

照自己的需要，从商家处获得一部分基础设施的使用权。在具体操作过程中，商家会提供这些设施的对外接口，用户可以按照自己的需求，安装 Windows 或 Linux 操作系统，可操作性强。典型的例子有 AWS EC2、Hadoop、Windows azure 等。云计算服务的最高一层是软件即服务，云计算提供商完成全部工作，用户直接付费就可以使用软件，适用于不关心背后原理逻辑，需要直接使用的用户。

4. 机器学习

机器学习的基本实现方式可描述为：将具象的概念映射为数据，同目标事物的观测数据一起组成原始样本集，计算机根据某种规则对初始样本进行特征提取，形成特征样本集，经由预处理过程，将特征样本集拆分为训练数据集和测试数据集，再调用合适的机器学习算法，拟合并测试评价函数，即可用其对未来的观测数据进行预测或评价，从而进行智能决策。机器学习的基本流程如图 8-7 所示。

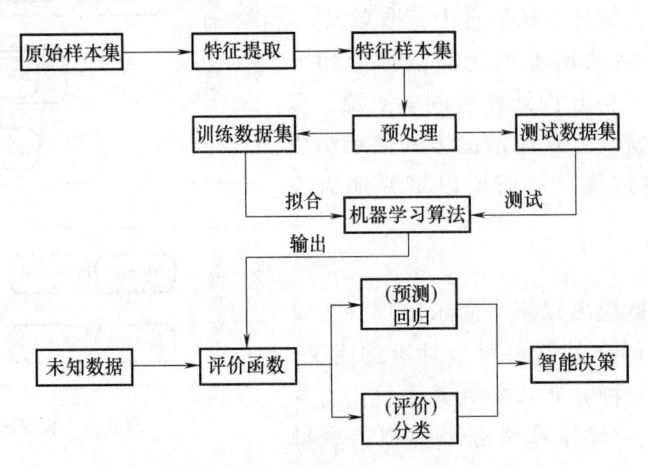

图 8-7　机器学习的基本流程

为了模仿和再现人类的学习行为，学者们从生理学、心理学、概率论与统计学中寻找算法灵感，建立各种数学模型，形成诸多独特的知识库迭代机制。目前，机器学习算法比较丰富，整体上已形成多种分类形式，如图 8-8 所示。机器学习可以理解为计算机领域的仿生学，是一种技术理念，而具体的算法只是其实现方式，故本节先重点介绍各类算法的设计思路，之后对典型的机器学习算法做简要说明。

1）按照学习态度和灵感来源分类，可将机器学习分为符号主义、联结主义、进化主义、贝叶斯主义和类推主义等。符号主义直接基于数据和概念的相互映射关系，利用数据的

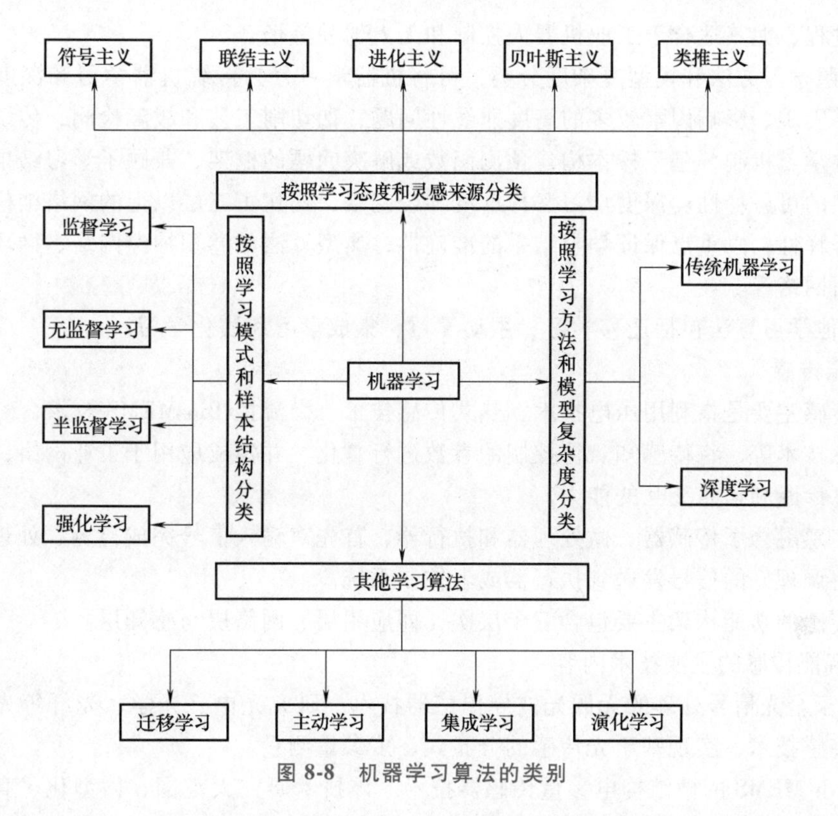

图 8-8 机器学习算法的类别

判断和操作，表征知识运用和逻辑推理过程，典型算法有决策树、随机森林算法（多层决策树）等。联结主义的灵感来源于大脑的生理学结构，设置多层次、多输入单输出、互相交错联结的处理单元，形成人工神经网络，演绎大脑的数据处理过程。进化主义认为，学习的本质源于自然选择，通过某种机制不断地生成数据变化，并依照优化目标逐步筛选最优解，典型算法如遗传算法。贝叶斯主义基于概率论，利用样本估计总体，推算各类特征在特定样本数据下的出现概率，并依照最大概率对数据进行分类。类推主义关注数据间的相似性，根据设定的约束条件，依照相似程度建立分类器，对样本数量的要求相对较低，典型算法如支持向量机、KNN（K 临近）算法等。

2）按照学习模式和样本结构分类，可将机器学习分为监督学习、无监督学习、半监督学习和强化学习等。监督学习采用已标记的原始数据集，通过某种学习机制，实现对新数据的分类和预测（回归），输出模型的准确度直接由标记的精确度和样本的代表性决定，决策树、人工神经网络和朴素贝叶斯算法等是理论较为成熟、应用十分广泛的算法模式。无监督学习针对无标记的原始数据集，自行挖掘数据特征的内在联系，实现相似数据的聚类，无须定义聚类标准，省略了数据标记环节，主要用于数据挖掘、模式识别和图像处理等领域，典型算法如支持向量机和 K-Means（K 均值）算法。半监督学习采用部分标识的原始数据集，依据已标识数据特征，对未标识数据做合理推断与混合训练，从而避免了数据资源的浪费，解决了监督学习迁移能力不足和无监督学习模型不精确等问题，是当前机器学习的研究热点，但其抗干扰性和可靠性还有待改善。强化学习主要针对样本缺乏或对未知问题的探索过程，设定一个强化函数和奖励机制，由机器自主生成解决方案，并由强化函数评价方案质量，对高质量方案进行奖励，不断迭代直到强化函数值最大，从而实现机器依托自身经历自

主学习的过程，尤其适合于工业机器人控制和无人驾驶等场合。

3）按照学习方法和模型复杂度分类，可将机器学习分为传统机器学习和深度学习。针对原理推导困难、影响因素较多的高度非线性问题，如切削工艺和故障检测，传统机器学习建立起一种学习机制，基于样本构建预测函数或解决问题的框架，兼顾了学习结果的准确性和算法模型的可解释性。深度学习又称深度神经网络，构建了三层以上的网络结构，抛弃了模型的可解释性，以重点保证学习结果的准确性，典型算法如卷积神经网络、循环神经网络和深度置信网络等。

4）其他学习算法包括迁移学习、主动学习、集成学习和演化学习。

5. 智能传感

智能传感主要是指利用压电技术、热式传感技术、微流控 Bio MEMS 技术、磁传感技术和柔性传感技术等，将待感知、待控制的参数进行量化，并集成应用于工业网络，具有信息感知、信息诊断和信息交互的能力。

智能传感融合了传感器、微处理器和执行器，首先对输入信号完成检测、处理、记忆等过程，再将调理好的信号发送到执行器或者控制系统。

智能传感的功能构架主要包含三个层次，即应用层、网络层与感知层。

（1）智能传感的主要技术内容

1）基于全光信号处理的无源光波导传感器技术。研究光电、光学、光纤等光传感与集成光波导传感技术，实现基于光传感的分布式、多参量测量。

2）基于 MEMS 的微结构电参量传感器技术。该技术研究大范围、微型化、高灵敏度的新型电参量传感技术，用以实现磁场和电流新型无源检测。

3）基于敏感材料的传感器技术。该技术研究部分超材料特性，包括压电晶体材料、磁致伸缩材料、巨磁电阻材料等；研制复杂电磁环境下高稳定性的传感器。

4）智能传感器现场能量采集与微取能技术。该技术揭示了利用环境获取能量的机理，实现了取能技术与智能传感器的融合。

5）传感器高可靠边缘计算与物联网技术。该技术研究多传感阵列、传感器系统、数据融合及传感网络协同检测，面向检测在线化发展的趋势，实现传感网络的规模化应用。

（2）智能传感技术的优势　智能传感技术与传统传感技术相比，具有以下突出的优势。

1）信息诊断与自补偿。智能传感技术利用微处理器中的诊断算法对传感器的输出进行检验，通过诊断信息的读取确定测量精度变化，具有信息诊断的能力。此外，智能传感技术还可以通过软件计算自动补偿线性、非线性和漂移以及环境影响等因素带来的误差，实现自补偿的功能。

2）信息存储。在智能传感器中可以内置存储空间，用于存储功能程序、数据以及参数设置等信息，从而大大缓解控制系统的存储压力。

3）自学习。利用微处理器中的编程算法，可以使智能传感具有自学习功能，例如，在操作过程中学习特定采样值，基于近似和迭代算法自主感知被测量。

4）数字化输出。传统的模拟输出需要通过 A/D 转换后才可以进行数字处理，而智能传感技术集成了模数转换电路，无须二次处理即可直接输出数字信号，缓解了信号处理的压力。

6. 互联互通

在设备信息模型建模方面存在多种方式和标准，如面向机电设备的开放式数控系统标准，面向电子设备的电子设备描述语言（EDDL）、统一建模语言（UML）及 OPC UA 提供的建模规范等。当前各类已定义的建模方法和语言大多针对某一类特定的装备，如 EDDL 面向电子设备、MT Connect 面向数控机床等，尚缺乏统一的、成熟的、能广泛适用于不同类型装备的信息模型建模方法。国际上和国内均在为解决此问题提供不同的解决方案。国际上，OPC 基金会与各类组织合作，将各类组织的信息模型与 OPC UA 的信息模型架构建立连接和转换关系，使得可以在 OPC UA 中使用各类已定义的设备信息模型，并使其符合 OPC UA 地址空间的结构、引用关系和数据类型等要求，在 OPC UA 架构下建立不同设备的信息模型。

OPC UA 是 OPC 基金会为解决传统 OPC 技术在安全性、跨平台性、建模能力和系统互操作性等方面的不足而发布的新一代信息集成规范。OPC UA 解决了分布式系统之间数据交换和数据建模两个需求，是业界公认的通用语义互操作的标准。工业 4.0 组织、工业互联网 IIC 组织、IoT 的推进组织均将 OPC UA 作为了共通技术进行推广，并纳入了其标准化范围。OPC UA 具有平台独立、制造商独立、满足语义互操作、分布式智能、国际通用、模块化设计，以及庞大的自动化厂商支持等优势，使得 OPC UA 成为目前公认的工业 4.0 和智能制造使能技术。

OPC UA 采用了集成地址空间，增加对象语义识别功能，实现了对信息模型的支持。为了让数据使用不受供应商或操作系统平台的限制，OPC UA 将数据组织为包含必要内容的信息，并能被具有 OPC UA 功能的设备理解及使用，这一过程称为数据建模。OP CUA 包含了通用信息模型，该模型是其他所需模型的基础，重要的模型包括数据访问信息模型（传感器、控制器和编码器产生的过程数据）、报警和状态信息模型、历史获取信息模型和程序信息模型等。OPC UA 还为特定领域的应用开发提供了丰富和可扩展的信息层次结构，实现了信息模型的互操作，其他组织可在 OPC UA 信息模型基础上构造其模型，通过 OPC UA 公开特定的信息。

除信息建模外，OPC UA 还可用作数据传输的统一通信协议，为独立于平台的通信和信息技术创造了基础。OPC UA 具有可升级、网络兼容性好、独立于平台和安全性好等特点，可广泛应用于控制系统、MES 及 ERP。

OPC UA 采用客户端/服务器模式实现信息交互功能。OPC UA 客户端与服务器之间相互交互的软件功能层次模型如图 8-9 所示。

目前各类协议和建模方法的多样化在带来各类互联互通解决方案的同时，也带来一些问题。由于通信协议标准和通信技术众多，因此，对各种协议进行支持实现多种通信协议之间的互联互通是非常困难的。在多种通信协议之间建立可以使不同通信协议之间进行数据转换的桥梁是解决该问题的重要方法。不同协议或信息模型之间的转换称为协议映射，协议映射在信息模型和协议之间建立了桥梁，可实现数据的转换。学者们和国际组织对不同协议映射已进行了尝试并取得了一些成果，如建立了 FDT 和 EDDL 到 OPC UA 地址空间结点的协议映射方法、建立了 UML 类图与 OPC UA 信息模型之间的协议映射方法、建立了 MT Connect 到 OPC UA 的协议映射集成方法。

实现协议映射的方法是为设备和系统开发映射接口。当使用某种协议和方法为一个设备

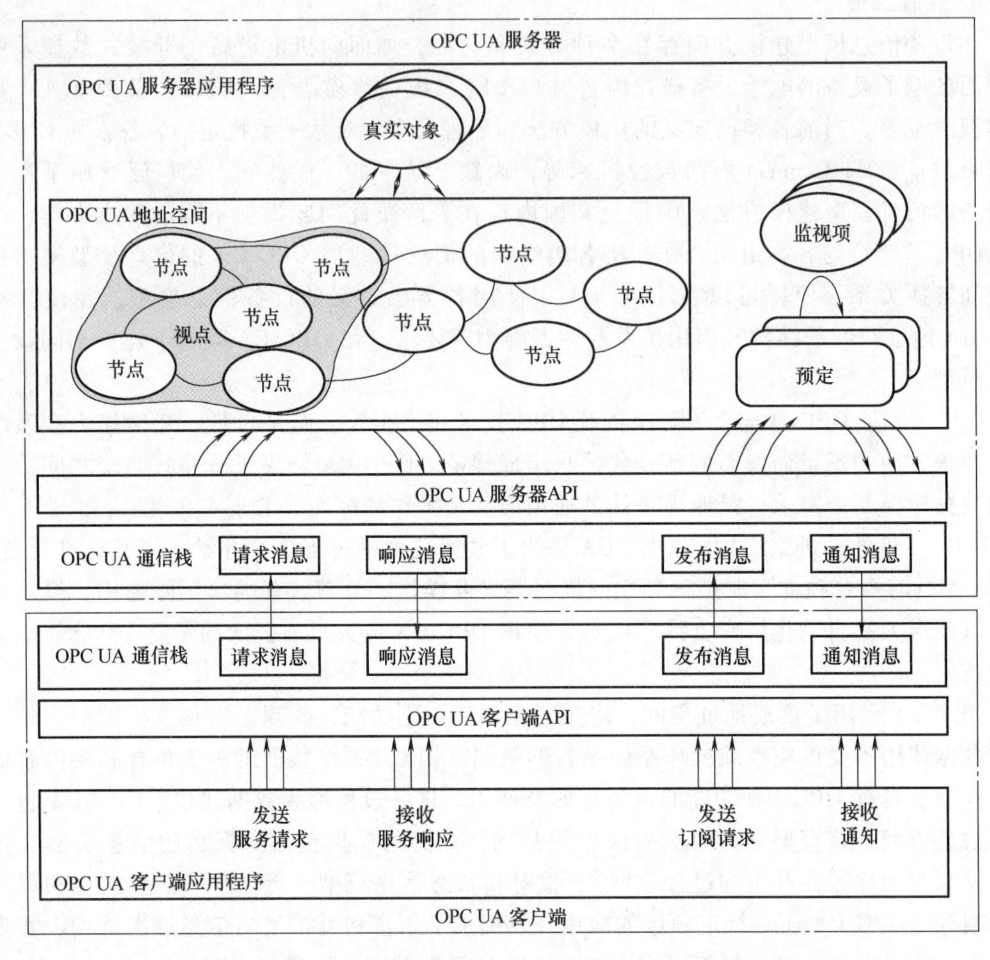

图8-9　OPC UA客户端与服务器之间相互交互的软件功能层次模型

和系统建立信息模型后，可通过协议映射接口将其映射到其他协议，以实现与其他类型接口设备的互联互通。通过映射实现互联互通和信息集成的架构如图8-10所示。

互联互通作为智能制造的重要使能技术，在智能制造的各方面均有重要的作用。最常见的互联互通应用如数控机床和上下料机器人组成的柔性生产线中。数控机床与机器人之间，或者数控机床/机器人与上层管控系统之间，通过互联互通相互获取数据、状态和指令，根据解析相关信息，相互配合完成生产调度和生产节拍的配合，共同完成工作。

互联互通在数字孪生中也同样起着重要作用。数字孪生是以数字化的方式建立物理实体多维、多时空尺度、多学科、多物理量的动态虚拟模型，来仿真和刻画实体在环境中的属性、行为、规则等。数字孪生也能够用于诊断、监控、预防和资产预测性维护的有效调度。互联互通中的信息模型技术，通过对数字孪生各种属性信息建模的方式实现信息标准化，为信息在物理世界层和虚拟世界层的顺利流通提供保障。

7. 远程运维

远程运维主要是指利用云计算技术、智能网关硬件、通信技术、VPN技术及大数据等，

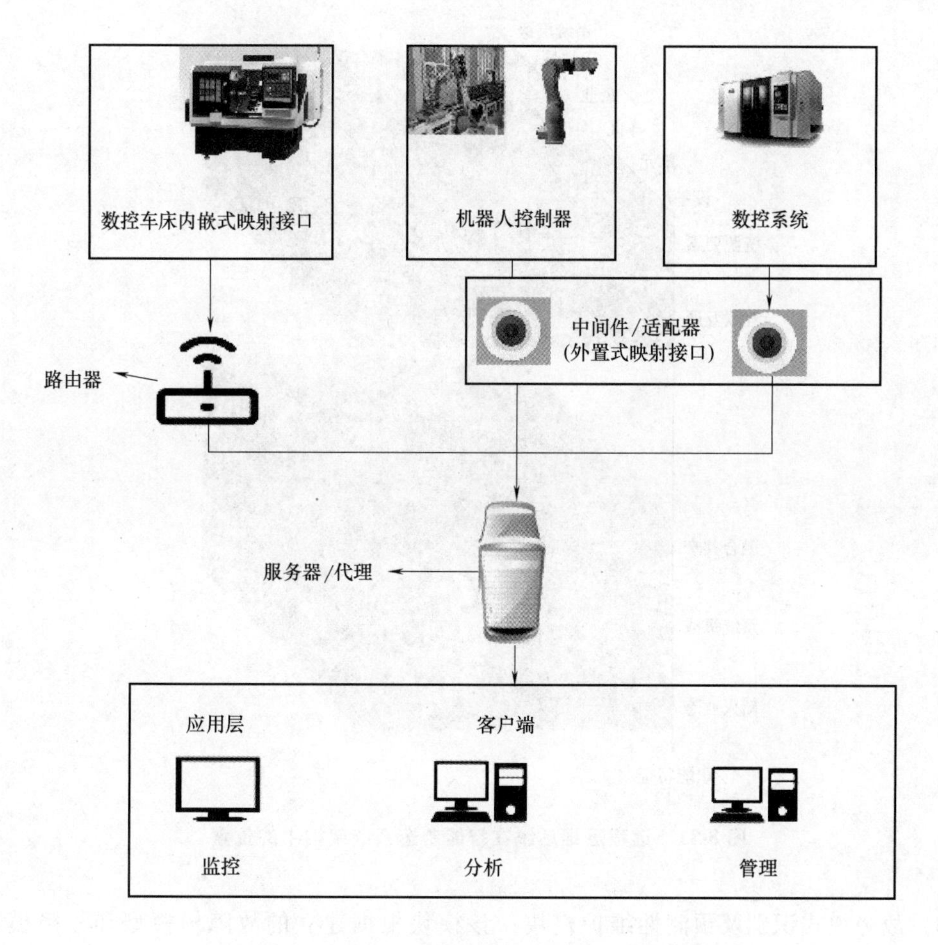

图 8-10　通过映射实现互联互通和信息集成的架构

对工业设备的运行数据进行采集，实现设备远程监控，故障、警报的实时分析和通知，远程故障诊断，程序升级，设备维保管理，设备预防性维护，以及工业大数据挖掘等功能。远程运维的核心是通信网络、中央数据库、运维流程及监测系统。

数控设备远程运维包括物理平台和服务功能两部分，需要完成与数字化车间的融合，实现与现有 MES 和 ERP 等系统的信息交互。如图 8-11 所示，远程运维系统位于智能制造系统架构生命周期维度的服务环节。数控设备全生命周期的管理涵盖数控设备的设计、生产、物流、销售和服务等各个环节。

远程运维的主要功能模块包括：状态信息采集模块、健康评估模块和故障识别及预测性维护模块。

（1）状态信息采集模块　该模块可实现对数控设备状态的在线感知和记录，即采用状态采集系统，通过附加的传感器、CNC 系统或 SCADA 系统采集数控设备的运行状态信息，并对信息进行初步分析和处理，以一定数据结构完成信息存储。

（2）健康评估模块　该模块基于数控设备状态数据，提取多个维度的特征指标，并根据建立的特征指标体系对数控设备各个维度的健康状态进行分别评价，进而综合各维度评估结果对机床的整体健康状态进行判断。

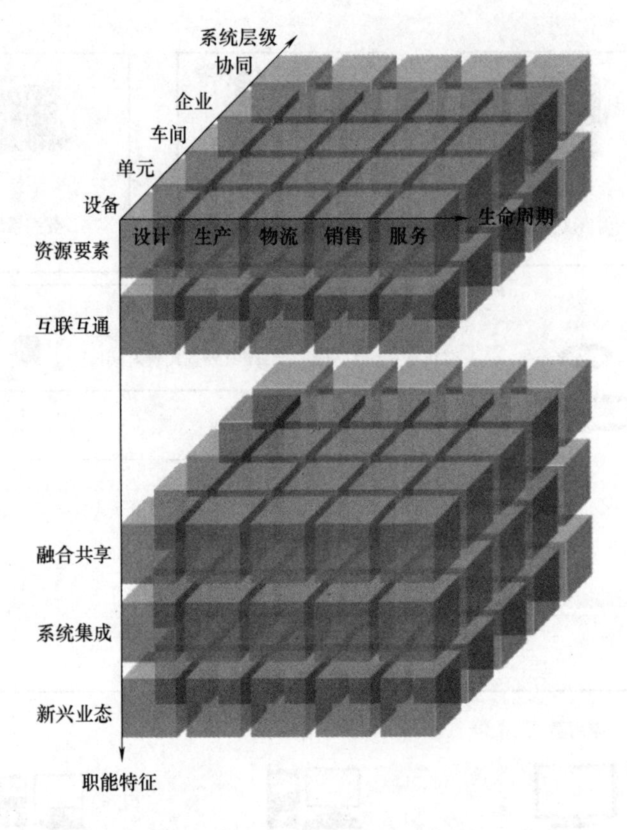

图 8-11　远程运维系统在智能制造系统架构中的位置

（3）故障模式识别及预测性维护模块　该模块根据建立的故障树模型和故障模式库，对数控设备故障进行准确快速定位，并建立预测模型对故障的发展趋势进行评估，形成维护建议报告。

状态信息采集模块随机床开机启动，进行在线的数据采集和初步分析。健康评估模块是利用状态采集获得的信息进行健康评估。当健康评估结果出现明显退化或异常时，启动故障模式识别及预测性维护模块，调用状态信息采集模块获得的大量历史数据和当前数据，对故障和位置进行精准判断，并基于预测结果形成维护建议。

8.2　智能制造系统

智能制造是制造技术与数字技术、智能技术及新一代信息技术的融合，是面向产品全生命周期的具有信息感知、优化决策、执行控制功能的制造系统，其目的在于高效、优质、柔性、清洁、安全、敏捷地制造产品和服务用户。虚拟网络和实体生产的相互渗透是智能制造的本质。一方面，信息网络将彻底改变制造业的生产组织方式，大大提高制造效率；另一方面，生产制造将作为互联网的延伸和重要结点，扩大网络经济的范围和效应。以网络互连为支撑，以智能工厂为载体，构成了制造业的最新形态，即智能制造。这种模式可以有效缩短产品研制周期、降低运营成本、提高生产率、提升产品质量、降低资源和能源消耗。从软硬结合的角度看，智能制造是一个“虚拟网络+实体物理”的制造系统。

1. 自我感知能力

自我感知能力是指智能制造系统通过传感器获取所需信息，并对自身状态与环境变化进行感知。自动识别与数据通信是实现自我感知的重要基础。与传统的制造系统相比，智能制造系统需要获取数据量庞大的信息，而且信息种类繁多，获取环境复杂，因此研发新型高性能的智能传感器，成为智能制造系统实现自我感知的关键。

智能传感器作为网络化、智能化、系统化的自我感知器件，是实现物联网和智能制造的基础，也是新人工智能迈向应用的基础，其常见类型如下：

（1）视觉感知类传感器　视觉传感器以图像的形式呈现环境信息，将监测环境中景物的光信号转换成电信号。用于图像采集的常见视觉传感器包括红外热像仪、可见光摄像机、TOF（Time of Flight）深度摄像机及近红外摄像机。虽然视觉传感器有一些功能上的不足，但视觉感知系统由于获取内容丰富，采样周期短，受磁场和传感器相互干扰影响小，质量和能耗小，因此在多智能系统中受到青睐。

（2）听觉感知类传感器　听觉是人类和智能系统识别周围环境的重要感知能力，尽管听觉定位精度比视觉定位精度低很多，但听觉有其无可比拟的优势。例如，听觉定位是全向性的，传感器阵列可以接受空间中的任何方向的声音。智能系统依靠听觉可以在黑暗环境或光线很暗的环境中进行声源定位和语音识别，这依靠视觉是不能实现的。听觉感知技术将数据域内信息的特征映射成声音特征量（声高、响度、音色等）之间的关系，用以描述、表达数据的内在关系，从而对数据进行监控或提供数据分析支持，同时可以解决视觉不能独立完成的任务，降低视觉的负荷。

（3）触觉感知类传感器　触觉是智能系统获取环境信息的一种仅次于视觉的重要感知形式，是实现与环境直接作用的必需媒介。与视觉不同，触觉本身有很强的敏感能力，可直接测量对象和环境的多种性质特征。

2. 自适应和优化能力

自适应和优化能力是指智能制造系统根据感知的信息对自身运行模式进行调节，使系统处于最优或较优的状态，实现对复杂任务在不同工况下的智能适应。智能制造系统在运行过程中不断采集过程信息，以确定加工制造对象与环境的实际状态，当加工制造对象或环境发生动态变化后，基于系统性能优化准则，产生相应的调控指令，及时地对系统结构或参数进行调整，从而保证智能制造系统始终工作在最优或较优的运行状态。

3. 自我诊断和维护能力

自我诊断和维护能力是指智能制造系统在运行过程中，对自身故障和失效问题能够做出自我诊断，并通过优化调整保证系统可以正常运行。智能制造系统通常是高度集成的复杂机电一体化设备，当外部环境发生变化后，会引起系统发生故障甚至是失效，因此，自我诊断与维护能力对于智能制造系统十分重要。此外，通过自我诊断和维护，还能建立准确的智能制造系统故障与失效数据库，这对于进一步提高装备的性能与寿命具有重要的意义。

4. 自主规划和决策能力

自主规划和决策能力是指智能制造系统在无人干预的条件下，基于所感知的信息，进行自主的规划计算，给出合理的决策指令，并控制执行机构完成相应的动作，实现复杂的智能

行为。自主规划和决策能力以人工智能技术为基础，结合了系统科学、管理科学和信息科学等其他先进技术，是智能制造系统的核心功能。通过对有限资源的优化配置及对工艺过程的智能决策，智能制造系统可以满足实际生产中不同的需求。

8.2.1 智能机床系统

智能机床可以认为是数控机床发展的高级形态，可实现自主感知与连接、自主学习与建模、自主优化与决策和自主控制与执行，其定义图如图 8-12 所示。它融合了先进制造技术、信息技术和智能技术，具有自我感知和自我诊断和维护的能力，其主要技术特征包括：利用历史数据估算设备关键零部件的使用寿命；能够感知自身加工状态和环境的变化，诊断出故障并给修正指令；对所加工工件的质量进行智能化评估；基于各种功能模块，实现多种加工工艺，提高加工效能，并降低对资源和能源的消耗。

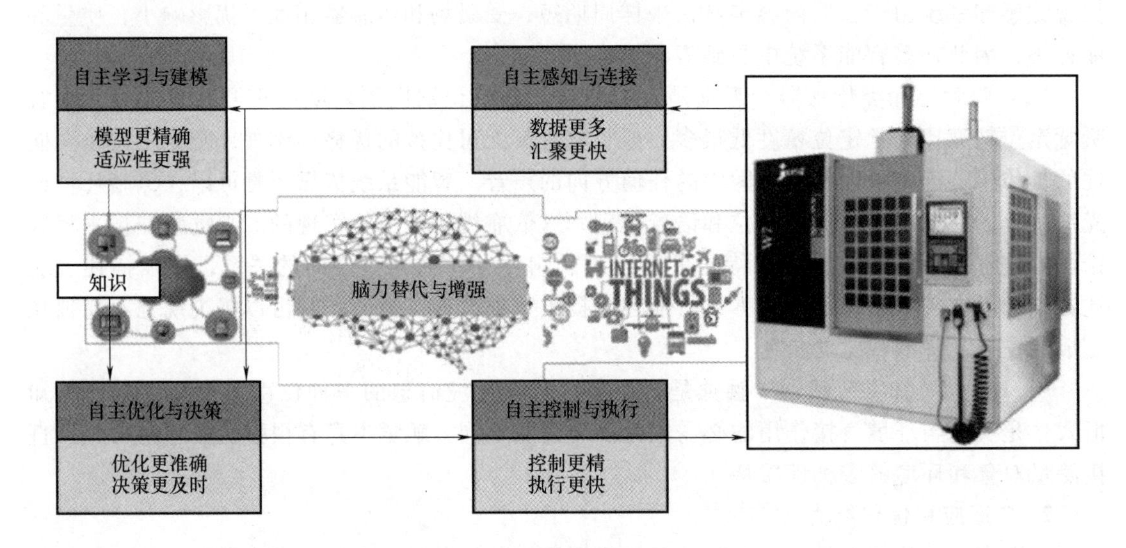

图 8-12 智能机床的定义图

本小节将简单介绍智能机床自主感知与连接、自主学习与建模、自主优化与决策和自主控制与执行的原理与实现方案，如图 8-13 所示。

1. 自主感知与连接

数控系统由数控装置、伺服驱动、伺服电动机等部件组成，是机床自动完成切削加工等工作任务的核心控制单元。在数控机床的运行过程中，数控系统内部会产生大量由指令控制信号和反馈信号构成的内部电控数据，这些内部电控数据是对机床的工作任务（或称为工况）和运行状态的实时、定量、精确的描述。因此，数控系统既是物理空间中的执行器，又是信息空间中的感知器。

数控系统内部电控数据是感知的主要数据来源，它包括机床内部电控实时数据，如零件加工 G 代码插补实时数据（插补位置、位置跟随误差、进给速度等）、伺服电动机反馈的内部电控数据（主轴功率、主轴电流、进给轴电流等）。通过自动汇聚数控系统内部电控数控与来自外部传感器采集的数据（如温度、振动和视觉等），以及从 G 代码中提取的加工工艺数据（如切削宽度、深度，材料去除率等），实现数控机床的自主感知。

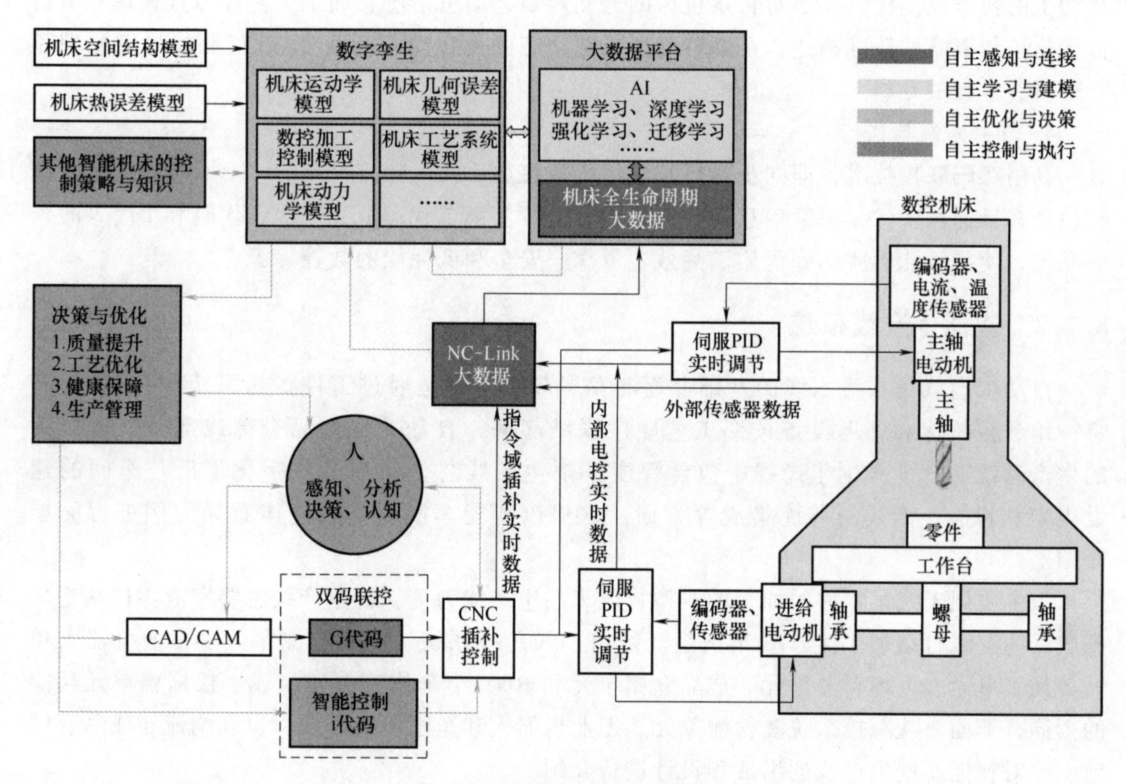

图 8-13 智能机床的控制原理

智能机床的自主感知可通过指令域示波器和指令域分析方法，来建立工况与状态数据之间的关联关系。利用指令域大数据汇聚方法采集加工过程数据，通过 NC-Link 实现机床的互联互通和大数据的汇聚，形成机床全生命周期大数据。

2. 自主学习与建模

自主学习与建模主要目的在于通过学习生成知识。数控加工的知识就是机床在加工实践中输入与响应的规律。模型及模型内的参数是知识的载体，知识的生成就是建立模式并确定模型中参数的过程。基于自主感知与连接得到的数据，运用集成于大数据平台中的新一代人工智能算法库，通过学习生成知识。在自主学习和建模中，知识的生成方法有三种：基于物理模型的机床输入/响应因果关系的理论建模，面向机床工作任务和运行状态关联关系的大数据建模，以及基于机床大数据与理论建模相结合的混合建模。自主学习与建模可建立包含机床空间结构模型、机床运动学模型、机床几何误差模型、机床热误差模型、数控加工控制模型、机床工艺系统模型、机床动力学模型等，这些模型也可以与其他同型号机床共享。上述部分模型构成了机床数字孪生。

3. 自主优化与决策

决策的前提是精准预测。当机床接收到新的加工任务后，利用上述机床模型，预测机床的响应。依据预测结果，进行质量提升、工艺优化、健康保障和生产管理等多目标迭代优化，形成最优加工决策，生成蕴含优化与决策信息的智能控制 i 代码，用于加工优化。自主优化与决策就是利用模型进行预测，然后优化决策，生成 i 代码的过程。i 代码是实现数控机床自主优化与决策的重要手段。不同于传统的 G 代码，i 代码是与指令域对应的多目标优化加工的智能控制代码，是对特定机床的运动规划、动态精度、加工工艺、刀具管理等多目标优化控制策略的精确描述，并随着制造资源状态的变化而不断演变。i 代码的详细原理和介绍可参考有关专利。

4. 自主控制与执行

利用双码联控技术，即同步执行基于传统数控加工几何轨迹控制的 G 代码（第一代码）和包含多目标加工优化决策信息的智能控制 i 代码（第二代码），实现 G 代码和 i 代码的双码联控，使得智能机床达到优质、高效、可靠、安全和低耗能的数控加工。

8.2.2 智能生产线系统

自动生产线是在流水线的基础上逐渐发展起来的，是通过工件传送系统和控制系统，将一组数控机床和辅助设备按照工艺顺序联结起来，自动完成产品全部或部分制造过程的生产系统。智能车削生产线中包含智能车削生产线总体布局、数字化工厂与车间的建设规划和智能生产线的系统集成等方面。这里以智能车削生产线总体布局为例进行简单介绍。

以主要用于汽车零件的加工的典型智能车削生产线为例，该生产线主要完成零件从毛坯到成品的混线自动加工生产。车削生产线由产线总控系统、在线检测单元、工业机器人单元、加工单元、毛坯仓储单元、成品仓储单元和 RGV 小车物流单元组成。根据各单元功能的不同，下面将从总控系统和检测单元、工业机器人和车削机床单元，以及物流与成品仓储单元，对智能车削生产线的组成和设计进行介绍。

1. 总控系统和检测单元

典型总控系统由室内终端和现场终端两部分组成。室内终端配备多台显示器及数据库，数据库负责接收整个生车间传输过来的制造生产大数据，显示器用于用户车间现场各项状态的显示，包括设备运行状态、零件加工状态、物流情况、人员状况，以及用户车间现场温度、湿度等环境信息。

2. 工业机器人和车削机床单元

智能生产线系统上的加工模块主要由工业机器人和车削机床两部分组成。工业机器人负责待加工零件的移动和取放。车削机床为智能机床，能够保证高精度和加工效率。

3. 物流与成品仓储单元

典型物流单元由工业机器人、末端执行器、RGV 小车、零件托运工装和行走轨道组成，主要实现机床加工零件的转移运输工作。在用户车间中，根据生产任务的需求，智能生产线可以选择配备单条或者多条物流生产线。

8.2.3 智能车间系统

智能制造融合了现代传感技术、网络技术、自动化技术等先进技术，大量传感器、数据采集装置等智能设备在车间投入使用，通过智能感知、人机交互等手段，采集了车间生产过程中的大量数据。这些数据涉及产品需求设计、原材料采购、生产制造、仓储物流、销售及售后等环节，包括传感器、数控机床、MES、ERP 等相关信息化应用。限于篇幅，根据智能制造系统的体系框架，这里只给出智能制造车间的基本架构图，如图 8-14 所示。

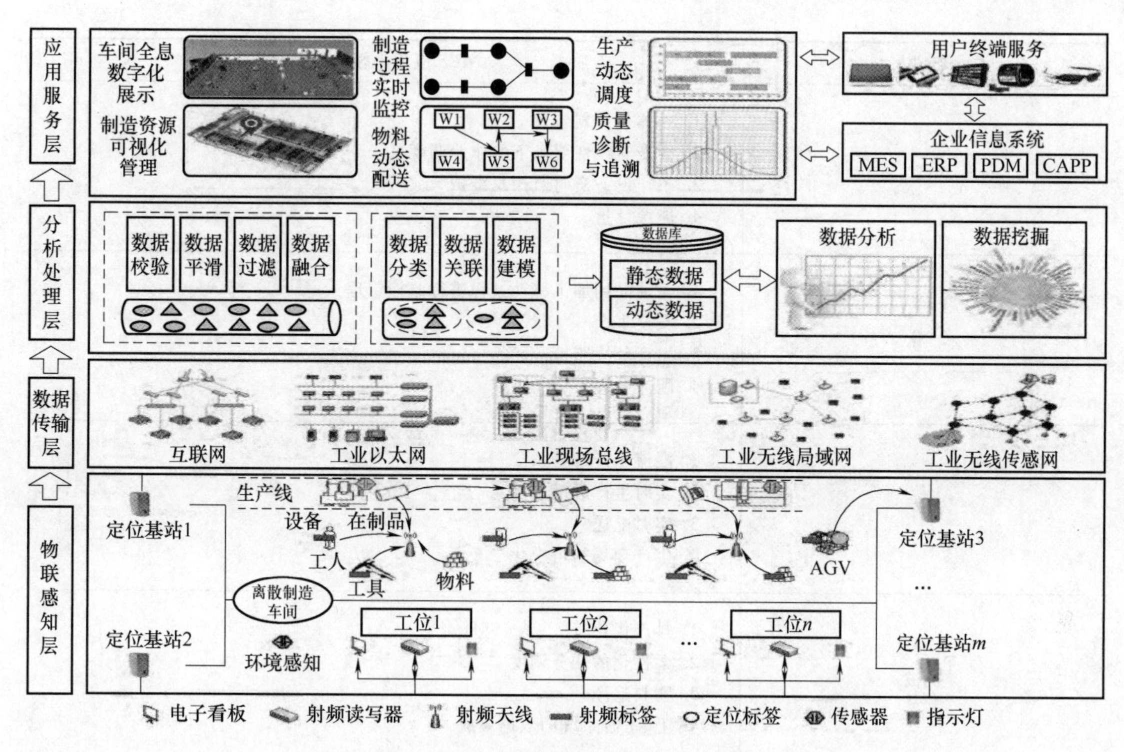

图 8-14　智能制造车间的基本架构图

8.3　智能制造技术的应用

8.3.1　典型行业智能制造系统的需求差异综述

1. 不同行业智能制造需求的要点分析

智能制造系统带有很强的行业特征，不同行业企业的应用存在较大差异。表 8-1 所列为部分开展智能制造的行业个性化需求分析。

表 8-1　部分开展智能制造的行业个性化需求分析

行业	MES 应用个性化需求
电子	1. 强调上料防错 2. 强制制程 3. 产成品及在制品生产追溯 4. 过程质检实时性要求高
食品饮料	1. 生产过程能满足相关法律法规 2. 称量管理 3. 严格实现生产过程的正、反向追溯 4. 生产环境监控 5. 关键设备监控

（续）

行业	MES应用个性化需求
钢铁	1. 一体化计划管理 2. 生产连续性要求下的作业调度 3. 生产设备实时监控及维护 4. 能源计量
石化	1. 对油品的加工移动过程进行监控管理 2. 安全生产 3. 生产环境监控 4. 配方管理
汽车	1. 混流生产排程 2. 实时生产进度掌控 3. 实时配送 4. 生产现场的可视化
机械	1. 排产优化 2. 柔性化的任务调度 3. 物料追溯 4. 上、下游系统的数据集成
服装	1. 多维度的编码管理 2. 灵活的生产计划管理 3. 面辅料管理 4. 缝纫等专业设备管理
医药	1. 配方管理 2. 良好操作规范(GMP)管理 3. 跟踪与追溯 4. 日期及环境管理
烟草	1. 生产工艺与配方管理 2. 批次跟踪 3. 全程可追溯的质量控制 4. 设备综合效率(OEE)管理

2. 机械装备行业智能制造需求的要点分析

机械行业是国民经济和工业的重要支柱和主导产业，子行业众多，产品覆盖范围广泛。机械装备行业主要包括金属制品业，通用、专业设备制造业，汽车、铁路、船舶、航空航天和其他运输设备制造业，电器机械及器材制造业等。

机械装备行业是典型的离散制造业，生产过程具有加工、装配性质，加工过程基本上是把原材料分割成毛坯，经过冷、热加工，部件装配，最后总装成整机出厂。其制造涉及多种制造和成形技术、多种制造装备、多个制造部门，甚至跨地区的多个制造工厂。

由图8-15可以看出，机械装备行业的工艺很复杂，零部件数量众多，加工工序多、生产周期长，工序之间也需要紧密协同与配合。总体上，机械装备制造以离散为主、流程为辅、装配为重点，其生产管理的主要特点：生产类型以多品种、小批量或复杂单件为主，车间通用设备较多，生产设备的布置一般不是按产品而是按照工艺进行，相同工艺有可能有多台设备可执行，因此在生产过程中需要对机器设备、工装夹具等资源进行有序调度，以达到最高的设备利用率和最优的生产率；此外，作为生产关键资源，需要对设备进行实时监控、维修维护，才能更好地利用设备，避免设备异常造成损失。

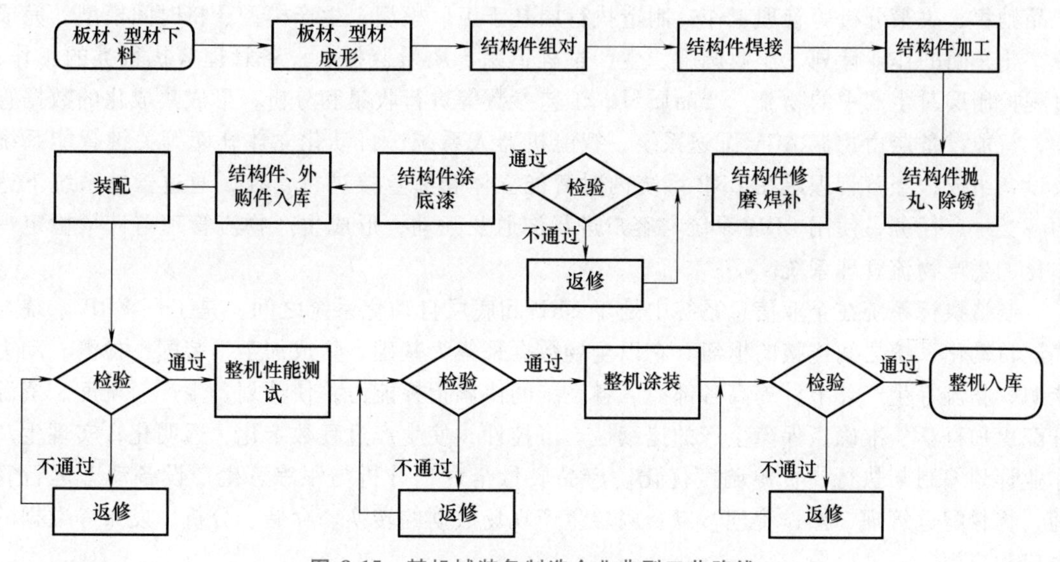

图 8-15 某机械装备制造企业典型工艺路线

机械装备行业的离散制造特性，促使智能制造技术应用过程中需要从高效计划、柔性调度、生产过程实时管控、数据信息有效传递、质量追溯等方面重点考虑。机械装备行业智能制造需求包括生产作业计划与调度，在制品管理，生产过程追溯，车间质量管理，物料管理，报表管理，数据采集、分析与集成等。

8.3.2 智能制造系统在重型机械车间中的应用

1. 项目简介

（1）背景及需求分析 制造业是国民经济的主题，是科技创新的主战场，具有产业关联度高、带动能力强和技术含量高等特点，也是一个国家和地区工业化水平与经济科技总体实力的标志。重型机械行业是国民经济发展的基础，重型装备及制造实力集中体现了一个国家的综合国力与国际地位，在推动经济增长和社会发展过程中占据着特殊的位置。

（2）存在和需要突破的技术难点 由于重型机械行业的下料加工等工序比较粗放，采用一般的自动化技术很难保证其制造和加工的质量，因此开发具备适应现场实际工况的智能制造技术是该项目最大的难题。

（3）关键技术描述 为了更好解决重型机械生产制造中的问题，需依靠智能生产，同时不断积累重型金属结构件焊接、打磨、喷涂等工艺知识。在重型机械制造中开发的关键技术包括：接触传感检测技术、焊缝跟踪技术、多层多道焊接技术、焊接参数实时调整技术、焊接工艺数据库、焊缝轮廓识别技术、打磨轨迹自动规划技术、机器人恒力磨抛控制技术、

磨抛工艺专家系统、虚拟工作站仿真技术及涂装参数自动调节技术。

2. 总体设计方案

（1）智能工厂顶层设计及总体规划　针对总体规划设计、工艺流程布局、产品三维设计与仿真、核心制造装备、数据采集和分析、制造执行系统、内部通信网络架构等，开展技术攻关及智能化建设，搭建 MES、ERP、CRM、QMS、PLM 等信息化管理平台。

企业经营层在 ERP 系统内结合工艺设计完成车间的生产计划、采购库存、成本核算、产品销售、决策分析等管理工作；制造执行层基于工厂模型、生产模型、挤时间模型，完成数字化车间的作业计划、作业调度、生产过程追踪、质量监控、设备管理等执行类的工作；过程控制层对生产中的物流、产品质量、工艺参数等进行收集和分析，形成集成化的数据管理；智能设备层由物流 AGV 配送系统、智能机器人系统、自动化立体仓库等关键智能系统及设备组成；经营管理层在 ERP 系统内对智能立体仓库直接进行管控，通过营销系统下达的各类生产任务，使用 CRM 系统与客户进行沟通及互动，形成生产物流管理与计量检定一体化的生产物流管理系统。

制造执行系统在企业信息系统中处于 ERP 和底层自动化系统之间，是工厂 ERP 系统与底层自动化系统之间连接的枢纽。它以全场数据采集为基础，集成加工、装配、检测、动力能源、物流等生产环节，提高各部门、各系统间协调指挥能力，使计划、生产、调度、资源分配更加科学、准确，保障生产的连续性、可控性，使生产过程数字化、透明化，实现生产作业计划编制与执行、资源调度优化、产品质量全过程分析与跟踪、生产设备动态运行管理、物料配送管理、操作管理，以及底层生产现场数据的转换、存储、分析、发布等数据的集成和应用。

（2）智能机器人系统

1）总体目标。该项目以装载机、挖掘机及其部件生产全生命周期加工工序为着手点，以焊接、打磨、喷涂等制造工艺为研究目标，开发出相应的智能机器人系统关键技术，最终完成智能制造解决方案，使系统功能达到国内领先、国际一流的水平。

2）技术路线。该项目的技术路线如图 8-16 所示。

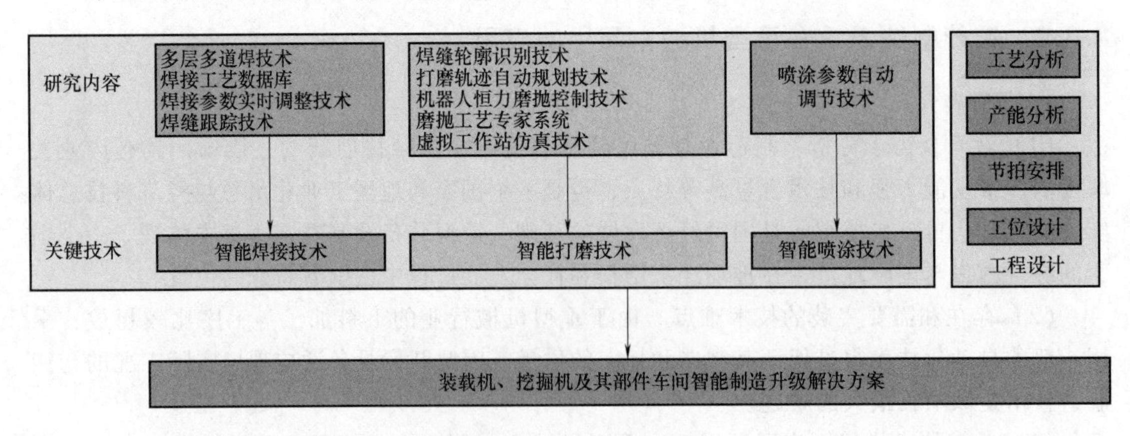

图 8-16　技术路线图

3）多个系统环节的成功应用案例

① 平地机后车架焊接系统（图 8-17）。该系统分为以下几个部分。

图 8-17　平地机后车架焊接系统

a. 变位机系统模块，可实现共建全方位焊接，适合产品结构相似、尺寸和质量相近、焊接夹具柔性化的设计，以及尾部滑台设计。

b. 机器人桁架系统模块，主要功能是控制 X 轴行程、Y 轴行程、Z 轴行程。

c. 智能焊接软件包，具有位置检测功能、焊缝跟踪功能、多层多道焊接功能，以及焊接专家数据库。

② 装载机和挖掘机等部件焊接系统。该系统包含装载机前、后车架机器人焊接工作站，挖掘机托油盘、下架总成、斗杆、驾驶室机器人焊接工作站，发动机罩框架及小部件机器人焊接工作站等。

（3）智能打磨系统　杆封头焊缝智能打磨系统以六轴大负载工业机器人为基础，配合恒力打磨控制技术，满足了提高产能、降低工人劳动强度的实际需求，如图 8-18 所示。

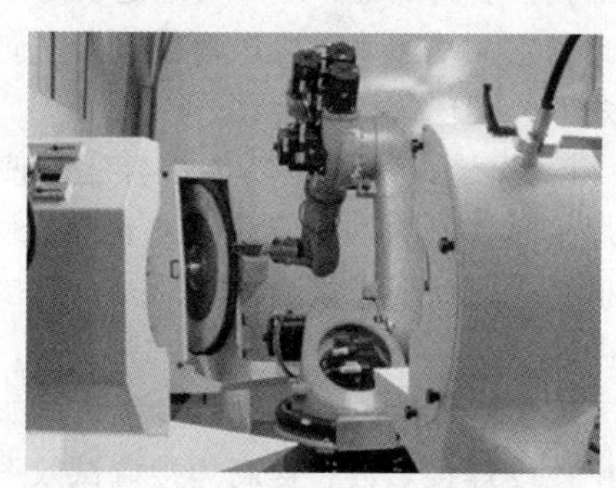
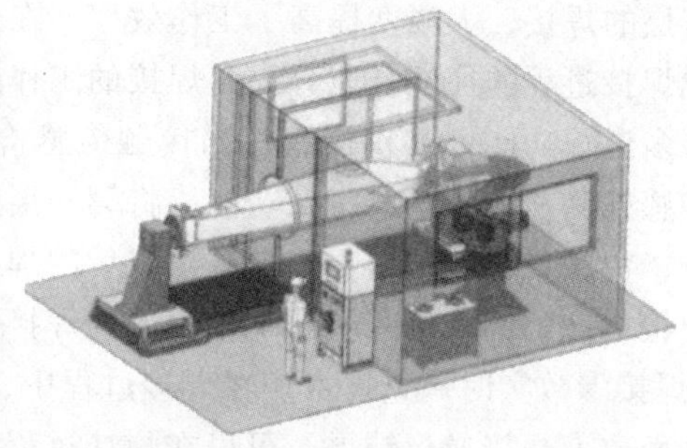

图 8-18　智能打磨系统

（4）智能喷涂系统　动臂、斗杆、上架、下架等工件的智能喷涂系统如图 8-19 所示。该系统主要包括防爆型喷涂机器人、八轴防爆型滑台与升降机构、混气喷涂系统等，具有喷

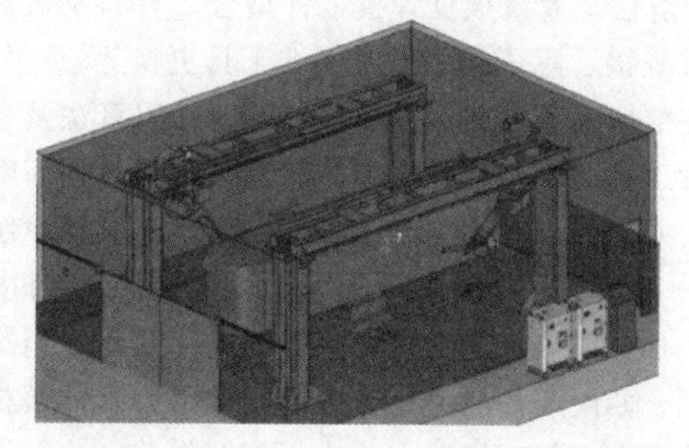

图 8-19　智能喷涂系统

枪自动清洗功能，可完成动臂、斗杆、上架、下架的喷涂工作。该系统使机器人与悬挂链上的工件保持同步运行并增加跟随功能，以实现从静止到与工件相匹配的运动速度，以便进行随动喷涂作业。

（5）关键技术

1）接触传感器检测技术。机器人通过起点检测和三方向传感功能，可以使焊接过程不受由工件的加工、组对拼焊和装夹定位带来的误差影响，自动寻找焊缝并识别焊接情况，保证顺利焊接，具有精度高、可达性好、安全可靠等优点。接触传感是通过焊丝接触工件，感知工件位置来实现的，使用起来操作简单方便，不需要其他传感装置，从而增加焊枪的灵活性。

2）焊缝跟踪技术。机器人智能焊接中的含糊跟踪功能，可实现位置出现偏差焊缝的正常焊接工作。通过焊缝跟踪功能，机器人可以分辨出焊缝左右和上下方向的偏移，并通过自动运算实现纠正，以保证对各路径点有不同方向偏差的焊缝都可以进行准确焊接，使焊接成形效果、生产率提升、产品品质提升得到有效改善。同时，电弧跟踪功能可以实现复杂曲线的跟踪，确保电弧跟踪的实用性。在焊接过程中，通过电弧跟踪功能实时调整焊枪位置，不但可保证焊丝的干伸长度不变，还可保证焊接过程的稳定性及整条焊缝成形的一致性。

3）多层多道焊接技术。机器人多层多道焊接功能可以实现多种类型焊接轨迹（如圆弧、折线等）的焊接。具备该功能的机器人可优质高效地完成作业，这在大型厚板焊接中体现尤为明显。

在使用多层多道焊功能焊接厚板时，只需要示教根层的焊缝，之后可通过设定偏移值来实现覆盖层的焊接，大幅度提高了工作效率。在此基础上，还可以通过覆盖层的逆向焊接功能，实现焊接过程的往复，充分提高焊接的工作效率，实现效率最大化。

多层多道焊功能可以和其他（如接触传感检测及焊缝跟踪等）功能结合起来使用，通过接触传感检测功能和焊缝跟踪功能，将第一层焊接时获取的工件信息记录下来。经过系统整理计算，将结果直接作用于第二层及以后的焊接中，以保证焊接质量。同时，焊接工艺的设定、焊枪姿态的调整可以应用于每一层的焊接中。

4）焊接参数实时调整技术。在焊接过程中，机器人可以实时调整焊接参数，如电流和电压，从而改变焊接成形结果。可以在焊接过程中改变焊接参数，提高焊接调试效率；也可以在实际生产中，根据实际情况进行参数的微调，为焊接质量的保证又添加一层保险。经过调整后的焊接参数可以保存下来，方便后期使用。

5）焊接工艺数据库。针对重型机械中的中厚板焊接工艺及参数，建立专家数据库及智能学习算法，系统根据焊接工件型号、材料及机器人执行单元信息，可以自动生成焊接工艺文件（焊接、除渣、机器人末端工具更换等），并配合离线编程系统，导入轨迹生成工艺参数。在数据库基础上，通过开发智能学习算法及专家系统知识融合机制，把数据库技术和专家系统工具有机结合起来，专家系统利用数据库管理的知识库进行推理，以实现焊接工艺的定制，并把结果保存到工艺文件库中，由数据库统一管理。

6）焊缝轮廓识别技术与打磨轨迹自动规划技术。为了准确识别，融合 3D 相机，通过扫描工件打磨区域，自动识别焊缝轮廓并传输至智能管理分析系统，由该系统收集、存储视觉数据，匹配工件类型，然后由离线编程软件解析视觉数据，自动生成打磨作业，由智能管理系统下发至打磨机器人，执行打磨作业。

7）机器人恒力磨抛控制技术。在匹配力控传感器之后，可以有效提升磨抛作业的精度及准确性。核心部件为恒力执行，通常具有自适应浮动伸缩机构，可通过恒力控制软件设置一定阈值内的磨抛力，保证磨抛工具与工件各个位置实时接触且处于恒力抛光状态，最终使工件磨抛效果和一致性得到提升，有效降低了人工调试难度。恒力执行端可以安装多种磨抛工具，进而兼容更多类型的产品。

8）磨抛工艺专家系统及虚拟工作站仿真技术。通过与客户磨抛工艺紧密结合开发出的智能磨抛专家系统，将整个系统的各个控制模块有机整合，形成了具有一定智能判断和自主决策能力的专家系统。智能的磨抛工艺专家系统主要包含：耗材检测与补偿模块、角度损耗补偿模块、磨抛工艺管理模块、来料管理模块、产能管理模块、耗材寿命管理模块、设备交互模块、安全保护与报警管理模块。

通过构建虚拟工作站系统来进行仿真及精确示教。虚拟工作站具有仿真布局组件化、轨迹点的三维可视化等特点。机器人、变位机、工具、工件等一次创建后，均可在各个工程项目中重复使用；设备布局可进行精确调整，设置每个仿真组件的位置和姿态。机器人作业在执行仿真的过程中，可以模拟真实的机器人速度、加速度等运动特性，运动范围超界也会有报警提示。利用导入的 CAM 软件生成的运动轨迹，可重新自动配置机器人的运动姿态。离线生成的作业可通过网络或者 USB 接口下载到机器人控制器中。

9）涂装参数自动调节技术。自动涂装系统可以通过流量计检测流量和压力传感器检测流体压力来实时检测涂料流量，并反馈给控制器，控制器根据事先设定好的参数，通过调节调压器进行流量的实时调节。当现场工况需要改变喷涂扇形大小时，通过机器人给控制系统发送形状参数，控制系统自动调节比例参数，就可实现喷涂形状的改变。

8.3.3　智能制造在汽车制造中的应用

下面以长安汽车为例介绍智能制造在汽车制造中的应用。

智能制造是长安汽车实现世界一流汽车目标的重要战略。工信部 2015 年公布的智能制造试点示范项目共有 6 个要素条件（表 8-2），长安汽车已实施 5 个，形成了可示范的汽车产业全价值链智能制造应用。

表 8-2　智能制造试点示范项目要素条件

智能制造试点示范项目要素条件	类型	长安汽车已实施要素
以数字化工厂/智能化工厂为方向的流程制造试点示范项目	—	—
以数字化工厂/智能化工厂为方向的离散制造试点示范项目	智能化工厂	数字化工厂、ERP、MES、PLM（CAX、PDM、BOM）
以信息技术深度嵌入为代表的智能装备（产品）试点示范项目	智能化产品	智能驾驶技术（疲劳监测、自动泊车等）、智能互联系统（InCall3.0、TBOX）
以个性化定制、网络协同开发、电子商务为代表的智能制造新业态新模式试点示范项目	智能新模式	个性化定制、CRM、电子商务
以物流管理、能源管理智慧化为方向的智能化管理试点示范项目	智能化管理	准时交付（OTD）管理、能源管理、商业智能（BI）管理、大数据管理
以在线监测、远程诊断与云服务为代表的智能服务试点示范项目	智能化服务	车联网应用服务、远程故障诊断服务

长安汽车在中国、美国、英国、意大利和日本等地建立研发中心，设有一、二中心，NVH研究所，设计中心，整车性能所，碰撞安全所，试验检测所，电装中心，底盘中心和CAE工程所等不同业务部门，进行协同研发，如图8-20所示。通过多年探索和发展，长安汽车具备了“5+2”能力，即造型与总布置能力、结构设计与性能开发能力、仿真分析能力、样车制作与工艺分析能力和试验验证与评价能力，以及数字化协同研发能力+项目管理能力。

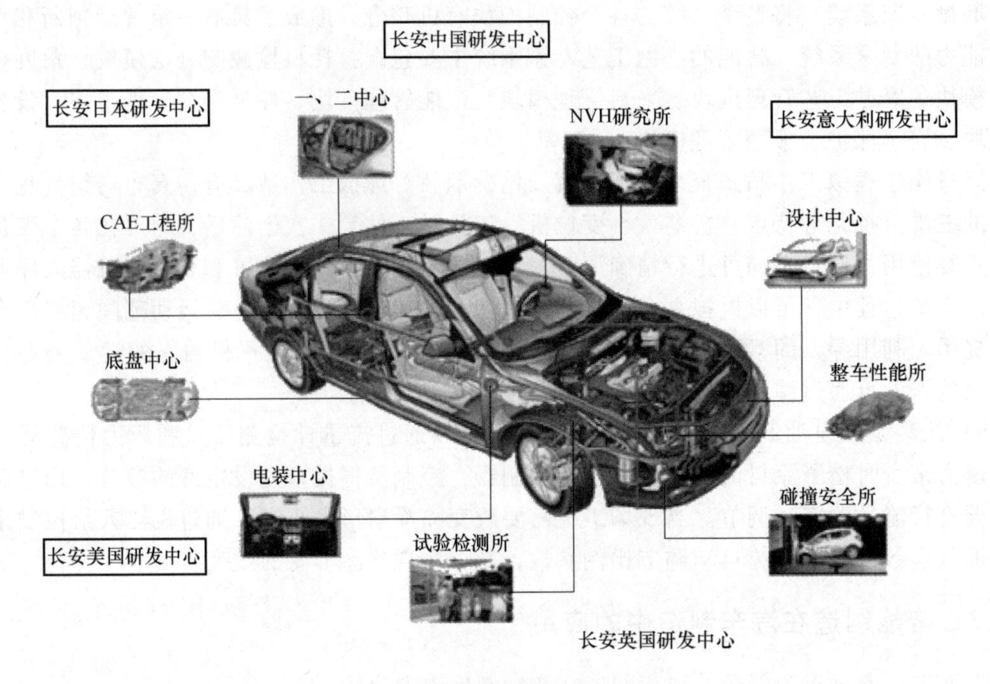

图 8-20　长安汽车研发中心

长安汽车产品智能化水平处于自主品牌领先地位。2015年上海车展首发的CS75四驱车型荣获“2014年度智能汽车”称号。该车型配置了多项智能驾驶技术：疲劳监测、车道偏离警示（LDW）、全景辅助系统、引导式泊车辅助（APA）、盲区监测（BSD）、换道辅助（LCDA）和后方横向预警。未来将实现的智能驾驶技术有全速自适应巡航（ACC）、自动紧急制动（AES）、自动泊车、车道保持辅助（LKA）和夜视系统（NV）。该车型配置的智能互联系统为InCall3.0和TBOX。

长安汽车以OTD为核心，推进数字化制造一线贯通，加快数字化工厂建设，深度推进物联网技术应用，开展大数据分析，构建新的生产方式。具体采取的措施如下。

1）以OTD为核心，导入零部件物流精益管理系统、整车物流管理系统、一车一单管理系统，持续推进数字化制造一线贯通，用数据展现和管理制造过程，并持续改善管理。

2）智能化工业装备的应用，引入3D打印技术并运用到生产实践中，以提高生产率，使设备自动化，应用系统与设备的高度集成，并建设数字化工厂。

3）柔性制造和虚拟仿真的应用，以工艺为先导，形成一个自动化生产的有机整体，既具有一定范围的适用性，又具有较好的可变性，可实现大规划定制化和个性化的需求。

4）物联网技术的应用，引入无线传感网络、RFID、传感器和服务的现场制造数据采集应用，通过将无线传感网络用于生产现场，实现生产现场设备识别和整车可视化监控。

5）制造工业大数据分析的应用，对生产过程全程实行自动数据采集，从不同维度快速、高效、精准地分析，以支撑决策。同时，智能制造依托于以下七大核心技术和其发展，使企业生产过程全面智能化，提高效率、降低成本。

① 3D 打印制造技术和自动化、智能设备广泛应用。

② 基于个性化需求的生产计划实现柔性化。

③ 基于无线传感网络、RFID、智能传感器和服务的现场制造数据采集应用。

④ 通过虚拟设计实现工艺设计、生产产品制造仿真、物流仿真、装配仿真等。

⑤ 通过语音、图形、眼球跟踪、肢体动作等方式实现人机交互。

⑥ 云平台、云安全网络和云服务应用。

⑦ 制造工业大数据分析。

互联网技术的快速发展及用户个性化需求的日益增长，使得个性化定制成为制造模式变革的趋势，长安汽车正在尝试为用户提供个性化的产品，以用户需求驱动整个制造过程（用户网上选配和下单→4S 店接收和执行用户订单→工厂排产和生产→4S 店交付用户）。定制化制造模式通过互联网实现用户订单交易，通过超级 BOM 支持灵活的产品编码，如图 8-21 所示。

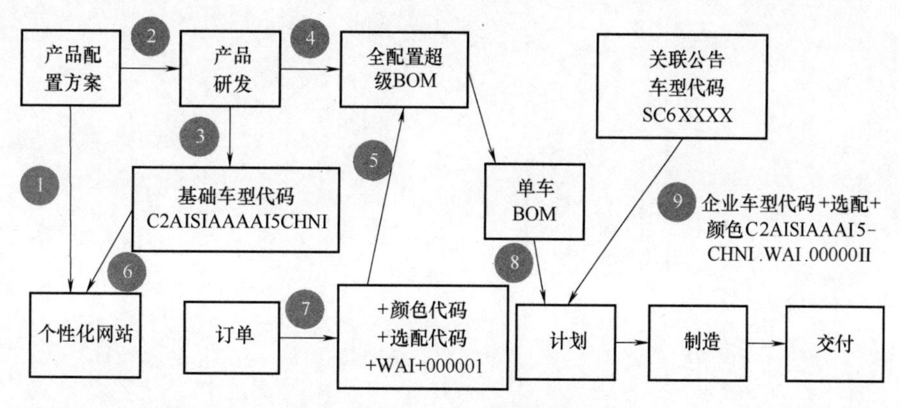

图 8-21　长安汽车定制化制造模式

互联化与智能化的快速发展与融合，提升了产品与车生活服务的用户体验，长安汽车围绕用户选车、购车、用车、换车的全生命周期，通过互联网、车联网为用户打造出了一个生态服务圈。开展 O2O 整车及售后电商服务，建立 TSP 服务系统、提供随车智能服务，通过车联网提供主动维修服务等，促使生产模式由产品为中心向以客户为中心的转型。

以客户为中心的生产模式包括建立完善的客户关系管理体系、搭建基于互联网的 CRM 系统、建立统一客户体验平台、开展大数据分析、提升客户满意度、赢取客户忠诚度、创造客户价值、创建长安智能制造系统等。

课后习题

8-1　简述智能制造技术的内涵。

8-2　简述智能制造技术的特点及发展史。

8-3　简述智能制造技术的理论基础。

8-4　简述智能制造系统的主要组成及各组成部分的作用。

8-5　什么是智能生产线？其系统包含哪几个部分？各有什么作用？

8-6　智能车间的主要组成部分有哪些？

8-7　结合生产实际案例分析智能制技术的应用及发展趋势。

参考文献

[1] 何七荣. 机械制造工艺与工装［M］. 2版. 北京：高等教育出版社，2007.

[2] 徐嘉元，曾家驹. 机械制造工艺学：含机床夹具设计［M］. 北京：机械工业出版社，1998.

[3] 陈福恒，孔凡杰. 机械制造工艺学基础［M］. 济南：山东大学出版社，2004.

[4] 兰建设. 机械制造工艺与夹具［M］. 北京：机械工业出版社，2004.

[5] 王先逵. 机械制造工艺学［M］. 4版. 北京：机械工业出版社，2019.

[6] 人力资源和社会保障部教材办公室. 机床夹具［M］. 4版. 北京：中国劳动社会保障出版社，2011.

[7] 傅建中. 智能制造装备的发展现状与趋势［J］. 机电工程，2014，31（8）：959-962.

[8] 杨拴昌. 解读智能制造装备“十二五”发展路线图［J］. 电器工业，2012（5）：17-19.

[9] 周延佑，陈长年. 智能机床、数控机床技术发展新的里程碑：IMTS2006观后感之一［J］. 制造技术与机床，2007（4）：43-46.

[10] 王麟琨，赵艳领，闫晓风. 数字化车间制造装备信息集成通用解决方案研究［J］. 中国仪器仪表，2017（3）：21-25.

[11] 国家智能制造标准化总体组. 智能制造基础共性标准研究成果：一［M］. 北京：电子工业出版社，2018.

[12] 琚长江，谭爱国，胡良辉. 电机智能制造远程运维系统设计与试验平台研究［J］. 电机与控制应用，2018，45（5）：83-87.

[13] 吴劲浩. 长安汽车智能制造探索与实践［J］. 汽车工艺师，2016（3）：20-24.